ELEMENTARE NEUTRONENPHYSIK

VON

DR. K. WIRTZ

O. PROFESSOR FÜR PHYSIKALISCHE GRUNDLAGEN DER REAKTORTECHNIK
AN DER TECHNISCHEN HOCHSCHULE KARLSRUHE
LEITER DES INSTITUTS FÜR NEUTRONENPHYSIK UND REAKTORTECHNIK
DER REAKTORSTATION KARLSRUHE

UND

DR. K. H. BECKURTS

MAX-PLANCK-INSTITUT FÜR PHYSIK, GÖTTINGEN

MIT 96 ABBILDUNGEN

SPRINGER-VERLAG BERLIN HEIDELBERG GMBH

1958

ISBN 978-3-662-23764-9 ISBN 978-3-662-25867-5 (eBook)
DOI 10.1007/978-3-662-25867-5

Ursprünglich erschienen bei Springer-Verlag oHG. Berlin · Göttingen · Heidelberg 1958

Vorwort

Dieses Buch ist aus einer Vorlesung entstanden, die ich seit dem Jahre 1951 gelegentlich an der Universität Göttingen gehalten habe. Sie sollte die Studierenden der Experimentalphysik in die Arbeit eines *neutronenphysikalischen Laboratoriums* einführen, das sich mit der Messung von Neutronenfluß, Diffusionslänge, Fermi-Alter, effektiver Neutronentemperatur, Absorptionsquerschnitten und ähnlichen Problemen befaßt. Die Vorlesung sollte außerdem auf eine anschließende über die Physik der Kernreaktoren vorbereiten. Der ursprüngliche Charakter der Vorlesung wird in dem Buche beibehalten. Es wendet sich an Studierende sowie an alle, die sich mit neutronenphysikalischen Untersuchungen befassen wollen. In der ersten Hälfte wird vorwiegend die *Theorie* der Neutronenfelder, d.i. im wesentlichen die Diffusions- und Bremstheorie, behandelt. In der zweiten Hälfte handelt es sich vor allem um *Messungen* in Neutronenfeldern. Der Anhang enthält Angaben und *Daten*, die nach unserer Erfahrung im Neutronenlabor häufig gebraucht werden. Auf die eigentliche Kernphysik wird in den ersten beiden Kapiteln kurz eingegangen, aber nur so weit, wie es für das Verständnis der folgenden Abschnitte notwendig ist. Die zahlreichen Anwendungen von Neutronenstrahlung werden nicht berührt.

In Fragen der Terminologie und der Bezeichnungsweise haben wir uns eng an die englisch-amerikanische Literatur angelehnt. Das einschlägige Schrifttum wurde bis zum Ende des Jahres 1957 berücksichtigt. Es ist jeweils am Ende des betreffenden Kapitels zusammengestellt und nach Möglichkeit in ,,Allgemeine Literatur" und ,,Spezielle Arbeiten" unterteilt. Viele Arbeiten sind als Veröffentlichungen der amerikanischen und anderer ausländischer Atomenergiebehörden erschienen und werden mit ihren bekannten Abkürzungen (z.B. AECD) zitiert. Sie sind heute in zahlreichen Bibliotheken erhältlich. Die Berichte der ,,Internationalen Konferenz für die friedliche Anwendung der Atomenergie" in Genf, 1955, erscheinen unter ,,Genf"P/ mit der Nummer des betreffenden ,,Papers".

Der Abschluß des Manuskripts fiel mit dem Ende meiner langjährigen Tätigkeit am Max-Planck-Institut für Physik in Göttingen zusammen. Herrn Professor HEISENBERG verdanke ich Ratschläge und Anregungen zu vielen der hier behandelten Themen. Auch habe ich vielen meiner jungen Mitarbeiter aus der Göttinger Zeit, deren Arbeiten in diesem Buch ihren Niederschlag gefunden haben, zu danken. Herr Dr. K. H. BECKURTS hat meine ursprünglichen Manuskripte sorgfältig überarbeitet und einige Kapitel teils umgeschrieben, teils neu verfaßt. Herrn Dipl.-Phys. M. KÜCHLE danke ich für eine kritische Durchsicht des Manuskripts.

Karlsruhe, im Januar 1958

K. WIRTZ

Inhalt

Anhang

1. Kernphysikalische Eigenschaften des Neutrons

1.1. Historisches

Im Jahre 1930 entdeckten BOTHE und BECKER die künstliche Kern-γ-Strahlung. Sie beschossen Li, Be, B und andere leichte Elemente mit α-Teilchen aus einem Poloniumpräparat und beobachteten mit einem Spitzenzähler γ-Quanten, deren Energie sie aus ihrer Absorbierbarkeit in Blei als etwa gleich der natürlicher γ-Quanten bestimmten. Die γ-Emission beim Beschuß von Li wurde einer Kernanregung durch inelastische Streuung der α-Teilchen zugeschrieben, die des Bors ließ sich daraus erklären, daß bei der $B^{10}(\alpha, p)\,C^{13}$-Reaktion der C^{13}-Kern in einem angeregten Zustand zurückbleiben kann. Beide Deutungen bestehen nach wie vor zu Recht. Im Falle des Berylliums, das die durchdringendste γ-Strahlung zeigte, vermuteten BOTHE und BECKER, daß eine Kernanregung durch Einfang des α-Teilchens stattfand.

Die Reaktion $Be + \alpha$ wurde von JOLIOT und CURIE eingehend untersucht, die die Energie der γ-Quanten mit einer Ionisationskammer bestimmten. Neben der bereits von BOTHE beobachteten γ-Strahlung, die in der Wand der Kammer schnelle Elektronen auslöste, stellten sie eine Strahlung fest, die im Gasraum der Kammer stark ionisierende, schnell bewegte Ionen auszulösen imstande war. Dieser Effekt verstärkte sich beim Durchgang der Strahlung durch eine wasserstoffhaltige Schicht. Die Vermutung, daß es sich auch hierbei um eine γ-Strahlung handelte, führte wegen der großen Energie und Masse der ausgelösten Teilchen auf eine unverständlich hohe Energie dieser Quanten.

CHADWICK zog 1932 aus diesen und einigen weiteren Beobachtungen den Schluß, daß neben der bereits von BOTHE festgestellten γ-Strahlung bislang unbekannte, neutrale Teilchen von annähernd Protonenmasse entstehen. Er nannte das neue Teilchen *Neutron* (Symbol „n“) und beschrieb die Entstehung des Neutrons aus mit α-Teilchen bestrahltem Beryllium durch die Reaktionsgleichung:

$$Be^9 + \alpha \rightarrow C^{12} + n\,,$$

die man häufig auch folgendermaßen schreibt:

$$Be^9(\alpha, n)\,C^{12}.$$

Da man das Neutron vorher nicht frei in der Natur beobachtet hatte, lag die Vermutung nahe, daß es als freies Teilchen nicht stabil ist. Andererseits lieferte seine Entdeckung den Schlüssel zum Verständnis vieler Fragen des Aufbaus der Atomkerne. Insbesondere schloß HEISENBERG 1933, daß alle Atomkerne als Bausteine nur Protonen und Neutronen enthalten. Hierdurch konnte die ältere Vorstellung, daß in den Kernen Protonen und Elektronen vorkommen, die zu großen theoretischen Schwierigkeiten geführt hatte, fallen gelassen werden. Im Atomkern wurde damit das Neutron als ein *stabiles* Teilchen angenommen, und diese Annahme hat sich bis heute bewährt.

1.2. Masse des Neutrons

Bereits CHADWICK schloß aus der kinetischen Energie von durch Neutronen ausgelösten Rückstoßprotonen, daß die Neutronenmasse ungefähr gleich der Protonenmasse ist. Zu einer genauen Bestimmung der Neutronenmasse gibt es heute viele Wege, von denen wir nur einen kurz skizzieren.

Bekanntlich ist die Masse m_d des Deuterons gleich der Summe aus der Neutronen- und der Protonenmasse m_n, m_p, vermindert um den der Bindungsenergie E_d des Deuterons entsprechenden Massendefekt. Es ist also:

$$m_n = m_d - m_p + E_d/c^2.$$

E_d kann aus der Energie der γ-Strahlung bei der Vereinigung eines Neutrons und eines Protons zu einem Deuteron zu 2,23 MeV bestimmt werden; da m_d und m_p bekannt sind, kann m_n berechnet werden.

Tabelle 1.2.1. *Masse des Neutrons und anderer leichter Teilchen*

	Masse in Gramm	Masse in Atomgewichtseinheiten (engl. amu[1])	Spin
Neutron . . .	$1{,}6748 \cdot 10^{-24}$	1,008982	$\frac{1}{2}$
H-Atom . . .	$1{,}6734 \cdot 10^{-24}$	1,008141	
Proton . . .	$1{,}6725 \cdot 10^{-24}$	1,007592	$\frac{1}{2}$
Elektron . .	$9{,}107 \cdot 10^{-28}$	$5{,}487 \cdot 10^{-4}$	$\frac{1}{2}$

[1] amu = *a*tomic *m*ass *u*nits.

In der Tabelle 1.2.1 wird die Masse des Neutrons mit der anderer leichter Teilchen verglichen.

Das Neutron ist um 0,000841 Masseneinheiten schwerer als das H-Atom. Derart kleine Massendifferenzen pflegt man in „Tausendstel Masseneinheiten" (TME) auszudrücken; es ist 1 TME = $^1/_{1000}$ Atomgewichtseinheit; nach der Beziehung $E = Mc^2$ entspricht 1 TME einer Energie von 0,931 MeV.

Die Massendifferenz Neutron—Wasserstoffatom beträgt demnach 0,841 TME. Es ist daher möglich, daß das Neutron einen β-Zerfall in ein Proton und ein Elektron mit einer Maximalenergie von $0{,}931 \times 0{,}841$ MeV $= 0{,}781$ MeV ausführt. Dieser β-Zerfall des freien Neutrons wurde erstmalig im Jahre 1948 von SNELL direkt beobachtet. Die von ROBSON bestimmte Maximalenergie dieses Zerfalls beträgt $0{,}782 \pm 0{,}013$ MeV in Übereinstimmung mit dem aus der Massendifferenz berechneten Wert. Die Halbwertzeit des freien Neutrons gegenüber diesem Zerfall beträgt $12{,}8 \pm 2{,}3$ min. Es lebt also lange verglichen mit allen Vorgängen, mit denen wir es im folgenden zu tun haben werden, und ist vom Standpunkt dieser Vorgänge als stabiles Teilchen anzusehen.

1.3. Wirkungsquerschnitt, Stoßzahl, freie Weglänge

Ein paralleler Neutronenstrahl der Intensität J — J ist die Anzahl der Neutronen, die durch eine zur Strahlrichtung senkrechte Fläche von 1 cm² in der Sekunde hindurchtreten — treffe auf Materie, die N gleiche Atome je cm³ enthält. Dann ist die Zahl der „Ereignisse", d.i. Streuungen (s), Absorptionen (a) usw. je sec und cm³:

$$\nu = N \cdot \sigma \cdot J. \tag{1.3.1}$$

Dabei ist vorausgesetzt, daß der Strom die Schicht praktisch ungeschwächt durchdringt. Die Proportionalitätskonstante σ nennt man den atomaren *Wirkungsquerschnitt*. σ hat die Dimension [cm²], wie aus den Dimensionen der übrigen Größen in (1.3.1) folgt: $J\,[\sec^{-1}\mathrm{cm}^{-2}]$; $N\,[\mathrm{cm}^{-3}]$; $\nu\,[\sec^{-1}\mathrm{cm}^{-3}]$. Man unterscheidet Absorptionsquerschnitt σ_a, Streuquerschnitt σ_s usw. Die Summe der verschiedenen Wirkungsquerschnitte nennt man den *totalen* Wirkungsquerschnitt:

$$\sigma_{\text{tot}} = \sigma_a + \sigma_s + \cdots. \tag{1.3.2}$$

Die Größe

$$\sigma \cdot N = \Sigma\,[\mathrm{cm}^{-1}] \tag{1.3.3}$$

bezeichnet man häufig als *makroskopischen* Wirkungsquerschnitt, da sie den Wirkungsquerschnitt pro cm^3 angibt. Σ ist gleichsam die durch die Atome „bedeckte Fläche des Kubikzentimeters, den der Strom J durchsetzt". Die Bezeichnung „makroskopischer Wirkungsquerschnitt" ist nicht glücklich, da Σ die Dimension $[\mathrm{cm}^{-1}]$ hat, ein Wirkungsquerschnitt jedoch die Dimension $[\mathrm{cm}^2]$ haben sollte. Man kann Σ auch als die „Wahrscheinlichkeit" dafür auffassen, daß ein Neutron auf dem Weg 1 cm gestreut (absorbiert usw.) wird. Die physikalische Bedeutung von Σ wird später noch klarer werden.

Die Anzahl N der Atome im cm^3 einer Substanz erhält man aus:

$$N = \frac{\text{Dichte}}{\text{Atomgewicht}} \times \text{Loschmidtzahl}. \tag{1.3.4}$$

Für Graphit der Dichte 1,6 findet man z.B.

$$N = \frac{1{,}6}{12} \cdot 6{,}02 \cdot 10^{23} = 8 \cdot 10^{22}\,\text{Atome/cm}^3. \tag{1.3.5}$$

Enthält die streuende oder absorbierende Substanz Moleküle mit Atomen verschiedener Wirkungsquerschnitte, so gilt an Stelle von (1.3.1)

$$\nu = J \cdot N_{\text{Mol}} \cdot \sum_i n_i \cdot \sigma_i, \tag{1.3.6}$$

worin

$$N_{\text{Mol}} = \frac{\text{Dichte}}{\text{Molekulargewicht}} \cdot \text{Loschmidtzahl} \tag{1.3.7}$$

die Anzahl der Moleküle im cm^3 und n_i die Zahl der Atome i mit dem Wirkungsquerschnitt σ_i im Molekül ist. Die Wirkungsquerschnitte sind also additiv. Wir werden aber auch Ausnahmen von dieser Regel kennenlernen.

Wir stellen nun eine Überlegung an, die uns zum Begriff der mittleren freien Weglänge (für Streuung, Absorption usw.) führen wird. Ein Neutron treffe auf die Oberfläche einer Substanz. Die Wahrscheinlichkeit, daß in der Substanz ein Atom getroffen wird, ist proportional dem Weg Δx in der Substanz:

$$\Sigma \cdot \Delta x. \tag{1.3.8}$$

Die Wahrscheinlichkeit, daß das Neutron den Weg Δx ohne Treffer durchläuft, ist dann

$$1 - \Sigma \cdot \Delta x. \tag{1.3.9}$$

Die Wahrscheinlichkeit, durch $n \cdot \Delta x = x$ cm ohne Treffer zu laufen, ist

$$(1 - \Sigma \cdot \Delta x)^n = (1 - \Sigma \cdot \Delta x)^{\frac{x}{\Delta x}} = (1 - \Sigma \cdot \Delta x)^{\frac{\Sigma \cdot x}{\Sigma \cdot \Delta x}}. \tag{1.3.10}$$

Für $\Delta x \to 0$, d.h. $n \to \infty$, und mit x = konstant wird diese Wahrscheinlichkeit

$$\lim_{\Delta x \to 0} (1 - \Sigma \cdot \Delta x)^{\frac{\Sigma \cdot x}{\Sigma \cdot \Delta x}} = e^{-\Sigma x}. \tag{1.3.11}$$

Der Bruchteil $e^{-\Sigma x}$ durchdringt also die Strecke x ohne Treffer, d.h. $e^{-\Sigma x}$ ist die Wahrscheinlichkeit, daß ein Neutron die Strecke x ohne Stoß durchläuft.

Die Wahrscheinlichkeit, daß das Neutron nach Durchlaufen der Strecke x auf dem darauffolgenden Weg dx ein Atom trifft, ist nach (1.3.8) und (1.3.11)

$$e^{-\Sigma x} \cdot \Sigma \cdot dx. \tag{1.3.12}$$

Die Wahrscheinlichkeit, daß es auf einem beliebig langen Wegstück trifft, ist

$$\int_0^\infty e^{-\Sigma x} \Sigma \, dx = 1. \tag{1.3.13}$$

Wir wollen jedoch nicht wissen, daß der Stoß auf einem unendlich langen Weg sicher erfolgt, sondern wie groß der Weg ist, auf dem es im Mittel einmal stößt. Hierzu multipliziert man alle Wege x mit der „Häufigkeit" (1.3.12) ihres Auftretens, summiert, und dividiert durch ihre „Anzahl", d.i. durch (1.3.13). Dann erhält man den „mittleren" Weg für einen Treffer:

$$\lambda = \frac{\int_0^\infty x e^{-\Sigma x} \Sigma \, dx}{\int_0^\infty e^{-\Sigma x} \Sigma \, dx} = \int_0^\infty x e^{-\Sigma x} \Sigma \, dx = \frac{1}{\Sigma}. \tag{1.3.14}$$

Wir erhalten das wichtige Resultat, daß die „freie Weglänge" λ für einen Treffer (Streuung, Absorption) das Reziproke des makroskopischen Wirkungsquerschnittes Σ (1.3.3) ist:

$$\lambda = \frac{1}{\Sigma} = \frac{1}{N\sigma}. \tag{1.3.15}$$

Es gelten folgende Beziehungen:

$$N \sigma_{\text{total}} = \Sigma_{\text{tot}} = \sigma_s \cdot N + \sigma_a N + \cdots = \Sigma_s + \Sigma_a + \cdots, \tag{1.3.16}$$

$$\Sigma_{\text{total}} = \frac{1}{\lambda_{\text{total}}}, \tag{1.3.17}$$

$$\frac{1}{\lambda_{\text{total}}} = \frac{1}{\lambda_s} + \frac{1}{\lambda_a} + \cdots. \tag{1.3.18}$$

Wir betrachten wieder Graphit der Dichte 1,6 als Beispiel; der Streuquerschnitt von Kohlenstoff für thermische Neutronen (vgl. 3. Kapitel) ist

$\sigma_s = 4{,}8$ barn[1]

$\Sigma_s = 4{,}8 \cdot 10^{-24} \cdot 8 \cdot 10^{22} = 0{,}38 \text{ cm}^{-1}$.

[1] Als Maßeinheit für Wirkungsquerschnitte verwendet man in der Kernphysik die Größe 1 barn $= 10^{-24}$ cm^2.

Also folgt für die Streuweglänge

$$\lambda_s = \frac{1}{0{,}38} = 2{,}6\ \text{cm}.$$

Der Absorptionsquerschnitt von reinem Graphit für Neutronen der Geschwindigkeit $v = 2200$ m/sec (d.i. die häufigste Geschwindigkeit einer thermischen Verteilung von Zimmertemperatur, vgl. Abschnitt 3.2) ist:

$$\sigma_a = 0{,}0032\ \text{barn},$$

$$\Sigma_a = 0{,}0032 \cdot 10^{-24} \cdot 8 \cdot 10^{22} = 0{,}27 \cdot 10^{-3}\ \text{cm}^{-1}.$$

Für die Absorptionsweglänge folgt also:

$$\lambda_a = \frac{1}{0{,}27} \cdot 10^3 = 3700\ \text{cm}.$$

Bewegt sich ein Neutron mit einer konstanten Geschwindigkeit v, so ist die mittlere *Zeit zwischen zwei Stößen*

$$\tau = \frac{\lambda}{v}. \tag{1.3.19}$$

Die *Zahl derartiger Stöße in 1 sec pro Neutron* ist:

$$\nu = \frac{1}{\tau} = \frac{v}{\lambda} = v \cdot \Sigma. \tag{1.3.20}$$

Diese Stoßzahl ν pro Neutron und Sekunde ist eine in der Praxis öfters gebrauchte Größe. Befindet sich z.B. in einer Substanz mit dem Absorptionsquerschnitt Σ_a die Anzahl n Neutronen mit einer Geschwindigkeit v, so ist $n \cdot \nu_a = \Phi \cdot \Sigma_a$ die Zahl der pro Sekunde in dieser Substanz absorbierten Neutronen, wobei $\Phi = n \cdot v$ der später (Abschnitt 3.1) noch zu erläuternde Neutronenfluß ist.

1.4. Empirische Wirkungsquerschnitte

Die Wirkungsquerschnitte der Atomkerne gegenüber Neutronen für Streuung, Absorption usw. zeigen eine komplizierte Abhängigkeit von der Neutronenenergie. Die Erklärung dieses Verhaltens gehört in die Kerntheorie; uns interessiert das empirische Verhalten dieser Querschnitte.

Mit Ausnahme der Reaktionen an leichten Kernen verlaufen alle Neutronenreaktionen über einen Zwischenkern (compound nucleus), der mit der Bindungsenergie des Neutrones und seiner kinetischen Energie angeregt ist. Fällt diese Anregungsenergie mit einem seiner Niveaus zusammen, so ist die Wahrscheinlichkeit für die Bildung des Zwischenkerns besonders groß, der Querschnitt zeigt eine Resonanzstelle. Der angeregte Zwischenkern kann durch Emission eines Neutrons mit der Einfallsenergie (Resonanzstreuung) oder durch Aussendung von γ-Strahlung (Strahlungseinfang) zerfallen. Bei hinreichender Anregungsenergie können geladene Teilchen oder mehrere Neutronen [(n, p)-, (n, α)- oder $(n, 2n)$-Reaktion] emittiert werden. Insbesondere kann ein Neutron mit einer gegenüber der Einfallsenergie verminderten Energie emittiert werden, wobei der Kern angeregt zurückbleibt (inelastische Streuung).

Leichte Kerne haben wenige voneinander weit getrennte Niveaus; dementsprechend liegen die Resonanzstellen in sehr großen Abständen. Bei schweren Kernen liegen die Niveaus dicht; infolgedessen zeigt ihr Wirkungsquerschnitt sehr viele Resonanzen, die sich bei größeren Neutronenenergien überlappen und schließlich in ein Kontinuum übergehen. An Hand dieses Sachverhaltes läßt sich die Abhängigkeit der Querschnitte von der Energie in groben Zügen erklären. Für die Diskussion teilt man die Neutronen nach ihrer Energie in 3 Gruppen ein:

langsame Neutronen, $E < 1000$ eV,
mittelschnelle Neutronen, 1 keV $< E <$ 500 keV,
schnelle Neutronen, 500 keV $< E <$ 10 MeV.

Ferner unterscheidet man

leichte Kerne, $A < 25$,
mittlere Kerne, $25 < A < 80$,
schwere Kerne, $A > 80$.

a) Leichte Kerne. Im allgemeinen bildet sich bei der Wechselwirkung eines langsamen oder mittelschnellen Neutrons mit einem leichten Kern kein Zwischenkern, vielmehr wird das Neutron an der Kernoberfläche reflektiert. Der Querschnitt für diese Potentialstreuung ist größenordnungsmäßig gleich dem geometrischen Kernquerschnitt. Mit Ausnahme einiger Reaktionen, bei denen geladene Teilchen entstehen [$B^{10}(n, \alpha)Li^7$; $Li^6(n, \alpha)H^3$; $He^3(n, p)H^3$; $N^{14}(n, p)C^{14}$] zeigt der totale Querschnitt daher einen von der Energie wenig abhängigen Verlauf und ist nahezu gleich dem Streuquerschnitt. Erst im schnellen Bereich zeigen sich einzelne Resonanzstellen.

b) Langsame und mittelschnelle Neutronen, mittlere Kerne. Die häufigsten Reaktionen in diesem Bereich sind elastische Streuung und Einfang. (n, α)- und (n, p)-Reaktionen sind wegen der Coulomb-Schwelle unwahrscheinlich. Der totale Querschnitt zeigt gut auflösbare Resonanzstellen.

c) Langsame Neutronen, schwere Kerne. Hauptreaktion ist Einfang und bei einigen schweren Kernen Spaltung. Der totale Querschnitt zeigt viele Resonanzen in Abständen von 1 bis 10 eV.

Für sehr kleine Energien verläuft der Einfangquerschnitt und damit in den meisten Fällen auch der totale Querschnitt wie $1/v$. Dieses Verhalten läßt sich daraus erklären, daß die Wahrscheinlichkeit für den Einfang eines Neutrons proportional zu der Zeit ist, die es in der Nähe des Kerns verweilt[1].

d) Mittelschnelle Neutronen, schwere Kerne. Hauptreaktionen sind wiederum Einfang und elastische Streuung, mit steigender Energie tritt jedoch der Einfang gegenüber der Streuung zurück. Die Resonanzstruktur des totalen Querschnitts geht in ein Kontinuum über.

e) Schnelle Neutronen, mittlere und schwere Kerne. In diesem Gebiet werden (n, p)-, (n, α)- und $(n, 2n)$-Reaktionen sowie die inelastische Streuung von Neutronen möglich; mit steigender Energie wird die inelastische Streuung die vorherrschende Reaktion. Der totale Querschnitt zeigt einen kontinuierlichen Verlauf und nähert sich bei sehr großen Energien dem doppelten geometrischen Kernquerschnitt.

Zur Illustration dieser Diskussion werden in Abb. 1.4.1, 2, 3 die Querschnitte von Sauerstoff ($A = 16$), Mn ($A = 55$) und In ($A = 115$) wiedergegeben.

---

[1] Das $1/v$-Gesetz für den Einfangquerschnitt gegenüber langsamen Neutronen gilt für fast alle Kerne.

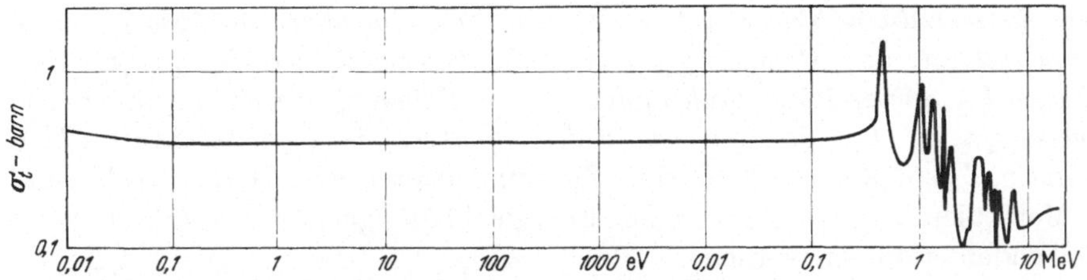

Abb. 1.4.1. Totaler Wirkungsquerschnitt von Sauerstoff als Funktion der Energie

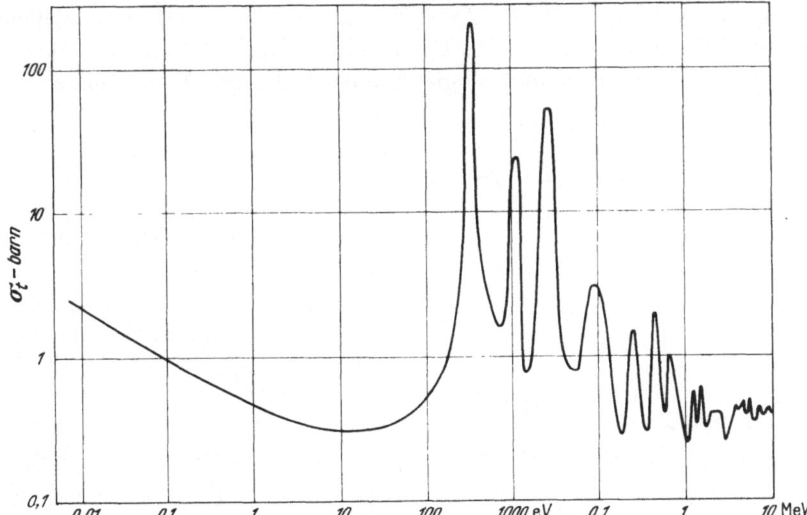

Abb. 1.4.2. Totaler Wirkungsquerschnitt von Mangan als Funktion der Energie

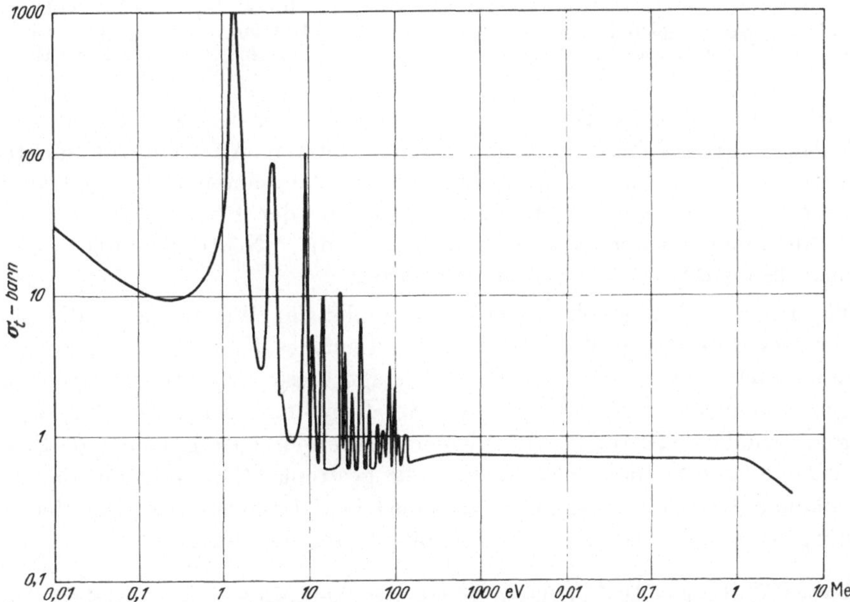

Abb. 1.4.3. Totaler Wirkungsquerschnitt von Indium als Funktion der Energie

Im Rahmen dieses Buches interessieren uns aber vor allem die Absorptions- und Streuquerschnitte der Atomkerne gegenüber Neutronen kleiner Energie ($E < 1$ eV). *In diesem Energiebereich verläuft in den meisten Fällen* σ_a *wie* $1/v$; *für leichte Kerne ist meist* $\sigma_a \ll \sigma_s$. *Der Streuquerschnitt der Atomkerne ist in diesem Energiebereich konstant und beträgt einige barn.* Das Zusammentreten von Atomen zu Kristallen oder Molekülen kann jedoch zu einer Energieabhängigkeit von σ_s führen, wie wir im folgenden erläutern werden.

Für sehr kleine Neutronenenergien zeigen die Streuquerschnitte *kristalliner* Substanzen eine starke Energieabhängigkeit, wie man am Beispiel des Berylliums in Abb. 1.4.4 sieht. Dies Verhalten hängt mit den Welleneigenschaften des Neutrons zusammen: Bekanntlich kann man einem Teilchen der Masse m und der kinetischen Energie E eine de Broglie-Wellenlänge

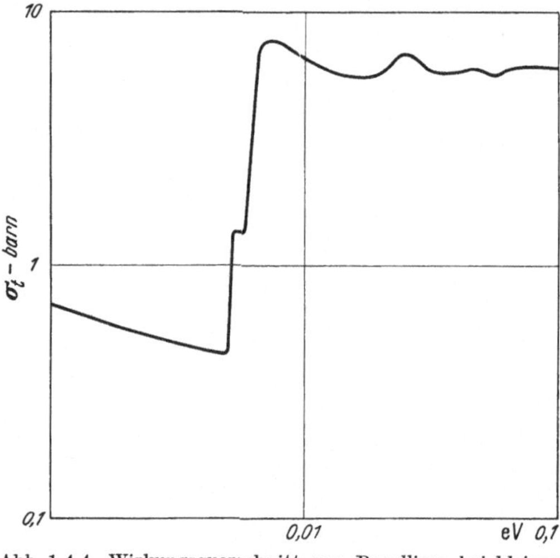

Abb. 1.4.4. Wirkungsquerschnitt von Beryllium bei kleiner Neutronenenergie.

$$\lambda = \frac{h}{\sqrt{2mE}}$$

zuordnen. Tabelle 1.4.1 zeigt λ für verschiedene Neutronenenergien.

Tabelle 1.4.1. *de Broglie-Wellenlänge des Neutrons als Funktion der Energie*

E (eV)	λ (cm)
0,01	$2{,}82 \cdot 10^{-8}$
0,025	$1{,}81 \cdot 10^{-8}$
0,1	$9 \cdot 10^{-9}$
1	$2{,}86 \cdot 10^{-9}$
10	$9 \cdot 10^{-10}$
100	$2{,}86 \cdot 10^{-10}$
1000	$9 \cdot 10^{-11}$
10000	$2{,}86 \cdot 10^{-11}$
100000	$9 \cdot 10^{-12}$
1 MeV	$2{,}86 \cdot 10^{-12}$

Man sieht, daß für Neutronenenergien von etwa 0,01 bis 0,1 eV die de Broglie-Wellenlänge in der Größenordnung interatomarer Abstände in Kristallen (10^{-8} cm) liegt. Bei der Streuung von derartig langsamen Neutronen an Kristallen treten Interferenzeffekte auf, wie sie aus der Röntgenphysik bekannt sind. Auf diesen Interferenzeffekten beruht die „Neutronenoptik“, die im Rahmen dieses Buches nicht behandelt wird[1].

Wie aus der Röntgenphysik bekannt, findet für Wellenlängen, die größer sind als der doppelte größte Netzebenenabstand des Kristalls, keine kohärente Streuung mehr statt. Für Beryllium beträgt diese Grenzwellenlänge 3,95 Å, infolgedessen zeigt der Streuquerschnitt des Berylliums bei $E = 0{,}0052$ eV einen scharfen Abfall. Neutronen mit kleinerer Energie, also größerer de Broglie-Wellenlänge, werden praktisch nicht mehr gestreut. (Es verbleibt dann nur die inkohärente Streuung. Die verschiedenen Ursachen der inkohärenten Streuung werden bei HUGHES, l. c., Kapitel 9 und 10, diskutiert.)

[1] Siehe z. B. HUGHES, D. J.: Neutron Optics. New York: Interscience Publishers 1954. — BACON, G. E.: Neutron Diffraction. Oxford: Clarendon Press 1955.

Tabelle 1.4.2. *Wirkungsquerschnitte von Elementen für langsame Neutronen*

Die Werte für den Absorptionsquerschnitt gelten für Neutronen mit einer Geschwindigkeit $v_0 = 2200$ m/sec; v_0 ist die wahrscheinlichste Geschwindigkeit in einer Maxwell-Verteilung bei Zimmertemperatur (s. 3.2). Für einen $1/v$-Verlauf des Wirkungsquerschnitts beträgt der effektive Querschnitt gegenüber einer Maxwell-Verteilung

$$\overline{\sigma(v)} = \frac{\sqrt{\pi}}{2}\,\sigma(v_0).$$

Für die Fälle, in denen der Querschnitt vom $1/v$-Verlauf abweicht, ist ein Korrekturfaktor f angegeben, mit dessen Hilfe man dann erhält

$$\overline{\sigma(v)} = \frac{\sqrt{\pi}}{2}\,f\,\sigma(v_0).$$

Die angegebenen Streuquerschnitte sind Mittelwerte über das thermische Spektrum bei Zimmertemperatur.

Alle Querschnitte gelten für die Elemente in ihrer natürlichen Isotopen-Zusammensetzung. Die Einheit ist, wenn nichts anderes angegeben ist, 1 barn = 1000 mbarn = 10^{-24} cm^2.

Element	σ_a	$\bar{\sigma}_s$	Element	σ_a	$\bar{\sigma}_s$
${}_{1}$H	332 ± 2 mb	38 ± 4	${}_{44}$Ru	2,46 ± 0,12	6 ± 1
${}_{2}$He	(0)	0,8 ± 0,2	${}_{45}$Rh	150 ± 7	5 ± 1
${}_{3}$Li	71,0 ± 1,0	1,4 ± 0,3	${}_{46}$Pd	8,0 ± 1,5	3,6 ± 0,6
${}_{4}$Be	10 ± 1 mb	7 ± 1	${}_{47}$Ag	62 ± 2	6 ± 1
${}_{5}$B	755 ± 2	4 ± 1	${}_{48}$Cd	2550 ± 100	7 ± 1
${}_{6}$C	3,2 ± 0,2 mb	4,8 ± 0,2		(f = 1,3)	
${}_{7}$N	1,88 ± 0,05	10 ± 1	${}_{49}$In	190 ± 10	2,2 ± 0,5
${}_{8}$O	< 0,2 mb	4,2 ± 0,3	${}_{50}$Sn	0,60 ± 0,10	4 ± 1
${}_{9}$F	< 10 mb	3,9 ± 0,2	${}_{51}$Sb	5,5 ± 1,0	4,3 ± 0,5
${}_{10}$Ne	< 2,8	2,4 ± 0,3	${}_{52}$Te	4,5 ± 0,2	5 ± 1
${}_{11}$Na	505 ± 10 mb	4,0 ± 0,5	${}_{53}$I	6,7 ± 0,6	3,6 ± 0,5
${}_{12}$Mg	63 ± 4 mb	3,6 ± 0,4	${}_{54}$Xe	35 ± 5	4,3 ± 0,4
${}_{13}$Al	230 ± 5 mb	1,4 ± 0,1	${}_{55}$Cs	29,0 ± 1,5	20 ± 10
${}_{14}$Si	0,13 ± 0,03	1,7 ± 0,3	${}_{56}$Ba	1,17 ± 0,10	8 ± 1
${}_{15}$P	0,19 ± 0,03	5 ± 1	${}_{57}$La	8,9 ± 0,3	15 ± 5
${}_{16}$S	0,49 ± 0,02	1,1 ± 0,2	${}_{58}$Ce	0,70 ± 0,08	9 ± 6
${}_{17}$Cl	31,6 ± 1,0	16 ± 3	${}_{59}$Pr	11,2 ± 0,6	4,0 ± 0,4
${}_{18}$A	0,62 ± 0,04	1,5 ± 0,5	${}_{60}$Nd	46 ± 2	16 ± 3
${}_{19}$K	1,97 ± 0,06	1,5 ± 0,3	${}_{61}$Pm		
${}_{20}$Ca	0,43 ± 0,02		${}_{62}$Sm	5500 ± 200	
${}_{21}$Sc	24,0 ± 1,0	24 ± 2		(f = 1,5)	
${}_{22}$Ti	5,6 ± 0,4	4 ± 1	${}_{63}$Eu	4600 ± 400	8 ± 1
${}_{23}$V	4,98 ± 0,02	5 ± 1		(f = 0,95)	
${}_{24}$Cr	2,9 ± 0,2	3,0 ± 0,5	${}_{64}$Gd	46000 ± 2000	
${}_{25}$Mn	13,2 ± 0,4	2,3 ± 0,3		(f = 0,85)	
${}_{26}$Fe	2,53 ± 0,06	11 ± 1	${}_{65}$Tb	44 ± 4	
${}_{27}$Co	37,0 ± 1,5	7 ± 1	${}_{66}$Dy	1100 ± 150	100 ± 20
${}_{28}$Ni	4,6 ± 0,2	17,5 ± 1,0	${}_{67}$Ho	64 ± 3	
${}_{29}$Cu	3,62 ± 0,04	7,2 ± 0,7	${}_{68}$Er	166 ± 16	15 ± 4
${}_{30}$Zn	1,06 ± 0,05	3,6 ± 0,4	${}_{69}$Tm	118 ± 6	
${}_{31}$Ga	2,77 ± 0,12	4 ± 1	${}_{70}$Yb	36 ± 4	12 ± 5
${}_{32}$Ge	2,35 ± 0,20	3 ± 1	${}_{71}$Lu	108 ± 5	
${}_{33}$As	4,1 ± 0,2	6 ± 1	${}_{72}$Hf	105 ± 5	8 ± 2
${}_{34}$Se	11,8 ± 0,4	11 ± 2	${}_{73}$Ta	21,3 ± 1,0	5 ± 1
${}_{35}$Br	6,6 ± 0,5	6 ± 1	${}_{74}$W	19,2 ± 1,0	5 ± 1
${}_{36}$Kr	28 ± 5	7,2 ± 0,7	${}_{75}$Re	84 ± 4	14 ± 4
${}_{37}$Rb	0,70 ± 0,07	12 ± 2	${}_{76}$Os	14,7 ± 0,7	11 ± 1
${}_{38}$Sr	1,16 ± 0,06	10 ± 1	${}_{77}$Ir	430 ± 20	
${}_{39}$Y	1,38 ± 0,14	3 ± 2	${}_{78}$Pt	8,1 ± 0,4	10 ± 1
${}_{40}$Zr	180 ± 4 mb	8 ± 1	${}_{79}$Au	98,0 ± 1,0	9,3 ± 1,0
${}_{41}$Nb	1,1 ± 0,1	5 ± 1	${}_{80}$Hg	380 ± 20	20 ± 5
${}_{42}$Mo	2,5 ± 0,2	7 ± 1		(f = 0,95)	
${}_{43}$Tc	100 ± 25		${}_{81}$Tl	3,3 ± 0,5	14 ± 2

Tabelle 1.4.2 (Fortsetzung)

Element	σ_a	$\bar{\sigma}_s$	Element	σ_a	$\bar{\sigma}_s$
$_{82}$Pb	170 ± 10 mb	11 ± 1	$_{90}$Th	7,45 ± 0,15	
$_{83}$Bi	32 ± 2 mb	9 ± 1	$_{91}$Pa		
$_{86}$Rn			$_{92}$U	7,68 ± 0,07 (f = 0,99)	
$_{88}$Ra					
$_{89}$Ac	510 ± 40				

Abb. 1.4.5 zeigt am Beispiel des Streuquerschnittes für *gebundene* Protonen ein weiteres, bei kleinen Energien wichtiges Phänomen. Zwischen 10000 und 1 eV ist dieser Querschnitt konstant und beträgt 20 barn. Bei 1 eV beginnt ein Anstieg des Streuquerschnittes, der bei sehr kleinen Energien auf den vierfachen Wert führt. Dieser Anstieg hängt mit der chemischen Bindung der

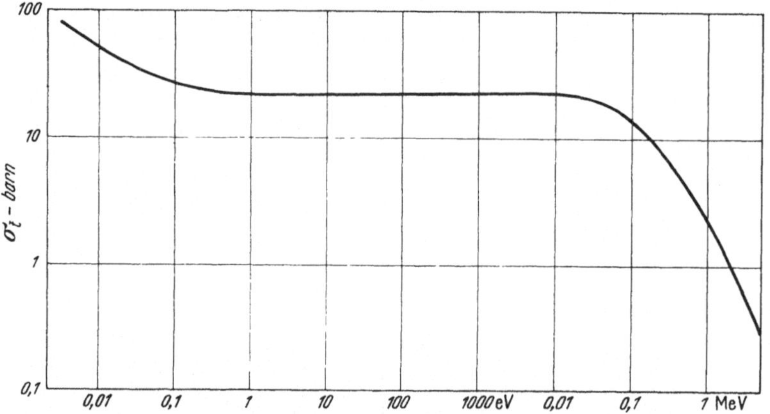

Abb. 1.4.5. Totaler Wirkungsquerschnitt von Wasserstoff (gebunden) als Funktion der Energie

Protonen zusammen. Diese Bindung ist bei Neutronenenergieen oberhalb 1 eV unwirksam und kommt um so stärker ins Spiel, je langsamer die Neutronen sind. Sie bewirkt, daß das Proton gegenüber einem sehr langsamen Neutron als völlig starr gebunden anzusehen ist. Es kann quantenmechanisch gezeigt werden, daß diese Bindung eine Erhöhung des Streuquerschnittes zur Folge hat und daß insbesondere der Streuquerschnitt eines völlig starr gebundenen Atoms vom Atomgewicht A um den Faktor $\left(\frac{A+1}{A}\right)^2$ größer ist, als der des gleichen, freien Atoms.

In der Tabelle 1.4.2 sind die Wirkungsquerschnitte der Elemente gegenüber langsamen Neutronen angeführt.

1.5. Experimentelle Bestimmung von Wirkungsquerschnitten

1.5.1. Meßmethoden für σ_t, σ_s, σ_a ...

Der *totale Wirkungsquerschnitt* wird in einem Transmissionsexperiment bestimmt. Die Intensität J eines parallelen Neutronenstrahls wird mit und ohne eine zwischen Detektor[1] und Quelle eingeführte Probe gemessen. Bezeichnet

[1] Neutronennachweisvorrichtungen beruhen auf durch Neutronen ausgelösten Kernreaktionen, bei denen ionisierende Strahlung entsteht. Näheres im 7. Kapitel.

man mit N die Anzahl der Atome je cm³ in der Probe, und mit d deren Dicke, so gilt:

$$J' = J \cdot e^{-N d \sigma}, \qquad \sigma = \frac{1}{N d} \log \frac{J}{J'}. \tag{1.5.1}$$

Für die Anwendbarkeit dieses Verfahrens ist vorauszusetzen, daß

1. die Dicke der Probe einheitlich und genau bekannt ist,
2. der Neutronenstrahl gut parallel ist,
3. keine gestreuten Neutronen den Detektor erreichen („gute“ Geometrie),
4. der Neutronenstrahl monoenergetisch ist.

Soll der mittlere Querschnitt für ein ganzes Spektrum $J(E)$ bestimmt werden, so ist zu beachten, daß infolge der Energieabhängigkeit des totalen Querschnitts

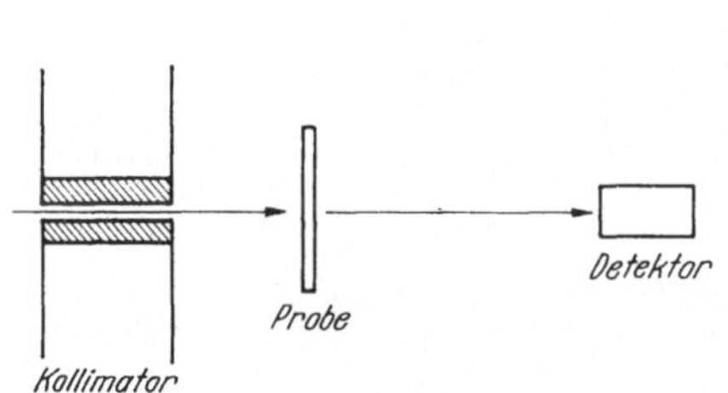

Abb. 1.5.1. Transmissionsexperiment zur Bestimmung des totalen Wirkungsquerschnitts

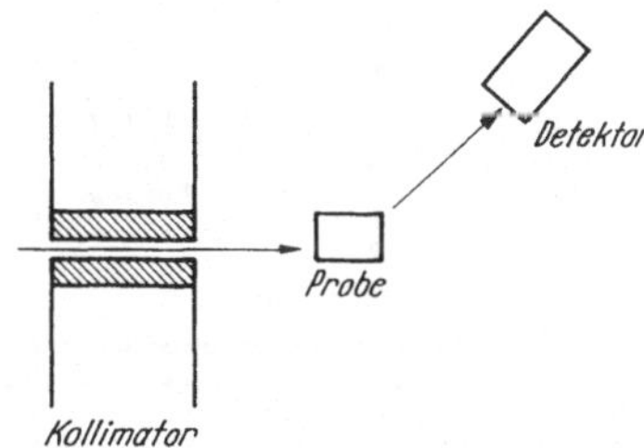

Abb. 1.5.2. Bestimmung des differentiellen Streuquerschnitts an Hand der gestreuten Neutronen

in einer dicken Probe Veränderungen des Spektrums auftreten können. An Stelle von Gl. (1.5.1) tritt dann eine Beziehung der Form

$$J' = \int_0^\infty J(E)\, e^{-N d \sigma(E)}\, dE. \tag{1.5.2}$$

Für sehr dünne Proben ($N d \sigma \ll 1$) folgt dann

$$J' = J[1 - N d \bar{\sigma}] \approx J \cdot e^{-N d \bar{\sigma}} \tag{1.5.3}$$

mit

$$\bar{\sigma} = \int_0^\infty \frac{J(E)}{J}\, \sigma(E)\, dE.$$

Den (elastischen) *Streuquerschnitt* σ_s mißt man an Hand der gestreuten Teilchen, vgl. Abb. 1.5.2. Der Detektor erfasse einen Raumwinkelbereich $\Delta\Omega$ und registriere pro sec $\Delta Z(\Omega)$ Teilchen. Dann ist, wenn die Probe hinreichend dünn ist, damit keine Mehrfachstreuung auftritt,

$$\left.\begin{aligned} \Delta Z(\Omega) &= J \cdot F \cdot d \cdot N \cdot \frac{d\sigma}{d\Omega}\, \Delta\Omega \\ \frac{d\sigma}{d\Omega} &= \frac{\Delta Z}{\Delta\Omega} \cdot \frac{1}{F \cdot d \cdot N}. \end{aligned}\right\} \tag{1.5.4}$$

Die Größe $d\sigma/d\Omega$ heißt „differentieller Streuquerschnitt“. Der gesamte Streuquerschnitt wird daraus durch Integration gewonnen.

Bei einer Variante dieses Verfahrens hat die Probe die Form eines Kreisringes, auf dessen Achse, wie in Abb. 1.5.3, sich die (punktförmige) Neutronenquelle und der Detektor befinden. Wichtig ist in beiden Fällen, den Detektor gegen die direkte Strahlung der Quelle abzuschirmen; weiterhin muß man (bei Messungen mit schnellen Neutronen) die inelastisch gestreuten Neutronen ausschließen; das geschieht durch Verwendung von sog. *Schwellendetektoren* (Kap. 7).

In vielen Fällen, insbesondere für leichte Kerne und langsame Neutronen, ist $\sigma_s \approx \sigma_t$, dann folgt der (gesamte) Streuquerschnitt aus der Transmissionsmessung.

Der sog. „*nichtelastische Querschnitt*" $\sigma_{ne} = \sigma_t - \sigma_s$, $\sigma_{ne} = \sigma_{\text{inel}} + \sigma_{n,\gamma} + \sigma_{n,2n} + \cdots$, kann aus der Transmission in der in Abb. 1.5.4 gezeigten Weise bestimmt werden.

Abb. 1.5.3. Bestimmung des differentiellen Streuquerschnitts an Hand der von einem Kreisring gestreuten Neutronen

Abb. 1.5.4. Messung des nichtelastischen Querschnitts durch ein Transmissionsexperiment mit Kugelschalen

Die zu untersuchende Substanz umgebe die punktförmige, als isotrop vorausgesetzte Quelle in Form einer dünnen Kugelschale der Dicke d. Es läßt sich zeigen, daß die Anzahl der Neutronen, die durch elastische Streuung aus dem direkten Strahl zum Detektor herausgestreut werden, gleich der Anzahl von Neutronen ist, die durch Streuung in den übrigen Teilen der Kugelschale zum Detektor gelangen. Ein Transmissionsexperiment in dieser Anordnung liefert bei Verwendung eines Detektors, der auf inelastisch gestreute Neutronen nicht anspricht, den nichtelastischen Querschnitt σ_{ne}. Dieses Verfahren findet für Messungen mit monoenergetischen schnellen Neutronen Verwendung; da die dabei verwendeten Quellen nicht isotrop sind, umgibt man statt der Quelle den isotrop empfindlichen Detektor mit der Testsubstanz; auch in diesem Fall beeinflussen elastisch gestreute Neutronen das Ergebnis nicht.

Der *inelastische Streuquerschnitt* σ_{inel} kann z.B. an Hand der durch inelastische Streuung angeregten γ-Strahlung bestimmt werden. Aus einer Messung der Energieverteilung der gestreuten Neutronen folgt der differentielle inelastische Streuquerschnitt.

Spezielle Reaktionsquerschnitte $\sigma_{n,\gamma}, \sigma_{n,p}, \sigma_{n,2n}, \ldots$ können an Hand der auftretenden Reaktionsprodukte bestimmt werden. In vielen Fällen ist der Restkern radioaktiv und der Querschnitt kann aus einer Messung der Aktivierung bestimmt werden. Querschnitte für (n, γ)-Prozesse, die zu einem stabilen Endkern führen, können gemessen werden, indem man die Probe nach einer definierten Neutronenbestrahlung mit einem Massenspektrographen analysiert.

Die für die angewandte Neutronenphysik besonders wichtigen *Absorptionsquerschnitte* σ_a *für langsame Neutronen* werden vielfach nach sog. „integralen Methoden" bestimmt; wir werden eine Reihe derartiger Verfahren im 10. und 12. Abschnitt kennenlernen.

1.5.2. Neutronenspektroskopie in allen Energiebereichen

Messungen der Energieabhängigkeit von Wirkungsquerschnitten müssen mit *monoenergetischen* Neutronen durchgeführt werden. Monoenergetische Neutronenquellen mit Energien oberhalb etwa 10 keV lassen sich, wie wir später diskutieren werden, durch geeignete Kernreaktionen mit künstlich beschleunigten Teilchen herstellen. Die bei weitem stärkste Quelle für Neutronen < 10 keV, der Kernreaktor, liefert aber ein kontinuierliches (Neutronen)-Spektrum. Daher sind Methoden entwickelt worden, aus einem kontinuierlichen Spektrum diskrete Energiegruppen abzutrennen. Einige dieser Methoden beruhen auf der Verwendung regelrechter „Monochromatoren". Bei anderen werden Nachweisverfahren benutzt, die nur auf Neutronen bestimmter Energie ansprechen.

Da die Wirkungsquerschnitte mitunter stark mit der Energie variieren, ist von allen spektroskopischen Verfahren ein hohes Auflösungsvermögen zu fordern. Als Maß für das Auflösungsvermögen bei der Energie E verwendet man die Größe $\Delta E/E$; dabei ist ΔE die apparativ bedingte „spektrale Breite".

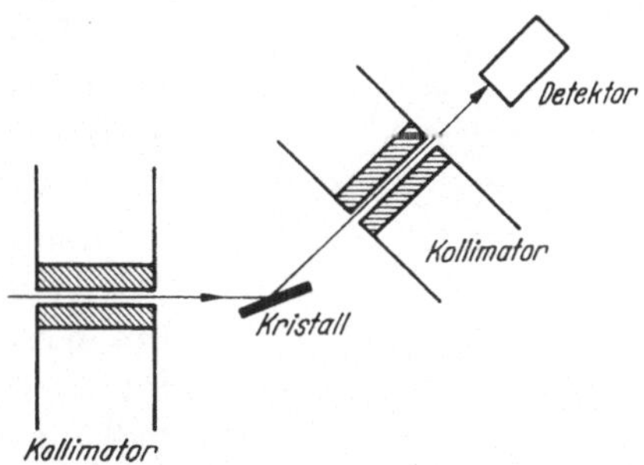

Abb. 1.5.5. Prinzip des Kristallspektrometers

a) Monoenergetische Neutronenquellen. Durch eine Reihe von (d, n)- und (p, n)-Prozessen mit künstlich beschleunigten Deuteronen und Protonen lassen sich monoenergetische Neutronen jeder gewünschten Energie herstellen, dies wird im einzelnen im Kapitel 2.4 beschrieben. ΔE beträgt, wie dort auch gezeigt wird, stets einige hundert eV; daher wird bei Energien unter 10 keV die Auflösung dieser Quellen zu gering.

Monochromatische *radioaktive* Neutronenquellen sind die in Abschnitt 2.3 zu besprechenden Photoneutronenquellen. Ihre Anwendungsmöglichkeit ist wegen der geringen Anzahl von möglichen Energiebereichen sehr begrenzt.

b) Monochromatoren. Monochromatoren existieren nur für den Energiebereich 0,001 bis 20 eV. Allerdings ist gerade dies der Bereich, in dem die Wirkungsquerschnitte der schweren Kerne ihre ausgeprägteste Resonanzstruktur zeigen, wo Messungen mit monochromatischen Neutronen also besonders interessant sind.

Beim *Kristallspektrometer* wird die Tatsache ausgenutzt, daß die de Broglie-Wellenlänge langsamer Neutronen von der Größenordnung 10^{-8} cm ist. Es ist daher möglich, durch Braggsche Reflexionen an den Netzebenen eines Kristalls aus einem kontinuierlichen Neutronenspektrum diskrete Energiegruppen abzutrennen. Dies werde an Hand von Abb. 1.5.5 erläutert:

Ein schmaler, eng gebündelter Neutronenstrahl trifft unter dem Glanzwinkel ϑ auf einen Einkristall. Der reflektierte Strahl trifft auf einen Detektor. Nur solche Neutronen werden reflektiert, deren de Broglie-Wellenlänge die Braggsche Beziehung

$$n\lambda = 2d\sin\vartheta \tag{1.5.5}$$

erfüllen; dabei ist n die Ordnung der Reflexion und d der Abstand der reflektierenden Netzebenen, die meist der Kristalloberfläche parallel liegen. Als

Kristalle werden z.B. LiF und Be verwendet. Man arbeitet in erster Ordnung, da die Reflexionsintensität mit $1/n^2$ abnimmt.

Der Netzebenenabstand für die 111-Ebenen beim LiF beträgt 2,32 Å; für eine Neutronenenergie von 1 eV beträgt somit $\vartheta = 3{,}5°$, für 100 eV-Neutronen $\vartheta = 0{,}35°$.

Das Auflösungsvermögen des Kristallspektrometers ist durch die Winkeldivergenz $\Delta\vartheta$ des einfallenden Bündels begrenzt. Man findet leicht mit Gl. (1.5.5)

$$\frac{\Delta E}{E} = 2 \operatorname{ctg} \vartheta \, \Delta\vartheta . \tag{1.5.6}$$

Bei den besten bis heute gebauten Kristallmonochromatoren liegt die Winkeldivergenz $\Delta\vartheta$ in der Größenordnung 0,1°. Für das oben erwähnte Beispiel von 100 eV-Neutronen auf LiF beträgt die Auflösung demnach $\approx 50\%$. Der Anwendungsbereich des Kristallspektrometers hat dadurch nach oben eine Grenze bei etwa 20 eV.

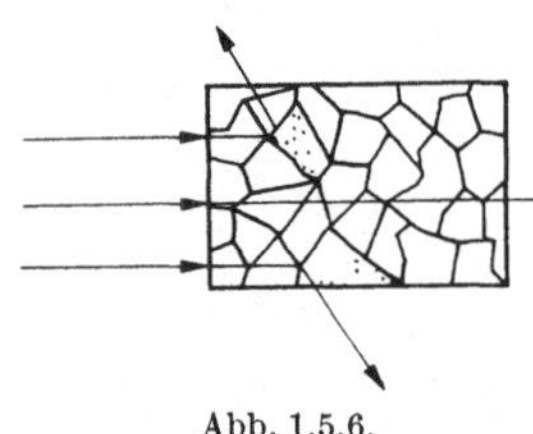

Abb. 1.5.6. Herstellung „kalter" Neutronen

Das Arbeiten bei höheren Energien ist auch aus Intensitätsgründen erschwert: Das Reflexionsvermögen des Kristalls variiert wie $1/E$. Das auf das Spektrometer einfallende Spektrum geht ebenfalls mit $1/E$, so daß die erreichten Intensitäten mit $1/E^2$ abfallen. Nach kleinen Energien machen sich Reflexionen höherer Ordnung bemerkbar; praktisch arbeitet man nicht unter 0,05 bis 0,1 eV.

Nahezu monochromatische, sehr langsame Neutronen kann man durch Verwendung eines *Filters* herstellen. In Abschnitt 1.4 wurde an Hand des Streuquerschnittes von Beryllium beschrieben, wie in einem kristallinen Körper bei $\lambda > 2d_{\max}$ der Streuquerschnitt scharf abfällt. Dieses Verhalten führt zu einer Filterwirkung. Dazu betrachten wir in Abb. 1.5.6 den Durchgang eines Neutronenstrahls durch ein polykristallines Material. Während die Neutronen mit $\lambda < 2d_{\max}$ durch elastische Streuung aus dem Strahl verschwinden, durchsetzen die sog. „kalten" Neutronen $\lambda > 2d_{\max}$ die Probe fast ungeschwächt.

Tabelle 1.5.1. *Filter für „kalte" Neutronen*

Filter	λ_m (Å)	E_m (eV)	Filter	λ_m (Å)	E_m (eV)
Be	3,95	0,0052	Fe	4,04	0,0050
BeO	4,4	0,0042	Ni	4,06	0,0050
C (Graphit) . . .	6,64	0,00183	Ca	4,16	0,0047
Al	4,67	0,00375	Pb	5,7	0,0025
Mn	12,6	0,03052	Bi	8,00	0,00128

Abb. 1.5.7 zeigt das Geschwindigkeitsspektrum thermischer Neutronen nach dem Durchgang durch ein Graphitfilter (vgl. auch Abb. 3.2.1). Tabelle 1.5.1 gibt für einige Filtermaterialien die Grenzwellenlänge $\lambda_m = 2d_{\max}$ und die entsprechende Neutronenenergie E_m wieder.

c) Meßverfahren mit selektiv empfindlichen Detektoren. Für mittelschnelle und schnelle Neutronen existieren einige Neutronenspektrometer, die auf einer Energiemessung an den in wasserstoffhaltigen Substanzen ausgelösten Rückstoßprotonen beruhen. Wir werden sie im 7. Kapitel besprechen. Ihr Auflösungsvermögen und ihre Ansprechwahrscheinlichkeit sind gering; sie sind zur Bestimmung von Wirkungsquerschnitten wenig benutzt worden.

Große Bedeutung für die Wirkungsquerschnitt-Meßtechnik haben *Geschwindigkeitsselektoren*. Ihr Prinzip sei mit Hilfe der Abb. 1.5.8 erläutert.

Zur Zeit $t = 0$ starte bei A ein kurzer Neutronenimpuls (kontinuierlichen Spektrums). Ein Neutron der Geschwindigkeit v benötigt zum Durchfliegen des Laufweges zum Detektor bei B die Zeit $t = l/v$. Mit elektronischen Hilfsmitteln kann nun erreicht werden, daß vom Detektor nur die Neutronen registriert werden, die zur Zeit t_0 eintreffen, d.h. aber nur solche Neutronen, die eine Geschwindigkeit $v_0 = l/t_0$ haben. Eine Transmissionsmessung liefert den totalen Wirkungsquerschnitt bei der Geschwindigkeit v_0. Neutronenimpulse können durch periodisches Unterbrechen eines Neutronenstrahls (aus einem Reaktor) mit einer rotierenden Blende hergestellt werden. Ein dünnes Cadmiumblech ist für Neutronen einer Energie $< 0{,}2$ eV undurchlässig, daher lassen sich Unterbrecher für den Energiebereich 0 bis 0,2 eV sehr einfach herstellen (sog. „langsame“ Geschwindigkeitsselektoren).

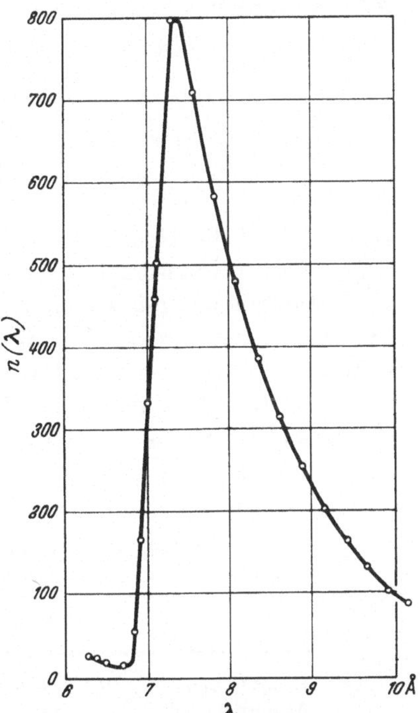

Abb. 1.5.7. Geschwindigkeitsspektrum thermischer Neutronen nach Filterung durch Graphit

Unterbrecher für schnellere Neutronen („schnelle“ Geschwindigkeitsselektoren) müssen aus einem schweren Material in genügender Dicke bestehen. Um möglichst

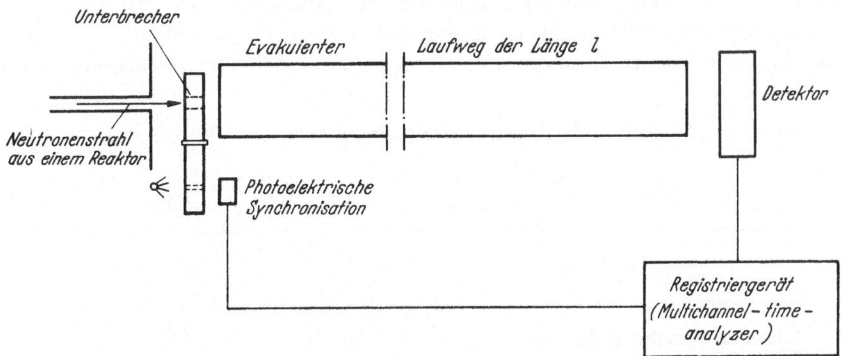

Abb. 1.5.8. Prinzip der Laufzeitmethode

kurze Impulse hinreichender Intensität zu erhalten, wird die Umlaufgeschwindigkeit bis zur Grenze des technisch Möglichen heraufgesetzt.

Die Neutronenregistrierung erfolgt meist gleichzeitig über ein ganzes Spektrum. Zu diesem Zweck werden durch eine mit dem Unterbrecher synchronisierte

Vorrichtung die Signale aus dem Detektor jeweils nach einer Zeit Δt_0 einem *neuen* Registrierkanal zugeleitet. Es sind Geräte mit mehreren 100 Kanälen gebaut worden.

Für das *Auflösungsvermögen* eines Geschwindigkeitsselektors gilt

$$\frac{\Delta E}{E} = 0{,}028 \frac{\Delta t}{l} \sqrt{E}. \tag{1.5.7}$$

($\Delta t/l$ in μs/m, E in eV.)

Dabei ist Δt die Unschärfe in der Flugzeit; Δt setzt sich aus der Kanalbreite Δt_0 und der Impulslänge Δt_1 zusammen. Man erkennt, daß gute Auflösung bei hoher Energie nur mit sehr langen Laufwegen und kurzen Impulsen zu erreichen ist; jede dieser Forderungen für sich ist aber nur mit einem Verlust von Intensität zu erfüllen. Daher ist die Anwendbarkeit des Geschwindigkeitsselektors nach größeren Energien begrenzt.

Tabelle 1.5.2 gibt eine Übersicht einiger besonders leistungsfähiger schneller Geschwindigkeitsselektoren.

Tabelle 1.5.2. *Geschwindigkeitsselektoren (Fast Choppers)*

Ort	$l(m)$	Δt (μs)	$\frac{\Delta t}{l}\left[\frac{\mu s}{m}\right]$	$\left(\frac{\Delta E}{E}\right)$ bei $E=10$ keV
Brookhaven . . .	20 m	1,2 μs	0,06	15%
Argonne	60 m	1,7 μs	0,035	10%
Harwell (im Bau) .	100 m	1 μs	0,01	2,8%

Neutronenimpulse lassen sich auch mit *gepulsten Quellen* herstellen. Derartige Quellen sind z.B. Synchrozyklotrons, Betatrons, Linearbeschleuniger mit geeigneten „Targets“ zur Neutronenerzeugung. Die mit hoher Energie entstehenden Neutronen müssen zunächst in einer wasserstoffhaltigen Substanz abgebremst werden, dadurch entsteht eine Unsicherheit Δt_1 in der Flugzeit. Das Auflösungsvermögen ist etwa gleich dem bei Geschwindigkeitsselektoren.

In Tabelle 1.5.3 werden einige derartige Spektrometer verglichen.

Tabelle 1.5.3. *Neutronenspektrometer mit gepulsten Quellen*

Ort	$\frac{\Delta t}{l}\left[\frac{\mu s}{m}\right]$	$\left(\frac{\Delta E}{E}\right)$ bei $E=10$ keV
Columbia-Synchrozyklotron	0,014	4%
General-Electric-Betatron	0,01	2,8%
Harwell 25 MeV-Linearbeschleuniger (im Bau)	0,001	0,28%

In der Tabelle 1.5.4 werden noch einmal alle besprochenen Verfahren zusammengestellt. Man sieht, daß der gesamte Energiebereich mit guter Auflösung erfaßt werden kann.

Tabelle 1.5.4. *Verfahren der Neutronenspektroskopie*

	Anwendbar für Neutronen im Energiebereich
Kristallspektrometer	$0{,}1\ \text{eV} < E < 20\ \text{eV}$
Geschwindigkeitsselektor langsam	$0{,}0001\ \text{eV} < E < 0{,}1\ \text{eV}$
schnell	$1\ \text{eV} < E < 20\ \text{keV}$
Gepulste Neutronenquelle	$1\ \text{eV} < E < 20\ \text{keV}$
Monochromatische Neutronen aus Kernreaktionen mit im v. d. Graaff-Generator beschleunigten Protonen und Deuteronen	$E > 10$ bis 20 keV

Literatur zum 1. Kapitel

Allgemein

EVANS, R. D.: The Atomic Nucleus. New York-Toronto-London: McGraw-Hill 1955.
SEGRÉ, E.: Experimental Nuclear Physics. New York: John Wiley & Sons 1953, insbes. Bd. II, Kap. VII, S. 209: The Neutron.
HUGHES, D. J.: Pile Neutron Research. Cambridge: Addison-Wesley 1953.
HUGHES, D. J.: Neutron Cross Sections, London—New York—Paris: Pergamon Press 1957.
BLATT, J., and V. WEISSKOPF: Theoretical Nuclear Physics. New York: John Wiley & Sons 1952.
The Reactor Handbook, Part I Physics, AECD 3645 (1955).

Spezielle Arbeiten

BOTHE, W., u. H. BECKER: Z. Physik **66**, 289 (1930).
CURIE, J., et F. JOLIOT: J. Phys. Radium **4**, 21 (1953).
CHADWICK, J.: Proc. Roy. Soc. Lond., Ser. A **136**, 692 (1932).
FLEISCHMANN, R.: Naturwiss. **38**, 465 (1951).
} Entdeckung des Neutrons.

SNELL, A. H.: Phys. Rev. **78**, 310 (1950).
ROBSON, J. M.: Phys. Rev. **83**, 349 (1951).
} β-Zerfall des Neutrons.

SEGRÉ: l. c. Bd. II, S. 244.
Handbuch der Physik, Bd. XL, Kernreaktionen I. Berlin-Göttingen-Heidelberg: Springer 1957.
FESHBACH, H., C. E. PORTER and V. W. WEISSKOPF: Phys. Rev. **96**, 448 (1954).
BLATT u. WEISSKOPF: l. c. S. 311.
} Diskussion von Neutronenreaktionen und Wirkungsquerschnitten.

HUGHES, D. J.: Neutron Cross Sections, BNL 325 (1955) (Tabellen und Kurven sämtlicher bekannten Wirkungsquerschnitte für Neutronen).

Reactor Handbook I, S. 41.
TASCHEK, R. F.: Genf P/573.
HUGHES: l. c. S. 17.
} Wirkungsquerschnitt-Meßtechnik.

HUGHES, D. J.: Genf P/576 (Geschwindigkeitsselektoren und Kristallspektrometer).

WIBLIN, E. R.: Genf P/421.
HAVENS, W. W.: Genf P/574.
} Gepulste Quellen.

2. Neutronenquellen

2.1. Neutronenerzeugung durch Kernreaktionen

Da freie Neutronen wegen ihrer kurzen Lebensdauer in der Natur nicht vorkommen, müssen sie künstlich hergestellt werden. Ein einfacher Weg besteht darin, sie aus Kernen, in denen sie besonders locker gebunden sind, abzutrennen.

Es gibt eine Reihe von Reaktionstypen, die zur Erzeugung von Neutronen führen. Bei einer solchen Reaktion bildet sich zunächst durch Beschuß eines „Target"-Kerns mit einem α-Teilchen, einem Proton, Deuteron oder γ-Quant ein Zwischenkern, der mit der Bindungsenergie des Geschosses und seiner kinetischen Energie angeregt ist. Ist diese Anregungsenergie höher als die Bindungsenergie des „letzten Neutrons" des Zwischenkerns, so wird dieses mit großer Wahrscheinlichkeit abgetrennt. Die restliche Anregungsenergie ist als kinetische Energie zwischen dem Neutron und dem Restkern verteilt. Der Restkern kann auch angeregt zurückbleiben und später über γ-Emission in den Grundzustand übergehen.

Um einen Überblick der Möglichkeiten zur Neutronenerzeugung zu bekommen, betrachten wir in Tabelle 2.1.1 die Bindungsenergien des „letzten Neutrons", also die Abtrennarbeit für ein Neutron, für einige leichte Kerne. Die angegebenen Werte sind teilweise aus Massendifferenzen, teilweise aus den Energietönungen von Kernreaktionen abgeleitet.

Tabelle 2.1.1. *Bindungsenergie (in MeV) des letzten Neutrons für leichte Kerne*

Kern	H^2	H^3	He^4	He^5	Li^6	Li^7	Be^8	Be^9	B^{10}
Bindungsenergie (MeV)	2,23	6,26	20,58	0,94	5,35	7,25	18,94	1,67	8,44
Kern	B^{11}	C^{12}	C^{13}	N^{14}	N^{15}	O^{16}	O^{17}	F^{18}	F^{19}
Bindungsenergie (MeV)	11,46	18,77	4,95	10,55	10,83	15,6	4,14	9,52	10,40

Es fällt auf, daß die Abtrennarbeit von Kernen, die man sich aus α-Teilchen aufgebaut denken kann (He^4 Be^8 C^{12} O^{16}), besonders groß ist; diese Kerne sind besonders stabil (mit Ausnahme des Be^8, das instabil gegenüber einem Zerfall in zwei α-Teilchen ist). Hingegen ist ein Neutron, das einem solchen Kern zugefügt wird, besonders locker gebunden. Oberhalb von Sauerstoff wird dieses Verhalten weniger ausgeprägt; für mittelschwere Kerne beträgt die Abtrennarbeit für ein Neutron etwa 8 MeV und fällt bei den schweren Kernen auf etwa 6 bis 7 MeV. Für die Neutronenerzeugung spielen jedoch vorwiegend die leichten Atomkerne eine Rolle, da wegen der starken Coulomb-Abstoßung Reaktionen von geladenen Teilchen mit schweren Kernen erst bei sehr großen Geschoßenergien wahrscheinlich werden. Andererseits reicht die Energie radioaktiver γ-Strahler für einen (γ, n)-Prozeß (Kernphotoeffekt) nur am Be^9 (1,67 MeV) und H^2 (2,23 MeV) aus.

2.1.1. Die verschiedenen Reaktionstypen

(α, n)-Prozesse

$$_Z X^A + {_2He^4} \rightarrow {_{Z+2}X^{A+3}} + n + Q\,.$$

Q ist die bei jeder Reaktion auftretende Wärmetönung, sie kann >0 (exotherme Reaktion) oder <0 (endotherme Reaktion) sein.

Beispiele:

$$Be^9 + He^4 \rightarrow C^{12} + n^1 + 5{,}76 \text{ MeV}$$
$$B^{11} + He^4 \rightarrow N^{14} + n^1 + 0{,}28 \text{ MeV}$$
$$Li^7 + He^4 \rightarrow B^{10} + n^1 - 2{,}86 \text{ MeV}.$$

Die Anregungsenergie des Zwischenkerns bei der Anlagerung eines α-Teilchens an einen leichten Atomkern beträgt etwa 10 MeV; (α, n)-Prozesse sind daher, wie man durch Vergleich mit der Tabelle 2.1.1 sieht, z.T. exotherm, z.T. endotherm.

(d, n)-Prozesse

$$_{Z}X^{A} + {}_{1}H^{2} \rightarrow {}_{Z+1}X^{A+1} + n + Q.$$

Beispiele:

$$H^3 + H^2 \rightarrow He^4 + n^1 + 17{,}57 \text{ MeV}$$
$$Li^7 + H^2 \rightarrow Be^8 + n^1 + 14{,}55 \text{ MeV}$$
$$C^{12} + H^2 \rightarrow N^{13} + n^1 - 0{,}281 \text{ MeV}.$$

Wegen seiner geringen Bindungsenergie (2,23 MeV) bildet sich durch Anlagerung eines Deuterons stets ein sehr hoch angeregter Zwischenkern; infolgedessen sind mit Ausnahme der oben erwähnten Reaktion $C^{12}(d, n)N^{13}$ alle (d, n)-Reaktionen *exotherm*.

(p, n)-Prozesse

$$_{Z}X^{A} + {}_{1}H^{1} \rightarrow {}_{Z+1}X^{A} + n + Q.$$

Beispiele:

$$Li^7 + H^1 \rightarrow Be^7 + n - 1{,}646 \text{ MeV}$$
$$H^3 + H^1 \rightarrow He^3 + n - 0{,}764 \text{ MeV}.$$

Bei einem (p, n)-Prozeß entsteht aus einem Kern $_{Z}X^{A}$ derselbe Kern $_{Z+1}X^{A}$, der bei einem β-Zerfall des Kerns $_{Z}X^{A}$ entstehen würde. Wir nehmen an, ein solcher β-Zerfall wäre möglich und besitze die Energietönung Q'. Für die Wärmetönung Q des (p, n)-Prozesses gilt dann

$$Q = Q' - Q_n,$$

dabei ist Q_n gleich 0,782 MeV die Wärmetönung beim β-Zerfall des Neutrons. Zum Beispiel ist das oben erwähnte Tritium ein β-Strahler mit einer maximalen β-Energie von 18 keV, daher ist $Q = 18 \text{ keV} - 782 \text{ keV} = -764 \text{ keV}$. Alle (p, n)-Prozesse an stabilen Kernen sind also endotherm, ihre Reaktionsenergie beträgt mindestens 0,782 MeV.

(γ, n)-Prozesse (Kernphotoeffekt)

$$_{Z}X^{A} + \gamma \rightarrow {}_{Z}X^{A-1} + n + Q.$$

Beispiele:

$$Be^9 + \gamma \rightarrow Be^8 + n - 1{,}67 \text{ MeV}$$
$$H^2 + \gamma \rightarrow H^1 + n - 2{,}23 \text{ MeV}.$$

2.1.2. Energetische Betrachtungen

Mit Hilfe des Impuls- und des Energiesatzes der klassischen Mechanik lassen sich einige wichtige Beziehungen herleiten.

Es soll zunächst gezeigt werden, daß infolge der Impulserhaltung die Schwellenenergie E_s eines endothermen Prozesses größer ist als die Reaktionsenergie Q.

Ein Geschoßkern mit der Masse m_G und der Geschwindigkeit v, $E = \frac{m_G}{2} v^2$, treffe auf einen ruhenden Targetkern. Dann soll

$$\frac{m_G \cdot v^2}{2} = \frac{m_z \cdot v_z^2}{2} + Q \tag{2.1.1}$$

(m_z = Masse des Zwischenkerns, v_z = Geschwindigkeit des Zwischenkerns) sein, damit der Prozeß eintreten kann.

Nach dem Impulssatz ist

$$m_G \cdot v = m_z \cdot v_z \tag{2.1.2}$$

und damit

$$v_z^2 = \left(\frac{m_G}{m_z}\right)^2 \cdot v^2 .$$

Also nach (2.1.1):

$$\left.\begin{aligned} \frac{m_G v^2}{2} - \frac{m_z}{2}\left(\frac{m_G}{m_z}\right)^2 v^2 &= Q \\ \frac{m_G v^2}{2}\left\{1 - \frac{m_G}{m_z}\right\} &= Q \\ E_s &= \frac{Q}{1 - \frac{m_G}{m_z}} . \end{aligned}\right\} \tag{2.1.3}$$

Die *Schwellenergie* für den (α, n)-Prozeß am Li^7 beträgt danach z. B. 4,48 MeV.

Wir überlegen weiterhin, wie sich bei einem *exothermen* Prozeß die Reaktionsenergie auf Neutron und Restkern verteilt. Dazu betrachten wir zunächst einen *ruhenden* Zwischenkern, der in ein Neutron der Masse m_n und in einen Restkern der Masse m_r zerfällt. Es gilt

$$m_n \frac{v_n^2}{2} + m_r \frac{v_r^2}{2} = Q \quad \text{(Restkern Index } r) \tag{2.1.4}$$

und

$$m_n v_n = m_r v_r . \tag{2.1.5}$$

Also

$$\left.\begin{aligned} m_n \frac{v_n^2}{2}\left[1 + \frac{m_n}{m_r}\right] &= Q \\ E_n = \frac{Q}{1 + \frac{m_n}{m_r}} &= \frac{m_r}{m_z} \cdot Q . \end{aligned}\right\} \tag{2.1.6}$$

Die Energie der Neutronen der $H^3(d, n)He^4$-Reaktion (mit Deuteronen der Energie Null) beträgt demnach $\frac{17{,}57}{1{,}25}$ MeV $= 14$ MeV.

Hat das Primärteilchen eine nicht zu vernachlässigende kinetische Energie E — das ist der Normalfall —, so tritt eine Abhängigkeit der Neutronenenergie vom Emissionswinkel gegenüber der Richtung des Primären auf. Wir berechnen diese für die einfachen Grenzfälle: Emission unter 0° (Vorwärtsrichtung) und unter 180°.

Der Energiesatz lautet:

$$m_G \frac{v^2}{2} + Q = E + Q = m_n \frac{v_n^2}{2} + m_r \frac{v_r^2}{2} .$$

Impulssatz:

$$m_G \cdot v = \pm (m_n v_n - m_r v_r) .$$

Dabei gilt das +-Zeichen für Emission unter 0°, das —-Zeichen unter 180°. Daraus folgt:

$$\left.\begin{aligned} E_n = m_n \frac{v_n^2}{2} = \frac{Q}{1 + \frac{m_n}{m_r}} + E \frac{m_G}{(m_r + m_n)^2} \left\{2 + \frac{m_r(m_n + m_r)}{m_G \cdot m_n}\left[1 - \frac{m_G}{m_r}\right] + \right. \\ \left. + 2 \sqrt{1 + \frac{m_r(m_n + m_r)}{m_G \cdot m_n}\left[\frac{Q}{E} + \left(1 - \frac{m_G}{m_r}\right)\right]}\right\} . \end{aligned}\right\} \tag{2.1.7}$$

Im Falle der Rückwärtsemission steht vor der Wurzel ein Minuszeichen. Gl. (2.1.7) ist ein Spezialfall der allgemeinen Gl. (2.5.1), die für einen beliebigen Emissionswinkel des Neutrons gilt; wir werden sie in Abschnitt 2.5.1 kennenlernen.

Wir wenden Gl. (2.1.7) auf die $H^3(d, n)He^4$-Reaktion an: Für $E_d = 0$ ist $E_n = 14$ MeV in allen Richtungen. Für $E_d = 0{,}5$ MeV z.B. folgt aber mit Gl. (2.1.7)

$$E_n = 15{,}79 \text{ MeV in Vorwärtsrichtung}$$

$$E_n = 12{,}77 \text{ MeV in Rückwärtsrichtung.}$$

Für den (α, n)-Prozeß an Beryllium mit α-Teilchen des Radium C' (7,68 MeV) findet man für die Neutronenenergie

$$E_n = 13{,}1 \text{ MeV in Vorwärtsrichtung}$$

$$E_n = 7{,}7 \text{ MeV in Rückwärtsrichtung.}$$

Die Energie in allen anderen Richtungen liegt stets zwischen diesen beiden Extremen.

Wir haben bei unseren Herleitungen nicht relativistisch gerechnet; dies ist zulässig, da für ein Neutron von 10 MeV $v/c \approx 0{,}14$ ist. Bei genauen Rechnungen, insbesondere bei höheren Energien, muß indessen relativistisch gerechnet werden. Spezielle Überlegungen für (γ, n)-Prozesse folgen in Abschnitt 2.4.

2.2. Die (Ra+Be)-Quelle

Eine starke, zeitlich konstante und angenähert punktförmige Neutronenquelle kann mit Hilfe der Reaktion

$$Be^9 + \alpha \rightarrow C^{12} + n + 5{,}76 \text{ MeV}$$

hergestellt werden, wenn man die starke α-Quelle des natürlichen $_{88}Ra^{226}$ benutzt. Diese Neutronenquelle ist sehr gebräuchlich in Laboratorien, die mit schwachen Neutronenintensitäten arbeiten.

Nachteile der Ra + Be-Quelle liegen in der sehr starken begleitenden γ-Strahlung und in der Inhomogenität der Neutronenenergie.

2.2.1. Zerfallsreihe des Radiums

Radium und seine Tochtersubstanzen senden energiereiche α-Teilchen aus. In einem Gramm reinem $_{88}Ra^{226}$ zerfallen pro sec $3{,}7 \cdot 10^{10}$ Radiumatome (1 Curie). Jedesmal wird ein α-Teilchen von 4,67 MeV ausgesandt. Reines Ra^{226} setzt sich innerhalb eines Monats mit seinen Tochtersubstanzen bis zum RaD einschließlich ins Gleichgewicht. Um diese Zeit ist erst eine verschwindende Menge RaE gebildet. Nach einem Monat wird die α-Strahlung, und deshalb auch die Neutronenintensität einer (Ra + Be)-Quelle praktisch konstant. Da unter diesen Tochtersubstanzen drei weitere α-Strahler sind, steigt die α-Aktivität auf insgesamt 4 Curie. Die α-Strahlen der 3 Folgeprodukte sind noch energiereicher als die des Radiums selbst. Unter den Tochtersubstanzen befinden sich auch β-Strahler, die z.T. hoch angeregte Kerne zurücklassen, die γ-Strahlung emittieren. Nach ALICHANOV sendet ein Radiumpräparat folgende γ-Energien aus:

γ-Energien eines Ra-Präparates (MeV)	Relative Intensität	Neutronenenergie einer Ra (γ, n) Be-Quelle (keV)	γ-Energien eines Ra-Präparates (MeV)	Relative Intensität	Neutronenenergie einer Ra (γ,n) Be-Quelle (keV)
1,62	0,54	0	2,09	0,37	420
1,69	0,40	60	2,20	1,0	510
1,75	2,42	120	2,42	0,5	710
1,82	0,01	180			

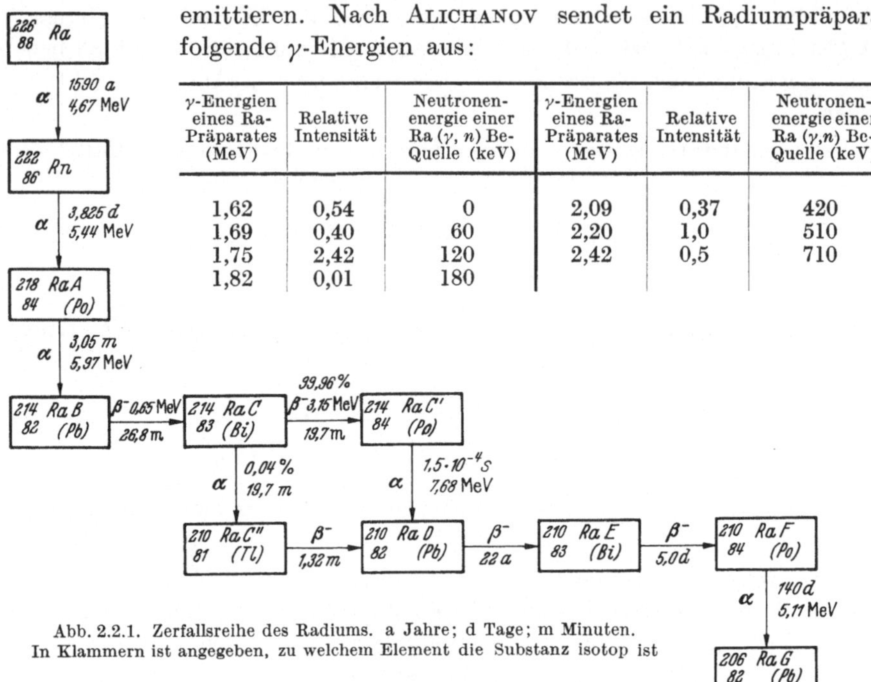

Abb. 2.2.1. Zerfallsreihe des Radiums. a Jahre; d Tage; m Minuten. In Klammern ist angegeben, zu welchem Element die Substanz isotop ist

2.2.2. Herstellung der Quelle

Radiumbromid ($RaBr_2$) wird in H_2O gelöst, geschüttelt und abgesaugt, um das gasförmige Rn zu entfernen. Dann wird etwa das 5fache an Gewicht von Be-Pulver (giftig!) und etwas Alkohol zugegeben. Nach Mischen wird das Wasser unter Rühren abgedampft. Das letzte H_2O wird bei 150 bis 200° C ausgetrieben. Der verbleibende Rückstand — Be-Kriställchen, auf denen $RaBr_2$ niedergeschlagen ist — wird im Stahlmörser pulverisiert. Man gewinnt mehr als 98% des Ra zurück. Das Pulver wird in einer Presse mit rund 1500 Atm. in einen festen Preßkörper, meist zylindrischer Form, der Dichte 1,75 gepreßt, den man in eine Messinghülle von etwa 2 mm Wandstärke einlötet. Die fertige Quelle wird gewaschen und auf Dichtigkeit geprüft, indem man sie 1 Tag lang mit Zellstoff umhüllt, den man dann auf Aktivität prüft. Die kleinste Undichtigkeit läßt Emanation entweichen, die man am Zähler findet. Die Neutronenintensität Q einer frisch eingelöteten Quelle beträgt etwa $^1/_6$ des Gleichgewichtswertes Q_0. Das Anwachsen der Intensität in den ersten Wochen kann man näherungsweise durch

$$Q = Q_0 \frac{1 + 5\left(1 - e^{-\frac{t}{3,8}}\right)}{6}$$

beschreiben[1]; dabei ist t die seit dem Abdichten vergangene Zeit in Tagen. Nach etwa einem Monat stellt sich der schon erwähnte erste angenäherte Gleichgewichtszustand ein. Derartige gepreßte Quellen sind im übrigen sehr konstant. Man kann bis zu 5 g Ra mit 25 g Be mischen und in Preßkörper von 17 cm³ Volumen verwandeln. Eine solche Quelle liefert etwa $1,4 \cdot 10^7$ Neutronen pro Sekunde und pro Gramm Ra (vgl. Abschnitt 2.2.3). In älteren Quellen ist häufig das Pulver nicht genügend gepreßt worden und deshalb mechanisch schlecht fixiert. Die Neutronenintensität solcher Quellen wird gelegentlich durch Erschütterungen verändert.

[1] Die Neutronenintensität erhöht sich auf den rund sechsfachen Anfangswert, obwohl die α-Aktivität nur auf das Vierfache ansteigt. Das kommt daher, daß der α-Zerfall der Folgeprodukte energiereicher als der des Radiums ist und der Wirkungsquerschnitt der (α, n)-Reaktionen stark mit der α-Energie zunimmt.

2.2.3. Abschätzung der Neutronenausbeute

Mischt man Ra^{226} und Be^9 im Gewichtsverhältnis 1:5, so ist das Verhältnis der Atomzahlen:

$$\frac{N_{\mathrm{Be}}}{N_{\mathrm{Ra}}} = \frac{\frac{N_L}{9} \cdot 5}{\frac{N_L}{226} \cdot 1} = 125. \tag{2.2.1}$$

Auf 1 Ra-Atom kommen also 125 Be-Atome. Wir setzen deshalb voraus, daß die α-Teilchen bis zum Ende ihrer Bahn ganz in Be verlaufen; Randeffekte werden vernachlässigt. Ferner wird angenommen, daß die $RaBr_2$-Körner klein gegen die Reichweite der α-Teilchen sind. Die α-Teilchen verlieren ihre Energie, sofern sie keinen Kerntreffer machen, praktisch nur durch Ionisationsprozesse im Be. Die Reichweite eines α-Teilchens von 5 MeV in Be der Dichte 1,75 ist $\lambda_{\mathrm{ion}} \approx 30\,\mu$. Um zu sehen, wie oft sie auf diesem kurzen Weg eine Kernreaktion der verlangten Art machen, müssen wir die Reichweite gegen Einfang ebenfalls kennen. Wir erhalten sie aus dem Wirkungsquerschnitt der (α, n)-Reaktion, der stark von der Energie abhängt.

Tabelle 2.2.1. *Energieabhängigkeit des Wirkungsquerschnitts* $\sigma(\alpha, n)$ *am* Be^9 *nach* HALPERN

α-Energie in MeV	α-Reichweite in Luft in cm	$\sigma(\alpha, n)$ am Be^9 in barn
0,5	0,3	0,01
1,8	1,0	0,12
3,4	2,0	0,12
4,0	2,6	0,25
4,5	3,0	0,32
5,0	3,6	0,40

Der Wirkungsquerschnitt hat nach Tabelle 2.2.1 einen sehr unregelmäßigen Verlauf. Unterhalb 1 MeV wird er sehr klein, was mit der Coulomb-Abstoßung zusammenhängt. Wir wollen im folgenden mit $\sigma(\alpha, n) = 0{,}2$ barn als Mittelwert für alle vier α-Strahler im Radium rechnen. Dann erhält man nach Abschnitt 1.6

$$\lambda_{\alpha, n} = \frac{1}{N \cdot \sigma_{\alpha, n}} = 40 \text{ cm} \tag{2.2.2}$$

(N = Anzahl Be-Atome pro cm^3). Damit folgt für den „Wirkungsgrad" der Neutronenerzeugung

$$\eta = \frac{\lambda_{\mathrm{ion}}}{\lambda_{\alpha, n}} = \frac{3 \cdot 10^{-3}}{40} = 7{,}5 \cdot 10^{-5}. \tag{2.2.3}$$

1 g Radium im Gleichgewicht mit seinen Tochtersubstanzen bis zum RaD, mit einer α-Aktivität von 4 Curie, erzeugt also nach dieser Abschätzung:

$$4 \cdot 3{,}7 \cdot 10^{10} \cdot 7{,}5 \cdot 10^{-5} = 1{,}1 \cdot 10^7 \text{ Neutronen/sec/g Ra.}$$

Dieser Wert kann durch (γ, n)-Prozesse noch um etwa 10% erhöht werden. Experimentell werden Ausbeuten bis zu etwa $1{,}5 \cdot 10^7$ Neutronen je Sekunde und Gramm Radium gefunden. Die Methodik der Absolutmessung von Neutronenquellstärken wird in Kapitel 9 beschrieben.

2.2.4. Energiespektrum der (Ra + Be)-Neutronen

Abb. 2.2.2 zeigt das von TEUCHER an Hand der Rückstoßprotonen in einer Kernphotoplatte bestimmte Spektrum der Ra + Be-Neutronen. Unterhalb 1 MeV ist eine Messung nach diesem Verfahren nicht möglich.

Das Spektrum verläuft kontinuierlich bis zu einer Maximalenergie von 13 MeV, entsprechend der größten α-Energie (Ra C') von 7,7 MeV. Die wahrscheinliche Energie ist nahezu 4 MeV, die mittlere Energie etwa 5 MeV.

Der kontinuierliche Verlauf des Spektrums läßt sich daraus erklären, daß

1. infolge der kontinuierlichen Abbremsung der α-Teilchen im Beryllium alle α-Energien zwischen 0 und 7,7 MeV vorkommen,

2. zu jeder α-Energie infolge der möglichen Emissionsrichtungen verschiedene Neutronenenergien gehören (2.1.2),

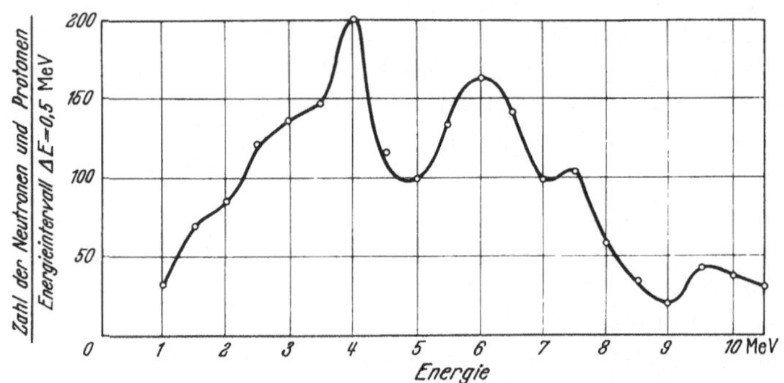

Abb. 2.2.2. Energiespektrum der Neutronen aus einer (Ra + Be)-Quelle

3. der C^{12}-Kern in einem angeregten Zustand zurückbleiben kann. Dies erklärt auch die große Anzahl von Neutronen mit Energien unter 5,4 MeV — das ist die kinetische Energie eines Neutrons, das durch ein α-Teilchen der Energie 0 ausgelöst wird, wenn der C^{12}-Kern im Grundzustand zurückbleibt.

Neutronen kleiner Energie (< 1 MeV) entstehen teilweise aus den (γ, n)-Prozessen am Beryllium und weiterhin zu einem kleinen Teil aus der Reaktion

$$\mathrm{Be}^9 + \mathrm{He}^4 \rightarrow 3\,\mathrm{He}^4 + n - 1{,}62\ \mathrm{MeV}.$$

2.3. Andere Neutronenquellen vom Typ (α, n)

Ein bekannter α-Strahler ist RaF ($_{84}\mathrm{Po}^{210}$), das 139,5 Tage Halbwertszeit und eine α-Energie von 5,3 MeV hat. RaF kann entweder aus den Folgeprodukten des Ra abgetrennt werden (Abschn. 2.2.1), oder durch Bestrahlung von $_{83}\mathrm{Bi}^{209}$ mit Neutronen im Uranreaktor gewonnen werden:

$$_{83}\mathrm{Bi}^{209}(n, \gamma)\,_{83}\mathrm{Bi}^{210} \xrightarrow[5\,\mathrm{d}]{\beta^-} {}_{84}\mathrm{Po}^{210}.$$

Po^{210} hat den großen Vorteil, keine γ- und β-Strahlen auszusenden. Störend ist die kurze Lebensdauer. Mit Be vermischt liefert es eine reine Neutronenquelle. (Die Stärke einer 1 Curie Po+Be-Quelle ist etwa $^1/_7$ der einer Ra-Be-Quelle.) Die maximale Neutronenenergie ist etwa 10 MeV, die mittlere etwa 4 MeV. Das Neutronenspektrum der (Po^{210}+Be)-Quelle wurde von WHITMORE und BAKER mittels der Rückstoßprotonen in Photoemulsionen untersucht. Abb. 2.3.1 zeigt das Ergebnis.

Auch die (α, n)-Reaktion am Bor ist zur Herstellung von Neutronenquellen gebräuchlich:

		Häufigkeit des Isotops im natürlichen Bor
${}_5B^{10}(\alpha, n)\,{}_7N^{13}$,	$Q = +1{,}18\,\text{MeV}$;	18,23 %
${}_5B^{11}(\alpha, n)\,{}_7N^{14}$,	$Q = +0{,}28\,\text{MeV}$;	81,77 %

Eine (Ra + B)-Neutronenquelle, entsprechend konstruiert wie die (Ra + Be)-Quelle, liefert nach FERMI $2 \cdot 10^6$ Neutronen/sec/Curie Ra.

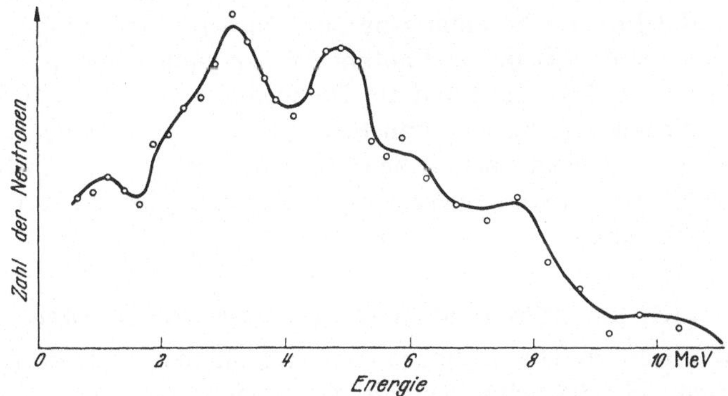

Abb. 2.3.1. Energiespektrum der Neutronen aus einer (Po + Be)-Quelle

Eine ausführliche Untersuchung von (α, n)-Reaktionen an leichten Elementen mit α-Teilchen des Poloniums führte ROBERTS aus; wir geben seine Resultate in der Tabelle 2.3.1 wieder.

Tabelle 2.3.1. *(α, n)-Reaktionen an leichten Kernen mit Po-α-Strahlen (5,3 MeV) nach* ROBERTS

Isotop	Natürliche Häufigkeit %	Q (MeV)	Maximale N-Energie	Ausbeute Neutronen pro 10^6 α-Teilchen	Isotop	Natürliche Häufigkeit %	Q (MeV)	Maximale N-Energie	Ausbeute Neutronen pro 10^6 α-Teilchen
Li^6	7,9	−3,97		0	Ne^{21}	0,27	2,05		
Li^7	92,1	−2,78	1,33	2,6	Ne^{22}	9,73	−0,36		
Be^9	100	5,88	10,88	80	Na^{23}	100	−1,63	3,37	1,5
B^{10}	18,4	1,13	6,14	13	Mg^{24}	77,4			0
B^{11}	81,6	0,28	5,24	26	Mg^{25}	12,5	2,02	7,32	6,1
C^{12}	98,6	−8,39		0	Mg^{26}	11,1	−1,70	3,34	
C^{13}	11,1	2,31	7,30	10	Al^{27}	100	−2,26	2,73	0,74
N^{14}	99,6	−4,67		0	Si^{28}	89,6	−7,75		0
N^{15}	0,38	−6,18		0	Si^{29}	6,2	0,63	5,86	1,5
O^{16}	99,76	−11,90		0	Si^{30}	4,2	−1,68	3,42	1,5
O^{17}	0,04	0,65	5,74		Cl^{35}	75,4	−5,46	5	0
O^{18}	0,20	0,22	5,93	29	Cl^{37}	24,6	−3,29	1	0,45
F^{19}	100	−0,40	4,66	12	A^{40}	99,63	−1,61	3,52	0,38
Ne^{20}	90	−7,69							

Eine (α, n)-Neutronenquelle, deren Energiespektrum dem Spektrum der Spaltungsneutronen ähnlich ist, ist von MARTIN angegeben worden. Sie besteht aus einer Mischung von Polonium, $NaBF_4$ und $2\,NaF \cdot BeF_2$ mit einem Molverhältnis B/Be = 96/4.

Neuerdings wird auch die α-Strahlung des Plutonium 239 ($E_\alpha = 5{,}1$ MeV, $T_{\frac{1}{2}} = 24100$ Jahre) zum Bau von Neutronenquellen ausgenutzt. Eine Pu + Be-Quelle gibt etwa 10^5 Neutronen pro sec und pro g Plutonium ab, deren Energiespektrum dem der Po + Be-Neutronen ähnelt. Sie sendet keine γ-Strahlung aus.

2.4. Radioaktive (γ, n)-Quellen

Gegenüber den radioaktiven (α, n)-Quellen, die ein kontinuierliches Energiespektrum aussenden, kann man bei Verwendung monochromatischer γ-Strahlung mit Photoneutronenquellen nahezu monoenergetische Neutronen herstellen. Da die Energie radioaktiver γ-Strahlung nur in den seltensten Fällen 3 MeV übersteigt, kommen für den Bau von Photoneutronenquellen nur der (γ, n)-Prozeß am Beryllium ($Q = -1{,}67$ MeV) und am Deuterium ($Q = -2{,}23$ MeV) in Frage; als γ-Strahler dienen verschiedene künstlich oder natürlich radioaktive Isotope.

Nachteile der Photoneutronenquellen liegen in ihrer kleinen Ausbeute, in der geringen Anzahl erreichbarer Energiegruppen und in der meist kurzen Halbwertszeit der γ-Strahler.

2.4.1. Energetische Betrachtungen zum (γ, n)-Prozeß

Wir erweitern unsere Überlegungen aus 2.1.2 für den (γ, n)-Prozeß. Es wird zunächst gezeigt, daß die Schwellenergie E_s für einen (γ, n)-Prozeß stets größer ist als die Reaktionsenergie Q.

Ein γ-Quant der Energie E_s treffe auf einen Kern der Masse m_T. Dann ist

$$E_s = Q + \frac{m_T v^2}{2} \quad \text{(Energiesatz)} \tag{2.4.1}$$

und

$$\frac{E_s}{c} = m_T \cdot v \quad \text{(Impulssatz).} \tag{2.4.2}$$

Daraus folgt

$$E_s = Q + \frac{E_s^2}{2 m_T c^2} \approx Q\left[1 + \frac{Q}{1862 \cdot A}\right]. \tag{2.4.3}$$

Dabei ist A das Atomgewicht des Kerns; der Zahlenfaktor kommt durch die Umrechnung von Masse in Energie gemessen in MeV zustande. Der Unterschied zwischen Q und E_s ist demnach belanglos; für Deuterium ist beispielsweise $E_s = 1{,}0006 \cdot Q$.

Wir überlegen weiterhin mit Hilfe des Energie- und Impulssatzes, welche Energie ein bei einem (γ, n)-Prozeß in Vorwärts- oder in Rückwärtsrichtung emittiertes Neutron erhält.

Bezeichnen wir mit m_n, v_n die Masse und Geschwindigkeit des Neutrons, m_r, v_r Masse und Geschwindigkeit des Restkerns, so ist

$$E_n = E_\gamma - Q - E_r \quad \text{(Energiesatz)} \tag{2.4.4}$$

und

$$\frac{E_\gamma}{c} = \pm (m_n v_n - m_r v_r) \quad \text{(Impulssatz).} \tag{2.4.5}$$

Dabei gilt das +-Zeichen für Emission unter 0°, das −-Zeichen für 180°-Emission.

Die Ausrechnung liefert, wenn Glieder der Größenordnung $E_\gamma/(m_n + m_r)/c^2$ vernachlässigt werden:

$$E_n = \frac{A-1}{A} [E_\gamma - Q] \pm E_\gamma \sqrt{\frac{2(A-1)(E_\gamma - Q)}{931 \cdot A^3}} . \tag{2.4.6}$$

Dabei ist A das Atomgewicht des Targetkerns.

Dies sei für einige Spezialfälle illustriert. Für einen (γ, n)-Prozeß am Deuterium ($A=2$) mit $(E_\gamma - Q) = 0{,}5$ MeV findet man

$$E_n = 250 \pm 32 \text{ kV};$$

mit $(E_\gamma - Q) = 0{,}1$ MeV

$$E_n = 50 \pm 12 \text{ kV}.$$

Für Beryllium ($A=9$) mit $(E_\gamma - Q) = 0{,}5$ MeV folgt

$$E_n = 445 \pm 8 \text{ kV}.$$

Der relative Energieunterschied für Vorwärts- und Rückwärtsemission nimmt mit steigender Neutronenenergie ab und ist für Beryllium kleiner als für Deuterium.

2.4.2. Herstellung von Photoneutronenquellen

Abb. 2.4.1 zeigt eine von Hughes und Wattenberg angegebene Konstruktion. Innerhalb des Quellkörpers befindet sich das γ-Präparat, das von einem Mantel aus Beryllium umgeben ist.

Statt des Berylliumzylinders kann auch ein dünnwandiger Messingzylinder mit D_2O angebracht werden.

Da aus einer solchen Quelle Neutronen treten, die unter allen möglichen Winkeln gegenüber dem auslösenden γ-Strahl emittiert wurden, hat die Neutronenenergie die durch Gl. (2.4.6) gegebene „natürliche Linienbreite“

$$\Delta E = 2 \cdot E_\gamma \sqrt{\frac{2(A-1)(E_\gamma - Q)}{931 \cdot A^3}} .$$

Infolge der Abbremsung von Neutronen innerhalb des Be- oder D_2O-Mantels wird diese Linienbreite vergrößert und darüber hinaus die mittlere Neutronenenergie nach kleineren Werten verschoben.

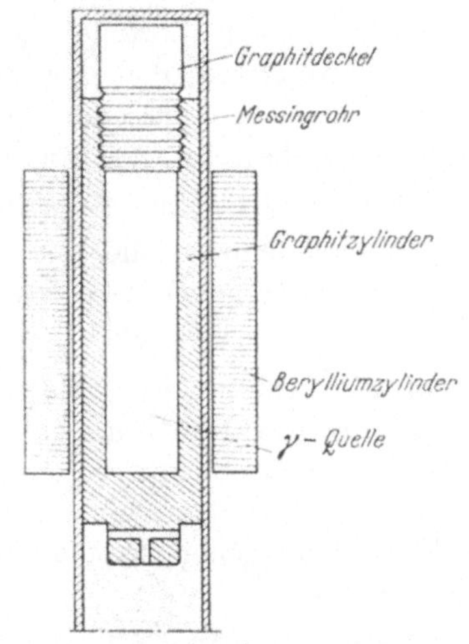

Abb. 2.4.1. Photoneutronenquelle nach Hughes und Wattenberg

2.4.3. Die wichtigsten Photoneutronenquellen

Die Tabelle 2.4.1 zeigt die Eigenschaften einiger wichtiger (γ, n)-Quellen. Es wird stets unterschieden zwischen der aus der γ-Energie nach (2.4.6) berechneten und der experimentell (mittels Rückstoßprotonen) bestimmten mittleren Neutronenenergie. Die angeführten Werte für die Ausbeute gelten für die in Abb. 2.4.1 gezeigte Quelle bei einer Stärke des betreffenden γ-Präparates von 1 Curie.

Tabelle 2.4.1. *Photoneutronenquellen* (*nach* WATTENBERG)

γ-Strahler	γ-Energie (MeV)	$T_{\frac{1}{2}}$	Substanz	E_n^{theor} (MeV)	E_n^{exp} (MeV)	Ausbeute $n/\sec \times 10^6$
Sb^{124} . . .	1,71	60 d	Be	0,03	0,024	3,2
					0,035	
Ga^{72}	2,5	14,1 h	D_2O	0,15	0,13	0,64
La^{140} . . .	2,5	40 h	D_2O	0,15	0,13	0,062
					0,15	
Mn^{56} . . .	2,7	2,59 h	D_2O	0,25	0,22	0,029
Na^{24} . . .	2,76	14,8 h	D_2O	0,27	0,22	2,7
La^{140} . . .	2,5	40 h	Be	0,7	0,62	0,04
Na^{24} . . .	2,76	14,8 h	Be	0,97	0,83	2,4
					0,80	

Unter den natürlichen γ-Strahlern sind das TC″ mit einer γ-Energie von 2,6 MeV sowie die Folgeprodukte des Ra zu nennen. Letztere sind, wie bereits in Abschn. 2.2 erwähnt, an der Neutronenproduktion in (Ra + Be)-Quellen zu 10% beteiligt.

2.5. Grundsätzliches über die Neutronenerzeugung mit künstlich beschleunigten Teilchen

Beschleunigungsanlagen als Neutronenquellen haben gegenüber den radioaktiven Quellen Vorteile: Die erreichbare Neutronenintensität liegt um viele Größenordnungen über der radioaktiver Quellen; es lassen sich mit guter Auflösung monoenergetische Neutronen jeder gewünschten Energie herstellen; schließlich besteht die Möglichkeit, durch Unterbrechung des Teilchenstroms die Quelle zu pulsen, wodurch Laufzeitmessungen möglich werden.

Je nachdem, welcher dieser drei Gesichtspunkte im Vordergrund des Interesses steht, ergeben sich verschiedene Einsatzmöglichkeiten für verschiedene Beschleunigungsanlagen:

1. Monoenergetische Neutronen mit Energien bis zu 20 MeV werden in (d, n)- und (p, n)-Reaktionen mit im *van de Graaff-Generator* beschleunigten Deuteronen und Protonen erzeugt. Monochromatische Neutronen hoher Energie lassen sich auch mit Zyklotrons herstellen; es sind spezielle Zyklotrons mit variabler, besonders homogener Teilchenenergie für disen Zweck entwickelt worden (R. L. THORNTON).

2. Die (d, n)-Prozesse am Deuterium, Tritium, Lithium und Beryllium sind schon bei kleinen Deuteronenenergien sehr ergiebig. In Verbindung mit Kaskadengeneratoren mit Spannungen von 0,3 bis 1 MeV, die Ströme in der Größenordnung mA liefern, ergeben diese Reaktionen starke kontinuierliche oder auch gepulste Neutronenquellen.

3. Außerordentlich starke *gepulste* Neutronenquellen lassen sich mit Hilfe von *Synchrozyklotrons*, *Elektronen-Linearbeschleunigern* und *Betatrons* herstellen. Diese Geräte haben insbesondere Bedeutung für die in 1.5 besprochenen Flugzeitspektrometer. Einen umfassenden Überblick solcher Neutronenquellen gibt HAVENS.

2.5.1. Monoenergetische Neutronen im Bereich 10 keV bis 20 MeV

Da bei den jetzt zu beschreibenden Erzeugungsmethoden die Abhängigkeit der Energie der bei einem Kernprozeß erzeugten Neutronen von der Emissionsrichtung eine Rolle spielt, soll zunächst die Gl. (2.1.6) auf beliebige Emissionsrichtungen ϑ erweitert werden.

Wir bezeichnen mit

ϑ den Emissionswinkel der Neutronen gegenüber der Vorwärtsrichtung

E_n die Energie der Neutronen

m_n die Neutronenmasse

E die Energie des Geschoßkerns

m_G die Masse des Geschoßkerns

m_t die Masse des Targetkerns

$m_r = m_t + m_G - m_n$ die Masse des Restkerns

und mit Q die Reaktionsenergie; $Q \gtrless 0$.

Dann gilt:

$$\left.\begin{aligned} E_n = E \cdot \frac{m_G \cdot m_n}{(m_n + m_r)^2} &\left\{2\cos^2\vartheta + \frac{m_r(m_r + m_n)}{m_G \cdot m_n}\left[\frac{Q}{E} + \left(1 - \frac{m_G}{m_r}\right)\right] \pm \right. \\ &\left. \pm\, 2\cos\vartheta \sqrt{\cos^2\vartheta + \frac{m_r(m_r + m_n)}{m_G \cdot m_n}\left[\frac{Q}{E} + \left(1 - \frac{m_G}{m_r}\right)\right]}\right\}. \end{aligned}\right\} \quad (2.5.1)$$

Für exotherme Reaktionen, $Q > 0$, gilt nur das $+$-Zeichen; die Beziehung zwischen E_n und ϑ ist eindeutig. Bei endothermen Reaktionen ($Q < 0$) beginnt die Reaktion bei der Schwellenenergie

$$E_s = -\,Q \cdot \frac{m_G + m_t}{m_G}.$$

Bei dieser Energie fliegen Neutronen mit der Geschwindigkeit des Schwerpunktes in Vorwärtsrichtung. Bei zunehmender Primärenergie werden Neutronen in einen Kegel um die Vorwärtsrichtung emittiert, dessen Grenzwinkel ϑ_0 durch

$$\cos\vartheta_0 = \sqrt{\frac{m_r(m_n + m_r)}{m_G m_n}\left(\frac{m_G}{m_r} - 1 - \frac{Q}{E}\right)}$$

gegeben ist. Innerhalb dieses Kegels gehören zu jeder Richtung ϑ zwei Neutronenenergien, entsprechend dem $+$- und dem $-$-Zeichen in Gl. (2.5.1). Von einer Primärenergie

$$E' = -\,\frac{m_r}{m_t - m_n} \cdot Q$$

an werden Neutronen in alle Richtungen emittiert. Es gilt dann nur das $+$-Zeichen in Gl. (2.5.1), d.h. die Beziehung zwischen Richtung und Energie wird eindeutig. Die Abhängigkeit der Neutronenenergie von der Richtung wird häufig in einem übersichtlichen Nomogramm nach McKibben dargestellt.

Für unter 90° emittierte Neutronen ist:

$$E_n^{90^\circ} = \frac{m_r}{m_n + m_r} Q + \frac{m_r - m_G}{m_n + m_r} \cdot E. \tag{2.5.2}$$

Für den (p, n)-Prozeß am Li^7 ($Q = -1{,}646$) folgt also z.B.

$$E_n^{90^\circ} = \tfrac{3}{4} E + \tfrac{7}{8} Q = \tfrac{3}{4} E - 1{,}44\ \text{MeV}.$$

Bei einer Primärenergie von 2 MeV erhält man dann unter 90° 60 keV-Neutronen.

Die Energiehomogenität der Neutronen ist, wie man sieht, durch die Inhomogenität der Primärenergie begrenzt. Mit van de Graaff-Generatoren lassen sich Ionenstrahlen herstellen, deren Energie um weniger als einige 100 eV schwankt. Eine zusätzliche Energieinhomogenität tritt durch die Abbremsung der Primären im Target auf. Man verwendet für die Erzeugung von monoenergetischen Neutronen daher stets sog. „dünne Targets“, in denen der Energieverlust der Primären nur einige 100 eV beträgt.

Häufig benutzte Reaktionen:

Energiebereich 0 bis 500 keV

$Li^7(p, n)Be^7$ $Q = -1{,}646$ MeV Schwellenergie 1,882 MeV.

Dünne Targets erhält man durch Aufdampfen von Li auf Tantal-Unterlagen.

$V^{51}(p, n)Cr^{51}$ $Q = -1{,}5$ MeV Schwellenergie 1,562 MeV
$Sc^{45}(p, n)Ti^{45}$ $Q = -2{,}8$ MeV Schwellenergie 2,85 MeV

Energiebereich 0,3 bis 20 MeV

$H^3(p, n)He^3$ $Q = -0{,}764$ MeV. Schwelle 1,019 MeV.

Das Tritium kann als Gas in einer dünnwandigen Aluminiumkammer oder aber in dünnen Zirkon- oder Titanfolien absorbiert vorliegen.

$H^2(d, n)He^3$ $Q = 3{,}256$ MeV.

Als „dünnes“ Target verwendet man Deuteriumgas.

$H^3(d, n)He^4$ $Q = 17{,}6$ MeV.

Targets wie bei der Reaktion $H^3(p, n)He^3$.

2.5.2. (d, n)-Prozesse als ergiebige Neutronenquellen

Wenn es auf die Energiehomogenität der Neutronen nicht ankommt, verwendet man, um maximale Ausbeuten zu erzielen, „dicke“ Targets, d.h. Auffänger, deren Dicke größer ist als die Reichweite der Primärteilchen. Es lassen sich auf diese Weise außerordentlich starke Neutronenquellen gewinnen. Hierfür kommen vier Reaktionen in Frage:

$H^2(d, n)He^3$, die sog. *d-d*-Reaktion. Als dickes Target kommt Deuterium in der Form von schwerem Eis zur Verwendung, das mit flüssiger Luft gekühlt werden muß. Experimentell leicht realisierbar, wenn auch nicht sehr ergiebig, sind die sog. Selbsttargets, die durch Beladen eines Metalls mit Deuterium im

Deuteronenstrahl des Beschleunigers gebildet werden können.

$H^3(d, n)He^4$: Als „dicke" Targets verwendet man Titan- oder Zirkonfolien, die auf eine Kupfer- oder Wolframunterlage aufgedampft oder aufgeschmolzen werden; solche Folien können bis zu etwa ein Tritiumatom pro Titanatom aufnehmen.

Von einem dicken Tritium-Target kann man pro μA Strom von 200 keV-Deuteronen bis zu 2×10^8 Neutronen/sec erhalten; bei einem Ionenstrom von 0,5 mA also 10^{11} n/sec! Der Wirkungsquerschnitt dieser Reaktion, der in Abb. 2.5.1 gezeigt wird, hat bei 110 keV ein Maximum; die Ausbeute der Reaktion steigt infolgedessen bei größeren Energien kaum noch an. Daher kommt man hier mit einfachen Kaskadenbeschleunigern mit einer Spannung um 200 kV und hohem Ionenstrom aus. Derartige Anlagen werden vielfach benutzt.

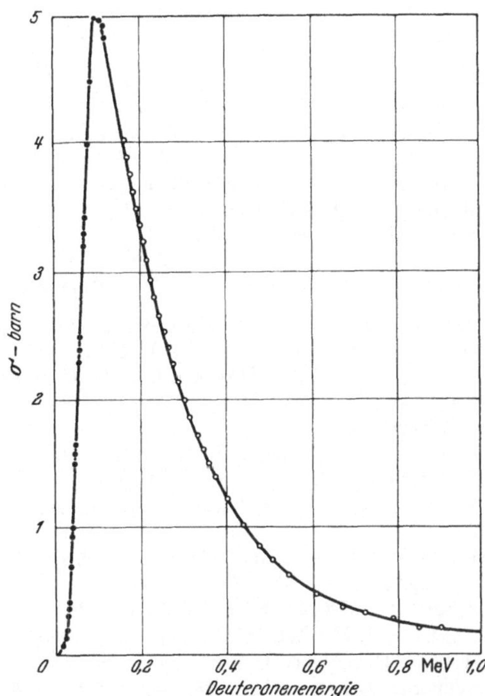

Abb. 2.5.1. Wirkungsquerschnitt für die Reaktion $H^3(d, n)He^4$. —o—o—o— nach HANSON, TASCHEK und WILLIAMS; —•—•—•— nach ARNOLD et al.

Nachteile dieser Neutronenquelle liegen darin, daß die Neutronenausbeute der recht kostbaren Targets schnell nachläßt, daß der Umgang mit Tritium gewisse Vorsichtsmaßnahmen erfordert und daß schließlich die hohe Energie der Neutronen (≈ 14 MeV) bei manchen Experimenten stört, insbesondere die Abschirmung erschwert.

$$Li^7(d, n)Be^8 \rightarrow 2\alpha \quad Q = 14{,}55 \text{ MeV}$$

$$Be^9(d, n)B^{10} \quad Q = 3{,}79 \text{ MeV}.$$

Beide Reaktionen sind nicht monoenergetisch. Insbesondere die $Be^9(d, n)B^{10}$-Reaktion wird bei höheren Spannungen häufig benutzt. Die Ausbeuten der hier diskutierten Reaktionen werden in der Abb. 2.5.2 als Funktion der Beschleunigungsspannung gezeigt.

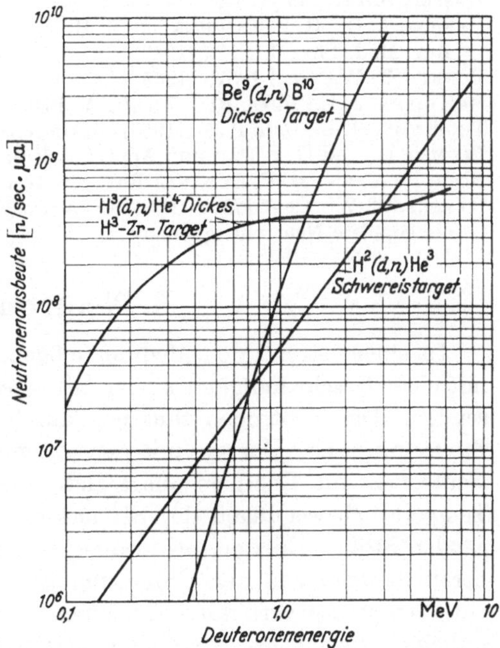

Abb. 2.5.2. Neutronenausbeuten von (d, n)-Reaktionen. Aus dem Bulletin H der High Voltage Engineering Co., Burlington Mass. 1957

Literatur zum 2. Kapitel

Allgemein

Bibliography of Published Literature on the Preparation and Properties of Radioactive Neutron Sources, TID-295 der USAEC.
GRAVES, A. C.: National Nuclear Energy Series, Bd. V/3, S. 47ff.
WLASSOW, A.: Neutronenquellen, Abh. aus der Sowj. Physik II, 1951.
Reactor Handbook, I, S. 1ff.
SEGRÉ, E.: l. c. Bd. II, S. 361ff.

Spezielle Arbeiten

ALICHANOW, A. I.: C. R. Acad. Sci. USSR. **20**, 429 (1938).
O'NEAL, R. D.: Phys. Rev. **70**, 1 (1946).
} γ-Strahlung eines Ra-Präparates.
CHANG, W. Y.: Phys. Rev. **70**, 632 (1946) (α-Energien eines Ra-Präparates).
HALPERN, O.: Phys. Rev. **76**, 248 (1949) [Wirkungsquerschnitt der (α, n)-Reaktion am Beryllium].
DEMERS, P.: Montreal Lab. Rep. MP **74** u. MP **204**.
TEUCHER, M.: Z. Physik **126**, 410 (1949).
SCHMIDT-ROHR, U.: Z. Naturforsch. 8a, 470 (1953).
HILL, D. L.: AECD 1945 (1947).
} Neutronenspektrum der (Ra + Be)-Quelle.
WHITMORE, B. G., and W. B. BAKER: Phys. Rev. **78**, 799 (1950).
RICHARDS, H. T.: MDDC 472 (1947).
} Spektrum einer (Po + Be)-Quelle.
FERMI, E.: AECD **2664** S. 5ff. [(Ra + B)- und andere N.-Quellen].
ROBERTS, J. H.: MDDC 731 [(α, n)-Quellen].
MARTIN, D. S.: AECD 3077 (1946) [(α, n)-Quelle mit Spaltneutronen-Spektrum].
STEWART, L.: Phys. Rev. **98**, 740 (1955) (Pu+Be-Quelle).
ANDERSON, H. L., and B. T. FELD: Rev. Sci. Instrum. **18**, 186 (1947).
BRETSCHER, E.: Proc. Roy. Soc. Lond., Ser. A **196**, 436 (1949).
} Konstruktion von Neutronenquellen.
WATTENBERG, A.: Phys. Rev. **71**, 497 (1947).
RUSSEL, BETAL.: Phys. Rev. **73**, 545 (1948).
} Photoneutronenquellen.
HANSON, A. O., R. F. TASCHEK and J. H. WILLIAMS: Rev. Mod. Phys. **21**, 635 (1949).
BONNER, T. W.: Genf P/578 (1955).
MCKIBBEN, J. L.: Phys. Rev. **70**, 101 A (1949).
} Monoenergetische Neutronen aus Reaktionen mit künstlich beschl. Teilchen.
THORNTON, R. L.: Genf P/584 (1955) (Zyklotrons zur Herstellung monokinetischer Neutronen).
BLOMSÖ, E., and G. v. DARDEL: Appl. Sci. Res. B **3**, 35 (1952).
PECK, R. A., and H. P. EUBANK: Rev. Sci. Instrum. **26**, 444 (1955).
} Beschreibung kleiner Neutronengeneratoren.
HAVENS, W. W.: Genf P/574 (1955) (Synchrozyklotrons, Betatrons und Linearbeschleuniger als gepulste Neutronenquellen).

3. Neutronenfelder

In einem streuenden Medium mögen sich Quellen befinden, die Neutronen mit einer Geschwindigkeit v oder mit einem Geschwindigkeitsspektrum $n(v)$ aussenden. Die Neutronen tauschen durch elastische und u.U. auch inelastische Stöße kinetische Energie mit den Atomen der Streusubstanz aus. Werden die Neutronen mit Energien ausgesandt, die höher als die kinetische Energie der Temperaturbewegungen der Streuatome ist, so verlieren sie in aufeinanderfolgenden Stößen Energie, bis ihre eigene Energie im Gleichgewicht mit den Temperaturbewegungen der Umgebung ist. Ihre Energien werden dann ebenfalls eine Temperaturverteilung annehmen oder zu mindestens annähern. Neutronen mit einer solchen Geschwindigkeitsverteilung nennt man „thermische Neutronen".

Es gibt praktisch kein Streumedium, das nicht auch Neutronen, insbesondere auch langsame Neutronen, absorbiert. Besondere Bedeutung für die angewandte

Neutronenphysik haben Medien, die Neutronen stark streuen, d.h. großen Streuquerschnitt σ_s besitzen, stark bremsen, d.h. kleines Atomgewicht haben, und wenig absorbieren, d.h. bei denen der Absorptionsquerschnitt σ_a klein ist. Vor allem soll $\sigma_a \ll \sigma_s$ sein. Unter Verwendung von Uran und Plutonium lassen sich auch Medien herstellen, bei denen an die Stelle der Absorption eine Produktion von Neutronen tritt. Wir werden jedoch im folgenden nicht auf derartige multiplizierende Medien eingehen, die die Grundlage für die Konstruktion der Kernreaktoren bilden.

In einem streuenden und absorbierenden Medium stellt sich eine von der Stärke der Quellen abhängige „Intensität" der Neutronenstrahlung ein, die wir im folgenden näher definieren werden, und die je nach dem Verhalten der Quellen stationär oder nicht stationär sein kann und unter anderem zu Diffusionsströmungen Anlaß gibt. Die allgemeine Behandlung des Diffusionsprozesses führt in der Regel zu schwierigen mathematischen Problemen. Wir werden jedoch einfache Näherungen kennenlernen.

Die Gesamtheit der Neutronen in einem Streumedium, charakterisiert durch ihre Intensitätsverteilung in Raum, Zeit und Geschwindigkeit, nennt man das Neutronen-Diffusionsfeld oder Neutronenfeld.

3.1. Charakterisierung des Feldes

Wir betrachten ein Volumenelement $dV = dx\,dy\,dz$ des Streumediums mit der Ortskoordinate $\vec{r}$. In diesem Volumenelement sei $n(\vec{r},\vec{\Omega},v)\,dV\,d\Omega\,dv$ die Anzahl der Neutronen, deren Geschwindigkeitsrichtung, charakterisiert durch den Richtungsvektor $\vec{\Omega}$, im Raumwinkelelement $d\Omega$[1] um $\vec{\Omega}$ und deren Geschwindigkeitsbetrag zwischen v und $v + dv$ liegt. $n(\vec{r},\vec{\Omega},v)$ ist also die Anzahl in 1 cm³, d.h. die Dichte der Neutronen im Einheitsintervall der Geschwindigkeit um v mit Geschwindigkeitsrichtungen, die in der Einheit des Raumwinkels um $\vec{\Omega}$ liegen. Die Angabe dieser „differentiellen Dichte" $n(\vec{r},\vec{\Omega},v)$ ist hinreichend zur Beschreibung des Feldes. Sie kann zusätzlich noch von der Zeit abhängen.

Die Gesamtzahl der Neutronen einer bestimmten Geschwindigkeitsrichtung erhält man durch Integration über alle Geschwindigkeitsbeträge:

$$n(\vec{r},\vec{\Omega})\,dV\,d\Omega = dV\,d\Omega \int_0^\infty n(\vec{r},\vec{\Omega},v)\,dv. \tag{3.1.1}$$

$n(\vec{r},\vec{\Omega})$ nennt man die *vektorielle Dichte.* Sie tritt speziell an die Stelle von $n(\vec{r},\vec{\Omega},v)$, wenn es sich um ein Feld von Neutronen konstanter Geschwindigkeit handelt. Integriert man außerdem über alle Geschwindigkeitsrichtungen, so erhält man die Gesamtzahl der Neutronen im Volumenelement dV am Ort $\vec{r}$:

$$n(\vec{r})\,dV = dV \int_0^\infty dv \int_{4\pi} d\Omega\, n(\vec{r},\vec{\Omega},v). \tag{3.1.2}$$

[1] $d\Omega = \sin\vartheta\, d\vartheta\, d\varphi \qquad 0 < \vartheta < \pi \qquad 0 < \varphi < 2\pi.$

$n(\vec{r})$ ist die *Dichte* am Ort $\vec{r}$. Wir führen ferner den sog. *differentiellen Neutronenfluß* ein. Es ist

$$F(\vec{r},\vec{\Omega},v)\,d\Omega\,dv = n(\vec{r},\vec{\Omega},v)\,v\,d\Omega\,dv \tag{3.1.3}$$

die Anzahl der Neutronen am Ort $\vec{r}$ mit einer Geschwindigkeit zwischen v und $v+dv$, die in der Sekunde durch 1 cm² einer senkrecht zu $\vec{\Omega}$ stehenden Fläche in ein Raumwinkelelement $d\Omega$ um $\vec{\Omega}$ hindurchtreten.

Durch Integration des differentiellen Flusses $F(\vec{r},\vec{\Omega},v)$ über alle Geschwindigkeiten erhalten wir den *Vektorfluß* $F(\vec{r},\vec{\Omega}) = n(\vec{r},\vec{\Omega})\cdot\bar{v}$, d.i. die Zahl der Neutronen, die pro sec durch eine Fläche von 1 cm² senkrecht zu $\vec{\Omega}$ in das Raumwinkelelement $d\Omega$ um $\vec{\Omega}$ treten.

Schließlich nennt man

$$\Phi(\vec{r}) = \int\limits_{4\pi} F(\vec{r},\vec{\Omega})\,d\Omega = n(\vec{r})\cdot\bar{v} \tag{3.1.4}$$

den Gesamtfluß oder kurz *Fluß* am Orte $\vec{r}$. $\Phi(\vec{r})$ ist die Anzahl der Neutronen, die pro sec durch eine Kugel vom Querschnitt $\pi R^2 = 1$ cm², also von der Oberfläche $4\pi R^2 = 4$ cm², hindurchtreten[1].

Meistens läßt sich die vektorielle Dichte oder der vektorielle Fluß als Funktion nur eines Winkels ϑ gegen eine „Verteilungsachse“ (Symmetrieachse) des Feldes darstellen, d.h. das Feld wird als rotationssymmetrisch um eine Achse aufgefaßt. In einem solchen Fall kann man immer, in der Regel mit Gewinn hinsichtlich der mathematischen Behandlung des Problems, die Größe $F(\vec{r},\vec{\Omega})$ nach Kugelfunktionen entwickeln:

$$F(\vec{r},\vec{\Omega}) = \frac{1}{4\pi}\sum_l (2l+1)\,F_l(\vec{r})\,P_l(\cos\vartheta); \qquad l = 0, 1, 2, \ldots \tag{3.1.5}$$

Die ersten vier gewöhnlichen Kugelfunktionen lauten

$$P_0 = 1, \qquad P_1 = \cos\vartheta,$$
$$P_2 = \tfrac{1}{2}\,[3\cos^2\vartheta - 1], \qquad P_3 = \tfrac{1}{2}\,[5\cos^3\vartheta - 3\cos\vartheta].$$

Für die Größen F_l gilt:

$$F_l(\vec{r}) = 2\pi\int\limits_0^{\pi} F(\vec{r},\vec{\Omega})\,P_l(\cos\vartheta)\sin\vartheta\,d\vartheta. \tag{3.1.6}$$

Insbesondere wird

$$F_0(\vec{r}) = 2\pi\int\limits_0^{\pi} F(\vec{r},\vec{\Omega})\sin\vartheta\,d\vartheta = \int\limits_{4\pi} F(\vec{r},\vec{\Omega})\,d\Omega = \Phi(\vec{r}).$$

Auch der zweite Koeffizient hat eine anschauliche physikalische Bedeutung. Um dies einzusehen, führen wir als wichtige neue Größe die Stromdichte $\vec{j}$ in Richtung der Verteilungsachse ein; der Betrag j dieses Vektors ist die Netto-

[1] Da jedes Neutron zweimal durch die Kugeloberfläche hindurchtritt (einmal von außen nach innen, einmal von innen nach außen), treten pro sec durch 4 cm² 2Φ Neutronen, oder aber durch eine Fläche von 1 cm² $\Phi/2$ Neutronen. Siehe auch S. 44.

anzahl der Neutronen, die durch eine zur Verteilungsachse senkrechte Fläche von 1 cm² in einer Sekunde in Richtung der Verteilungsachse treten. Es ist also[1]

$$j = \int_{4\pi} F(\vec{r}, \vec{\Omega}) \cos\vartheta \, d\Omega = 2\pi \int_0^{\pi} F(\vec{r}, \vec{\Omega}) \cos\vartheta \sin\vartheta \, d\vartheta . \tag{3.1.7}$$

Durch Vergleich mit Gl. (3.1.6) folgt

$$j = F_1(\vec{r}) .$$

Die ersten zwei Glieder der Entwicklung in Gl. (3.1.5) lauten also

$$F(\vec{r}, \vec{\Omega}) = \frac{1}{4\pi} \Phi(\vec{r}) + \frac{3}{4\pi} j(\vec{r}) \cos\vartheta .$$

Es wird sich zeigen, daß in den meisten Fällen die Funktion $F(\vec{r}, \vec{\Omega})$ durch diese ersten beiden Glieder mit hinreichender Genauigkeit beschrieben wird.

Wir werden die Entwicklung (3.1.5) im folgenden häufig in einer veränderten Schreibweise verwenden. Bei Rotationssymmetrie liegt es nahe, für den Vektorfluß statt $F(\vec{r}, \vec{\Omega})$

$$F(\vec{r}, \cos\vartheta) = \int_0^{2\pi} F(\vec{r}, \vec{\Omega}) \, d\varphi = 2\pi F(\vec{r}, \vec{\Omega}) \tag{3.1.8}$$

zu schreiben. $F(\vec{r}, \cos\vartheta) \sin\vartheta \, d\vartheta$ gibt die Zahl der Neutronen an, die in der Sekunde eine Fläche von 1 cm² senkrecht zur Verteilungsachse mit Winkeln zwischen ϑ und $\vartheta + d\vartheta$ gegenüber dieser Achse durchsetzen. Es ist dann

$$F(\vec{r}, \cos\vartheta) = \frac{1}{2} \sum_1^{\infty} (2l + 1) F_l(\vec{r}) P_l(\cos\vartheta) , \tag{3.1.5a}$$

wobei die $F_l(\vec{r})$ identisch mit den oben eingeführten $F_l(\vec{r})$ sind; es ist

$$F_l(\vec{r}) = \int_0^{\pi} F(\vec{r}, \cos\vartheta) \sin\vartheta \, d\vartheta \, P_l(\cos\vartheta) . \tag{3.1.6a}$$

3.2. Thermische Neutronen

Im Gleichgewicht mit der Wärmebewegung in einem Streumedium nehmen Neutronen eine Maxwell-Verteilung der kinetischen Energie an. Es ist möglich, aus dieser Verteilung eine Neutronentemperatur T zu definieren, die mit der Moderatortemperatur T_0 übereinstimmt.

Bei der Diffusion „thermischer" Neutronen in einem *absorbierenden* Streumedium liegt ein solcher Gleichgewichtszustand in Strenge nicht vor; es treten daher Abweichungen von der Maxwell-Verteilung auf. Sie sind bei schwacher Absorption jedoch gering. Wir verschieben ihre Diskussion auf das 11. Kapitel.

3.2.1. Maxwellsche Energieverteilung

Die Anzahl Teilchen dn mit Energien von E bis $E + dE$ ist nach dem Maxwellschen Verteilungsgesetz

$$dn = n(E) \, dE = \frac{2\pi n}{(\pi k T)^{\frac{3}{2}}} e^{-\frac{E}{kT}} \sqrt{E} \, dE \tag{3.2.1}$$

[1] Für Definition von j vgl. auch Abschnitt 3.6.

oder anders geschrieben

$$\frac{n(E)\,dE}{n} = \frac{2}{\sqrt{\pi}}\, e^{-\frac{E}{kT}} \sqrt{\frac{E}{kT}}\, \frac{dE}{kT}\,. \tag{3.2.1a}$$

Die wahrscheinlichste Energie E_0, d.i. die Energie, die am häufigsten vorkommt, erhalten wir aus Gl. (3.2.1a) durch differenzieren nach E und Nullsetzen:

$$E_0 = \frac{kT}{2}\,. \tag{3.2.2}$$

Für die mittlere Energie folgt

$$\bar{E} = \frac{\int\limits_0^\infty E \cdot n(E)\,dE}{\int\limits_0^\infty n(E)\,dE} = \int\limits_0^\infty \frac{2}{\sqrt{\pi}}\, e^{-\frac{E}{kT}} \left(\frac{E}{kT}\right)^{\frac{3}{2}} dE = \frac{3}{2}\, kT\,. \tag{3.2.3}$$

Für die Verteilung der Geschwindigkeiten folgt aus (3.2.1) mit $E = \frac{m}{2} v^2$, $dE = m v\, dv$,

$$dn = n(v)\,dv = \frac{4n}{\sqrt{\pi}} \left(\frac{m}{2\pi kT}\right)^{\frac{3}{2}} e^{-\frac{m v^2}{2kT}}\, v^2\, dv \tag{3.2.4}$$

oder anders geschrieben

$$\frac{n(v)\,dv}{n} = \frac{4}{\sqrt{\pi}}\, e^{-\frac{m v^2}{2kT}}\, \frac{m v^2}{2kT} \sqrt{\frac{m}{2kT}}\, dv\,. \tag{3.2.4a}$$

Die wahrscheinlichste Geschwindigkeit beträgt

$$v_0 = \sqrt{\frac{2kT}{m}}\,. \tag{3.2.5}$$

Damit ergibt sich eine besonders einfache Schreibweise für Gl. (3.2.4a)

$$\frac{n(v)\,dv}{n} = \frac{4}{\sqrt{\pi}}\, e^{-\left(\frac{v}{v_0}\right)^2} \left(\frac{v}{v_0}\right)^2 \frac{dv}{v_0}\,. \tag{3.2.6}$$

Die mittlere Geschwindigkeit beträgt

$$\bar{v} = \frac{\int\limits_0^\infty v \cdot n(v)\,dv}{\int\limits_0^\infty n(v)\,dv} = \frac{4}{\sqrt{\pi}} \int\limits_0^\infty e^{-\left(\frac{v}{v_0}\right)^2} \left(\frac{v}{v_0}\right)^3 dv = \frac{2}{\sqrt{\pi}}\, v_0 = 1{,}128\, v_0\,. \tag{3.2.7}$$

Es ist daher $\bar{v}^2 = \frac{4}{\pi} v_0^2$, während nach Gl. (3.2.3) $\overline{v^2} = \frac{3}{2} v_0^2$ ist. Man beachte ferner, daß $\frac{m}{2} v_0^2 = kT$, wohingegen $E_0 = \frac{kT}{2}$ ist.

Man pflegt gewöhnlich bei einem Neutron, das einer Verteilung mit der Temperatur T angehört, zu sagen, daß es die Energie $E = kT$ besitze und die Geschwindigkeit $v = v_0$, obwohl seine mittlere Energie $\frac{3}{2} kT$ und seine mittlere Geschwindigkeit $\bar{v} = \frac{2}{\sqrt{\pi}} v_0$ beträgt.

Für $20°\,C = 293°\,K$ ist $E_0 = kT = 0{,}0252$ eV und $v_0 = 2200$ m/sec. Für die Verteilung des Neutronenflusses Φ gilt

$$\frac{\Phi(E)\,dE}{\Phi} = e^{-\frac{E}{kT}} \cdot \frac{E}{kT} \cdot \frac{dE}{kT} \tag{3.2.8}$$

oder

$$\frac{\Phi(v)\,dv}{\Phi} = 2e^{-\left(\frac{v}{v_0}\right)^2} \left(\frac{v}{v_0}\right)^3 \frac{dv}{v_0}. \tag{3.2.9}$$

Dabei ist

$$\Phi = \int_0^\infty n(v)\,v\,dv = n\bar{v} = \frac{2}{\sqrt{\pi}}\,n\,v_0.$$

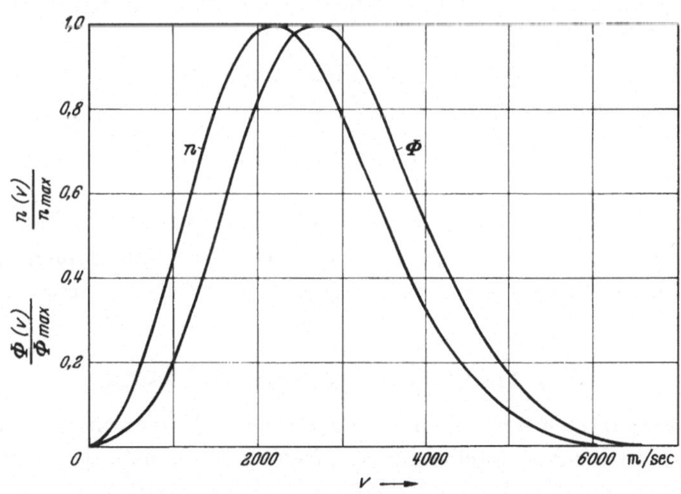

Abb. 3.2.1. Maxwell-Verteilung für die Neutronendichte $n(v)$ und für den Neutronenfluß $\Phi(v) = v\,n(v)$

Die Flußverteilungen sind gegenüber den entsprechenden Dichteverteilungen nach höheren Energien bzw. Geschwindigkeiten verschoben. Dies ist in der Abb. 3.2.1 zu sehen, wo für $T = 293°$ die Verteilungen $\frac{\Phi(v)}{\Phi}$ und $\frac{n(v)}{n}$ verglichen werden[1].

3.2.2. Wirkungsquerschnitte im thermischen Feld

In einem Streumedium mit dem totalen Wirkungsquerschnitt $\Sigma_t(v)$ bestehe ein thermisches Neutronenfeld $\Phi(v)$. Dann ist die Zahl der Ereignisse (Streuungen, Absorptionen usw.) pro sec und cm³:

$$\left.\begin{aligned} \nu &= \int_0^\infty \Phi(v)\,\Sigma_t(v)\,dv = \Phi\,\overline{\Sigma}_t \\ \overline{\Sigma}_t &= 2\int_0^\infty e^{-\frac{v^2}{v_0^2}} \left(\frac{v}{v_0}\right)^3 \Sigma_t(v)\,\frac{dv}{v_0}. \end{aligned}\right\} \tag{3.2.10}$$

[1] Zwischen der Temperatur T, der de Broglie-Wellenlänge $\lambda = \frac{h}{\sqrt{2mE_0}}$ und der Energie $E_0 = kT$ bestehen die folgenden Beziehungen:

$$\begin{aligned} T(°K) &= 1{,}16 \cdot 10^4 E_0\,(\text{eV}) \\ E_0 &= 8{,}61 \cdot 10^{-5}\,T \\ \lambda\,(\text{cm}) &= 2{,}86 \cdot 10^{-9} E_0^{-\frac{1}{2}}. \end{aligned}$$

Der Wirkungsquerschnitt ist in diesem Fall nicht über die Maxwell-Verteilung zu mitteln, sondern über die modifizierte Verteilung (3.2.9).

Wir betrachten speziell einen $(1/v)$-Absorber $\Sigma_a = k/v$: Dann folgt

$$\overline{\Sigma}_a = \frac{k}{v_0} 2 \int_0^\infty e^{-\left(\frac{v}{v_0}\right)^2} \left(\frac{v}{v_0}\right)^2 \frac{dv}{v_0} = \frac{\frac{k}{v_0}}{\frac{2}{\sqrt{\pi}}} = \frac{k}{\overline{v}}.$$

Der mittlere Querschnitt eines $1/v$-Absorbers gegenüber einem thermischen Neutronenfluß ist gleich dem Querschnitt bei der mittleren Geschwindigkeit; er ist um den Faktor $2/\sqrt{\pi} = 1{,}128$ kleiner als der meist in Tabellen angegebene Wert bei $v = 2200$ m/sec[1].

Beschreibt man das Neutronenfeld nicht durch den Fluß, sondern durch die Dichte $n(v)$, so ist

$$\nu = \int_0^\infty n(v)\, v\, \Sigma_t(v)\, dv .$$

Für $\Sigma_a = k/v$ folgt einfach: $\nu = k \cdot n$, wo n die gesamte Dichte ist.

Die Absorptionsrate eines $1/v$-Absorbers ist also vollkommen unabhängig von der Geschwindigkeitsverteilung proportional zur Neutronendichte[2].

3.3. Allgemeine Transportgleichung

Eine Beschreibung des räumlichen und zeitlichen Verhaltens eines Neutronenfeldes erhält man durch Aufstellung einer „Neutronenbilanz". In einem Volumenelement $dV = dx\,dy\,dz$ kann sich die Anzahl $n(\vec{r}, \vec{\Omega}, v)\, dV\, d\Omega\, dv$ von Neutronen mit einer Geschwindigkeit zwischen $v, v + dv$ im Raumwinkelelement $d\Omega$ um $\vec{\Omega}$ aus den folgenden Gründen ändern:

1. Abfluß nach außen

$$\operatorname{div} \vec{\Omega} \cdot F(\vec{r}, \vec{\Omega}, v)\, dV\, d\Omega\, dv .$$

2. Verlust durch Absorption und Streuung in andere Richtung

$$\Sigma_t \cdot F(\vec{r}, \vec{\Omega}, v)\, dV\, d\Omega\, dv; \qquad \Sigma_t = \Sigma_a + \Sigma_s .$$

[1] Gelegentlich, insbesondere in der amerikanischen Literatur, wird als Neutronenfluß die Größe $(nv) = n \cdot v_0 = \frac{\sqrt{\pi}}{2} \cdot \Phi$ angegeben. In diesem Falle gilt für die Reaktionsrate

$$\nu = (n\,v) \cdot \Sigma(v_0 = 2200 \text{ m/sec}).$$

[2] Den hier gebildeten mittleren Wirkungsquerschnitt in einem thermischen Neutronenfeld haben wir zu unterscheiden von dem mittleren Wirkungsquerschnitt, der in einem Transmissionsexperiment mit thermischen Neutronen bestimmt wird, vgl. Abschnitt 11.1. Für dünne $1/v$-Absorber beträgt er

$$\overline{\sigma} = k \cdot \overline{\frac{1}{v}} = \frac{2}{\sqrt{\pi}} \cdot \frac{k}{v_0}$$

und ist um den Faktor $4/\pi$ größer als der hier betrachtete Querschnitt.

3. Gewinn durch Streuung von Neutronen aus anderen Richtungen und Geschwindigkeitsintervallen in die betrachteten:

$$\int_0^\infty dv' \int_{4\pi} d\Omega' \, \Sigma_s(v') \, g(v' v, \vec{\Omega}' \vec{\Omega}) \, F(\vec{r}, \vec{\Omega}', v') \, dV \, d\Omega \, dv .$$

$g(v' v, \vec{\Omega}' \vec{\Omega}) d\Omega \, dv$ gibt die Wahrscheinlichkeit dafür an, daß ein aus der Richtung $\vec{\Omega}'$ mit der Geschwindigkeit v' kommendes Neutron bei einem Streuprozeß in das betrachtete Intervall $v \ldots v + dv$; $d\Omega$ gestreut wird. Es gilt

$$\int_0^\infty dv \int_{4\pi} d\Omega \, g(v' v, \vec{\Omega}' \vec{\Omega}) = 1 .$$

4. Entstehung von Neutronen aus in dV befindlichen Quellen

$$S(\vec{r}, \vec{\Omega}, v) \, dV \, d\Omega \, dv .$$

Die Summe all dieser Beträge liefert die zeitliche Änderung der Dichte in dV:

$$\left.\begin{aligned} \frac{\partial n(\vec{r}, \vec{\Omega}, v)}{\partial t} = \frac{1}{v} \frac{\partial F(\vec{r}, \vec{\Omega}, v)}{\partial t} &= -\operatorname{div} \vec{\Omega} F(\vec{r}, \vec{\Omega}, v) - \Sigma_t(v) F(\vec{r}, \vec{\Omega}, v) + \\ &+ \int_0^\infty dv' \int_{4\pi} d\Omega' \, \Sigma_s(v') \, g(v' v, \vec{\Omega}' \vec{\Omega}) \, F(\vec{r}, \vec{\Omega}', v') + S(\vec{r}, \vec{\Omega}, v) . \end{aligned}\right\} \quad (3.3.1)$$

Diese Integrodifferentialgleichung legt den Fluß bei gegebener Quellverteilung und unter Berücksichtigung eventueller Randbedingungen fest.

Typische Randbedingungen treten auf:

a) An der Grenzfläche zwischen zwei Streumedien A und B. Hier muß aus Kontinuitätsgründen offenbar entlang der Grenzfläche $\vec{r}_G$

$$F(\vec{r}_G, \vec{\Omega}, v)_A = F(\vec{r}_G, \vec{\Omega}, v)_B$$

sein.

b) An der Grenzfläche eines Streumediums zum Vakuum oder einem vollkommen absorbierenden Medium.

Da keine Rückstreuung aus dem Vakuum in das Streumedium stattfinden kann, gilt am Rand

$$F(\cos\vartheta, v) = 0 \qquad \text{für} \quad \frac{\pi}{2} < \vartheta < \pi . \tag{3.3.2}$$

Die Lösung von Gl. (3.3.1) ist im allgemeinen Fall schwierig; auch der wichtige stationäre Fall läßt sich nicht elementar behandeln.

Es lassen sich indessen leicht einfache Näherungen gewinnen. Wir werden zunächst die *stationäre, energieunabhängige* Transportgleichung, die ein zeitlich unveränderliches Neutronenfeld konstanter Geschwindigkeit beschreibt, behandeln. Sie lautet:

$$\operatorname{div} \vec{\Omega} F(\vec{r}, \vec{\Omega}) + \Sigma_t F(\vec{r}, \vec{\Omega}) = \int_{4\pi} d\Omega' \, \Sigma_s(\vec{\Omega}' \vec{\Omega}) \, F(\vec{r}, \vec{\Omega}') + S(\vec{r}, \vec{\Omega}) . \tag{3.3.3}$$

Dabei haben wir zur Abkürzung

$$\Sigma_s(\vec{\Omega}' \vec{\Omega}) = \Sigma_s \, g(\vec{\Omega}' \vec{\Omega})$$

eingeführt.

3.4. Behandlung der energieunabhängigen, stationären Transportgleichung

Unser Ziel soll sein, aus der Gl. (3.3.3) eine einfache Diffusionsgleichung vom Fickschen Typ, die eine lineare Beziehung zwischen der in (3.2.7) eingeführten Stromdichte und dem Gradienten des Neutronenflusses darstellt, herzuleiten. Hierzu entwickeln wir die Funktion $F(\vec{r}, \vec{\Omega})$ wie in Gl. (3.2.5) nach Kugelfunktionen und brechen nach dem zweiten Gliede ab; diese Näherung wird zu begründen sein.

Der Einfachheit halber nehmen wir an, daß der Diffusionsvorgang in x-Richtung verläuft, d.h. $F(\vec{r}, \vec{\Omega})$ hänge nur von x ab. Weiter sei das Feld rotationssymmetrisch um die x-Achse, so daß $2\pi F(x, \vec{\Omega}) = F(x, \cos\vartheta)$ gesetzt werden kann. Dann wird Gl. (3.3.3)

$$\left.\begin{aligned}\cos\vartheta \frac{\partial F(x,\cos\vartheta)}{\partial x} &+ \Sigma_t F(x,\cos\vartheta)\\ &= \int_0^{2\pi} d\varphi \int_0^{\pi} \sin\vartheta'\, d\vartheta'\, \Sigma_s(\vartheta'\varphi', \vartheta\varphi)\, F(x,\cos\vartheta') + S(x,\cos\vartheta).\end{aligned}\right\} \quad (3.4.1)$$

Zunächst muß rechts die Integration über ϑ', φ' und φ vollzogen werden. Dazu bedenken wir, daß in einer isotropen Substanz der Streuquerschnitt $\Sigma_s(\vartheta'\varphi', \vartheta\varphi)$ *nur* von dem Winkel ϑ_0 zwischen den Richtungen $\vartheta'\varphi'$ und $\vartheta\varphi$ abhängt. Wir schreiben infolgedessen

$$2\pi\, \Sigma_s(\vartheta'\varphi', \vartheta\varphi) = \Sigma_s(\cos\vartheta_0)$$

und können nun auch $\Sigma_s(\cos\vartheta_0)$ nach Kugelfunktionen entwickeln, vgl. (3.1.5):

$$\left.\begin{aligned}\Sigma_s(\cos\vartheta_0) &= \frac{1}{2}\sum_{l=1}^{\infty}(2l+1)\,\Sigma_{sl} P_l(\cos\vartheta_0)\\ \Sigma_{sl} &= \int_0^{\pi} \sin\vartheta_0\, d\vartheta_0\, \Sigma_s(\cos\vartheta_0)\, P_l(\cos\vartheta_0).\end{aligned}\right\} \quad (3.4.2)$$

Auch hier haben die beiden ersten Entwicklungskoeffizienten physikalische Bedeutung:

$$\Sigma_{s0} = \int_0^{\pi} \sin\vartheta_0\, d\vartheta_0\, \Sigma_s(\cos\vartheta) = \int_{4\pi} d\Omega\, \Sigma_s(\vec{\Omega}'\vec{\Omega}) = \Sigma_s$$

stellt den gesamten Streuquerschnitt dar.

$$\Sigma_{s1} = \int_0^{\pi} \sin\vartheta_0\, d\vartheta_0\, \Sigma_s(\cos\vartheta_0) = \Sigma_s \cdot \overline{\cos\vartheta_0}.$$

$\overline{\cos\vartheta_0}$ ist der mittlere Kosinus des Streuwinkels.

Wir müssen nunmehr $\Sigma_s(\cos\vartheta_0)$ oder genauer die $P_l(\cos\vartheta_0)$ durch die Winkel ϑ', φ', ϑ, φ ausdrücken; man betrachte dazu die Abb. 3.4.1.

Nach den Additionstheorien der Kugelfunktionen gilt hier

$$\left.\begin{aligned}P_l(\cos\vartheta_0) &= P_l(\cos\vartheta)\, P_l(\cos\vartheta') +\\ &+ 2\sum_{m=1}^{l} \frac{(l-m)!}{(l+m)!}(2l+1) \times P_l^m(\cos\vartheta)\, P_l^m(\cos\vartheta') \cos m(\varphi'-\varphi).\end{aligned}\right\} \quad (3.4.3)$$

Dabei sind die P_l^m die zugeordneten Kugelfunktionen. Nunmehr können wir einsetzen und die Integration vornehmen; es folgt:

$$\left.\begin{aligned} &\cos\vartheta\,\frac{\partial F(x,\cos\vartheta)}{\partial x}+\Sigma_t F(x,\cos\vartheta)\\ &\quad=\frac{1}{2}\sum_{l=0}^{\infty}(2l+1)\,\Sigma_{s\,l}\,P_l(\cos\vartheta)\int_0^{\pi}\sin\vartheta'\,d\vartheta'\,P_l(\cos\vartheta')\times\\ &\qquad\times F(x,\cos\vartheta')+S(x,\cos\vartheta). \end{aligned}\right\}\qquad(3.4.4)$$

Jetzt kann die Entwicklung von $F(x, \cos\vartheta)$ erfolgen: Wir setzen

$$F(x,\cos\vartheta)=\tfrac{1}{2}F_0(x)+\tfrac{3}{2}F_1(x)\cos\vartheta\qquad\text{(vgl. 3.1.5a)}.\qquad(3.4.5)$$

Dieses Abbrechen nach dem zweiten Glied charakterisiert eine Näherung, die man als „elementare Diffusionstheorie" bezeichnet.

Wir machen jetzt weiterhin die Annahme, daß die räumlichen Quellen isotrop sind, d.h. setzen

$$S(x,\cos\vartheta)=\tfrac{1}{2}q(x).\qquad(3.4.6)$$

q ist die Quelldichte, d.h. die Zahl der insgesamt pro cm³ und sec entstehenden Neutronen, denn es ist offenbar

$$\int_0^{\pi}\sin\vartheta\,d\vartheta\,S(x,\cos\vartheta)=2\cdot\tfrac{1}{2}q=q.$$

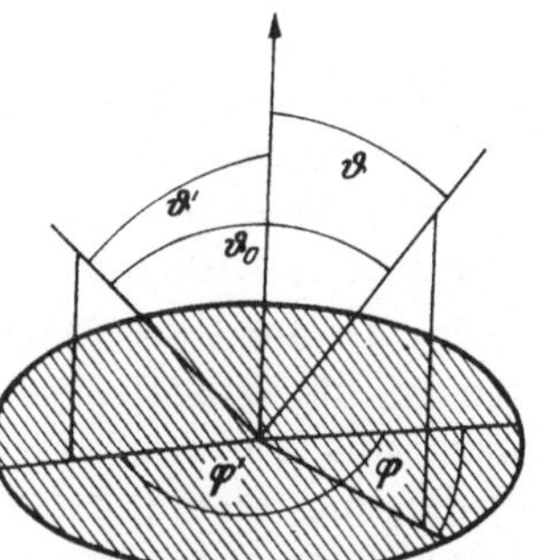

Abb. 3.4.1. Zusammenhang der Winkel ϑ, φ, ϑ', φ' und ϑ_0

Wir gehen mit den Beziehungen (3.4.5) und (3.4.6) in Gl. (3.4.4) ein und integrieren, um von der Winkelabhängigkeit freizukommen, einmal die mit $\sin\vartheta$, zum anderen die mit $\sin\vartheta\cdot\cos\vartheta$ multiplizierte Gleichung über $d\vartheta$ von 0 bis π. Dann folgt:

$$\frac{dF_1}{dx}+\Sigma_t\cdot F_0=\Sigma_{s\,0}F_0(x)+q(x),\qquad(3.4.7)$$

und

$$\frac{1}{3}\frac{dF_0}{dx}+[\Sigma_t-\Sigma_{s\,1}]\,F_1(x)=0.\qquad(3.4.8)$$

Diese Resultate haben nun eine recht einfache physikalische Bedeutung. Um das einzusehen, erinnern wir daran, daß $F_0(x)=\Phi(x)$ den Fluß, $\Sigma_{s\,0}=\Sigma_s$ den Streuquerschnitt, $F_1(x)=j(x)$ die Stromdichte und $q(x)$ die Quelldichte darstellen. Gl. (3.4.7) lautet also nun

$$\frac{dj}{dx}+\Sigma_a\Phi=q\qquad(3.4.9)$$

und stellt eine Kontinuitätsgleichung dar: Die Verluste durch Ausfluß und Absorption sind im stationären Feld gleich der Quelldichte. Dieses Resultat gilt ganz allgemein, unabhängig von der Näherung (3.4.5).

Als wichtigstes Resultat erhalten wir aus Gl. (3.4.8)

$$j=-\frac{1}{3\left[\Sigma_s(1-\overline{\cos\vartheta_0})+\Sigma_a\right]}\cdot\frac{d\Phi}{dx}=-D\cdot\frac{d\Phi}{dx}.\qquad(3.4.10)$$

Dies ist das berühmte Ficksche Gesetz der Diffusion; D [cm] nennt man Diffusionskoeffizient. Es wird sich zeigen, daß man Σ_a meist neben Σ_s vernachlässigen kann; dann ist

$$D = \frac{1}{3\Sigma_s(1-\overline{\cos\vartheta_0})} = \frac{1}{3}\frac{\lambda_s}{(1-\overline{\cos\vartheta_0})} = \frac{\lambda_{tr}}{3}. \tag{3.4.10a}$$

$\lambda_{tr} = \frac{\lambda_s}{1-\overline{\cos\vartheta}}$ ist die sog. „*Transportweglänge*“, die bei allen Diffusionsvorgängen in nicht isotrop streuenden Medien an Stelle der Streulänge λ_s wirksam ist. Bei isotroper Streuung ist $\lambda_{tr} = \lambda_s$.

Durch Kombination von (3.4.9) und (3.4.10) folgt die „elementare Diffusionsgleichung“

$$-D\frac{d^2\Phi}{dx^2} + \Sigma_a\Phi = q. \tag{3.4.11}$$

Wir werden diese Gleichung im nächsten Kapitel eingehend diskutieren und auf zahlreiche Diffusionsprobleme anwenden.

Es müssen jetzt noch die Voraussetzungen für die Gültigkeit des Fickschen Gesetzes (3.4.10) untersucht werden.

a) An der Oberfläche eines Streumediums fehlen die zurückgestreuten Neutronen, die Winkelverteilung ist stark anisotrop [vgl. Gl. (3.3.2)] und läßt sich nicht mit den zwei Gliedern (3.4.5) beschreiben. Wir können daraus als erste Bedingung folgern, daß die elementare Diffusionsgleichung nur in einem Gebiet gelten kann, von dem Grenzflächen wie auch Flächenquellen hinreichend weit (d.i. mindestens von der Größenordnung λ_{tr}) entfernt sind.

b) Im Inneren eines nichtabsorbierenden, quellfreien Streumediums gilt die elementare Diffusionstheorie in Strenge. Wir beweisen das, indem wir zeigen, daß in diesem Fall der Ansatz (3.4.5) eine strenge Lösung der Gl. (3.4.4) ist. Einsetzen von (3.4.5) in (3.4.4) liefert mit $\Sigma_a = 0$ nach einer elementaren Umformung:

$$\frac{dF_1}{dx}\cos\vartheta = \frac{1}{3}\frac{dF_0}{dx} + (\Sigma_s - \Sigma_{s1})\,F_1(x).$$

Mittels der Gln. (3.4.7) und (3.4.8) erkennt man, daß beide Seiten identisch verschwinden.

Man kann nun weiterhin zeigen, daß solange $\Sigma_a \ll \Sigma_s$ ist, die elementare Diffusionstheorie eine hinreichend gute Näherung darstellt. Auch in schwach absorbierenden Medien, in denen Σ_a/Σ_s neben 1 nicht mehr vernachlässigt werden kann, gilt das Ficksche Gesetz. Der Diffusionskoeffizient lautet dann

$$D = \frac{\lambda_{tr}}{3}\frac{1}{\left[1 - \frac{4}{5}\frac{\Sigma_a}{\Sigma_t} + \frac{\Sigma_a}{\Sigma_t}\frac{\overline{\cos\vartheta_0}}{1-\overline{\cos\vartheta_0}}\right]}.$$

c) Es war bereits früher vorausgesetzt worden, daß die räumlich verteilten Quellen isotrop sind — eine Voraussetzung, die stets erfüllt ist.

Die Gültigkeit der elementaren Diffusionstheorie setzt also voraus:

a) Grenzflächen und nicht räumlich verteilte Quellen weit entfernt,

b) $\Sigma_a \ll \Sigma_s$,

c) räumlich verteilte Quellen isotrop.

3.5. Die elementare Diffusionsgleichung für thermische Neutronen

Um zur Diffusionsgleichung für thermische Neutronen zu gelangen, müssen wir von der energieabhängigen Transportgleichung (3.3.1) ausgehen. Diese Gleichung lautet im stationären Fall, wenn wir wieder Rotationssymmetrie um die x-Achse annehmen und wenn wir zur weiteren Vereinfachung annehmen, daß die Streuung isotrop erfolgt:

$$\left.\begin{aligned} &\cos\vartheta \frac{\partial F(x,\cos\vartheta,v)}{\partial x} + \Sigma_t(v)\,F(x,\cos\vartheta,v) \\ &\quad = \frac{1}{2}\int_0^\infty dv' \int_0^\pi \sin\vartheta'\,d\vartheta'\,\Sigma_s(v')\,g(v'v)\,F(x,\cos\vartheta',v') + S(x,\cos\vartheta,v). \end{aligned}\right\} \quad (3.5.1)$$

Hier setzen wir wieder

$$F(x,\cos\vartheta,v) = \tfrac{1}{2}F_0(x,v) + \tfrac{3}{2}F_1(x,v)\cdot\cos\vartheta$$

und erhalten wie im vorhergehenden Abschnitt die Beziehungen:

$$\frac{\partial F_1(x,v)}{\partial x} + \Sigma_t(v)\,F_0(x,v) = \int_0^\infty \Sigma_s(v')\,g(v'v)\,F_0(x,v')\,dv' + q(x,v)$$

$$\frac{1}{3}\frac{\partial F_0(x,v)}{\partial x} + \Sigma_t(v)\,F_1(x,v) = 0,$$

die wir auch in der Form

$$-D(v)\frac{\partial^2\Phi(x,v)}{\partial x^2} + \Sigma_t(v)\,\Phi(x,v) = \int_0^\infty \Sigma_s(v')\,g(v'v)\,F_0(x,v')\,dv' + q(x,v) \quad (3.5.2)$$

zusammenfassen können. Dies ist eine Bilanzgleichung für Neutronen der Geschwindigkeit v: Links stehen die durch Diffusion, Absorption und Streuung aus dem Einheitsintervall der Geschwindigkeit verschwindenden Neutronen, rechts die durch Streuung aus anderen Geschwindigkeitsintervallen in das betrachtete gestreuten und die Quellen.

Grundsätzlich kann man aus Gl. (3.5.2) das Neutronenspektrum berechnen, wozu die Funktion $g(v'v)$, die mit den chemischen Bindungen der Streuatome und dem thermischen Anregungszustand des Streumediums zusammenhängt, bekannt sein muß. Uns interessiert hier aber nicht das Neutronenspektrum, sondern das Verhalten des thermischen Neutronenflusses, der durch Integration von $\Phi(v)$ über alle Geschwindigkeiten entsteht. Integrieren wir Gl. (3.5.2) über alle Geschwindigkeiten, so folgt, wenn wir bedenken, daß

$$\int_0^\infty g(v'v)\,dv = 1$$

ist, für die *elementare Diffusionsgleichung für thermische Neutronen*

$$-\overline{D}\frac{d^2\Phi}{dx^2} + \overline{\Sigma}_a\,\Phi = q. \quad (3.5.3)$$

Hier sind $\overline{\mathrm{D}}$ und $\overline{\Sigma}_a$ Mittelwerte über das Spektrum des Neutronenflusses. Wir können nun in guter Näherung annehmen, daß thermische Neutronen in einem

Streumedium eine Maxwell-Verteilung der Geschwindigkeit besitzen (Abschn. 3.2); infolgedessen gilt für die Mittelwerte der Diffusionsparameter:

$$\overline{D} = \frac{\int_0^\infty D(v)\,\Phi(v)\,dv}{\int_0^\infty \Phi(v)\,dv} = 2\int_0^\infty D(v)\,e^{-\left(\frac{v}{v_0}\right)^2}\left(\frac{v}{v_0}\right)^3 \frac{dv}{v_0}, \tag{3.5.4}$$

$$\overline{\Sigma}_a = \frac{\int_0^\infty \Sigma_a(v)\,\Phi(v)\,dv}{\int_0^\infty \Phi(v)\,dv} = 2\int_0^\infty \Sigma_a(v)\,e^{-\left(\frac{v}{v_0}\right)^2}\left(\frac{v}{v_0}\right)^3 \frac{dv}{v_0}. \tag{3.5.5}$$

Für einen $1/v$-Absorber, $\Sigma_a = k/v$, wird:

$$\overline{\Sigma}_a = \frac{k}{\overline{v}} = \Sigma_a(\overline{v}).$$

3.6. Das Verhalten des Neutronenflusses an der Oberfläche eines Streumediums

Ein Streumedium grenze an das Vakuum oder an ein stark absorbierendes Medium. Dann gilt an der Grenzfläche die Randbedingung für den Vektorfluß

$$F(x, \cos\vartheta) = 0 \quad \text{für} \quad \frac{\pi}{2} < \vartheta < \pi,$$

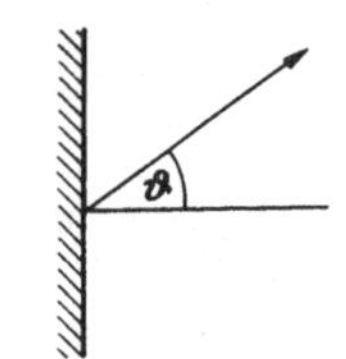

Abb. 3.6.1. Bedingung an der Oberfläche eines Streumediums: $F(x_0, \vartheta) = 0$ für $\pi/2 < \vartheta < \pi$

d.h. die zurückgestreuten Neutronen fehlen, es treten nur Neutronen aus dem Streumedium durch die Grenzfläche.

Wir formulieren diese Randbedingung mit Hilfe der elementaren Diffusionstheorie: Dazu zerlegen wir die Stromdichte j in zwei Anteile j^+ und j^-, $j^+(j^-)$ ist die Anzahl der Neutronen, die pro sec eine zur Verteilungsachse senkrechte Fläche von 1 cm² in Richtung (bzw. entgegengesetzt zur Richtung) der Verteilungsachse durchsetzt. Offenbar ist

$$\left.\begin{aligned} j &= j^+ - j^- \\ j^+ &= \int_0^{\pi/2} F(x, \cos\vartheta)\cos\vartheta\sin\vartheta\,d\vartheta \\ j^- &= -\int_{\pi/2}^{\pi} F(x, \cos\vartheta)\cos\vartheta\sin\vartheta\,d\vartheta. \end{aligned}\right\} \tag{3.6.1}$$

Mit

$$F(x) = \frac{1}{2}\Phi(x) - \frac{\lambda_{tr}}{2}\frac{d\Phi}{dx}\cos\vartheta$$

folgt

$$\left.\begin{aligned} j^+ &= \frac{\Phi(x)}{4} - \frac{\lambda_{tr}}{6}\frac{d\Phi}{dx} \\ j^- &= \frac{\Phi(x)}{4} + \frac{\lambda_{tr}}{6}\frac{d\Phi}{dx}. \end{aligned}\right\}^{1} \tag{3.6.2}$$

[1] Die Zahl der Neutronen, die pro sec durch einen cm² in beiden Richtungen hindurchtreten, ist $j^+ + j^- = \Phi/2$. Zu dem gleichen Resultat waren wir bereits auf S. 34 gelangt.

Die Forderung, daß am Rand ($x = 0$) die zurückgestreuten Neutronen fehlen, drücken wir nun durch

$$j^- = \frac{\Phi(x)}{4} + \frac{\lambda_{tr}}{6}\frac{d\Phi}{dx} = 0$$

aus. Daraus folgt aber

$$\left(-\frac{\Phi(x)}{\frac{d\Phi}{dx}}\right)_{x=0} = \frac{2}{3}\lambda_{tr} = 0{,}66\,\lambda_{tr}. \tag{3.6.3}$$

An Hand von Abb. 3.6.2 erkennt man, daß eine lineare Extrapolation des Flußverlaufs in einem Abstand $d = 0{,}66\,\lambda_{tr}$ verschwindet. Daher berücksichtigt man die Randbedingungen an der Oberfläche eines Streumediums, indem man fordert, daß der Fluß an der *effektiven* Oberfläche, die im Abstand der „*Extrapolationslänge d*" außerhalb der wahren Oberfläche liegt, verschwindet.

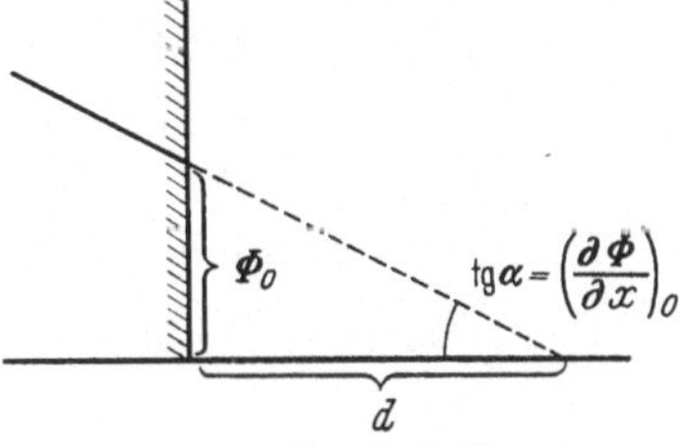

Abb. 3.6.2. Zur Definition der Extrapolationslänge

Für die Extrapolationslänge wird also mit Hilfe der elementaren Diffusionstheorie $d = 0{,}66\,\lambda_{tr}$ gefunden. Wir haben schon früher darauf hingewiesen, daß in Randgebieten infolge der starken Anisotropie der Richtungsverteilung die elementare Diffusionstheorie nicht gilt; der Wert $d = 0{,}66\,\lambda_{tr}$ gilt infolgedessen nicht streng. Die strenge Rechnung mittels der Transporttheorie liefert für die Extrapolationslänge

$$d = 0{,}71\,\lambda_{tr}.$$

Wir werden stets diesen Wert verwenden. Er gilt an *ebenen* Oberflächen[1].

Literatur zum 3. Kapitel

Glasstone, S., and M. C. Edlund: Nuclear Reactor Theory, Kap. XIV, Transport theory and neutron diffusion. London: Macmillan & Co. Ltd. 1953.

Case, K. M., F. de Hoffmann and G. Placzek: Introduction to the Theory of Neutron Diffusion. Los Alamos Scientific Laboratory 1953.

Bothe, W.: Z. Physik **118**, 401 (1942) (Transportgleichung).

Weinberg, A. M.: AECD-3405 (Transporttheorie und Diffusionsgleichung).

Reactor Handbook I — Kap. 1.3: Kinetic theory of neutrons.

Weinberg, A. M.: MDDC 1155 (Diffusionsgleichung für thermische Neutronen).

Placzek, W., and H. Seidel: Phys. Rev. **72**, 550 (1947) (Transporttheorie des Randproblems).

Davison, B.: Neutron Transport Theory. Oxford: Clarendon Press 1957.

4. Elementare Diffusionstheorie

4.1. Die elementare Diffusionsgleichung

Wie im letzten Abschnitt gezeigt wurde, läßt sich das Neutronenfeld im Inneren eines schwach absorbierenden Streumediums durch die elementare Diffusionstheorie beschreiben. Es werden nun Lösungen der elementaren Diffusionsgleichung für einfache Fälle angegeben. Dazu wird sie zunächst auf den allgemeinen dreidimensionalen Fall erweitert.

[1] Angaben für die Extrapolationslänge von Kugeln und Zylindern befinden sich in The Reactor Handbook, I, S. 394/395.

Für die Stromdichte $\vec{j}$ gilt dann

$$\vec{j} = -D \operatorname{grad} \Phi . \tag{4.1.1}$$

Die Neutronenbilanz lautet:

$$\underset{\text{Ausflußverluste}}{\operatorname{div} j} + \underset{\text{Absorption}}{\Sigma_a \Phi} = \underset{\text{Quelldichte.}}{q} \tag{4.1.2}$$

Die Diffusionsgleichung lautet dann:

$$D \cdot \Delta \Phi - \Sigma_a \Phi = -q . \tag{4.1.3}$$

Voraussetzungen für ihre Anwendbarkeit sind (vgl. Abschnitt 3.5):

1. Grenzflächen und Flächenquellen weit entfernt.
2. $\Sigma_a \ll \Sigma_s$.
3. Liegen räumlich verteilte Quellen vor, so müssen diese isotrop strahlen.

In einem thermischen Neutronenfeld — und diesen Fall fassen wir stets ins Auge — ist

$$\Sigma_a = 2 \int_0^\infty \Sigma_a(v) \left(\frac{v}{v_0}\right)^3 e^{-\left(\frac{v}{v_0}\right)^2} \frac{dv}{v_0} = \Sigma_a(\bar{v}) \qquad \text{(bei } 1/v\text{-Absorbern)}$$

$$D = 2 \int_0^\infty D(v) \left(\frac{v}{v_0}\right)^3 e^{-\left(\frac{v}{v_0}\right)^2} \frac{dv}{v_0} .$$

Mit diesen Materialkonstanten ist die Gl. (4.1.3) bei vorgegebener Quellverteilung zu lösen, wobei im allgemeinen Randbedingungen zu berücksichtigen sind. An der extrapolierten Oberfläche eines Streumediums ist $\Phi = 0$; die Extrapolationslänge beträgt bei ebenen Oberflächen $d = 0{,}71\, \lambda_{tr}$. An der Grenzfläche zwischen zwei Streumedien verhalten sich Neutronenfluß und Stromdichte stetig.

4.2. Diffusionslänge

Wir definieren jetzt eine Größe $L = \sqrt{\frac{D}{\Sigma_a}}$. L hat die Dimension einer Länge und heißt „Diffusionslänge". Gl. (4.1.3) lautet dann in einem quellfreien Bereich

$$\Delta \Phi - \frac{1}{L^2} \Phi = 0 . \tag{4.2.1}$$

Häufig schreibt man für $1/L$ auch $\varkappa$.

Die Diffusionslänge L hat eine anschauliche Bedeutung als Relaxationslänge eines Neutronenfeldes; dies wird aus den zu besprechenden Lösungen der Diffusionsgleichung zu ersehen sein.

Speziell gilt in der Umgebung einer punktförmigen Quelle thermischer Neutronen in einem unbegrenzten Streumedium (vgl. Abschnitt 4.3.2)

$$\Phi \sim \frac{1}{r} e^{-\frac{r}{L}} ,$$

dabei ist r der Abstand von der Quelle. Wir fragen nach dem Abstand $\bar{r}$, den ein Neutron von der Quelle aus im Mittel erreicht, ehe es absorbiert wird. Die Wahrscheinlichkeit, daß ein Neutron zwischen r, $r+dr$ absorbiert wird, ist:

$$\frac{\Sigma_a \Phi(r) 4\pi r^2 dr}{\int\limits_0^\infty \Sigma_a \Phi(r) 4\pi r^2 dr}.$$

Also

$$\bar{r} = \frac{\int\limits_0^\infty r \cdot \Sigma_a \Phi(r) 4\pi r^2 dr}{\int\limits_0^\infty \Sigma_a \Phi(r) 4\pi r^2 dr}$$

$$= \frac{\int\limits_0^\infty e^{-\frac{r}{L}} r^2 dr}{\int\limits_0^\infty e^{-\frac{r}{L}} r dr} = 2L.$$

Analog findet man für $\overline{r^2} = 6L^2$. Bis auf Zahlenfaktoren gibt also die Diffusionslänge denjenigen Abstand an, den ein thermisches Neutron in einem unendlich ausgedehnten Streumedium von seiner Entstehung bis zu seiner Absorption zurücklegt.

Es seien noch einige Schreibarten für die Diffusionslänge angegeben. Häufig schreibt man die Diffusionsgleichung (4.2.2) nicht in Φ, sondern in n, der Neutronendichte. Dann setzt man

$$\vec{j} = -D' \operatorname{grad} n \qquad D' = \frac{\lambda_{tr} \cdot \bar{v}}{3}.$$

Für die Diffusionslänge folgt dann

$$L = \sqrt{\frac{D'}{\bar{v} \cdot \Sigma_a}} = \sqrt{D' \cdot l_0}, \quad \text{wobei} \quad l_0 = \frac{1}{\bar{v} \cdot \Sigma(\bar{v})}$$

die mittlere Lebensdauer gegen Absorption ist. Der Index $'$ am Diffusionskoeffizienten wird meistens weggelassen, so daß Verwechslungen auftreten können. Unmißverständlich ist die Bezeichnung $L = \sqrt{\frac{\lambda_{tr} \cdot \lambda_a}{3}}$, dabei ist $\lambda_a = \frac{1}{\Sigma_a(\bar{v})}$ die mittlere freie Weglänge für Absorption.

4.3. Lösungen der Diffusionsgleichung für einige einfache Fälle

Wir betrachten zunächst Diffusionsvorgänge in *unendlich ausgedehnten Streumedien.*

Die räumliche Verteilung des Neutronenflusses wird für die folgenden Formen der Neutronenquelle untersucht:

1. Punkt;
2. Ebene, unendlich ausgedehnte Fläche;
3. Gerade, unendlich lange Linie;
4. Kugelschale;
5. Unendlich langes, gerades Rohr.

Der Lösungsweg ist stets derselbe: Die Gleichung $\Delta\Phi - \frac{1}{L^2}\Phi = 0$ ist bei der durch die Form der Quelle vorgegebene Symmetrie zu lösen mit der Bedingung, daß der Fluß im Unendlichen verschwindet. Die so erhaltene Lösung enthält noch einen freien Parameter, der durch die Forderung, daß die Anzahl der pro sec von der Quelle ausgehenden Neutronen gleich der der sekundlich im Streumedium absorbierten sein muß, festgelegt wird; eine äquivalente Bedingung erhält man, indem man die Stromdichte $\vec{j}$ am Quellort durch die Quellstärke ausdrückt.

4.3.1. Punktquelle

Die Quelle emittiere Q Neutronen/sec. Wir legen sie in das Zentrum eines räumlichen Polarkoordinatensystems und schreiben — wegen der Kugelsymmetrie:

$$\frac{d^2\Phi}{dr^2} + \frac{2}{r}\frac{d\Phi}{dr} - \frac{1}{L^2}\Phi = 0.$$

Lösungsansatz:

$$\Phi = \Phi_0 \cdot \frac{e^{-\frac{r}{L}}}{r}.$$

Nun gilt:

$$Q = \Sigma_a \int_0^\infty \Phi(r)\, 4\pi r^2\, dr = 4\pi\, \Phi_0 \Sigma_a L^2,$$

$$\Phi_0 = \frac{Q}{4\pi\Sigma_a L^2} = \frac{Q}{4\pi D},$$

$$\boxed{\Phi = \frac{Q}{4\pi D}\frac{e^{-\frac{r}{L}}}{r}}. \tag{4.3.1}$$

4.3.2. Ebene Flächenquelle

Die Quelle emittiere Q Neutronen pro cm² und sec; nach einer Seite also $Q/2$. Wir legen sie in die x, y-Ebene, dann hängt Φ nur von z ab.

$$\frac{d^2\Phi}{dz^2} - \frac{1}{L^2}\Phi = 0.$$

Lösungsansatz:

$$\Phi = \Phi_0 \cdot e^{-\frac{z}{L}} \qquad z > 0$$

$$\Phi_0 \cdot e^{\frac{z}{L}} \qquad z < 0.$$

Der Strom an der Quelle beträgt:

$$j = -D\left(\frac{d\Phi}{dz}\right)_{z=0} = \frac{D}{L}\cdot\Phi_0 = \frac{Q}{2},$$

$$\Phi_0 = \frac{Q\cdot L}{2D},$$

$$\boxed{\Phi = \frac{Q\cdot L}{2D} e^{-\frac{z}{L}}}. \tag{4.3.2}$$

4.3.3. Linienquelle

Die Quelle emittiere Q Neutronen pro sec und pro cm Länge. Wir legen sie in die Achse eines Zylinderkoordinatensystems, dann gilt

$$\frac{d^2\Phi}{dr^2} + \frac{1}{r}\frac{d\Phi}{dr} - \frac{1}{L^2}\Phi = 0$$

(r: $\perp$ Abstand eines Punktes von der Linienquelle).

Diese Differentialgleichung führt auf die modifizierten Bessel-Funktionen nullter Ordnung $I_0(r/L)$ und $K_0(r/L)$. Ihr Verlauf wird in Abb. 4.3.1 gezeigt.[1]

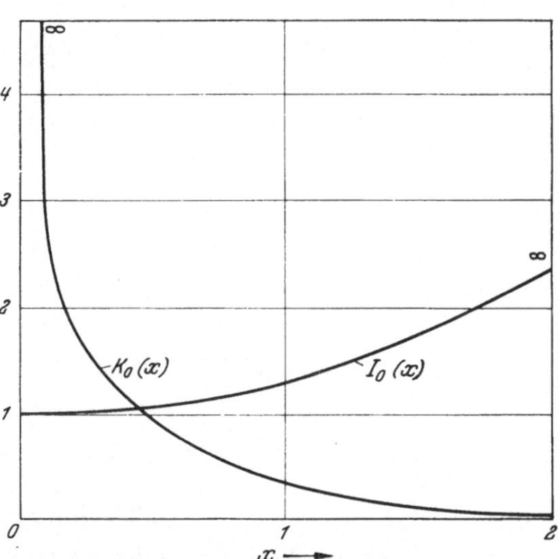

Abb. 4.3.1. Die modifizierten Bessel-Funktionen nullter Ordnung, I. und II. Art $I_0(x)$ und $K_0(x)$

Da $I_0(x)$ für $x \to \infty$ divergiert, kommt hier nur $K_0(x)$ in Frage; wir erhalten also

$$\Phi = \Phi_0 \cdot K_0(r/L)$$

$$Q = \int_0^\infty 2\pi r\, \Sigma_a \Phi(r)\, dr$$

$$= 2\pi D \Phi_0 \underbrace{\int_0^\infty K_0(x)\, dx}_{=1},$$

also

$$\boxed{\Phi(r) = \frac{Q}{2\pi D} \cdot K_0(r/L)}, \quad (4.3.3)$$

4.3.4. Kugelflächenquelle

Die geschlossene Kugelschale habe den Radius r' und emittiere (isotrop) Q Neutronen pro sec. Der Mittelpunkt sei Koordinatenursprungspunkt. Wir führen wieder räumliche Polarkoordinaten ein:

$$\frac{d^2\Phi}{dr^2} + \frac{2}{r}\frac{d\Phi}{dr} - \frac{1}{L^2}\Phi = 0.$$

Wir haben nun zwischen Innen- und Außenraum zu unterscheiden. *Außen* ($r > r'$) gilt

$$\Phi = \Phi_0 \frac{e^{-\frac{r}{L}}}{r}.$$

Innen setzen wir

$$\Phi = \Phi_0' \frac{\mathfrak{Sin}\,\frac{r}{L}}{r}.$$

Bei $r = r'$ müssen beide Lösungen stetig ineinander übergehen, also

$$\text{I:} \quad \Phi_0 e^{-\frac{r'}{L}} = \Phi_0' \,\mathfrak{Sin}\,\frac{r'}{L}.$$

[1] Vgl. z.B. WATSON, Theory of Bessel function, Cambridge University Press 1952.

Weiterhin können wir die Quellstärke durch den Strom bei $r = r'$ ausdrücken:

$$\text{II:} \quad (|\vec{j}_+| + |\vec{j}_-|)_{r=r'} = \frac{Q}{4\pi r'^2}\,.$$

Wegen der Bedingung I schreiben wir hierfür:

$$\left\{\frac{d}{dr}(r\,\Phi)\right\}_{r'_-} - \left\{\frac{d}{dr}(r\,\Phi)\right\}_{r'_+} = \frac{Q}{4\pi D r'}\,.$$

Dies führt auf

$$\Phi'_0 = \frac{Q\cdot L}{4\pi D r'}\, e^{-\frac{r'}{L}}; \qquad \Phi_0 = \frac{Q\cdot L}{4\pi D r'}\, \mathfrak{Sin}\,\frac{r'}{L}\,.$$

Also

$$\boxed{\begin{aligned} \Phi(r) &= \frac{Q\cdot L}{4\pi D r'}\, \mathfrak{Sin}\,\frac{r'}{L}\cdot\frac{e^{-\frac{r}{L}}}{r} \qquad & r > r' \\ \Phi(r) &= \frac{Q\cdot L}{4\pi D r'}\, e^{-\frac{r'}{L}}\, \frac{\mathfrak{Sin}\,\frac{r}{L}}{r} \qquad & r < r' \end{aligned}}\,. \tag{4.3.4}$$

Eine für alle r gültige Schreibweise dieser Lösung ist

$$\Phi(r) = \frac{Q\cdot L}{8\pi D\cdot r' r}\left\{e^{-\frac{|r-r'|}{L}} - e^{-\frac{r+r'}{L}}\right\}. \tag{4.3.4a}$$

4.3.5. Rohrquelle

Die Quelle vom Radius r' emittiere Q Neutronen/cm Länge. Die Achse des Rohres falle mit der z-Achse zusammen; wir führen wieder Zylinderkoordinaten ein.

$$\frac{d^2\Phi}{dr^2} + \frac{1}{r}\frac{d\Phi}{dr} - \frac{1}{L^2}\Phi = 0\,.$$

Außen $(r > r')$ $\quad \Phi(r) = \Phi_0\cdot K_0(r/L)$.

Innen $(r < r')$ $\quad \Phi(r) = \Phi'_0\, I_0(r/L)$.

Bedingungen bei $r = r'$:

I. $$\Phi(r')_+ = \Phi(r')_-$$

oder

$$\Phi_0 K_0(r'/L) = \Phi'_0\, I_0(r'/L); \qquad \text{also} \qquad \Phi_0 = A\cdot I_0(r'/L)$$
$$\Phi'_0 = A\cdot K_0(r'/L)\,.$$

II. $$(|\vec{j}_+| + |\vec{j}_-|)_{r=r'} = \frac{Q}{2\pi r'}$$

oder

$$A\left\{K_0(r'/L)\left[\frac{dI_0(x)}{dx}\right]_{x=\frac{r'}{L}} - I_0(r'/L)\left[\frac{dK_0(x)}{dx}\right]_{x=\frac{r'}{L}}\right\} = \frac{Q\cdot L}{2\pi r'\cdot D}\,.$$

Wegen

$$K_0(x)\, I'_0(x) - I_0(x)\, K'_0(x) = \frac{1}{x}$$

folgt aber

$$A = \frac{Q}{2\pi D}$$

und damit

$$\boxed{\begin{aligned} \Phi(r) &= \frac{Q}{2\pi D} I_0(r'/L)\, K_0(r/L) \qquad r > r' \\ \Phi(r) &= \frac{Q}{2\pi D} K_0(r'/L)\, I_0(r/L) \qquad r < r' \end{aligned}} \,. \tag{4.3.5}$$

4.4. Diffusionsprobleme mit einfachen Randbedingungen

Die fünf Spezialfälle aus dem letzten Abschnitt werden jetzt bei einfachen, der durch die Quelle vorgegebenen Symmetrie angepaßten Randbedingungen behandelt. Dabei kommt ein sehr einfaches Lösungsverfahren zur Anwendung: Zu der in 4.3 gewonnenen Lösung wird eine mit einem zunächst freien Parameter t multiplizierte singularitätenfreie Lösung der homogenen Gleichung $\Delta\Phi - \frac{1}{L^2}\Phi = 0$ addiert. Der Parameter wird dann durch die Forderung, daß der Neutronenfluß an der Oberfläche des Streumediums verschwinden muß, festgelegt.

4.4.1. Punktquelle im Mittelpunkt einer Kugel

Der effektive Radius der Kugel sei R.

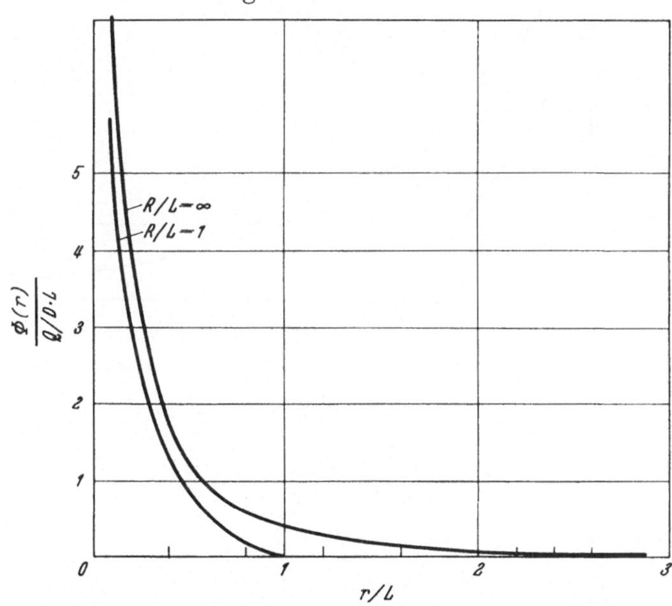

Abb. 4.4.1. Neutronenfluß in der Umgebung einer Punktquelle in einer Kugel vom Radius R

Ansatz:

$$\Phi(r) = \frac{Q}{4\pi D} \frac{e^{-\frac{r}{L}}}{r} + t \cdot \frac{\operatorname{Sin} \frac{r}{L}}{r} \,.$$

Randbedingung: $\Phi(R) = 0$.

Es folgt:

$$t = -\frac{Q}{4\pi D} \frac{e^{-\frac{R}{L}}}{\mathfrak{Sin}\frac{R}{L}},$$

$$\Phi(r) = \frac{Q}{4\pi D \cdot r}\left\{e^{-\frac{r}{L}} - \mathfrak{Sin}\frac{r}{L}\frac{e^{-\frac{R}{L}}}{\mathfrak{Sin}\frac{R}{L}}\right\},$$

$$\boxed{\Phi(r) = \frac{Q}{4\pi D \cdot \mathfrak{Sin}\frac{R}{L}} \cdot \frac{\mathfrak{Sin}\left(\frac{R-r}{L}\right)}{r}}, \qquad (4.4.1)$$

vgl. Abb. 4.4.1.

4.4.2. Unendlich ausgedehnte Flächenquelle in der Mitte einer Platte

Die in x- und y-Richtung unendlich ausgedehnte Platte habe die effektive Dicke $2d$.

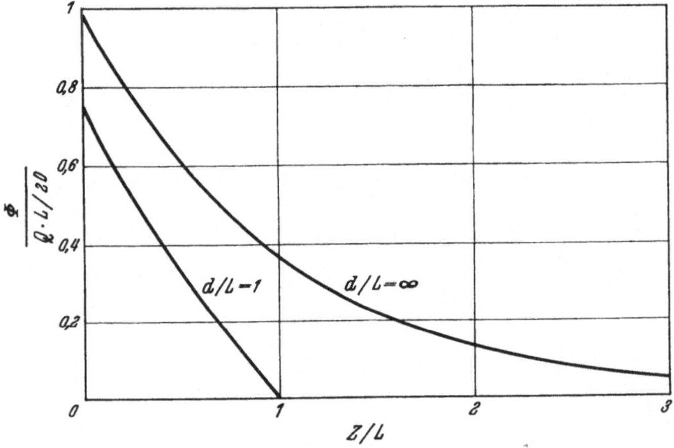

Abb. 4.4.2. Neutronenfluß in der Umgebung einer Flächenquelle in einer Platte der Dicke $2d$

Ansatz:

$$\Phi(z) = \frac{Q \cdot L}{2D} e^{-\frac{|z|}{L}} + t\,\mathfrak{Cof}\,z.$$

Randbedingung: $\Phi(d) = \Phi(-d) = 0$

$$t = \frac{-\frac{Q \cdot L}{2D} e^{-\frac{d}{L}}}{\mathfrak{Cof}\frac{d}{L}},$$

$$\Phi(z) = \frac{Q \cdot L}{2D}\left[e^{-\frac{z}{L}} - \mathfrak{Cof}\frac{z}{L}\frac{e^{-\frac{d}{L}}}{\mathfrak{Cof}\frac{d}{L}}\right],$$

$$\boxed{\Phi(z) = \frac{Q \cdot L}{2D\,\mathfrak{Cof}\,\frac{d}{L}} \cdot \mathfrak{Sin}\,\frac{d-|z|}{L}}, \tag{4.4.2}$$

vgl. Abb. 4.4.2.

4.4.3. Linienquelle in der Achse eines unendlich langen Zylinders

Der Zylinder habe den effektiven Radius R.

Ansatz:

$$\Phi = \frac{Q}{2\pi D} K_0(r/L) + t \cdot I_0(r/L).$$

Randbedingung: $\Phi = 0$ für $r = R$

$$t = -\frac{Q}{2\pi D} \frac{K_0(R/L)}{I_0(R/L)},$$

$$\boxed{\Phi = \frac{Q}{2\pi D}\left[K_0(r/L) - \frac{K_0(R/L)}{I_0(R/L)} I_0(r/L)\right]}, \tag{4.4.3}$$

vgl. Abb. 4.4.3.

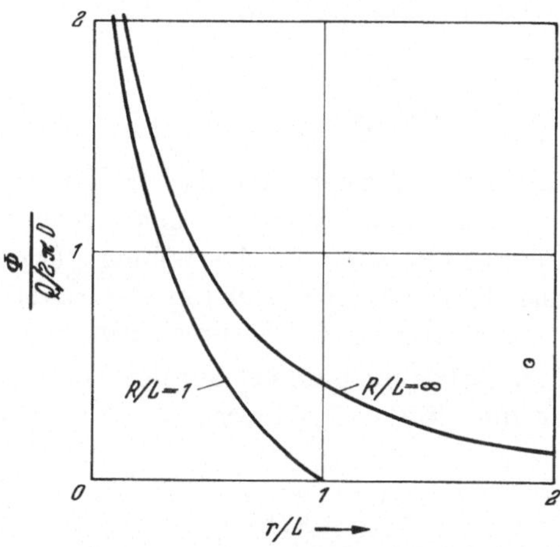

Abb. 4.4.3. Neutronenfluß in der Umgebung einer Linienquelle in Zylinder vom Radius R

4.4.4. Kugelschalenquelle, konzentrisch in einer Kugel

Die Kugel habe den effektiven Radius R.

Ansatz: Innen:

$$\Phi(r) = \frac{Q \cdot L}{4\pi r' D} e^{-\frac{r'}{L}} \frac{\mathfrak{Sin}\,\frac{r}{L}}{r} + t \frac{\mathfrak{Sin}\,\frac{r}{L}}{r}.$$

Außen:

$$\Phi(r) = \frac{Q \cdot L}{4\pi r' D} \mathfrak{Sin}\,\frac{r'}{L} \frac{e^{-\frac{r}{L}}}{r} + t \cdot \frac{\mathfrak{Sin}\,\frac{r}{L}}{r}.$$

Randbedingung: $\Phi(R)=0$

$$t = -\frac{Q\cdot L}{4\pi r' D}\,\mathfrak{Sin}\frac{r'}{L}\,\frac{e^{-\frac{R}{L}}}{\mathfrak{Sin}\frac{R}{L}},$$

$$\left.\begin{aligned}
\Phi(r) &= \frac{Q\cdot L}{4\pi D r'}\,\frac{\mathfrak{Sin}\frac{R-r'}{L}}{\mathfrak{Sin}\frac{R}{L}}\cdot\frac{\mathfrak{Sin}\frac{r}{L}}{r} \qquad r<r'\\
\Phi(r) &= \frac{Q\cdot L}{4\pi D r'}\,\frac{\mathfrak{Sin}\frac{r'}{L}}{\mathfrak{Sin}\frac{R}{L}}\cdot\frac{\mathfrak{Sin}\frac{R-r}{L}}{r} \qquad r>r'
\end{aligned}\right\}. \tag{4.4.4}$$

4.4.5. Unendlich lange Rohrquelle, konzentrisch in einem Zylinder

Der unendlich lange Zylinder habe den effektiven Radius R.

$$\left.\begin{aligned}
\Phi(r) &= \frac{Q}{2\pi D}\,\frac{I_0(r/L)}{I_0(R/L)}\{I_0(R/L)\,K_0(r'/L) - K_0(R/L)\,I_0(r'/L)\} \qquad r<r'\\
\Phi(r) &= \frac{Q}{2\pi D}\,\frac{I_0(r'/L)}{I_0(R/L)}\{I_0(R/L)\,K_0(r/L) - K_0(R/L)\,I_0(r/L)\} \qquad r>r'
\end{aligned}\right\}. \tag{4.4.5}$$

4.5. Diffusionskerne

Im allgemeinen haben die Quellen thermischer Neutronen in einem Streumedium nicht die in den bisherigen Beispielen angenommene wohldefinierte Form, vielmehr liegt meist eine räumliche Quellverteilung $q(xyz)$ vor. Wie wir im folgenden sehen werden, läßt sich jedoch häufig eine räumliche Quellverteilung durch ein System von Quellen der hier besprochenen Art ersetzen.

In einem unbegrenzten Streumedium beträgt der Neutronenfluß im Abstand r von einer Punktquelle der Stärke $Q=1\,n/\mathrm{sec}$

$$\Phi = \frac{1}{4\pi D}\,\frac{e^{-\frac{r}{L}}}{r}.$$

Allgemeiner beträgt der Fluß am Ort $\vec{r}$ von einer Punktquelle der Stärke 1 bei $\vec{r}\,'$

$$\Phi(\vec{r}) = \frac{1}{4\pi D}\,\frac{e^{-\frac{|\vec{r}-\vec{r}\,'|}{L}}}{|\vec{r}-\vec{r}\,'|}.$$

Eine räumliche Quellverteilung $q(\vec{r}\,')$ kann man durch eine Aneinanderreihung von Punktquellen der Stärke $q(\vec{r}\,')\,dx'dy'dz' = q(\vec{r}\,')\,dV'$ ersetzen. Der Beitrag eines Volumenelementes bei $\vec{r}\,'$ zum Fluß bei $\vec{r}$ ist

$$d\Phi(\vec{r}) = \frac{q(\vec{r}\,')\,dV'}{4\pi D}\cdot\frac{e^{-\frac{|\vec{r}-\vec{r}\,'|}{L}}}{|\vec{r}-\vec{r}\,'|}.$$

Der Fluß bei $\vec{r}$ beträgt also

$$\Phi(\vec{r}) = \int q(\vec{r}\,') \cdot \frac{e^{-\frac{\vec{r}-\vec{r}\,'}{L}}}{4\pi D|\vec{r}-\vec{r}\,'|}\, dV'. \tag{4.5.1}$$

Dabei ist über dem gesamten Raum zu integrieren. Den Ausdruck

$$G_{pt} = \frac{e^{-\frac{\vec{r}-\vec{r}\,'}{L}}}{4\pi D|\vec{r}-\vec{r}\,'|} \tag{4.5.2}$$

nennt man Punkt-Diffusionskern. Mit Hilfe der Gl. (4.5.1) ist es nun möglich, aus einer vorgegebenen räumlichen Quellverteilung den Neutronenfluß zu bestimmen.

Häufig hat die Quellverteilung gewisse Symmetrieeigenschaften, dann kann an die Stelle von (4.5.2) ein dieser Symmetrie angepaßter Diffusionskern treten. Hängt die Quelldichte nur von z' ab, dann kann man die Quellverteilung durch Flächenquellen der Stärke $q(z')dz'$ ersetzen und der Fluß beträgt

$$\Phi(z) = \int_{-\infty}^{+\infty} q(z')\, \frac{L}{2D}\, e^{-\frac{z-z'}{L}}\, dz'. \tag{4.5.3}$$

Der Kern lautet hier

$$G_{fl}(z'z) = \frac{L}{2D}\, e^{-\frac{z-z'}{L}}. \tag{4.5.4}$$

Eine *kugelsymmetrische* Quellverteilung $q(r')$ wird ersetzt durch ein System von Kugelschalenquellen der Stärke $4\pi r'^2 dr' q(r')$; für den Fluß gilt dann:

$$\Phi(r) = \int_0^{\infty} q(r')\, \frac{L}{8\pi D r' r} \left\{ e^{-\frac{r-r'}{L}} - e^{-\frac{r+r'}{L}} \right\} \underbrace{4\pi r'^2 dr'}_{dV'}, \tag{4.5.5}$$

$$G_{ks} = \frac{L}{8\pi D r' r} \left\{ e^{-\frac{r-r'}{L}} - e^{-\frac{|r+r'|}{L}} \right\}. \tag{4.5.6}$$

Eine *axialsymmetrische* Quellverteilung $q(r')$ kann durch ein System von Rohrquellen der Stärke $2\pi r' dr \cdot q(r')$ ersetzt werden, hier ist

$$\Phi(r) = \int_0^{\infty} q(r')\, G_r\, \underbrace{2\pi r'^2 dr'}_{dV'} \tag{4.5.7}$$

mit

$$G_r = \frac{1}{2\pi D} \begin{Bmatrix} K_0(r/L)\, I_0(r'/L) & r > r' \\ K_0(r'/L)\, I_0(r/L) & r < r' \end{Bmatrix}. \tag{4.5.8}$$

Schließlich kann die Quelldichte nur vom Ort r', φ' auf einer Ebene abhängen. Man ersetzt die Quellverteilung durch Linienquellen der Stärke $q(r', \varphi') r' dr' d\varphi'$; für den Fluß ergibt sich

$$\Phi(r, \varphi) = \int_0^{\infty} \int_0^{2\pi} q(r'\varphi')\, G_L(r\varphi r'\varphi')\, \underbrace{r' dr' d\varphi'}_{dV'}, \tag{4.5.9}$$

$$G_l(r\varphi r'\varphi') = \frac{1}{2\pi D} \cdot K_0(\varrho/L). \tag{4.5.10}$$

Dabei ist

$$\varrho = \sqrt{r^2 + r'^2 - 2rr'\cos(\varphi' - \varphi)}$$

der Abstand vom Quellpunkt zum Aufpunkt.

Alle hier abgeleiteten Kerne gelten nur in *unendlich ausgedehnten Medien.* Grundsätzlich ist es möglich, auch für begrenzte Medien Diffusionskerne anzugeben; diese sind im allgemeinen sehr umfangreich. Sie sind — im Gegensatz zu den hier abgeleiteten Kernen — nicht mehr lediglich vom Abstand Aufpunkt—Quellpunkt abhängig.

Tabelle 4.5.1 stellt die hier besprochenen Kerne noch einmal zusammen.

Tabelle 4.5.1. *Diffusionskerne* (nach GLASSTONE und EDLUND)

Geometrie der Quelle	Bezeichnung	Normalisierung der Quelle (pro sec)	Kern
Punkt	G_{pt}	1 Neutron	$\dfrac{e^{-\frac{\lvert\vec{r}-\vec{r}'\rvert}{L}}}{4\pi D\lvert\vec{r}-\vec{r}'\rvert}$
Fläche	G_{fl}	1 Neutron pro cm²	$\dfrac{L}{2D}\, e^{-\frac{\lvert z-z'\rvert}{L}}$
Linie	G_l	1 Neutron pro cm Länge	$\dfrac{1}{2\pi D} K_0(\varrho/L)$ $\varrho = \sqrt{r^2 + r'^2 - 2rr'\cos(\varphi - \varphi')}$
Kugelschale	G_{ks}	1 Neutron pro Schale	$\dfrac{L}{8\pi D r' r}\left\{e^{-\frac{\lvert r-r'\rvert}{L}} - e^{-\frac{\lvert r+r'\rvert}{L}}\right\}$
Rohr (Zylinderschale)	G_r	1 Neutron pro Schale und pro cm Länge	$\dfrac{1}{2\pi D}\begin{cases} K_0(r'/L)\, I_0(r/L) & r < r' \\ I_0(r'/L)\, K_0(r/L) & r' < r \end{cases}$

4.6. Neutronenverteilung in quaderförmigen Streumedien („Piles“)

Bei vielen Experimenten werden Streumedien in Form eines Quaders oder auch eines Zylinders — sog. Piles — verwendet. Es soll daher die Neutronenverteilung in einigen Anordnungen von Quellen in derartigen Piles berechnet werden; zunächst werden Quader von unendlicher Länge betrachtet.

4.6.1. Unendlich langer Quader

Die Anordnung des Piles geht aus Abb. 4.6.1 hervor. Die Punktquelle befinde sich bei x', y', z'.

$$\Delta\Phi - \frac{1}{L^2}\Phi = -\frac{Q}{D}\,\delta(x-x')\,\delta(y-y')\,\delta(z-z')$$

$$\Phi = 0 \quad \text{für} \quad x = 0, a \quad y = 0, b$$

$$\Phi = 0 \quad \text{für} \quad z = \pm\infty.$$

Wir entwickeln Φ in eine Fourier-Reihe:

$$\Phi(x,y,z) = \sum_{l,m=1,2,3,\ldots} \Phi_{lm}(z) \sin\frac{l\pi x}{a} \sin\frac{m\pi y}{b}. \tag{4.6.1}$$

Damit sind automatisch die Randbedingungen in x- und y-Richtung erfüllt. Ferner entwickeln wir $\delta(x-x')\,\delta(y-y')$:

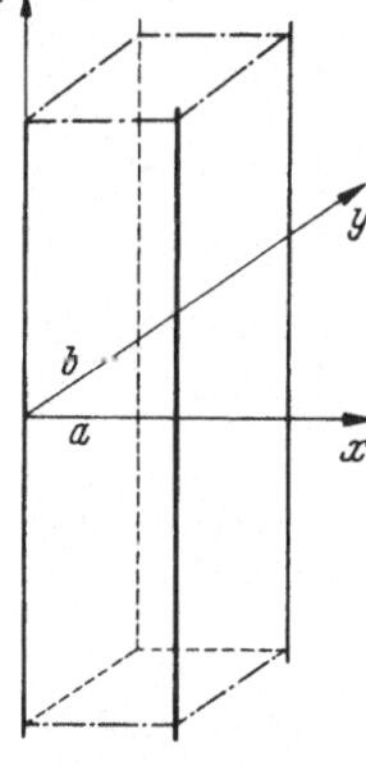

Abb. 4.6.1. Unendlicher „Pile"

$$\left.\begin{aligned}&\delta(x-x')\,\delta(y-y')\\ &\quad= \frac{4}{ab}\sum_{l,m} \sin\frac{l\pi x'}{a} \sin\frac{l\pi x}{a} \sin\frac{m\pi y'}{b} \sin\frac{m\pi y}{b}.\end{aligned}\right\} \tag{4.6.2}$$

Für eine Fourier-Komponente gilt dann:

$$\left.\begin{aligned}&\frac{d^2\Phi_{lm}}{dz^2} - \frac{1}{L_{lm}^2}\Phi_{lm}\\ &\quad= -\frac{4}{ab}\frac{Q}{D} \sin\frac{l\pi x'}{a} \sin\frac{m\pi y'}{b}\,\delta(z-z')\end{aligned}\right\} \tag{4.6.3}$$

mit

$$\frac{1}{L_{lm}^2} = \frac{1}{L^2} + \pi^2\left[\frac{l^2}{a^2} + \frac{m^2}{b^2}\right], \tag{4.6.3a}$$

Die Lösung von Gl. (4.6.3) ist:

$$\Phi_{lm}(z) = \frac{2L_{lm}\cdot Q}{D\cdot ab} \sin\frac{l\pi x'}{a} \sin\frac{m\pi y'}{b} e^{-\frac{|z-z'|}{L_{lm}}}. \tag{4.6.4}$$

Es gilt also

$$\Phi(x,y,z) = \frac{2Q}{D\cdot ab}\sum_{l,m} L_{lm}\cdot \sin\frac{l\pi x'}{a} \sin\frac{m\pi y'}{b} e^{-\frac{|z-z'|}{L_{lm}}} \sin\frac{l\pi x}{a} \sin\frac{m\pi y}{b}. \tag{4.6.5}$$

Bei beliebiger Quellverteilung verfährt man wieder nach der Methode der Diffusionskerne, wobei Gl. (4.6.5) mit $Q=1$ den Diffusionskern für einen unendlich langen Pile darstellt.

Wir betrachten diese Lösung ein wenig näher und nehmen dazu einen Pile von quadratischem Grundriß $a=b$ an, die Punktquelle sei bei $x=y=a/2$, $z=0$. Dann ist

$$\Phi(x,y,z) = \sum_{l,m=1,3,5}^{\infty} \frac{2L_{lm}Q}{Da^2}(-1)^{\frac{l+m}{2}+1} e^{-\frac{|z|}{L_{lm}}} \sin\frac{l\pi x}{a} \sin\frac{m\pi y}{a}.$$

Die einzelnen Fourier-Komponenten fallen mit Relaxationslängen L_{lm} ab, die durch Gl. (4.6.3a) gegeben sind. L_{lm} ist zum Teil durch Absorption, zum Teil durch Abfluß von Neutronen bedingt und nimmt mit zunehmendem l, m stark ab; in hinreichend großem Abstand von der Quelle überwiegt daher die 11-Welle.

4.6.2. Endlicher Pile

Wir betrachten hier zunächst den wichtigen Spezialfall einer *Flächenquelle* $q(xy)$ bei $z=z'$.

Für $z>z'$ setzen wir

$$\Phi = \sum_{l,m} A_{lm} \operatorname{Sin}\frac{z-c}{L_{lm}} \sin\frac{l\pi x}{a} \sin\frac{m\pi y}{b}. \tag{4.6.6}$$

Für $z<z'$

$$\Phi=\sum_{l,m} B_{lm}\,\mathfrak{Sin}\,\frac{z}{L_{lm}}\sin\frac{l\pi x}{a}\sin\frac{m\pi y}{b}. \tag{4.6.7}$$

Schreiben wir für die Quelldichte

$$q(xy)=\sum_{l,m} q_{lm}\sin\frac{l\pi x}{a}\sin\frac{m\pi y}{b},$$

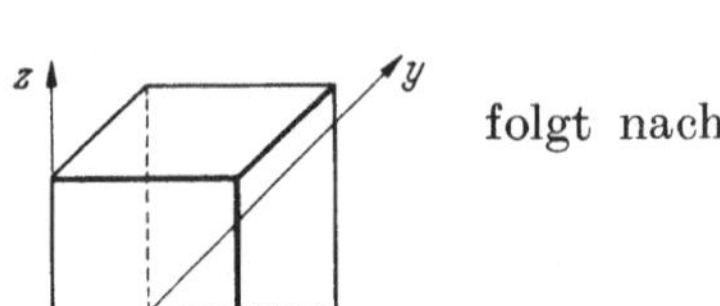

Abb. 4.6.2. Endlicher „Pile"

folgt nach einigen Umformungen:

$$\left.\begin{aligned} A_{lm}&=\frac{q_{lm}\cdot L_{lm}}{D}\cdot\frac{\mathfrak{Sin}\,\frac{z'}{L_{lm}}}{\mathfrak{Sin}\,\frac{c}{L_{lm}}}\\ B_{lm}&=\frac{q_{lm}\cdot L_{lm}}{D}\cdot\frac{\mathfrak{Sin}\,\frac{c-z'}{L_{lm}}}{\mathfrak{Sin}\,\frac{c}{L_{lm}}}.\end{aligned}\right\} \tag{4.6.8}$$

Wir gehen von dieser Lösung zu der für eine allgemeine räumliche Quellverteilung über. Diese entsteht aus (4.6.6) bis (4.6.8), indem wir $q(x,y)=q(xyz)dz$, also $q_{lm}=q_{lm}(z)dz$ setzen und über z von 0 bis c integrieren. Es folgt dann

$$\Phi=\sum_{l,m}^{\infty}\Phi_{lm}\sin\frac{l\pi x}{a}\sin\frac{m\pi y}{b}$$

mit

$$\left.\begin{aligned}\Phi_{lm}&=\frac{L_{lm}}{D\cdot\mathfrak{Sin}\,\frac{c}{L_{lm}}}\times\\ &\times\left\{\mathfrak{Sin}\,\frac{c-z}{L_{lm}}\int_0^z\mathfrak{Sin}\,\frac{z'}{L_{lm}}\cdot q_{lm}(z')\,dz'+\mathfrak{Sin}\,\frac{z}{L_{lm}}\int_z^c\mathfrak{Sin}\,\frac{c-z'}{L}\,q_{lm}(z')\,dz'\right\}.\end{aligned}\right\} \tag{4.6.9}$$

Wir leiten nunmehr aus Gl. (4.6.9) die Lösung für eine Punktquelle bei $x'y'z'$ ab. Es ist dann

$$\begin{aligned} q(x,y,z)&=Q\,\delta(x-x')\,\delta(y-y')\,\delta(z-z')\\ &=\sum_{l,m} q_{lm}\sin\frac{l\pi x}{a}\sin\frac{m\pi y}{b}\end{aligned}$$

mit

$$q_{lm}=\frac{4Q\,\delta(z-z')}{ab}\sin\frac{l\pi x'}{a}\sin\frac{m\pi y'}{b}.$$

Geht man damit in Gl. (4.6.9) ein, so wird

$$\left.\begin{aligned}\Phi_{lm}&=\frac{4L_{lm}Q}{abD}\sin\frac{l\pi x'}{a}\sin\frac{m\pi y'}{b}\,\frac{\mathfrak{Sin}\,\frac{z'}{L_{lm}}}{\mathfrak{Sin}\,\frac{c}{L_{lm}}}\,\mathfrak{Sin}\,\frac{c-z}{L_{lm}} \qquad z>z'\\ \Phi_{lm}&=\frac{4L_{lm}Q}{abD}\sin\frac{l\pi x'}{a}\sin\frac{m\pi y'}{b}\,\frac{\mathfrak{Sin}\,\frac{c-z'}{L_{lm}}}{\mathfrak{Sin}\,\frac{c}{L_{lm}}}\,\mathfrak{Sin}\,\frac{z}{L_{lm}} \qquad z<z'.\end{aligned}\right\} \tag{4.6.10}$$

Mit $Q=1$ kann man diese Lösung wiederum als Diffusionskern zur Berechnung der Neutronendichte bei einer beliebigen Quellverteilung benutzen; praktischer ist es jedoch im allgemeinen, mit den Fourier-Komponenten der Quellverteilung direkt in Gl. (4.6.9) einzugehen.

4.7. Verschiedene Streumedien im Kontakt. Albedo

Zwei in x- und y-Richtung unendlich ausgedehnte Streumedien A und B seien längs der Ebene $z=z_0$ in Kontakt. Vorgegeben sei die Quellverteilung $q(z)$ im Medium A, das Medium B sei quellenfrei. Es entsteht die Frage nach der Möglichkeit, das Medium B durch einen Reflexionskoeffizienten β an der Grenzfläche $A-B$ („Albedo") zu beschreiben und mit Hilfe dieses Reflexionskoeffizienten die Neutronenverteilung im Medium A zu berechnen.

Setzt man die Gültigkeit der elementaren Diffusionstheorie in der Grenzschicht voraus, kann β durch Eigenschaften des Mediums B ausgedrückt werden:

Es ist (vgl. Abb. 4.7.1):

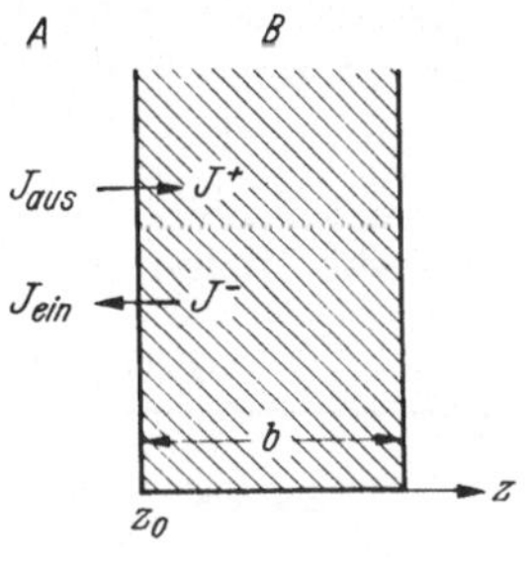

Abb. 4.7.1. Albedo

$$\beta=\frac{j_{\text{ein}}}{j_{\text{aus}}}=\frac{j^-}{j^+},$$

wobei j^- und j^+ durch Daten *des Mediums B ausgedrückt werden.*

$$\beta=\frac{j^-}{j^+}=\left\{\frac{\frac{\Phi}{4}+\frac{D}{2}\frac{d\Phi}{dz}}{\frac{\Phi}{4}-\frac{D}{2}\frac{d\Phi}{dz}}\right\}_{z=z_0}=\frac{1+2D\left\{\frac{d\Phi/dz}{\Phi}\right\}_{z=z_0}}{1-2D\left\{\frac{d\Phi/dz}{\Phi}\right\}_{z=z_0}}.$$

Im Medium B gilt

$$\Phi=C\cdot\mathfrak{Sin}\left(\frac{b+z_0-z}{L}\right).$$

Also

$$\left.\begin{aligned}\left\{\frac{d\Phi/dz}{\Phi}\right\}_{z=z_0}&=-\frac{1}{L}\mathfrak{Ctg}\frac{b}{L}\\ \beta&=\frac{1-\frac{2D}{L}\mathfrak{Ctg}\frac{b}{L}}{1+\frac{2D}{L}\mathfrak{Ctg}\frac{b}{L}}.\end{aligned}\right\}\qquad(4.7.1)$$

Für einen dicken Reflektor: $b\gg L$, $\mathfrak{Ctg}\frac{b}{L}\approx 1$ ist

$$\beta\approx\frac{1-\frac{2D}{L}}{1+\frac{2D}{L}}\approx 1-\frac{4D}{L}.$$

Tabelle 4.7.1.
Albedo für Reflektoren aus verschiedenen Streusubstanzen

Material	Reflektordicke			
	$b=\infty$	$b=60$ cm	$b=40$ cm	$b=20$ cm
H_2O	0,78	0,78	0,78	0,78
D_2O	0,97	0,94	0,92	0,86
Graphit	0,93	0,92	0,90	0,83
Beryllium . . .	0,91	0,91	0,91	0,88

Man erkennt in der Tabelle, daß bereits verhältnismäßig dünne Schichten aus Be und D_2O gut reflektieren, während Wasser wegen der starken Absorption kein guter Reflektor für langsame Neutronen ist.

Ist der Reflexionskoeffizient β der Grenzfläche $A - B$ einmal bekannt, kann die Neutronenverteilung in A mit der Randbedingung $\left(\frac{j^-}{j^+}\right)_{z=z_0} = \beta$ berechnet werden.

Die mit Hilfe der elementaren Diffusionstheorie hergeleitete Gl. (4.7.1) gilt unter der Voraussetzung, daß sich die Winkelverteilung der Neutronen in der Grenzschicht durch einen Ausdruck der Form Gl. (3.4.5) beschreiben läßt. Sie dürfte daher die Albedo β für einen parallelen, auf die freie Oberfläche eines Streumediums auffallenden Neutronenstrahl nur in grober Näherung darstellen.

4.8. Diffusionskenngrößen von Moderatoren

In der Tabelle 4.8.1 findet man Angaben über die Daten gebräuchlicher Moderatoren. Der Absorptionsquerschnitt σ_a und damit die Diffusionslänge L können durch Verunreinigungen stark absorbierender Stoffe verändert werden, man findet daher in der Literatur mitunter unterschiedliche Werte. Der Diffusionskoeffizient wird durch geringe Verunreinigungen nicht beeinflußt.

Tabelle 4.6.1. *Diffusionskenngrößen verschiedener Moderatoren*

Material	D [cm] $= \frac{\lambda_{tr}}{3}$	$\Sigma_a(\bar{v})$ [cm^{-1}] $\times 10^3$	$D' = D\bar{v}$ [cm^2/sec] $\times 10^{-5}$ bei $T = 293°\,K$	$l_0 = \frac{1}{\bar{v} \cdot \Sigma_a}$ [sec] $\times 10^3$	L [cm]
H_2O, rein	0,143	19,6	0,356	0,204	2,70
D_2O, rein	0,83	0,038	1,99	116	148
C (Graphit, Dichte 1,6) verunreinigt	0,86	0,33	2,07	12,2	50
Be (Dichte 1,78)	0,49	1,00	1,22	4,00	22,1
BeO (Dichte 2,96)	0,43	0,523	1,07	7,66	28,6
Paraffin, CH_2 (Dichte 0,9)	0,132	22,45	0,327	0,179	2,42

Literatur zum 4. Kapitel

Glasstone, S., and M. C. Edlund: l. c. Kap. 5: The Diffusion of Neutrons.

Beckerley, J. G.: Neutron Physics, AECD 2664, Kap. VII: The Distribution of Slow Neutrons in a Medium.

Wallace, P. R., and J. Le Caine: Elementary Approximations in the Theory of Neutron Diffusion. N. R. C. 1480.

Goodmann, C.: The Science and Engineering of Nuclear Power, Kap. VII: The Concept of Albedo in Elementary Diffusion Theory. Cambridge: Addison-Wesley 1949.

5. Bremsung

In der Regel besitzen die bei Kernprozessen erzeugten Neutronen Energien, die weit oberhalb des thermischen Bereichs liegen. Bei den Stößen eines derart schnellen Neutrons mit den Atomen eines Streumediums findet deshalb zugleich mit dem Diffusionsprozeß eine Energieabgabe statt. Die Stöße können im Prinzip elastisch und inelastisch (vgl. 1.4) sein; unterhalb 1 MeV finden in der Regel nur elastische Stöße statt. Dabei sind — gegenüber Neutronen mit Energien oberhalb einiger eV — die Atome des Streumediums als frei und vor dem Stoß ruhend anzusehen. Bei kleineren Energien ist dies nicht mehr der Fall. Vielmehr beeinflussen dann die chemische Bindung der Streuatome und ihre thermische Bewegung den Bremsprozeß. Diese Effekte spielen jedoch bei der Mehrzahl aller Bremsprobleme nur eine untergeordnete Rolle.

Ziel der nun zu entwickelnden Bremstheorie ist es, die räumliche und energetische Verteilung des Neutronenflusses $\Phi(\vec{r}, E)$ in einem Streumedium bei vorgegebener Quellverteilung $S(\vec{r}, E)$ zu ermitteln. Wir behandeln dieses Problem in zwei Abschnitten: Zunächst wird die Energieverteilung des Flusses in einem unendlich ausgedehnten Streumedium mit homogen verteilten Quellen, in dem keine Ortsabhängigkeit des Flusses besteht, ermittelt. Die räumliche Verteilung der Bremsneutronen kommt im 6. Kapitel zur Sprache.

Wir berücksichtigen dabei nur die Bremsung durch elastische Stöße an freien, vor dem Stoß ruhenden Kernen, vernachlässigen also die inelastische Streuung sehr schneller Neutronen und die Effekte der chemischen Bindung.

5.1. Formulierung des Problems

In einem unbegrenzten Streumedium sei eine homogene Quelldichte $S(E)$ vorgegeben. Für den Neutronenfluß $\Phi(E)$ gilt dann die Bilanzgleichung:

$$\left.\begin{aligned} &(\Sigma_s + \Sigma_a)\,\Phi(E) = \int_E^\infty \Sigma_s\,\Phi(E')\,g(E'E)\,dE' + S(E). \\ &\text{Verluste durch Abs. und Streuung} = \text{Gewinn durch Abbremsung von Neutronen höherer Energie} + \text{Quellen} \end{aligned}\right\} \tag{5.1.1}$$

Gl. (5.1.1) ist ein Spezialfall der allgemeinen Transportgleichung (3.3.1); der „Kern" $g(E'E)\,dE$ gibt die Wahrscheinlichkeit dafür an, daß ein Neutron der Energie E' nach einem Stoß eine Energie zwischen E, $E+dE$ hat. Für $E > E'$ ist $g(E'E) = 0$, da ein Neutron bei einem Stoß mit einem ruhenden Kern nicht Energie gewinnen kann.

Die Größe $(\Sigma_s + \Sigma_a)\Phi(E) = \psi(E)$ in Gl. (5.1.1) gibt die Zahl der pro cm^3 und sec stoßenden Neutronen an. Man nennt $\psi(E)$ die *Stoßdichte*. Führen wir $\psi(E)$ in Gl. (5.1.1) ein, so lautet diese

$$\psi(E) = \int_E^\infty \frac{\sigma_s}{\sigma_s + \sigma_a}\,\psi(E')\,g(E'E)\,dE' + S(E). \tag{5.1.2}$$

Wir führen als wichtige neue Größe die *Bremsdichte* $q(E)$ ein. $q(E)$ ist die Anzahl der Neutronen, die pro cm^3 und sec von Energien $>E$ zu Energien $<E$ abgebremst werden; m.a.W. die Anzahl von Neutronen, die pro cm^3 und sec an der Energie E „vorbeigebremst" werden.

Die Wahrscheinlichkeit dafür, daß ein Neutron der Energie $E' > E$ nach dem Stoß eine Energie $E'' < E$ hat, ist

$$G(E'E) = \int_0^E g(E'E'')\,dE''. \tag{5.1.2a}$$

Damit folgt für die Bremsdichte:

$$\left.\begin{aligned} q(E) &= \int_E^\infty \psi(E')\,\frac{\sigma_s}{\sigma_s + \sigma_a} \int_0^E g(E'E'')\,dE''\,dE' \\ &= \int_E^\infty \psi(E')\,\frac{\sigma_s}{\sigma_s + \sigma_a}\,G(E'E)\,dE'. \end{aligned}\right\} \tag{5.1.3}$$

Aus (5.1.2) und (5.1.3) folgt

$$\frac{dq(E)}{dE} = \frac{\sigma_a}{\sigma_s + \sigma_a} \cdot \psi(E) - S(E). \tag{5.1.4}$$

Häufig führt man bei der Behandlung von Bremsproblemen statt der Energie E die *Lethargie* u ein:

$$u = \ln \frac{\text{const}}{E}. \tag{5.1.5}$$

Ihre Bedeutung wird später klarer werden. Die Konstante in Gl. (5.1.5) wird gleich der größten von den Quellen $S(E)$ gelieferten Energie $E_{\max}$ gesetzt; dann beträgt die Lethargie für die höchste überhaupt vorkommende Energie 0 und nimmt mit abnehmender Energie stetig zu.

Führt man in den Gln. (5.1.1) bis (5.1.4) u statt E ein, ergibt sich:

$$\psi(u) = \int_0^u \frac{\sigma_s}{\sigma_s + \sigma_a} \psi(u') g(u'u) du' + S(u), \tag{5.1.6}$$

$$\left.\begin{aligned} q(u) &= \int_0^u \frac{\sigma_s}{\sigma_s + \sigma_a} \psi(u') G(u'u) du' \\ G(u'u) &= \int_u^\infty g(u'u'') du'', \end{aligned}\right\} \tag{5.1.7}$$

$$\frac{dq}{du} = -\frac{\sigma_a}{\sigma_s + \sigma_a} \psi(u) + S(u). \tag{5.1.8}$$

Ehe wir nun an die Behandlung dieser Gleichungen gehen, soll der Kern $g(E' E)$ bzw. $g(u' u)$ mit Hilfe der Stoßgesetze berechnet werden.

5.2. Elastische Streuung und Bremsung

5.2.1. Der Stoßvorgang

Wir betrachten den elastischen Stoß eines Neutrons der Masse 1 und der Energie E_1 mit einem ruhenden, freien Atomkern der Masse A. Unser Ziel ist

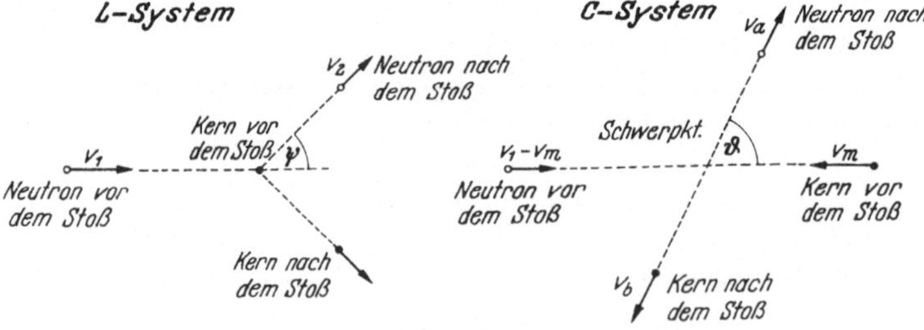

Abb. 5.2.1. Schwerpunkts- und Laborsystem

dabei, die Funktion $g(E_1 E_2) dE_2$, die die Wahrscheinlichkeit dafür angibt, daß das Neutron nach dem Stoß eine Energie zwischen E_2, $E_2 + dE_2$ besitzt, abzuleiten. Weiterhin fragen wir nach der Winkelverteilung der Neutronenrichtungen nach dem Stoß.

Für derartige Überlegungen ist es nützlich, den Stoßvorgang im Laborsystem (L-System) und im Schwerpunktsystem (C-System nach dem englischen „Center of mass"-System) zu betrachten (vgl. Abb. 5.2.1).

Es mögen die folgenden Bezeichnungen gelten:

v_1:	Geschwindigkeit des Neutrons vor dem Stoß	im L-System,
v_2:	Geschwindigkeit des Neutrons nach dem Stoß	
v_m:	Geschwindigkeit des Schwerpunkts	
ψ:	Streuwinkel	
$v_1 - v_m$:	Geschwindigkeit des Neutrons vor dem Stoß	im C-System.
v_a:	Geschwindigkeit des Neutrons nach dem Stoß	
v_b:	Geschwindigkeit des Kerns nach dem Stoß	
ϑ:	Streuwinkel	

Wie man aus Abb. 5.2.2 sieht, gilt

$$v_2^2 = v_a^2 + v_m^2 - 2 v_a v_m \cos\vartheta. \tag{5.2.1}$$

Ferner

$$v_2 \cos\psi = v_a \cos\vartheta + v_m. \tag{5.2.2}$$

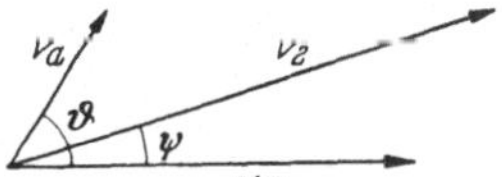

Abb. 5.2.2. $\vec{v}_2 = \vec{v}_a + \vec{v}_m$

Aus dem Impulssatz folgt für die Geschwindigkeit des Schwerpunktes:

$$v_m = \frac{v_1}{A+1}. \tag{5.2.3}$$

Die Geschwindigkeit des Neutrons im C-System vor dem Stoß beträgt:

$$v_1 - v_m = \frac{A}{A+1} \cdot v_1.$$

Der Kern hat im C-System die Geschwindigkeit v_m des Schwerpunktes im L-System. Die Impulse von Neutron und Kern im C-System sind also vor dem Stoß gleich groß und entgegengesetzt gerichtet. *Nach* dem Stoß müssen sie wiederum gleich groß und entgegengesetzt sein. Da beim elastischen Stoß die kinetische Energie erhalten bleibt, ist der Geschwindigkeitsbetrag von Neutron und Kern nach dem Stoß der gleiche wie vor dem Stoß; also

$$v_a = \frac{A}{A+1} \cdot v_1. \tag{5.2.4}$$

Mit (5.2.1) folgt aber damit sofort für die Energie $E_2 = v_2^2/2$ des Neutron im Laborsystem nach dem Stoß:

$$E_2 = E_1 \cdot \frac{A^2 + 2A\cos\vartheta + 1}{(A+1)^2}, \tag{5.2.5}$$

weiterhin folgt mit (5.2.1) für den Streuwinkel im Laborsystem

$$\cos\psi = \frac{A\cos\vartheta + 1}{\sqrt{A^2 + 2A\cos\vartheta + 1}}. \tag{5.2.6}$$

Wir diskutieren Gl. (5.2.5) ein wenig. Dazu führen wir eine Hilfsgröße

$$\alpha = \left(\frac{A-1}{A+1}\right)^2 \tag{5.2.6a}$$

ein. Dann wird aus (5.2.5):

$$\frac{E_2}{E_1} = \frac{1}{2}\left[(1+\alpha) + (1-\alpha)\cos\vartheta\right]. \tag{5.2.7}$$

Der maximale Energieverlust tritt bei einem zentralen Stoß, $\vartheta = 180°$, $\cos\vartheta = 1$, auf. Dann ist

$$E_2 = \alpha E_1; \qquad \frac{(\Delta E)_{\max}}{E_1} = 1 - \alpha.$$

Unter αE_1 kann die Energie eines Neutrons bei einem elastischen Stoß nicht sinken. Für Wasserstoff ist $\alpha = 0$, $E_{2\,\min} = 0$.

Für große A kann α entwickelt werden:

$$\left.\begin{aligned} \alpha &= 1 - \frac{4}{A} + \frac{8}{A^2} - \frac{12}{A^3} + \cdots \\ \alpha &\approx 1 - \frac{4}{A} \qquad \text{für} \quad A \gg 1. \end{aligned}\right\} \tag{5.2.8}$$

5.2.2. Schluß auf die Energieverteilung nach dem Stoß aus einem empirischen Streugesetz

Wir fragen nun nach der Wahrscheinlichkeit $g(E_1 E_2)\,dE_2$, ein Neutron der Energie E_1 nach dem Stoß mit einer Energie zwischen E_2, $E_2 + dE_2$ zu finden. Dabei benutzen wir die Tatsache, daß zwischen der Energie vor und nach dem Stoß und dem Streuwinkel im C-System die Beziehung

$$\frac{E_2}{E_1} = \frac{1}{2}\{(1+\alpha) + (1-\alpha)\cos\vartheta\} \qquad [(5.2.7)]$$

besteht.

Im Schwerpunktsystem Neutron-Kern ist empirisch die elastische Streuung bis zu Neutronenenergien von 1 MeV isotrop (sog. S-Wellenstreuung). Die Wahrscheinlichkeit $p(\vartheta)\,d\vartheta$, daß der Streuwinkel zwischen $\vartheta \ldots \vartheta + d\vartheta$ liegt, beträgt also

$$p(\vartheta)\,d\vartheta = \tfrac{1}{2}\sin\vartheta\,d\vartheta. \tag{5.2.9}$$

Die Wahrscheinlichkeit, ein Neutron nach dem Stoß zwischen E_2, $E_2 + dE_2$ zu finden, ist offenbar gleich der Wahrscheinlichkeit, daß der Streuwinkel zwischen $\vartheta(E_2)$, $\vartheta(E_2) + \frac{d\vartheta(E_2)}{dE_2}\,dE_2$ liegt. Es gilt also

$$g(E_1 E_2)\,dE_2 = p(\vartheta)\left|\frac{d\vartheta}{dE_2}\right| dE_2.^{1} \tag{5.2.10}$$

Aus (5.2.7) folgt $\left|\frac{dE_2}{d\vartheta}\right| = \frac{E_1(1-\alpha)\sin\vartheta}{2}$, also wird mit Hilfe von (5.2.9)

$$g(E_1 E_2)\,dE_2 = \frac{1}{(1-\alpha)E_1}\,dE_2.$$

[1] Da $\frac{d\vartheta}{dE_2}$ negativ ist, entspricht einem positiven dE_2 ein negatives $d\vartheta$. Die Wahrscheinlichkeit für einen Streuwinkel zwischen ϑ, $\vartheta - d\vartheta$ ist aber offenbar gleich der Wahrscheinlichkeit für einen Streuwinkel zwischen ϑ, $\vartheta + d\vartheta$, also gleich $p(\vartheta)\,|d\vartheta|$.

Für den *Kern* $g(E'E)$ folgt also

$$\left.\begin{aligned} g(E'E) &= \frac{1}{1-\alpha}\cdot\frac{1}{E'} && \alpha E' < E < E' \\ g(E'E) &= 0 && E > E' \\ & && E < \alpha E'. \end{aligned}\right\} \tag{5.2.11}$$

Wir führen wieder die Lethargie $u = \ln\frac{\text{const}}{E}$ ein:

$$\left.\begin{aligned} g(u'u)\,du &= g(E'E)\,dE = g(E'E)\frac{dE}{du}\,du \\ g(u'u) &= \frac{1}{1-\alpha}e^{-(u-u')} && u' < u < u' + \ln\frac{1}{\alpha} \\ &= 0 && u < u' \\ & && u > u' + \ln\frac{1}{\alpha}. \end{aligned}\right\} \tag{5.2.12}$$

5.2.3. Mittlerer Streuwinkel im Laborsystem

Mit Hilfe der Gln. (5.2.6) und (5.2.9) ist es möglich, den Mittelwert von $\cos\psi$, dem cos des Streuwinkels im Laborsystem, auszudrücken:

$$\left.\begin{aligned} \overline{\cos\psi} &= \int_0^\pi \frac{1}{2}\sin\vartheta\,d\vartheta\cdot\frac{A\cos\vartheta+1}{\sqrt{A^2+2A\cos\vartheta+1}} \\ &= \frac{2}{3A}. \end{aligned}\right\} \tag{5.2.13}$$

Die Vorwärtsstreuung ist um so stärker ausgeprägt, je leichter ein Kern ist. Für schwere Kerne ist $\frac{2}{3A}\approx 0$; die Streuung ist dann auch im Laborsystem nahezu isotrop.

5.2.4. Mittleres logarithmisches Energiedekrement

Wie groß ist der mittlere Energieverlust eines Neutrons beim Stoß? Es ist hier üblich, den Mittelwert der Größe $\ln\left(\frac{E_2}{E_1}\right)$ zu bilden:

$$\left.\begin{aligned} \xi &= \overline{\ln\frac{E_2}{E_1}} = \overline{u-u'} = \int g(u'u)(u-u')\,du \\ \xi &= \int_{u'}^{u'+\ln\frac{1}{\alpha}} \frac{1}{1-\alpha}e^{-(u-u')}(u-u')\,du = 1 + \frac{\alpha}{1-\alpha}\ln\alpha. \end{aligned}\right\} \tag{5.2.14}$$

Der mittlere logarithmische Energieverlust ist also eine von der Energie unabhängige Konstante; dies legt die Einführung der logarithmischen Energieskala (S. 62) nahe.

Die Größe ξ gibt an, um welchen Betrag das Neutron bei einem Stoß auf dieser Skala im Mittel vorrückt.

Eine Näherungsformel für ξ ist:

$$\xi = \frac{2}{A + \frac{2}{3}}. \tag{5.2.15}$$

Diese Formel gibt für $A > 10$ die Größe ξ mit guter Genauigkeit wieder; bei $A = 2$ ist der Fehler etwa 3%.

Mit Hilfe der Größe ξ kann die mittlere Anzahl ν von Stößen, die erforderlich sind, damit ein Neutron von einer Anfangsenergie E_0 zu einer Endenergie E abgebremst wird, berechnet werden. Es ist

$$\nu \cdot \xi = \ln \frac{E_0}{E}, \qquad \nu = \frac{\ln \frac{E_0}{E}}{\xi} = \frac{u - u_0}{\xi}.$$

In der Tabelle 5.2.1 werden α, ξ und ν [für Bremsung von 2 MeV auf thermische Energie ($\frac{1}{40}$ eV)] für einige Kerne angegeben.

Tabelle 5.2.1. *Bremsgrößen einiger Substanzen*

Bremsgröße	Substanz							
	H	D	He	Li	Be	C	O	U
A	1	2	4	7	9	12	16	238
α	0	0,11	0,36	0,56	0,64	0,72	0,78	0,98
ξ	1	0,72	0,42	0,27	0,21	0,16	0,12	0,00838
ν (2 MeV → $\frac{1}{40}$ eV)	18	25	43	67	86	114	150	2172

5.2.5. Bremsvermögen, Bremsverhältnis

Eine Streusubstanz bremst um so besser, je größer ξ ist. Außerdem muß ihr makroskopischer Streuquerschnitt Σ_s möglichst groß sein, damit ein Neutron auf seinem Weg möglichst oft stößt. Man charakterisiert die Bremseigenschaften eines Moderators deshalb häufig durch die Größe $\xi \Sigma_s$; $\xi \Sigma_s$ gibt die mittlere Zunahme der Lethargie längs eines Weges von 1 cm. $\xi \Sigma_s$ heißt „Bremsvermögen“ (slowing down power).

Tabelle 5.2.2.
$\xi \Sigma_s$ *und* $\frac{\xi \Sigma_s}{\Sigma_a}$ *für einige Moderatoren*

	Bremsvermögen	Bremsverhältnis
Wasser	1,46 cm^{-1}	75
Schweres Wasser . .	0,25 cm^{-1}	9300
Beryllium	0,15 cm^{-1}	142
Graphit	0,06 cm^{-1}	265
Helium		83

Ein guter Moderator darf außerdem Neutronen nur schwach absorbieren, d. h. Σ_a muß klein sein. Ein besseres Maß für die Moderationseigenschaften ist deshalb die Größe $\frac{\xi \Sigma_s}{\Sigma_a}$, das *Bremsverhältnis* (Moderating ratio).

Man sieht, daß D_2O ein besonders günstiger Moderator ist.

5.3. Strenge Lösungen der Bremsgleichung

5.3.1. Bremsdichte in Wasserstoff

In Wasserstoff ($\alpha = 0$) gilt für $E < E'$ nach (5.2.11) und (5.1.2a)

$$g(E'E) = \frac{1}{E'}, \qquad G(E'E) = \frac{E}{E'}.$$

Die Gl. (5.1.2) lautet dann

$$\psi(E) = \int_E^\infty \frac{\sigma_s}{\sigma_s + \sigma_a} \frac{\psi(E')}{E'} dE' + S(E) \tag{5.3.1}$$

und läßt sich durch Differentiation nach E zu einer *Differentialgleichung* für $\psi(E)$ reduzieren:

$$\frac{d\psi(E)}{dE} = -\frac{\sigma_s}{\sigma_s + \sigma_a} \frac{\psi(E)}{E} + \frac{dS(E)}{dE}. \tag{5.3.2}$$

Für die mathematische Behandlung ist es bequem, die Bremsdichte $q(E)$ einzuführen. Aus Gl. (5.1.3) und (5.3.1) folgt

$$q(E) = E\{\psi(E) - S(E)\} \tag{5.3.3}$$

und

$$\frac{dq(E)}{dE} = \frac{\sigma_a}{\sigma_s + \sigma_a} \frac{q(E)}{E} - \frac{\sigma_s}{\sigma_s + \sigma_a} S(E). \tag{5.3.4}$$

Wir betrachten zunächst den Fall ohne Absorption: $\Sigma_a = 0$: Dann folgt aus Gl. (5.3.4)

$$q(E) = \int_E^\infty S(E')\, dE'. \tag{5.3.5}$$

Die Bremsdichte $q(E)$ ist, wenn keine Absorption auftritt, gleich der Anzahl von Neutronen, die mit Energien oberhalb E pro sec und cm³ entstehen.

Nehmen wir speziell eine monoenergetische Quelle $S(E) = Q \cdot \delta(E - E_0)$ an, so ist

$$q(E) = Q.$$

Für die Stoßdichte folgt aus (5.3.3)

$$\psi(E) = \frac{q(E)}{E} + S(E).$$

Für $S(E) = Q\,\delta(E - E_0)$ ist also

$$\left.\begin{aligned} \psi(E) &= \frac{Q}{E} + Q\,\delta(E - E_0) \\ \Phi(E) &= \frac{Q}{\Sigma_s E} + \frac{Q}{\Sigma_s}\delta(E - E_0). \end{aligned}\right\} \tag{5.3.6}$$

Bei Abwesenheit von Absorption folgt der Fluß der gebremsten Neutronen einem 1/E-Verlauf.

Wir betrachten jetzt den allgemeinen Fall $\Sigma_a \neq 0$: Diesen kann man sich durch eine Mischung von Wasserstoff mit einem schweren Absorber, dessen Kerne zur Moderation nicht beitragen, realisiert denken.

Wir behandeln zunächst eine monoenergetische Quelldichte $S(E) = Q \cdot \delta(E - E_0)$; dann ist für $E < E_0$

$$\left.\begin{aligned} &\frac{dq}{dE} = \frac{\sigma_a}{\sigma_s + \sigma_a} \frac{q(E)}{E} \\ &\frac{d\ln q}{dE} = \frac{\sigma_a}{\sigma_s + \sigma_a} \cdot \frac{1}{E}; \qquad \ln\frac{q(E)}{Q} = \int_{E_0}^{E} \frac{\sigma_a}{\sigma_s + \sigma_a} \frac{dE'}{E'} \\ &q(E) = \left\{\frac{\sigma_s}{\sigma_s + \sigma_a}\right\}_{E_0} Q\, e^{-\int_E^{E_0} \frac{\sigma_a}{\sigma_s + \sigma_a} \frac{dE'}{E'}}. \end{aligned}\right\} \tag{5.3.7}$$

Den Ausdruck

$$p(E)=\left\{\frac{\sigma_s}{\sigma_s+\sigma_a}\right\}_{E_0} e^{-\int\limits_E^{E_0}\frac{\sigma_a}{\sigma_s+\sigma_a}\frac{dE'}{E'}} \tag{5.3.8}$$

nennt man Resonanzentkommwahrscheinlichkeit. $p(E)$ gibt die Wahrscheinlichkeit dafür an, daß ein mit der Energie E_0 entstehendes Neutron bei der Abbremsung zur Energie E nicht absorbiert wird; dabei muß es sich natürlich nicht notwendigerweise um Resonanzeinfang handeln.

Der Faktor $\left\{\frac{\sigma_s}{\sigma_s+\sigma_a}\right\}_{E_0}$ gibt die Wahrscheinlichkeit dafür an, daß ein Neutron aus der Quelle bei seinem ersten Stoß nicht absorbiert wird. Da bei den Energien in der Praxis auftretender Neutronenquellen $\sigma_a \ll \sigma_s$ ist, kann man diese Wahrscheinlichkeit $=1$ annehmen und schreibt dann meist

$$p(E)=e^{-\int\limits_E^{E_0}\frac{\sigma_s}{\sigma_s+\sigma_a}\frac{dE'}{E'}}. \tag{5.3.9}$$

Bei einer allgemeinen Quellverteilung gilt

$$q(E)=\int\limits_E^{\infty}\frac{\sigma_s}{\sigma_s+\sigma_a}S(E')\,e^{-\int\limits_E^{E'}\frac{\sigma_a}{\sigma_s+\sigma_a}\frac{dE''}{E''}}\,dE'. \tag{5.3.10}$$

Als Resonanzentkommwahrscheinlichkeit definieren wir in diesem allgemeinen Fall die Größe

$$p(E)=\frac{q(E)}{\int\limits_E^{\infty}S(E')\,dE'}. \tag{5.3.11}$$

Für den Fluß gilt dann nach (5.3.3)

$$\Phi(E)=\frac{q(E)}{(\Sigma_s+\Sigma_a)E}+\frac{S(E)}{\Sigma_s+\Sigma_a}. \tag{5.3.12}$$

Bei starkem Resonanzeinfang wird das Energiespektrum von dem $1/E$-Verlauf [Gl. (5.3.6)] abweichen.

5.3.2. Bremsdichte in schwereren Medien

Die Bremsgleichung für die Stoßdichte lautet:

$$\psi(E)=\int\limits_E^{E/\alpha}\psi(E')\,\frac{\sigma_s(E')}{\sigma_s(E')+\sigma_a(E')}\,\frac{dE'}{E'(1-\alpha)}. \tag{5.3.13}$$

Zurückführung auf eine Differentialgleichung ist hier nicht möglich, da auch in der oberen Grenze des Integrals E auftritt.

Placzek hat für den Fall $\sigma_a = 0$ eine strenge Lösung der Integralgleichung (5.3.13) angegeben, deren Verlauf wir an Hand von Abb. 5.3.1 erläutern.

Dort ist die Stoßdichte $\psi(u) = E\,\psi(E)$ für eine monoenergetische Quelldichte der Stärke 1: $S(E) = \delta(E - E_0)$ über E in Deuterium ($M = 2$, $\alpha = 0{,}11$) und in Kohlenstoff ($M = 12$, $\alpha = 0{,}72$) aufgetragen.

Man sieht, daß $\psi(u)$ im Bereich $E_0 > E > \alpha^3 E$ Oscillationen um den asymptotischen Wert $\psi(u) = 1/\xi$ ausführt. Diese Oscillationen hängen damit zusammen, daß das Neutron bei einem Stoß maximal nur die Energie $(1-\alpha)\cdot E$

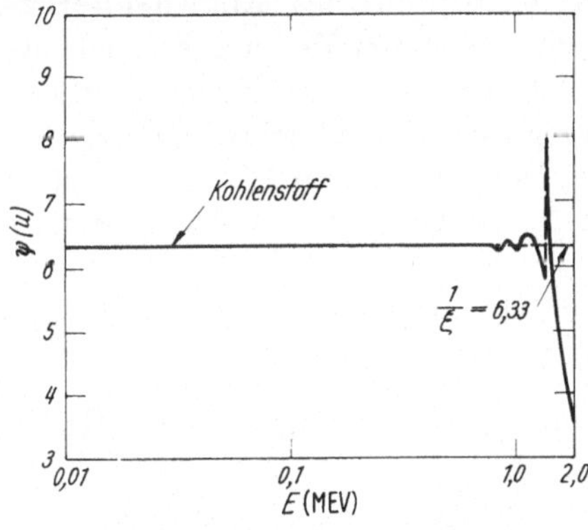

Abb. 5.3.1a. Stoßdichte im Kohlenstoff

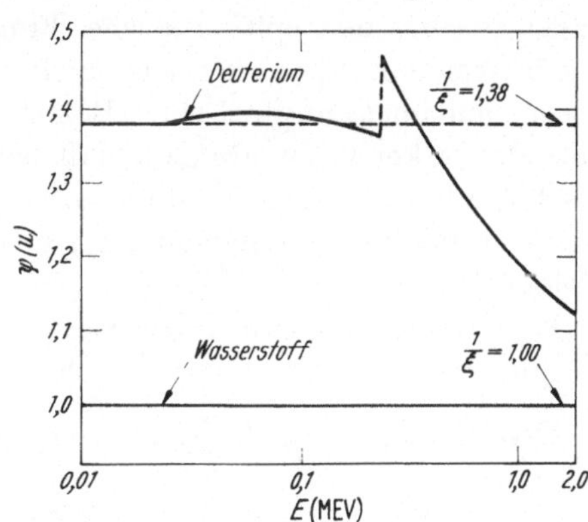

Abb. 5.3.1b. Stoßdichte in leichtem und schwerem Wasserstoff

verlieren kann. Insbesondere besteht eine Unstetigkeitsstelle bei $E = \alpha E_0$, da Neutronen aus der Quelle bei ihrem ersten Stoß nur bis αE_0 gelangen.

Wir interessieren uns jedoch nicht für das Verhalten der Stoßdichte bei großen Energien, sondern für das *asymptotische* Verhalten bei Energien, die klein gegen die Quellenenergien sind. Wir setzen im asymptotischen Bereich $\psi(E) = \frac{\text{const}}{E}$ an; man überzeugt sich durch Einsetzen, daß dies eine Lösung von Gl. (5.3.13) mit $\sigma_a(E) = 0$; $S(E) = 0$ ist.

Zur Festlegung der Konstanten ziehen wir wiederum die Bremsdichte $q(E)$ heran: In einem nichtabsorbierenden Medium gilt offenbar *stets* $q(E) = \int\limits_E^\infty S(E)\,dE = Q$ [vgl. Gl. (5.1.4)].

Wir können aber q auch mit Hilfe von Gl. (5.1.3) durch $\psi(E)$ ausdrücken. Dabei bedenken wir, daß hier

$$G(E'E) = \int\limits_{\alpha E'}^{E} \frac{dE''}{E'(1-\alpha)} = \frac{E - \alpha E'}{E'(1-\alpha)} \qquad \alpha E' < E < E'$$

ist. Dann folgt

$$\left.\begin{aligned} q = Q &= \text{const} \int\limits_E^{E/\alpha} \frac{E - \alpha E'}{E'(1-\alpha)} \frac{dE'}{E'} \\ &= \text{const} \cdot \underbrace{\left(1 + \frac{\alpha}{1-\alpha} \ln \alpha\right)}_{\xi}. \end{aligned}\right\} \tag{5.3.14}$$

Es gilt also im asymptotischen Bereich

$$\psi(E) = \frac{q}{\xi \cdot E}; \qquad q = Q, \tag{5.3.15}$$

$$\left.\begin{aligned} \Phi(E) &= \frac{Q}{\xi \Sigma_s \cdot E}; \\ \Phi(E)\, dE &= \Phi_{ep} \frac{dE}{E}; \qquad \Phi_{ep} = \frac{q}{\xi \Sigma_s}. \end{aligned}\right\} \tag{5.3.16}$$

Dabei ist Φ_{ep} der epithermische Fluß pro logarithmisches Einheitsintervall. Wie in Wasserstoff, so stellt sich auch in einem schwereren Medium bei fehlender Absorption im asymptotischen Bereich ein $1/E$-Spektrum des Neutronenflusses ein. Man erkennt im übrigen, daß bei vorgegebener Quelldichte der „epithermische“ Fluß in einem Medium mit kleinem Bremsvermögen $\xi \Sigma_s$ größer ist als in einem Medium mit hohem $\xi \Sigma_s$; z.B. ist Φ_{ep} in Graphit 20mal größer als in Wasser.

Wir verallgemeinern diese Resultate auf ein nichtabsorbierendes Medium, das aus einer Mischung von N verschiedenen Kernsorten besteht:

Dann ist $\psi(E) = \Phi(E) \sum_{i=1}^{N} \Sigma_{si} = \Phi(E) \Sigma_s$ und es gilt im asymptotischen Bereich mit $\sigma_a = 0$

$$\psi(E) = \sum_{i=1}^{N} \int_{E}^{E/\alpha_i} \psi(E') \frac{\Sigma_{si}}{\Sigma_s} \frac{dE'}{E'(1-\alpha_i)}. \tag{5.3.17}$$

Unter der Annahme, daß alle Streuquerschnitte Σ_{si} einen ähnlichen Verlauf mit der Energie haben oder von der Energie nicht abhängen, daß also auf jeden Fall Σ_{si}/Σ_s nicht von der Energie abhängt, ist die Lösung dieser Gleichung im asymptotischen Bereich

$$\psi(E) = \frac{\text{const}}{E}.$$

Die Festlegung der Konstanten erfolgt wiederum mit Hilfe der Bremsdichte $q(E) = Q$:

$$\left.\begin{aligned} q = Q &= \text{const} \sum_{i=1}^{N} \int_{E}^{E/\alpha_i} \frac{E - \alpha_i E'}{E'(1-\alpha_i)} \frac{\Sigma_{si}}{\Sigma_s} \frac{dE'}{E'} \\ &= \text{const} \sum_i \xi_i \frac{\Sigma_{si}}{\Sigma_s}. \end{aligned}\right\} \tag{5.3.18}$$

Wir führen als mittleres logarithmisches Energiedekrement einer Mischung verschiedener Kernsorten

$$\bar{\xi} = \frac{\sum_i \Sigma_{si} \xi_i}{\Sigma_s} \tag{5.3.19}$$

ein, dann folgt $\psi(E) = \dfrac{Q}{\bar{\xi} \cdot E}$ oder

$$\Phi(E) = \frac{q}{\bar{\xi} \Sigma_s \cdot E}. \tag{5.3.20}$$

Man kann den Tatbestand der Gl. (5.3.20) auch so formulieren: *In einem Gemisch verhalten sich die Bremskräfte der einzelnen Komponenten additiv.*

5.4 Näherungslösungen der Bremsgleichung: Bremsdichte im Streumedium mit $A>1$ mit Absorption

Wie in Wasserstoff, trägt auch in einem schweren Medium eine Resonanzentkommwahrscheinlichkeit $p(E)=q(E)/q(E_0)$ der Absorption während des Bremsvorgangs Rechnung. Die Bestimmung von $p(E)$ ist jedoch hier ungleich schwieriger, da eine analytische Lösung von (5.3.13) für $\sigma_a \neq 0$ nicht möglich ist; es müssen Näherungsverfahren angewendet werden.

Für die folgenden Rechnungen führen wir mit Vorteil die *Lethargie* u als Variable ein. Die Grundgleichungen lauten dann (vgl. auch Abschnitt 5.1):

$$\psi(u) = \frac{1}{1-\alpha} \int\limits_{u-\ln\frac{1}{\alpha}}^{u} \frac{\sigma_s}{\sigma_s+\sigma_a} \psi(u') \, e^{-(u-u')} du', \tag{5.4.1}$$

$$q(u) = \frac{1}{1-\alpha} \int\limits_{u-\ln\frac{1}{\alpha}}^{u} \frac{\sigma_s}{\sigma_s+\sigma_a} \psi(u') \{e^{-(u-u')} - \alpha\} du', \tag{5.4.2}$$

$$\frac{dq}{du} = -\frac{\sigma_a}{\sigma_s+\sigma_a} \cdot \psi(u). \tag{5.4.3}$$

Wir nehmen an, daß die Resonanzabsorption in einem Energiebereich weit unterhalb der Quellenergie E_0 einsetzt, in dem, wenn $\sigma_a=0$ wäre, die asymptotische Lösung $\psi(u)=q(u)/\xi$ gültig wäre.

Gelegentlich werden wir statt der Stoßdichte $\psi(u)=(\Sigma_s+\Sigma_a)\,\Phi(u)$ auch die Streudichte $\psi_s(u)=\Sigma_s\,\Phi(u)=\frac{\sigma_s}{\sigma_s+\sigma_a}\psi(u)$ benutzen, die für $\sigma_a=0$ mit der Stoßdichte identisch ist.

5.4.1. Bremsdichte bei sehr schwachem Resonanzeinfang. (Behandlung nach FERMI)

Man kann die Integralgleichung (5.4.1) bzw. die äquivalenten Gln. (5.4.2) und (5.4.3) zu einer gewöhnlichen Differentialgleichung reduzieren, wenn man über den Verlauf von $\psi_s(u)$ innerhalb eines Stoßintervalls geeignete Näherungsannahmen macht. Für $\sigma_a=0$ ist $\psi_s(u)$ konstant; für schwache Absorption setzen wir versuchsweise:

$$\psi_s(u') = \psi_s(u) + (u'-u)\,\psi_s'(u). \tag{5.4.5}$$

Diese Näherung ist angemessen, wenn ψ_s sich innerhalb eines Stoßintervalls nur wenig ändert, wenn also $\xi\psi_s'(u) \ll \psi_s(u)$ ist. Beim Einsetzen von (5.4.5) in Gl. (5.4.1) läßt sich die Integration über u' durchführen und es folgt

$$\frac{\sigma_a}{\sigma_s}\psi_s(u) = -\xi\,\psi_s'(u). \tag{5.4.6}$$

Es ist danach $-\xi\cdot\frac{\psi_s'(u)}{\psi_s(u)} = \frac{\sigma_a}{\sigma_s}$; für sehr schwache Absorption ist daher die Näherung (5.4.5), die auf FERMI zurückgeht, erlaubt. Man kann Gl. (5.4.6) direkt integrieren.

Wir wählen jedoch den Weg über die Bremsdichte. Für $q(u)$ liefert Gl. (5.4.2) mit (5.4.5), wenn wir bedenken, daß $\xi\psi_s'$ neben ψ_s vernachlässigt werden kann:

$$q(u) = \xi\psi_s(u). \tag{5.4.7}$$

Für die Abnahme der Bremsdichte gilt hiermit und nach (5.4.3):

$$\left.\begin{aligned} \frac{dq}{du} &= -\frac{\sigma_a}{\xi\sigma_s}q \\ \text{oder} \qquad \frac{d\ln q}{du} &= -\frac{\sigma_a}{\xi\sigma_s}. \end{aligned}\right\} \tag{5.4.8}$$

Damit folgt sofort

$$p(u) = e^{-\frac{1}{\xi}\int\limits_0^u \frac{\sigma_a}{\sigma_s}du'}. \tag{5.4.9}$$

Gehen wir schließlich wieder zur Energievariablen über, so folgt für die Resonanzentkommwahrscheinlichkeit:

$$p(E) = e^{-\frac{1}{\xi}\int\limits_E^{E_0} \frac{\sigma_a}{\sigma_s}\frac{dE'}{E'}}. \tag{5.4.10}$$

Für den Neutronenfluß liefert (5.4.7)

$$\Phi(E) = \frac{q(E)}{\xi\Sigma_s E}. \tag{5.4.11}$$

5.4.2. Bremsdichte bei langsam veränderlichem Resonanzeinfang. (Behandlung nach Greuling-Görtzel)

Man kann die in Abschnitt 5.4.1 eingeführte Näherung einen Schritt weiter treiben, indem man innerhalb eines Stoßintervalls

$$\psi_s(u') = \psi_s(u) + (u'-u)\psi_s'(u) + \frac{(u'-u)^2}{2}\psi_s''(u) \tag{5.4.12}$$

setzt. Voraussetzung für die Anwendbarkeit dieser Näherung ist offenbar $\xi^2\psi_s'' \ll \psi$. Einsetzen von Gl. (5.4.12) in (5.4.1) liefert:

$$\frac{\sigma_a}{\sigma_s}\psi_s(u) = -\xi\psi_s'(u) + \frac{\eta}{2}\psi_s''(u). \tag{5.4.13}$$

Dabei ist η gleich dem mittleren Quadrat der Lethargiezunahme bei einem Stoß. Es ist

$$\eta = \frac{1}{1-\alpha}\int\limits_{u-\ln\frac{1}{\alpha}}^{u}(u'-u)^2\cdot e^{-(u-u')}du' = \frac{2\left(1-\alpha\left(1+\ln\frac{1}{\alpha}+\frac{1}{2}\ln^2\frac{1}{\alpha}\right)\right)}{(1-\alpha)}. \tag{5.4.14}$$

Wir setzen $\eta = 2\varepsilon\xi^2$; ε ist gleich 1 für $A=1$ und fällt monoton auf $\frac{2}{3}$ für $A \gg 1$ (vgl. Tabelle 5.4.1). Auch hier integrieren wir nicht direkt, sondern wieder über

Tabelle 5.4.1

Element	ε	ξ	Element	ε	ξ
Wasserstoff . . .	1,000	1,000	Beryllium . . .	0,714	0,209
Deuterium . . .	0,804	0,725	Kohlenstoff . . .	0,671	0,158

die Bremsdichte. Einsetzen von Gl. (5.4.12) in (5.4.2) liefert unter Berücksichtigung von $\xi^2 \psi_s'' \ll \psi_s$:

$$q(u) = \xi \psi_s(u) - \varepsilon \xi^2 \psi_s'(u). \tag{5.4.15}$$

Ersetzen wir $\psi_s'(u)$ mittels Gl. (5.4.13), so folgt bei Vernachlässigung von Gliedern zweiter Ordnung

$$q(u) = \xi \left(1 + \varepsilon \frac{\sigma_a}{\sigma_s}\right) \psi_s(u). \tag{5.4.16}$$

Also ist

$$\left.\begin{aligned} \frac{dq}{du} &= -\frac{\sigma_a}{\xi(\sigma_s + \varepsilon \sigma_a)} q \\ \text{oder} \quad \frac{d \ln q}{du} &= -\frac{\sigma_a}{\xi(\sigma_s + \varepsilon \sigma_a)}. \end{aligned}\right\} \tag{5.4.17}$$

Dies liefert

$$p(u) = e^{-\frac{1}{\xi} \int\limits_0^u \frac{\sigma_a}{\sigma_s + \varepsilon \sigma_a} du'} \tag{5.4.18}$$

oder

$$p(E) = e^{-\frac{1}{\xi} \int\limits_E^{E_0} \frac{\sigma_a}{\sigma_s + \varepsilon \sigma_a} \frac{dE'}{E'}}. \tag{5.4.19}$$

Für den Neutronenfluß gilt nach (5.4.16)

$$\Phi(E) = \frac{q(E)}{\xi(\Sigma_s + \varepsilon \Sigma_a) E}. \tag{5.4.20}$$

Damit diese Lösungen gelten, muß aber $\xi^2 \psi_s''(u) \ll \psi_s(u)$ sein, d.h. nach Gl. (5.4.13)

$$\frac{1}{\varepsilon} \left\{ \frac{\sigma_a}{\sigma_s} \psi_s(u) + \xi \psi_s'(u) \right\} \ll \psi_s(u).$$

Mit Gl. (5.4.16) führt dies auf die Bedingung:

$$\frac{\sigma_a^2}{\sigma_s(\sigma_s + \varepsilon \sigma_a)} - \frac{\xi \frac{d\sigma_a}{du}}{\sigma_s + \varepsilon \sigma_a} \ll 1. \tag{5.4.21}$$

Man erkennt daran, daß die Greuling-Görtzel-Näherung auch dann noch gilt, wenn σ_a nicht mehr neben σ_s vernachlässigt werden kann. Es muß dann aber $\xi \frac{d\sigma_a}{du} \ll \sigma_s$ sein, d.h. der Absorptionsquerschnitt muß langsam mit der Energie variieren.

Ein wichtiger Fall langsam variierenden Einfangs ist $\sigma_a \sim 1/v$. Hier kann die Integration in Gl. (5.4.19) ausgeführt werden. Mit $\sigma_s = \text{const}$ ergibt sich, wenn man bis $E_0 = \infty$ integriert:

$$p(E) = \left(1 + \varepsilon \frac{\sigma_a(E)}{\sigma_s}\right)^{-\frac{2}{\varepsilon \xi}}. \tag{5.4.22}$$

5.4.3. Scharfe, voneinander weit entfernte Resonanzen. (Behandlung nach WIGNER)

Wir betrachten zunächst nur eine einzelne Resonanzstelle — Bereich II in Abb. 5.4.1 — deren Breite δu klein gegen ξ, also erst recht klein gegen $\ln \frac{1}{\alpha}$ sein

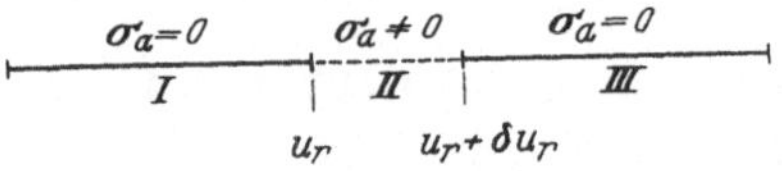

Abb. 5.4.1. Zur Bestimmung der Resonanzabsorption nach WIGNER

möge. In Bereich I und III sei $\sigma_a=0$. Für $u<u_r$, Bereich I, gilt nach Abschnitt 5.3.2:

$$q_I(u) = \xi \psi_I(u) = \text{const}.$$

In Bereich II ist

$$\psi(u) = \frac{1}{1-\alpha} \int\limits_{u-\ln\frac{1}{\alpha}}^{u} \frac{\sigma_s}{\sigma_s+\sigma_a} \psi(u') \, e^{-(u-u')} \, du' \approx \psi_I(u)$$

$$q(u) = \frac{1}{1-\alpha} \int\limits_{u-\ln\frac{1}{\alpha}}^{u} \frac{\sigma_s}{\sigma_s+\sigma_a} \psi(u') \{e^{-(u-u')} - \alpha\} \, du' \approx \xi \psi_I(u).$$

Der letzte Schritt folgt in beiden Fällen aus der Tatsache, daß wegen $\delta u \ll \ln \frac{1}{\alpha}$ bei der Integration die Beiträge von Stößen aus dem Bereich II vernachlässigt werden können. Es ist also auch in Bereich II:

$$q(u) \approx \xi \psi(u). \tag{5.4.23}$$

Mit Gl. (5.4.3) folgt

$$\frac{dq}{du} = -\frac{1}{\xi} \frac{\sigma_a}{\sigma_s+\sigma_a} q(u),$$

also

$$p(u) = e^{-\frac{1}{\xi} \int\limits_{\text{Bereich II}} \frac{\sigma_a}{\sigma_s+\sigma_a} du'}. \tag{5.4.24}$$

Gl. (5.4.24) gibt die Resonanzentkommwahrscheinlichkeit für eine isolierte Einzelresonanzstelle an. Da eine solche Resonanzstelle eine negative Quelle von Neutronen der Lethargie u_r darstellt, zeigt die Stoßdichte im Gebiet $u_R < u < u_R + 3 \ln \frac{1}{\alpha}$ Oszillationen um den asymptotischen Wert $q(u)/\xi$. Folgt im Abstand $u - u_R > 3 \ln \frac{1}{\alpha}$ eine weitere Resonanzlinie, so kann man die obigen Betrachtungen wiederholen. Man findet so als Resonanzentkommwahrscheinlichkeit für scharfe $\left(\delta u \ll \ln \frac{1}{\alpha}\right)$, voneinander weit entfernte $\left(\text{Abstand} > 3 \ln \frac{1}{\alpha}\right)$ Resonanzstellen:

$$p(u) = e^{-\frac{1}{\xi} \int\limits_{0}^{u} \frac{\sigma_a}{\sigma_s+\sigma_a} du'} \tag{5.4.25}$$

oder nach Übergang zur Energievariablen

$$p(E) = e^{-\frac{1}{\xi} \int\limits_{E}^{E_0} \frac{\sigma_a}{\sigma_s+\sigma_a} \frac{dE'}{E'}}. \tag{5.4.26}$$

5.5. Zusammenstellung wichtiger Resultate

Fall	$\varphi(E)$	$\Phi(E)$	$q(E)$	$p(E)$
Wasserstoff und schwerer Absorber $S(E)=Q\,\delta(E-E_0)$	$\frac{q(E)}{E}$	$\frac{q(E)}{E(\Sigma_s+\Sigma_a)}$	$p(E)\cdot Q$	$\left\{\frac{\sigma_s}{\sigma_s+\sigma_a}\right\}_{E_0} e^{-\int\limits_E^{E_0}\frac{\sigma_a}{\sigma_s+\sigma_a}\frac{dE'}{E'}}$
$S(E)$ beliebig	$\frac{q(E)}{E}+S(E)$	$\frac{q(E)}{E(\Sigma_s+\Sigma_a)}+\frac{S(E)}{\Sigma_s+\Sigma_a}$	$\int\limits_E^\infty\left\{\frac{\sigma_s}{\sigma_s+\sigma_a}\right\}_{E'} S(E')\,dE'\cdot e^{-\int\limits_E^{E'}\frac{\sigma_s}{\sigma_s+c_a}\frac{dE''}{E''}}$	$\frac{q(E)}{\int\limits_E^\infty S(E)\,dE}$
$A>1,\ \sigma_a=0$ $S(E)=Q\,\delta(E-E_0)$ asymptotische Lösung für $E<\alpha^3 E_0$	$\frac{q(E)}{\xi E}$	$\frac{q(E)}{\xi\Sigma_s\cdot E}$		
Mischungen	$\frac{q(E)}{\bar{\xi}\cdot E}$	$\frac{q(E)}{\bar{\xi}\Sigma_s\cdot E}$		
$A>1,\ \sigma_a\ll\sigma_s$ $S(E)=Q\,\delta(E-E_0)$ (FERMI)	$\frac{q(E)}{\xi E}$	$\frac{q(E)}{\xi\Sigma_s\cdot E}$	$p(E)\cdot Q$	$e^{-\frac{1}{\xi}\int\limits_E^{E_0}\frac{\sigma_a}{\sigma_s}\frac{dE'}{E'}}$
$A>1,\ \sigma_a$ langsam variierend $S(E)=Q\,\delta(E-E_0)$ (GREULING-GÖRTZEL)	$\frac{\sigma_s+\sigma_a}{\sigma_s+\varepsilon\sigma_a}\,\frac{q(E)}{\xi E}$	$\frac{q(E)}{\xi(\Sigma_s+\varepsilon\Sigma_a)\cdot E}$	$p(E)\cdot Q$	$\left\{\frac{\sigma_s}{\sigma_s+\sigma_a}\right\}_{E_0} e^{-\frac{1}{\xi}\int\limits_E^{E_0}\frac{\sigma_a}{\sigma_s+\varepsilon\sigma_a}\frac{dE'}{E'}}$
$A>1$, scharfe, getrennte Resonanzen $S(E)=Q\,\delta(E-E_0)$ (WIGNER)	$\frac{q(E)}{\xi E}$	$\frac{q(E)}{\xi(\Sigma_s+\Sigma_a)E}$	$p(E)\cdot Q$	$\left\{\frac{\sigma_s}{\sigma_s+\sigma_a}\right\}_{E_0} e^{-\frac{1}{\xi}\int\limits_E^{E_0}\frac{\sigma_a}{\sigma_s+\sigma_a}\frac{dE'}{E'}}$

Literatur zum 5. Kapitel

GLASSTONE and EDLUND: l. c. Kap. VI: The Slowing Down of Neutrons.
Reactor Handbook, Kap. 1.3: Kinetic Theory of Neutrons. Insbesondere S. 367: Slowing Down with no Space Variations.
PLACZEK, G.: On the Theory of the Slowing Down of Neutrons in Heavy Substances. Phys. Rev. **69**, 423 (1946).
HEISENBERG, W.: Theorie der Neutronen. Göttingen 1951.

6. Räumliche Verteilung der gebremsten Neutronen

In einem Streumedium mögen Quellen $S(\vec{r}, E)$ bestehen. Wie ist bei den vorliegenden Randbedingungen die räumliche Verteilung des Neutronenflusses oder der Bremsdichte? Wir werden bei der Behandlung dieser Frage zu einer einfachen Näherung, der sog. Age-Theorie, gelangen. Mit Hilfe der Age-Theorie ist es dann möglich, die räumliche Verteilung der Bremsdichte in verschiedenen Anordnungen von Quellen in Streumedien zu berechnen, insbesondere kann auch die Verteilung der thermischen Neutronen in einem Streumedium bei vorgegebenen schnellen Quellen ermittelt werden.

Die Age-Theorie ist in H_2O und D_2O nicht anwendbar. Auch ist die Behandlung des Bremsprozesses in mehreren aneinanderstoßenden Streumedien nicht möglich. Für diese Fälle ist eine Behandlung mit der „Multigruppenmethode" angemessener. Bei dieser Methode wird das Energiespektrum in eine Reihe von Bereichen unterteilt, in denen die elementare Diffusionstheorie angenähert gilt. Wir werden den einfachen Fall einer Zweigruppentheorie — eine Gruppe stelle die schnellen, eine die thermischen Neutronen dar — ein wenig näher betrachten und dabei den wichtigen Begriff des „Resonanzintegrals" kennenlernen.

Zunächst führen wir jedoch eine von aller Theorie unabhängige, leicht meßbare Größe, das *mittlere Quadrat des Bremsabstandes*, ein.

6.1. Das mittlere Quadrat des Bremsabstandes

Eine Punktquelle emittiere Neutronen der Energie E_0 in ein unbegrenztes Streumedium. Die Bremsdichte hängt dann nur von dem Abstand r von der Quelle ab. Man kann die Raumverteilung der gebremsten Neutronen charakterisieren durch die Größe $\overline{r_E^2}$, den Mittelwert des Quadrates desjenigen Abstandes von der Quelle, in dem das Neutron die Energie E erreicht.

Die Wahrscheinlichkeit, daß die Energie E zwischen r, $r+dr$ erreicht wird, ist

$$\frac{q(r,E)\,4\pi r^2\,dr}{\int\limits_0^\infty q(r,E)\,4\pi r^2\,dr}.$$

Also gilt

$$\overline{r_E^2} = \frac{\int\limits_0^\infty r^2 q(r,E)\,4\pi r^2\,dr}{\int\limits_0^\infty q(r,E)\,4\pi r^2\,dr}. \tag{6.1.1}$$

$\overline{r_E^2}$ kann mit Hilfe von Gl. (6.1.1) aus einer gemessenen Bremsdichteverteilung $q(r, E)$ berechnet werden. (Die Bestimmung von Bremsdichten mit Hilfe von

Resonanzsonden kommt in Abschnitt 6.7 zur Sprache.) Es wird sich später zeigen, daß in vielen Fällen die Kenntnis von $\overline{r_E^2}$ ausreicht, um die räumliche Verteilung der Bremsdichte zu berechnen. Die Wurzel aus $\overline{r_E^2}$ bezeichnet man als Bremsabstand. Sehr gebräuchlich, insbesondere in der amerikanischen Literatur, ist die sog. Bremslänge (slowing down length)

$$L_s = \sqrt{\frac{\overline{r_E^2}}{6}}.$$

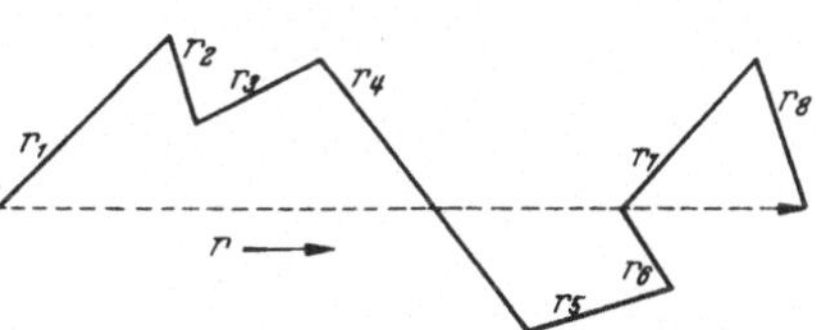

Abb. 6.1.1. Mittlerer Bremsabstand

Wir führen eine näherungsweise Berechnung von $\overline{r_E^2}$ durch:

Wir bezeichnen dazu, wie in Abb. 6.1.1, die Wege, die das Neutron zwischen zwei Stößen vollführt, mit $\vec{r}_i$. Dann ist

$$r^2 = \vec{r}_1^{\,2} + \vec{r}_2^{\,2} + \cdots + \vec{r}_n^{\,2} + 2(\vec{r}_1 \vec{r}_2 + \cdots)$$

und

$$\overline{r^2} = \overline{\vec{r}_1^{\,2}} + \overline{\vec{r}_2^{\,2}} + \cdots + 2[\overline{\vec{r}_1 \vec{r}_2} + \cdots + \overline{\vec{r}_\nu \vec{r}_\mu} + \cdots]$$

$$= \overline{r_1^2} + \overline{r_2^2} + \cdots + 2\,[\overline{r_1 r_2 \cos(1,2)} + \cdots + \overline{r_\nu r_\mu \cos(\nu\mu)} \ldots],$$

dabei sei $\cos(\mu, \nu)$ der Kosinus des Winkels zwischen r_ν und r_μ. Um die Mittelung über die cos-Glieder durchzuführen, müssen wir zunächst $\cos(\mu, \nu)$ durch

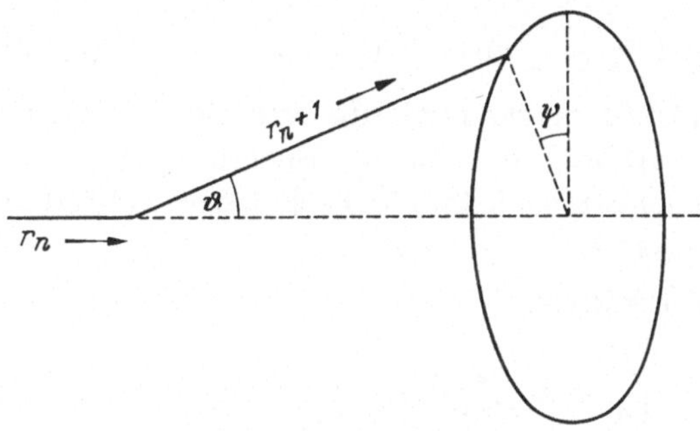

Abb. 6.1.2. Definition von ϑ und ψ

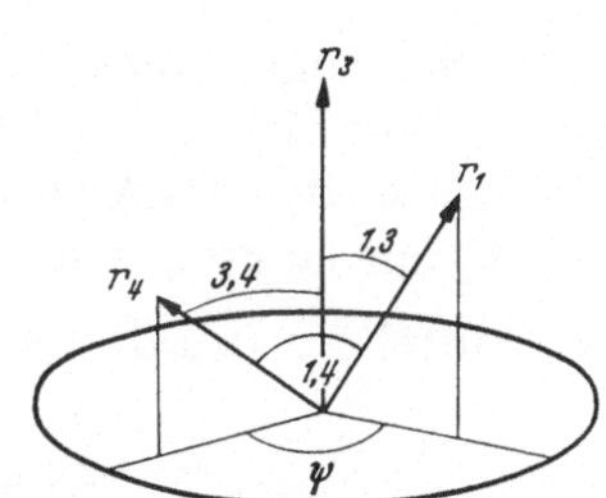

Abb. 6.1.3. Zusammenhang der Winkel 1,4, 1,3, 3,4

$\cos(\mu, \mu+1)$, $\cos(\mu+1, \mu+2) \ldots \cos(\nu-1, \nu)$ ausdrücken, denn nur über diese Mittelwerte können wir eine Aussage machen [nämlich $\overline{\cos(\mu, \mu+1)} = 2/3A$ bei im Schwerpunktssystem isotroper Streuung]. Die Mittelung erfolgt dann zunächst über den Azimutwinkel ψ (vgl. Abb. 6.1.2), dann über r und schließlich über den Streuwinkel ϑ.

Aus Abb. 6.1.3. ersieht man:

$$\cos(1,4) = \cos(1,3) \cdot \cos(3,4) + \sin(1,3)\sin(3,4)\cos\psi$$

$$\overline{\cos(1,4)}^{\psi} = \overline{\cos(1,3)}^{\psi} \cos(3,4).$$

Also

$$\overline{\cos(1,4)}^{\psi} = \cos(1,2) \cdot \cos(2,3) \cdot \cos(3,4). \tag{6.1.2}$$

Allgemein

$$\overline{\cos(\mu,\nu)}^{\psi} = \cos(\mu,\mu+1)\cos(\mu+1,\mu+2)\ldots\cos(\nu-1,\nu).$$

Wir führen jetzt die Mittelung von r und r^2 durch.

Die Wahrscheinlichkeit, daß ein Neutron der Energie E zwischen zwei Stößen einen Weg zwischen $r, r+dr$ zurücklegt, ist

$$\frac{e^{-\frac{r}{\lambda_s(E)}}\,dr}{\int\limits_0^\infty e^{-\frac{r}{\lambda_s(E)}}\,dr}.$$

Also gilt

$$\bar{r} = \frac{\int\limits_0^\infty r\,e^{-\frac{r}{\lambda_s(E)}}\,dr}{\int\limits_0^\infty e^{-\frac{r}{\lambda_s(E)}}\,dr} = \lambda_s(E)$$

$$\overline{r^2} = \frac{\int\limits_0^\infty r^2\,e^{-\frac{r}{\lambda_s(E)}}\,dr}{\int\limits_0^\infty e^{-\frac{r}{\lambda_s(E)}}\,dr} = 2\lambda_s^2(E).$$

Damit wird

$$\overline{r^2}^{\psi,r} = 2\{\lambda_1^2+\lambda_2^2+\cdots+\lambda_1\lambda_2\cos(1,2)+\lambda_1\lambda_3\cos(1,2)\cos(1,3)+\cdots\}. \quad (6.1.3)$$

Zur weiteren Umformung von Gl. (6.1.3) machen wir die vereinfachende Annahme, daß die Zahl n der Stöße zur Abbremsung bis zur Energie E groß sein möge, d.h. also, daß das Atomgewicht der Streusubstanz $\gg 1$ sein möge. Weiterhin möge $\lambda(E)$ nur langsam mit der Energie variieren.

Wir mitteln in (6.1.3) über ϑ und erhalten

$$\begin{aligned}\overline{r^2} = 2\Big\{&\lambda_1\Big(\lambda_1+\lambda_2\frac{2}{3A}+\lambda_3\Big(\frac{2}{3A}\Big)^2+\cdots\Big)\\ &+\lambda_2\Big(\lambda_1+\lambda_2\frac{2}{3A}+\lambda_3\Big(\frac{2}{3A}\Big)^2+\cdots\Big)\\ &+\lambda_3\Big(\lambda_1+\lambda_2\frac{2}{3A}+\lambda_3\Big(\frac{2}{3A}\Big)^2+\cdots\Big)\\ &+\cdots\Big\}.\end{aligned}$$

Da die Terme mit $(2/3A)$ für $A\gg 1$ sehr klein sind, schreiben wir näherungsweise

$$\begin{aligned}\overline{r^2} = 2\Big\{&\lambda_1^2\Big(1+\frac{2}{3A}+\Big(\frac{2}{3A}\Big)^2+\cdots\Big)\\ &+\lambda_2^2\Big(1+\frac{2}{3A}+\Big(\frac{2}{3A}\Big)^2+\cdots\Big)\\ &+\cdots\Big\},\end{aligned}$$

also $$\overline{r^2} = \frac{2}{1-\frac{2}{3A}} [\lambda_1^2 + \lambda_2^2 + \cdots]. \tag{6.1.4}$$

Da die Anzahl der Stöße als groß vorausgesetzt war, können wir die Summe durch ein Integral ersetzen: Die Anzahl der Stöße zwischen E, $E+dE$ ist $\frac{dE}{\xi E}$, also

$$\boxed{\overline{r_E^2} = \frac{2}{\xi\left(1-\frac{2}{3A}\right)} \int\limits_{E}^{E_0} \frac{\lambda_s^2(E)\,dE}{E}}. \tag{6.1.5}$$

Strenge Ausdrücke für $\overline{r_E^2}$ lassen sich mit Hilfe der Transportgleichung gewinnen. MARSHAK gibt Resultate für einige wichtige Fälle.

6.2. Age-Theorie

6.2.1. Transportgleichung des Bremsprozesses

Die allgemeine Transportgleichung (3.3.1) lautet, wenn wir statt der Geschwindigkeit v die Lethargie einführen:

$$\left.\begin{aligned} &\operatorname{div}\vec{\Omega}\, F(\vec{r},\vec{\Omega},u) + (\Sigma_s+\Sigma_a)\, F(\vec{r},\vec{\Omega},u) \\ &\quad = \int\limits_0^u du' \int\limits_{4\pi} d\vec{\Omega}'\, g(u'u,\vec{\Omega}'\vec{\Omega})\cdot\Sigma_s F(\vec{r},\vec{\Omega}',u') + S(\vec{r},\vec{\Omega})\cdot\delta(u). \end{aligned}\right\} \tag{6.2.1}$$

Wir gehen sofort zur eindimensionalen Gleichung über, nehmen also an, daß F nur von z abhängt. In diesem Fall ist die Winkelverteilung zur z-Richtung rotationssymmetrisch, also setzen wir wieder

$$2\pi F(\vec{\Omega}) = F(\cos\vartheta).$$

Wir nehmen weiter Isotropie der räumlich verteilten Quellen an und setzen $\Sigma_u = 0$ voraus. Führen wir zur Abkürzung die differentielle Stoßdichte[1] $\psi(z\vartheta u) = \Sigma_s\cdot F$ ein, so lautet die Transportgleichung:

$$\left.\begin{aligned} &\frac{1}{\Sigma_s}\cos\vartheta\,\frac{\partial\psi}{\partial z} + \psi \\ &\quad = \int\limits_0^u du' \int\limits_0^{2\pi} d\varphi \int\limits_0^{\pi} \sin\vartheta'\,d\vartheta'\,\psi(z,\vartheta',u')\, g(u'u,\vartheta'\varphi',\vartheta\varphi) + \frac{1}{2}\, S(z)\,\delta(u). \end{aligned}\right\} \tag{6.2.2}$$

Die Funktion $g(u'u,\vartheta'\varphi',\vartheta\varphi)$ kann aus den Betrachtungen über den elastischen Stoß in Abschnitt 5.2 abgeleitet werden:

Für die Wahrscheinlichkeit, daß ein Neutron der Lethargie u' nach dem Stoß die Lethargie u hat, wurde dort

$$\begin{aligned} g(u'u) &= \frac{1}{1-\alpha}\, e^{-(u-u')} \qquad u - \ln\frac{1}{\alpha} < u' < u \\ &= 0 \qquad \begin{cases} u' < u - \ln\dfrac{1}{\alpha} \\ u' > u \end{cases} \end{aligned}$$

gefunden.

---

[1] Wegen $\sigma_a = 0$ sind hier Stoßdichte ψ und Streudichte ψ_s identisch.

Für den cos des Streuwinkels im Laborsystem bei einem Streuprozeß, bei dem sich die Lethargie von u' auf u ändert, findet man mit Hilfe der Gln. (5.2.5) und (5.2.6)[1]

$$\cos\vartheta_0 = \frac{A+1}{2}\, e^{-\frac{u-u'}{2}} - \frac{A-1}{2}\, e^{\frac{u-u'}{2}}. \tag{6.2.3}$$

Die Funktion $g(u'u, \vartheta_0) = 2\pi\, g(u'u, \vartheta'\varrho', \vartheta\varrho)$ lautet somit:

$$g(u'u, \vartheta_0) = \frac{e^{-(u-u')}}{1-\alpha}\, \delta\left(\cos\vartheta_0 - \left(\frac{A+1}{2}\, e^{-\frac{u-u'}{2}} - \frac{A-1}{2}\, e^{\frac{u-u'}{2}}\right)\right). \tag{6.2.4}$$

6.2.2. Herleitung der Age-Gleichung aus der Transportgleichung

Wir behandeln nunmehr die Transportgleichung (6.2.2) mit dem durch Gl. (6.2.4) gegebenen Kern. Unser Ziel ist es, eine einfache Differentialgleichung zwischen den Ableitungen der Stoßdichte nach u und nach z zu erhalten. Der Weg ist ganz ähnlich wie in 3.4, nur müssen wir jetzt noch zusätzlich Näherungen bezüglich der u-Abhängigkeit von ψ machen.

Wir entwickeln zunächst $g(u'u, \vartheta'\vartheta)$ nach Kugelfunktionen, schreiben also

$$g(u'u, \vartheta_0) = \tfrac{1}{2} \sum_l (2l+1)\, g_l(u'u)\, P_l(\cos\vartheta_0), \tag{6.2.5}$$

$$g_0(u'u) = \int_0^\pi \sin\vartheta_0\, d\vartheta_0\, g(u'u, \vartheta_0) = \frac{e^{-(u-u')}}{1-\alpha}, \tag{6.2.6}$$

$$\left.\begin{aligned} g_1(u'u) &= \int_0^\pi \sin\vartheta_0\, d\vartheta_0 \cos\vartheta_0\, g(u'u, \vartheta_0) \\ &= \frac{e^{-(u-u')}}{1-\alpha}\left\{\frac{A+1}{2}\, e^{-\frac{u-u'}{2}} - \frac{A-1}{2}\, e^{\frac{u-u'}{2}}\right\}. \end{aligned}\right\} \tag{6.2.7}$$

Gehen wir mit der Entwicklung (6.2.5) in die Transportgleichung ein, so erhalten wir unter Benutzung des Additionstheorems der Kugelfunktion wie in Abschnitt 3.4:

$$\left.\begin{aligned} \frac{1}{\Sigma_s}\cos\vartheta\, \frac{\partial\psi}{\partial z} + \psi &= \frac{1}{2} \int_{u-\ln\frac{1}{\alpha}}^{u} du' \sum_{l=1}^{\infty} (2l+1)\, g_l(u'u)\, P_l(\cos\vartheta) \times \\ &\times \int_0^\pi \sin\vartheta'\, d\vartheta'\, \psi(\vartheta', u') \cdot P_l(\cos\vartheta') + \frac{1}{2}\, S(z)\, \delta(u). \end{aligned}\right\} \tag{6.2.8}$$

Wir können weiterhin $\psi(z, \vartheta, u)$ nach Kugelfunktionen entwickeln:

$$\psi = \tfrac{1}{2} \sum_l (2l+1)\, \psi_l(z, u)\, P_l(\cos\vartheta), \tag{6.2.9}$$

$$\psi_0 = \int_0^\pi \sin\vartheta\, d\vartheta\, \psi(z, \vartheta, u) = \psi(z, u) = \Sigma_s\, \Phi(z, u), \tag{6.2.10}$$

$$\psi_1 = \int_0^\pi \sin\vartheta\, d\vartheta \cos\vartheta\, \psi(z, \vartheta, u) = \Sigma_s \cdot j(z, u). \tag{6.2.11}$$

[1] In Gl. (5.2.6) wurde ϑ_0 mit ψ bezeichnet.

Nunmehr erfolgt die spezielle Näherung:

1. Es wird angenommen, daß $\psi(z, \vartheta, u)$ durch die ersten beiden Glieder von Gl. (6.2.9) beschrieben werden kann (elementare Diffusionstheorie). Wir setzen also

$$\psi(z, \vartheta, u) = \tfrac{1}{2}\,\psi_0(z, u) + \tfrac{3}{2}\,\psi_1(z, u) \cos\vartheta. \tag{6.2.12}$$

2. Es wird angenommen, daß ψ mit u so langsam variiert, daß im Bereich $u > u' > u - \ln\frac{1}{\alpha}$

$$\psi_0(u') = \psi_0(u) + (u' - u)\,\psi_0'(u), \tag{6.2.13}$$

$$\psi_1(u') = \psi_1(u) \tag{6.2.14}$$

gesetzt werden kann. Dies entspricht der Fermi-Näherung in Abschnitt 5.4.1.

Gehen wir zunachst mit dem Ansatz (6.2.12) in die Transportgleichung ein und integrieren über $\sin\vartheta\, d\vartheta$ von 0 bis π, ergibt sich

$$\frac{1}{\Sigma_s}\frac{\partial\psi_1(z, u)}{\partial z} + \psi_0(z, u) = \int\limits_{u-\ln\frac{1}{\alpha}}^{u} du'\,\psi_0(z, u')\,g_0(u'\,u) + S(z)\,\delta(u). \tag{6.2.15}$$

Integrieren wir weiter die mit $\cos\vartheta$ multiplizierte Gleichung, so folgt

$$\frac{1}{3\Sigma_s}\frac{\partial\psi_0(z, u)}{\partial z} + \psi_1(z, u) = \int\limits_{u-\ln\frac{1}{\alpha}}^{u} du'\,\psi_1(z, u')\,g_1(u'\,u). \tag{6.2.16}$$

Gehen wir in diese Gleichungen mit den Ansätzen (6.2.13) und (6.2.14) ein, so kann die Integration über du' vollzogen werden und es ergibt sich, wenn wir berücksichtigen, daß

$$\int\limits_{u-\ln\frac{1}{\alpha}}^{u} g_0(u'\,u)\,du' = 1 \qquad \int\limits_{u-\ln\frac{1}{\alpha}}^{u} g_0(u'\,u)\,(u - u')\,du' = \xi$$

und

$$\int\limits_{u-\ln\frac{1}{\alpha}}^{u} du'\,g_1(u'\,u) = \int\limits_{u-\ln\frac{1}{\alpha}}^{u} g(u'\,u)\cos\vartheta_0\,du'$$

$$= \overline{\cos\vartheta_0} = \frac{2}{3A}$$

ist:

$$\frac{1}{\Sigma_s}\frac{\partial\psi_1}{\partial z} = -\,\xi\,\frac{\partial\psi_0}{\partial u} + S(z)\,\delta(u), \tag{6.2.17}$$

$$\psi_1 = -\,\frac{1}{3\Sigma_s\left(1 - \frac{2}{3A}\right)}\,\frac{\partial\psi_0}{\partial z}. \tag{6.2.18}$$

Die erste dieser beiden Gleichungen stellt wieder eine Kontinuitätsbedingung dar, während die zweite das Ficksche Gesetz ausdrückt. Fassen wir beide Gleichungen zusammen, so gilt für die Stoßdichte

$$-\,\frac{1}{3\Sigma_s^2}\,\frac{1}{\left(1 - \frac{2}{3A}\right)}\,\frac{\partial^2\psi_0}{\partial z^2} = -\,\xi\,\frac{\partial\psi_0}{\partial u} + S(z)\,\delta(u). \tag{6.2.19}$$

Wenn wir jetzt als neue Variable das „Fermi-Alter“

$$\tau = \int_0^u \frac{du'}{3\Sigma_s^2 \xi \left(1 - \frac{2}{3A}\right)} \tag{6.2.20}$$

einführen, und wenn wir weiterhin die Stoßdichte durch die Bremsdichte $q(u) = \xi \cdot \psi(u)$ ersetzen — vgl. Gl. (5.4.7) — erhalten wir

$$\frac{\partial q}{\partial \tau} = \frac{\partial^2 q}{\partial z^2} + S(z)\,\delta(\tau). \tag{6.2.21}$$

Diese Gleichung geht auf FERMI zurück und heißt *Age-*, zu deutsch Alters-Gleichung. Der Sinn dieses Namens wird später erklärt werden. Sie ist formal identisch mit der Wärmeleitgleichung, wenn man q mit der Temperatur und τ mit der Zeit identifiziert.

6.2.3. Diskussion der Age-Gleichung und ihrer physikalischen Voraussetzungen

Die Lösung der Gl. (6.2.21) für die Bremsdichte im Abstand z von einer Flächenquelle in einem unendlich ausgedehnten Medium lautet:

$$q(z,\tau) = \frac{Q}{\sqrt{4\pi\tau}}\, e^{-\frac{z^2}{4\tau}}. \tag{6.2.22}$$

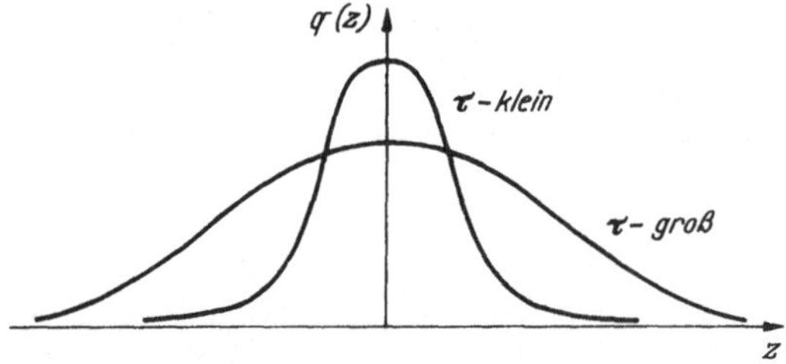

Abb. 6.2.1. Bremsdichte in der Umgebung einer Flächenquelle im unendlich ausgedehnten Streumedium

Sie ist in Abb. 6.2.1 für verschiedene τ dargestellt. Wir bilden die Größe $\overline{z_E^2}$, d. i. das mittlere Quadrat des Bremsabstandes bis zur Energie E:

$$\overline{z_E^2} = \frac{\int_0^\infty z^2 e^{-\frac{z^2}{4\tau_E}}\, dz}{\int_0^\infty e^{-\frac{z^2}{4\tau_E}}\, dz} = 2\tau_E. \tag{6.2.23}$$

Im dreidimensionalen Fall findet man, wie später noch gezeigt wird, für das mittlere Quadrat des Bremsabstands von einer Punktquelle

$$\overline{r_E^2} = 3\overline{z_E^2} = 6\tau_E. \tag{6.2.24}$$

Das Fermi-Alter $\tau(E)$ ist gleich einem Sechstel desjenigen mittleren Abstandsquadrats von einer Punktquelle (im unendlich ausgedehnten Medium), in dem das Neutron die Energie E erreicht. Das sieht man im übrigen sofort durch Vergleich der Gln. (6.2.20) und (6.1.5) ein.

Mit Hilfe der Gl. (6.2.22) untersuchen wir nunmehr die Voraussetzungen für die Anwendbarkeit der Age-Theorie:

1. Für die Entwicklung (6.2.12) hatten wir $\psi_1 \ll \psi_0$ vorausgesetzt; mit Hilfe von Gl. (6.2.22) und (6.2.18) erkennt man, daß dies gleichwertig ist mit der Forderung:

$$z \ll 6\left[1 - \frac{2}{3A}\right]\Sigma_s \cdot \tau. \tag{6.2.25}$$

Die Age-Theorie ist also nur in verhältnismäßig geringen Abständen von der Quelle gültig. In größeren Abständen z von der Quelle wird das Verhalten der Bremsdichte bestimmt durch Neutronen, die von der Quelle aus die Strecke z ohne Stoß durchlaufen; ihre Intensität ist

$$\frac{Q}{2} e^{-\Sigma_s \cdot z}$$

und die Bremsdichte bei allen Energien verläuft näherungsweise proportional dieser Größe.

2. Damit die Entwicklung (6.2.13) gültig ist, muß $\psi_0'(u) \cdot \ln \frac{1}{\alpha} \ll \psi_0(u)$ sein. Dies führt auf die Bedingung:

$$\ln(1/\alpha) \cdot \frac{1}{3\xi \Sigma_s^2(u)\left(1 - \frac{2}{3A}\right)} \left[\frac{z^2}{4\tau^2} + \frac{1}{2\tau}\right] \ll 1. \tag{6.2.26}$$

Der erste Teil dieser Bedingung ist im wesentlichen identisch mit (6.2.25) und wir erhalten mit $\xi \approx \frac{1}{2} \ln(1/\alpha)$

$$\frac{1}{\Sigma_s^2(u)} \ll \frac{1}{\xi} \int_0^u \frac{1}{\Sigma_s^2(u')} du'. \tag{6.2.27}$$

Das heißt aber im wesentlichen

$$\frac{u}{\xi} \gg 1.$$

Es müssen also *sehr viele* Stöße stattfinden, die Bremsung muß langsam vor sich gehen. Die Age-Theorie gilt daher um so besser, je schwerer ein Medium ist.

3. Für die Entwicklung (6.2.13) und (6.2.14) muß weiterhin angenommen werden, daß

$$\ln(1/\alpha) \frac{\partial \psi_0}{\partial u} \ll \psi_1$$

ist. Dies führt, wenn wir (6.2.25) und (6.2.27) berücksichtigen, auf die Bedingung:

$$\frac{d\left(\frac{1}{\Sigma_s(u)}\right)}{du} \ll \frac{1}{\Sigma_s(u)}, \tag{6.2.28}$$

d.h. die Änderung der Streulänge in einem Stoßintervall muß klein sein.

4. Weiterhin hatten wir vorausgesetzt, daß $\Sigma_a = 0$ ist — diese Annahme wird später modifiziert — und daß die räumlichen Quellen isotrop sind.

Schließlich muß noch gefordert werden, daß Grenzflächen und Flächenquellen hinreichend weit entfernt sind, da dort die Winkelverteilung von ψ stark anisotrop wird.

Trotz der stark einengenden Voraussetzungen 1 bis 4 ist die Age-Theorie bei einer großen Anzahl von Bremsproblemen anwendbar; insbesondere in Graphit sind die Voraussetzungen 2 und 3 stets erfüllt. In leichtem und schwerem Wasser stellt die Age-Theorie jedoch nur eine schlechte Näherung dar.

6.2.4. Zeitabhängige Age-Gleichung mit Absorption. Bedeutung des „Alters“

Wir erweitern jetzt die Age-Gleichung (6.2.21) für den *zeitabhängigen* Fall mit $\Sigma_a \neq 0$. In diesem Fall lautet die eindimensionale Transportgleichung für die Stoßdichte $\psi(u) = (\Sigma_a + \Sigma_s)\,\Phi(u)$

$$\left.\begin{aligned} \frac{1}{v[\Sigma_s + \Sigma_a]}\frac{\partial\psi}{\partial t} + \frac{\cos\vartheta}{\Sigma_s + \Sigma_a}\frac{\partial\psi}{\partial z} + \psi = \int_0^u du' \int_0^\pi \sin\vartheta'\,d\vartheta' \int_0^{2\pi} d\varphi \times \\ \times \frac{\sigma_s}{\sigma_s + \sigma_a}\,\psi(z, \vartheta', u')\,g(u'\,u\,\vartheta'\,\varphi', \vartheta\,\varphi) + \frac{1}{2}\,S(z)\,\delta(u)\,\delta(t). \end{aligned}\right\} \quad (6.2.29)$$

Als Quelle ist ein kurzer Impuls von schnellen Neutronen zur Zeit $t = 0$ angenommen.

Wir nehmen an, daß $\sigma_a \ll \sigma_s$ ist; dann ergibt eine Behandlung von (6.2.29) unter den gleichen Voraussetzungen und nach den gleichen Methoden, die zu Gl. (6.2.21) führten, wenn wir die zeitlichen Variationen von ψ_1 vernachlässigen:

$$\frac{1}{\Sigma_s \cdot v}\frac{\partial\psi_0}{\partial t} + \frac{1}{\Sigma_s}\frac{\partial\psi_1}{\partial z} + \frac{\Sigma_a}{\Sigma_s}\psi_0 = -\,\xi\,\frac{\partial\psi_0}{\partial u} + S(z)\,\delta(u)\,\delta(t), \quad (6.2.30)$$

$$\frac{1}{3\Sigma_s\left(1 - \frac{2}{3A}\right)}\frac{\partial\psi_0}{\partial z} + \psi_1 = 0. \quad (6.2.31)$$

Führen wir wieder das Fermi-Alter gemäß Gl. (6.2.20) ein, so ergibt eine Kombination dieser beiden Gleichungen:

$$\frac{\partial q}{\partial\tau} + \frac{3\Sigma_s\left(1 - \frac{2}{3A}\right)}{v}\frac{\partial q}{\partial t} + 3\Sigma_a\Sigma_s\left(1 - \frac{2}{3A}\right)\cdot q = \frac{\partial^2 q}{\partial z^2} + S(z)\,\delta(\tau)\,\delta(t). \quad (6.2.32)$$

Nunmehr setzen wir $q = q'\,p(u)$ mit der Resonanzentkommwahrscheinlichkeit

$$p(u) = e^{-\frac{1}{\xi}\int_0^u \frac{\sigma_a}{\sigma_s}\,du'} = e^{-\frac{1}{\xi}\int_E^{E_0} \frac{\sigma_a}{\sigma_s}\frac{dE'}{E'}}.$$

Dann lautet Gl. (6.2.32)

$$\frac{\partial q'}{\partial\tau} + \frac{3\Sigma_s\left(1 - \frac{2}{3A}\right)}{v}\frac{\partial q'}{\partial t} = \frac{\partial^2 q'}{\partial z^2} + S(z)\,\delta(\tau)\,\delta(t). \quad (6.2.33)$$

Der Absorptionsprozeß während der Abbremsung wird also durch Einführung einer Resonanzentkommwahrscheinlichkeit vollständig beschrieben.

Wir betrachten nun die Zeitabhängigkeit von q. Um die Verhältnisse leichter zu überblicken, nehmen wir zunächst ein ortsunabhängiges q an und betrachten Gl. (6.2.30) mit $\sigma_a = 0$. Dann gilt

$$\frac{1}{\xi\Sigma_s v}\frac{\partial q}{\partial t} + \frac{\partial q}{\partial u} = S\cdot\delta(u)\,\delta(t). \quad (6.2.34)$$

Für $u, t \neq 0$ ist die allgemeine Lösung dieser Differentialgleichung

$$q = f\left(t - \int_0^u \frac{du'}{\xi\Sigma_s v}\right).$$

Die Festlegung der Funktion f erfolgt aus der Forderung, daß $q(u=0, t) = S \cdot \delta(t)$ sein soll; damit folgt

$$q(u, t) = S \cdot \delta\left(t - \int_0^u \frac{du'}{\xi \Sigma_s v}\right). \tag{6.2.35}$$

Mit diesem Resultat haben wir eine wichtige physikalische Aussage erhalten: u bzw. τ und t sind keine unabhängigen Variablen, vielmehr gehört zu jedem „Alter“ t der Neutronen eine Lethargie u bzw. ein Fermi-Alter, das eine eindeutige Funktion von t ist. Man kann den Bremsprozeß eines Impulses von Neutronen, die zur Zeit $t=0$ mit der Lethargie $u=0$ entstehen, darstellen auf der t-Skala, auf einer u-Skala, auf der sie mit der Geschwindigkeit $\frac{du}{dt} = \xi \Sigma_s \cdot v$ fortschreiten, oder aber auf einer τ-Skala, auf der sie mit der Geschwindigkeit

$$\frac{d\tau}{dt} = \frac{\xi \Sigma_s \cdot v}{3 \xi \Sigma_s^2 \left(1 - \frac{2}{3A}\right)} = \frac{v}{3 \Sigma_s \left(1 - \frac{2}{3A}\right)} = D \cdot v$$

— dabei ist D die Diffusionskonstante — fortschreiten.

Das Ergebnis, daß alle Neutronen mit gleichem Alter t gleiche Lethargie u besitzen, ist eine Folge der Annahme, daß der Bremsprozeß in sehr vielen Stößen mit pro Stoß kleinem Energieverlust verläuft, und ist charakteristisch für die Näherung der Age-Theorie. In Wirklichkeit wird zu einem t stets ein ganzes Lethargiespektrum gehören, jedoch ist diese Verteilung um so schmaler, je schwerer das Streumedium ist.

Nunmehr wird auch die Bezeichnung Fermi-*Alter* für τ verständlicher, da τ eine eindeutige, monoton anwachsende Funktion von t ist; eine einfache Umformung von Gl. (6.2.20) liefert

$$\tau = \int_0^t D\, v\, dt' = \int_0^t D'\, dt'. \tag{6.2.36}$$

Für die Bremszeit t_s zur Abbremsung von der Energie E_0 auf die Energie E entnehmen wir der Gl. (6.2.35)

$$t_s = \int_0^u \frac{du'}{\xi \Sigma_s \cdot v} = \frac{1}{\xi \sqrt{2m}} \int_E^{E_0} \frac{dE'}{\Sigma_s \cdot E'^{\frac{3}{2}}}. \tag{6.2.37}$$

Tabelle 6.2.1

Moderator	$\frac{1}{\Sigma_s}$ (cm)	t_s (sec)
H_2O	0,69	$0{,}6 \cdot 10^{-5}$
D_2O	2,9	$3{,}6 \cdot 10^{-5}$
Graphit	2,66	$1{,}5 \cdot 10^{-4}$
Beryllium . . .	1,39	$6{,}0 \cdot 10^{-5}$

Tabelle 6.2.1 gibt Bremszeiten für einige Moderatoren für Abbremsung von 1 MeV auf thermische Energie, 1/40 eV. Diese nach Gl. (6.2.37) berechneten Werte sind unkorrekt, da die Verlangsamung des Bremsprozesses durch die chemische Bindung und durch die thermische Bewegung des Streumediums nicht berücksichtigt wird.

Wir kehren nun noch einmal zu der allgemeinen zeit- und ortsabhängigen Gl. (6.2.33) zurück.

Setzen wir

$$q'(z,\tau,t) = \delta\left(t - \int_0^u \frac{du'}{\xi \Sigma_s v}\right) q''(z,\tau),$$

so folgt für q'':

$$\frac{\partial q''}{\partial \tau} = \frac{\partial^2 q''}{\partial z^2} + S(z)\,\delta(\tau).$$

Ebenso wie oben die Absorption während des Bremsprozesses durch eine Resonanzentkommwahrscheinlichkeit $p(u)$ beschrieben werden konnte, so können wir die Zeitabhängigkeit der Bremsdichte mittels eines Faktors $\delta\left(t - \int_0^u \frac{du'}{\xi \Sigma_s v}\right)$ abseparieren. Die allgemeine zeitabhängige Age-Gleichung mit Absorption wird daher gelöst durch

$$q(z,\tau,t) = p(u)\cdot\delta\left(t - \int_0^u \frac{du'}{\xi \Sigma_s v}\right)\cdot q(z,\tau),$$

wo $q(z,\tau)$ eine Lösung der zeitunabhängigen, absorptionsfreien Age-Gleichung (6.2.21) ist.

6.2.5. Andere Herleitung der Age-Gleichung

Es sei hier noch eine einfache Herleitung der Age-Gleichung aus der zeitabhängigen Diffusionsgleichung angegeben, die von den bisherigen Betrachtungen unabhängig ist:

In einem Streumedium, das nur schwere Kerne enthält ($A \gg 1$), erfolgt die Abbremsung eines Neutrons in sehr vielen Stößen mit pro Stoß kleinem Energieverlust. Man kann daher in guter Näherung die Energie E aller Neutronen, die zur Zeit $t=0$ mit der Energie E_0 im Streumedium entstanden sind, durch *eine kontinuierliche* Funktion $E(t)$ darstellen. $E(t)$ bzw. $u(t)$ folgen aus einer einfachen Überlegung: Ein Neutron der Geschwindigkeit v macht $v\cdot\Sigma_s$ Stöße pro sec. Die mittlere Lethargiezunahme bei einem Stoß ist ξ, also gilt

$$\frac{du}{dt} = \xi\Sigma_s\cdot v; \quad t = \int_0^u \frac{du'}{\xi\Sigma_s v} \tag{6.2.38}$$

In einem Streumedium mit stationären Quellen $S(\vec{r})\,\delta(E-E_0)$ kann demnach die Bremsdichte $q(\vec{r},u)$ als diejenige Anzahl von Neutronen aufgefaßt werden, die am Ort $\vec{r}$ pro sec und cm^3 das Alter t erreichen, wobei t und u durch Gl. (6.2.38) zusammenhängen. Diese Anzahl ist nun aber gleich der Neutronendichte $n(r,t)$ am Ort r zur Zeit t, wenn zur Zeit $t=0$ $S(\vec{r})$ Neutronen mit der Energie E_0 im Streumedium *stoßartig* entstanden sind. Für $n(r,t)$ gilt die zeitabhängige Diffusionsgleichung:

$$\frac{\partial n(\vec{r},t)}{\partial t} = Dv\,\Delta n(\vec{r},t) + S(\vec{r})\cdot\delta(t) \tag{6.2.39}$$

setzen wir $n(\vec{r},t) = q(\vec{r},u)$ und drücken t nach Gl. (6.2.38) durch u aus, so folgt

$$\frac{\partial q}{\partial u} = \frac{1}{3\xi\Sigma_s^2(1-2/3A)}\,\Delta q + S(\vec{r})\cdot\delta(u). \tag{6.2.40}$$

Dies geht mit $\tau = \int\limits_0^u \frac{du'}{3\xi \Sigma_s^2 (1 - 2/3A)}$ über in die Age-Gleichung:

$$\frac{\partial q}{\partial \tau} = \Delta q + S(\vec{r}) \cdot \delta(\tau). \tag{6.2.41}$$

6.3. Lösungen der Age-Gleichung in einfachen Fällen

Wir suchen nun Lösungen der Age-Gleichung (6.2.21) für einige Quellanordnungen in unbegrenzten und begrenzten Streumedien. Als Randbedingung fordern wir $q(\vec{r}, \tau) = 0$ an der extrapolierten Randfläche. Streng genommen müßte berücksichtigt werden, daß die Extrapolationslänge von der Energie abhängt; dieser Effekt wird jedoch durchweg vernachlässigt.

6.3.1. Flächenquelle im unendlich ausgedehnten Streumedium

Die Flächenquelle befindet sich parallel zur $x-y$-Ebene bei $z = 0$. Dann gilt:

$$\frac{\partial q}{\partial \tau} = \frac{\partial^2 q}{\partial z^2} + Q\,\delta(z)\,\delta(\tau). \tag{6.3.1}$$

Randbedingung: $q = 0$ für $z = \pm \infty$.

Wir behandeln diese Gleichung nach der Methode der *Fourier-Transformation*.

Die Fourier-Transformierte (bezüglich z) von $q(z, \tau)$ sei definiert durch

$$f(\omega, \tau) = \int\limits_{-\infty}^{+\infty} q(z'\,\tau)\, e^{-i\omega z'}\, dz'. \tag{6.3.2}$$

Für die Rücktransformation gilt dann

$$q(z, \tau) = \frac{1}{2\pi} \int\limits_{-\infty}^{+\infty} f(\omega, \tau)\, e^{i\omega z} d\omega. \tag{6.3.3}$$

Es gilt

$$\left.\begin{aligned} \int\limits_{-\infty}^{+\infty} \frac{\partial q}{\partial z} e^{-i\omega z'}\, dz' &= q \cdot e^{-i\omega z'}\Big|_{-\infty}^{+\infty} + i\omega \int\limits_{-\infty}^{+\infty} q \cdot e^{-i\omega z'}\, dz' \\ &= i\omega f, \end{aligned}\right\} \tag{6.3.4}$$

da q voraussetzungsgemäß für $z = \pm \infty$ verschwindet. Ebenso gilt

$$\int\limits_{-\infty}^{+\infty} \frac{\partial^2 q}{\partial z^2} e^{-i\omega z'}\, dz' = -\omega^2 f. \tag{6.3.5}$$

Wir multiplizieren Gl. (6.3.1) mit $e^{-i\omega z}$ und integrieren über z von $-\infty$ bis $+\infty$, es ergibt sich

$$\frac{\partial f(\omega, \tau)}{\partial \tau} + \omega^2 f = Q \cdot \delta(\tau), \tag{6.3.6}$$

$$\left.\begin{aligned} f(\omega, \tau) &= Q \cdot e^{-\omega^2 \tau} \qquad \tau > 0 \\ f &= 0 \qquad \tau = 0. \end{aligned}\right\} \tag{6.3.7}$$

Damit folgt

$$q(z, \tau) = \frac{Q}{2\pi} \int_{-\infty}^{+\infty} e^{-(\omega^2 \tau - i\omega z)}\, d\omega. \tag{6.3.8}$$

Dieses Integral lösen wir, indem wir im Exponenten eine quadratische Ergänzung suchen:

$$q(z, \tau) = \frac{Q}{2\pi} e^{-\frac{z^2}{4\tau}} \int_{-\infty}^{+\infty} e^{-\left(\omega\sqrt{\tau} - \frac{iz}{2\sqrt{\tau}}\right)^2} d\omega. \tag{6.3.9}$$

Wir setzen weiterhin $\omega\sqrt{\tau} - \frac{iz}{2\sqrt{\tau}} = x,\ d\omega = \frac{dx}{\sqrt{\tau}}$,

$$q(z, \tau) = \frac{Q}{2\pi\sqrt{\tau}} e^{-\frac{z^2}{4\tau}} \int_{-\infty}^{+\infty} e^{-x^2} dx,$$

$$\boxed{q(z, \tau) = \frac{Q}{\sqrt{4\pi\tau}} e^{-\frac{z^2}{4\tau}}}. \tag{6.3.10}$$

Aus der Wärmeleitungstheorie ist diese Beziehung als „Lösung eines Wärmepols" bekannt.

6.3.2. Punktquelle im unendlich ausgedehnten Streumedium

$$\left.\begin{aligned} &\frac{\partial q}{\partial \tau} = \frac{\partial^2 q}{\partial x^2} + \frac{\partial^2 q}{\partial y^2} + \frac{\partial^2 q}{\partial y^2} + Q\,\delta(\tau)\,\delta(x)\,\delta(y)\,\delta(z) \\ &q = 0 \quad \text{für} \quad \left.\begin{matrix} x \\ y \\ z \end{matrix}\right\} = \pm\infty. \end{aligned}\right\} \tag{6.3.11}$$

Fourier-Transformation:

$$\left.\begin{aligned} f(\vec{\omega}, \tau) &= \iiint_{-\infty}^{+\infty} q(\vec{r}, \tau)\, e^{-i(\vec{\omega}\vec{r})}\, dx\, dy\, dz \\ q(\vec{r}, \tau) &= \left(\frac{1}{2\pi}\right)^3 \iiint f(\vec{\omega}, \tau)\, e^{i(\vec{\omega}\vec{r})}\, d\omega_1\, d\omega_2\, d\omega_3. \end{aligned}\right\} \tag{6.3.12}$$

Analog zu (6.3.5) gilt

$$\iiint_{-\infty}^{+\infty} \Delta q \cdot e^{-i(\vec{\omega}\vec{r})} = -\vec{\omega}^2 \cdot f(\vec{\omega}, \tau),$$

also lautet die Fourier-transformierte Gl. (6.3.11)

$$\frac{\partial f}{\partial \tau} + \vec{\omega}^2 f = Q \cdot \delta(\tau) \to f = Q \cdot e^{-\vec{\omega}^2 \cdot \tau},$$

$$q(\vec{r}, \tau) = \frac{Q}{(2\pi)^3} \iiint e^{-\vec{\omega}^2 \tau + i(\vec{\omega}\vec{r})}\, d\omega_1\, d\omega_2\, d\omega_3$$

$$= \frac{Q}{(2\pi)^3} \int_{-\infty}^{+\infty} e^{-(\omega_1^2 \tau - i\omega_1 x)}\, d\omega_1 \int_{-\infty}^{+\infty} \ldots,$$

$$\boxed{q(r,\tau) = \frac{Q}{(4\pi\tau)^{\frac{3}{2}}}\, e^{-\frac{r^2}{4\tau}}}. \tag{6.3.13}$$

Wir bilden die Größe $\overline{r_E^2}$, d.i. das schon in Abschnitt 6.1 behandelte Bremsabstandsquadrat:

$$\left.\begin{aligned} \overline{r_E^2} = \overline{r^2}(\tau) &= \frac{\int\limits_0^\infty 4\pi r^2\, dr \cdot r^2 q(r,\tau)}{\int\limits_0^\infty 4\pi r^2\, dr\, q(r,\tau)} \\ &= \frac{\int\limits_0^\infty r^4 e^{-\frac{r^2}{4\tau}}\, dr}{\int\limits_0^\infty r^2 e^{-\frac{r^2}{4\tau}}\, dr} = 6\tau. \end{aligned}\right\} \tag{6.3.14}$$

6.3.3. Flächenquelle in einer Platte

Die Platte sei in x- und y-Richtung unendlich ausgedehnt und erstreckt sich von $z = +d$ bis $z = -d$; die Flächenquelle falle mit der Ebene $z = 0$ zusammen.

$$\left.\begin{aligned} \frac{\partial q}{\partial \tau} &= \frac{\partial^2 q}{\partial z^2} + Q\,\delta(z)\,\delta(\tau) \\ q &= 0 \quad \text{für } z = \pm d. \end{aligned}\right\} \tag{6.3.15}$$

Wir setzen q als Fourier-Reihe an:

$$\left.\begin{aligned} q(z,\tau) &= \sum_{l=0}^{\infty} A_l(\tau) \cos\left(\frac{2l+1}{2}\frac{\pi z}{d}\right) \\ A_l(\tau) &= \frac{1}{d}\int\limits_{-d}^{+d} q(z,\tau) \cos\left(\frac{2l+1}{2}\frac{\pi z}{d}\right) dz. \end{aligned}\right\} \tag{6.3.16}$$

Es gilt wiederum

$$\frac{1}{d}\int\limits_{-d}^{+d} \frac{\partial^2 q(z,\tau)}{\partial z^2} \cos\left(\frac{2l+1}{2}\frac{\pi z}{d}\right) dz = -\left(\frac{2l+1}{2}\frac{\pi}{d}\right)^2 \cdot A_l(\tau).$$

Damit folgt aus Gl. (6.3.15) durch Multiplizieren mit $\cos\left(\frac{2l+1}{2}\frac{\pi z}{d}\right)$ und Integration über das Grundintervall

$$\frac{dA_l}{d\tau} + \left(\frac{2l+1}{2}\cdot\frac{\pi}{d}\right)^2 A_l = \frac{Q}{d}\cdot\delta(\tau), \tag{6.3.17}$$

$$A_l = \frac{Q}{d}\, e^{-\left(\frac{2l+1}{2}\frac{\pi}{d}\right)^2\cdot\tau},$$

$$q(z,\tau) = \frac{Q}{d}\sum_{l=1}^{\infty} e^{-\left(\frac{2l+1}{2}\frac{\pi}{d}\right)^2\cdot\tau} \cos\left(\frac{2l+1}{2}\frac{\pi z}{d}\right). \tag{6.3.18}$$

Diese Reihe konvergiert um so schneller, je kleiner d^2 gegen τ ist.

6.3.4. Punktquelle im Mittelpunkt einer Kugel

Der Kugelradius sei R. Dann ist $q(R)=0$ und:

$$\left.\begin{aligned}\frac{\partial q}{\partial\tau} &= \frac{\partial^2 q}{\partial r^2}+\frac{2}{r}\frac{\partial q}{\partial r}+\frac{Q}{4\pi r^2}\delta(r)\,\delta(\tau)\\ \text{oder}\qquad \frac{\partial(rq)}{\partial\tau} &= \frac{\partial^2}{\partial r^2}(rq)+\frac{Q}{4\pi r}\delta(r)\,\delta(\tau).\end{aligned}\right\}\qquad(6.3.19)$$

rq wird als Fourier-Reihe angesetzt:

$$rq=\sum_l A_l\sin\left(\frac{l\pi r}{R}\right);\qquad A_l=\frac{2}{R}\int_0^R (rq)\sin\left(\frac{l\pi r}{R}\right)dr.\qquad(6.3.20)$$

Fourier-Transformation der Gl. (6.3.19) ergibt:

$$\left.\begin{aligned}\frac{\partial A_l}{\partial\tau}+\left(\frac{l\pi}{R}\right)^2 A_l &= \frac{Q\cdot l}{2R^2}\delta(\tau)\\ A_l &= \frac{Q\cdot l}{2R^2}e^{-\left(\frac{l\pi}{R}\right)^2\cdot\tau}.\end{aligned}\right\}\qquad(6.3.21)$$

Damit

$$\boxed{q=\frac{Q}{2R^2 r}\sum_{l=1}^{\infty} l\cdot\sin\frac{l\pi r}{R}\,e^{-\left(\frac{l\pi}{R}\right)^2\cdot\tau}}\,.\qquad(6.3.22)$$

6.3.5. Punktquelle im unendlich langen Pile

Der Pile habe die Kantenlängen a, b; das Koordinatensystem liege parallel zu den Kanten wie in Abb. 4.6.1. Die Quelle befinde sich bei x', y', z'.

$$\frac{\partial q}{\partial\tau}=\Delta q+Q\,\delta(\tau)\,\delta(x')\,\delta(y')\,\delta(z').\qquad(6.3.23)$$

Wir setzen q als *Fourier-Reihe* an:

$$\left.\begin{aligned}q &= \sum_{l,m=0}^{\infty} A_{lm}(z,\tau)\sin\frac{l\pi x}{a}\sin\frac{m\pi y}{b}\\ A_{lm} &= \frac{4}{ab}\int_0^a\int_0^b dx\,dy\,q(xyz,\tau)\sin\frac{l\pi x}{a}\sin\frac{m\pi y}{b}.\end{aligned}\right\}\qquad(6.3.24)$$

Fourier-Transformation der Gl. (6.3.23) liefert:

$$\frac{\partial A_{lm}}{\partial\tau}+\pi^2\left(\frac{l^2}{a^2}+\frac{m^2}{b^2}\right)A_{lm}=\frac{\partial^2 A_{lm}}{\partial z^2}+\frac{4}{ab}Q\,\delta(z')\,\delta(\tau)\sin\frac{l\pi x'}{a}\sin\frac{m\pi y'}{b}.\qquad(6.3.25)$$

Wir setzen

$$A_{lm}=A'_{lm}\cdot e^{-\pi^2\left(\frac{l^2}{a^2}+\frac{m^2}{b^2}\right)\cdot\tau},$$

dann gilt

$$\frac{\partial A'_{lm}}{\partial\tau}=\frac{\partial^2 A'_{lm}}{\partial z^2}+\frac{4}{a\cdot b}Q\cdot\delta(z')\,\delta(\tau)\sin\frac{l\pi x'}{a}\sin\frac{m\pi y'}{b},$$

$$A'_{lm}=\frac{4Q}{ab}\cdot\frac{e^{-\frac{(z-z')^2}{4\tau}}}{\sqrt{4\pi\tau}}\sin\frac{l\pi x'}{a}\sin\frac{m\pi y'}{b}.$$

Also

$$q = \frac{4Q}{ab} \frac{e^{-\frac{(z-z')^2}{4\tau}}}{\sqrt{4\pi\tau}} \sum_{l=0}^{\infty} \sin\frac{l\pi x'}{a} \sin\frac{m\pi y'}{b} e^{-\pi^2\left(\frac{l^2}{a^2}+\frac{m^2}{b^2}\right)\cdot\tau} \sin\frac{l\pi x}{a} \sin\frac{m\pi y}{b}. \quad (6.3.26)$$

Wiederum erkennt man, daß mit zunehmendem τ der Beitrag der Oberwellen abklingt, und daß für kleine Lineardimensionen, $\frac{1}{a^2}+\frac{1}{b^2} \ll \tau$, die Reihe schnell konvergiert.

6.3.6. Punktquelle im endlichen Pile

Der Pile habe die Kantenlängen a, b, c, die parallel zur x-, y- und z-Achse liegen.

$$\frac{\partial q}{\partial \tau} = \Delta q + Q\,\delta(\tau)\,\delta(x')\,\delta(y')\,\delta(z').$$

Wir setzen die Lösung als Fourier-Reihe an:

$$q = \sum_{lmn} A_{lmn} \sin\frac{l\pi x}{a} \sin\frac{m\pi y}{b} \sin\frac{n\pi z}{c}.$$

Dies führt, wie die zu den bisherigen Rechnungen analog ausgeführte Ableitung zeigt, auf

$$\left.\begin{aligned} q = \frac{8Q}{abc} \sum_{lmn} \sin\frac{l\pi x'}{a} \sin\frac{m\pi y'}{b} \sin\frac{n\pi z'}{c} \times \\ \times e^{-\pi^2\left(\frac{l^2}{a^2}+\frac{m^2}{b^2}+\frac{n^2}{c^2}\right)\cdot\tau} \sin\frac{l\pi x}{a} \sin\frac{m\pi y}{b} \sin\frac{n\pi z}{c}. \end{aligned}\right\} \quad (6.3.27)$$

6.4. Die Verteilung der thermischen Neutronen in einem Streumedium bei vorgegebenen schnellen Quellen

Wir benutzen nunmehr die im Vorangegangenen besprochene Age-Theorie und die im 4. Abschnitt entwickelte elementare Diffusionstheorie, um die Verteilung der *thermischen* Neutronen in Streumedien, in denen sich Quellen schneller Neutronen befinden, zu berechnen. Dabei verfahren wir in der folgenden Art und Weise:

Zunächst wird mit Hilfe der Age-Gleichung aus den vorgegebenen Quellen die Bremsdichte q bei der thermischen Energie ($E = 0{,}025$ eV) berechnet. Die Bremsdichte bei thermischer Energie ist die Quelldichte der thermischen Neutronen, aus der mit Hilfe der elementaren Diffusionstheorie der Neutronenfluß $\Phi_{th}(\vec{r})$ ausgerechnet werden kann. Wir werden uns im allgemeinen der Methode der Diffusionskerne bedienen (vgl. hierzu den Abschnitt 4.5).

Die Festlegung der Grenzenergie von 0,025 eV ist einigermaßen willkürlich; dies kommt daher, daß der Übergang vom Bremsprozeß in den thermischen Diffusionsprozeß nicht, wie hier angenommen wird, diskontinuierlich vor sich geht. Wir kommen auf diesen Punkt später zurück, bemerken aber einstweilen, daß der Fehler, der durch diese Festlegung auftritt, im allgemeinen zu vernachlässigen ist.

Bei dem im folgenden zu behandelnden Problem wird die Absorption während des Bremsprozesses stets vernachlässigt; diese kann durch Einführung der Resonanzentkommwahrscheinlichkeit berücksichtigt werden.

6.4.1. Unendlich ausgedehntes Medium mit homogen verteilten Quellen

In diesem trivialen Fall beträgt die Bremsdichte $q = Q$ und der thermische Fluß $\Phi_{th} = \frac{q}{\Sigma_a}$ oder mit $\Phi_{ep} = \frac{q}{\xi \Sigma_s}$

$$\frac{\Phi_{th}}{\Phi_{ep}} = \frac{\xi \Sigma_s}{\Sigma_a}. \tag{6.4.1}$$

Bei vorgegebenem epithermischen Fluß ist also der thermische Fluß um so höher, je größer das Bremsverhältnis (Abschnitt 5.2) des Moderators ist! Diese Beziehung ist für viele Überlegungen außerordentlich nützlich.

6.4.2. Punktquelle im unendlich ausgedehnten Medium

Für die Bremsdichte gilt nach (6.3.13) im Abstand r von der Quelle

$$q(r, \tau) = \frac{Q}{(4\pi\tau)^{\frac{3}{2}}} e^{-\frac{r^2}{4\tau}}.$$

Die Zahl der Neutronen, die pro sec in einer Kugelschale vom Radius r' und der Dicke dr' thermisch werden, ist

$$\frac{Q}{(4\pi\tau_{th})^{\frac{3}{2}}} e^{-\frac{r'^2}{4\tau_{th}}} 4\pi r'^2 dr'.$$

Mit dem „Kugelschalenkern“ G_{ks} aus Tabelle 4.5.1 findet man für den thermischen Fluß

$$\left.\begin{aligned} \Phi_{th}(r) &= \frac{Q}{(4\pi\tau_{th})^{\frac{3}{2}}} \cdot \frac{4\pi L}{8\pi D \cdot r} \int_0^\infty dr'\, r'\, e^{-\frac{r'^2}{4\tau_{th}}} \left\{ e^{-\frac{|r-r'|}{L}} - e^{-\frac{|r+r'|}{L}} \right\} \\ &= \frac{Q}{(4\pi\tau_{th})^{\frac{3}{2}}} \frac{L}{2Dr} \left\{ e^{-\frac{r}{L}} \int_0^r r'\, e^{-\frac{r'^2}{4\tau_{th}}} \left[e^{\frac{r'}{L}} - e^{-\frac{r'}{L}} \right] dr' + \right. \\ &\quad \left. + \int_r^\infty r'\, e^{-\frac{r'^2}{4\tau_{th}}} e^{-\frac{r'}{L}} \left[e^{\frac{r}{L}} - e^{-\frac{r}{L}} \right] dr' \right\}. \end{aligned}\right\} \tag{6.4.2}$$

Die Integration liefert[1]

$$\boxed{\Phi_{th}(r) = \frac{Q \cdot e^{\frac{\tau}{L^2}}}{8\pi D \cdot r} \left\{ e^{-\frac{r}{L}} \left[1 + \operatorname{erf}\left(\frac{r}{2\sqrt{\tau}} - \frac{\sqrt{\tau}}{L} \right) \right] - e^{\frac{r}{L}} \left[1 - \operatorname{erf}\left(\frac{r}{2\sqrt{\tau}} + \frac{\sqrt{\tau}}{L} \right) \right] \right\}}. \tag{6.4.3}$$

Dabei ist $\operatorname{erf}(x) = \frac{2}{\sqrt{\pi}} \int_0^x e^{-t^2} dt$ das Fehlerintegral[2].

---

[1] Von nun an lassen wir bei τ den Index *th* weg und verstehen unter τ das Fermi-Alter für Abbremsung zur thermischen Energie.

[2] Vgl. z. B. JAHNKE-EMDE, Tafeln höherer Funktionen.

In der Abb. 6.4.1 vergleichen wir diese Lösung für $\frac{\sqrt{\tau}}{L} = 1$ mit der Lösung

$$\Phi(r) = \frac{Q}{4\pi D} \frac{e^{-\frac{r}{L}}}{r}$$

für eine rein thermische Quelle. Wie man sieht, wird infolge des Bremsprozesses die Dichte „nach außen“ getragen.

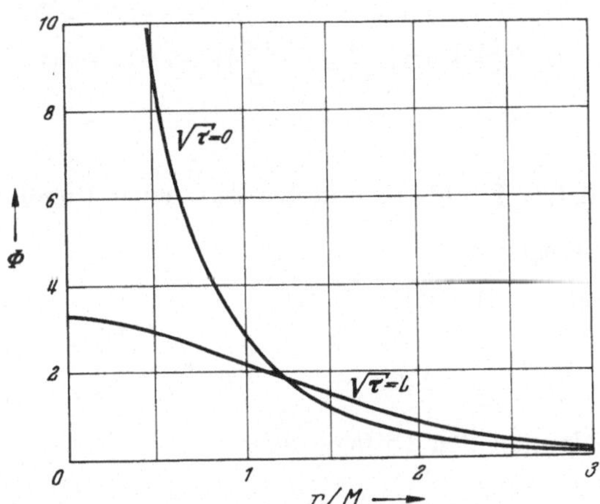

Abb. 6.4.1. Thermischer Neutronenfluß in der Umgebung einer Punktquelle schneller Neutronen im unbegrenzten Streumedium

Wir bilden das mittlere Quadrat des Abstandes, den ein thermisches Neutron von der Quelle aus erreicht.

$$\overline{r^2} = \frac{\int\limits_0^\infty r^2 \Phi_{th}(r)\, 4\pi r^2\, dr}{\int\limits_0^\infty \Phi_{th}(r)\, 4\pi r^2\, dr} = 6\{L^2 + \tau\} = 6M^2. \qquad (6.4.4)$$

Die Größe M nennt man „Wanderlänge“ („Migration Length“). In Abb. 6.4.1 ist M als Längeneinheit gewählt; man erkennt, daß diese Größe für den Abfall der Neutronenintensität charakteristisch ist.

In sehr großem Abstand von der Quelle, $r \gg \frac{2\tau}{L}$, folgt aus Gl. (6.4.3)

$$\Phi_{th}(r) = \frac{Q e^{\frac{\tau}{L^2}}}{4\pi D} \frac{e^{-\frac{r}{L}}}{r} - \frac{Q \cdot \sqrt{\tau/\pi}}{4\pi D \cdot r^2} e^{-\frac{r^2}{4\tau}}, \qquad (6.4.5)$$

da für $x \gg 1$

$$\mathrm{erf}(x) = 1 - \frac{e^{-x^2}}{x\sqrt{\pi}}$$

gilt.

6.4.3. Flächenquelle im unendlich ausgedehnten Medium

Bremsdichte für eine Flächenquelle bei $z' = 0$:

$$q(z', \tau) = \frac{Q}{(4\pi\tau)^{\frac{1}{2}}} e^{-\frac{z'^2}{4\tau}},$$

Diffusionskern

$$G_{Fl} = \frac{L \cdot e^{-\frac{|z-z'|}{L}}}{2D}.$$

Also:

$$\Phi_{th}(z) = \frac{Q \cdot L}{2D \cdot (4\pi\tau)^{\frac{1}{2}}} \int_{-\infty}^{+\infty} e^{-\left(\frac{z^2}{4\tau} + \frac{|z-z'|}{L}\right)} dz', \tag{6.4.6}$$

$$\boxed{\Phi_{th}(z) = \frac{Q L \cdot e^{\frac{\tau}{L^2}}}{4D} \left\{ e^{-\frac{z}{L}} \left(1 + \operatorname{erf}\left(\frac{z}{2\sqrt{\tau}} - \frac{\sqrt{\tau}}{L}\right)\right) + e^{\frac{z}{L}} \left(1 - \operatorname{erf}\left(\frac{z}{2\sqrt{\tau}} + \frac{\sqrt{\tau}}{L}\right)\right)\right\}}. \tag{6.4.7}$$

6.4.4. Punktquelle in der Mitte einer Kugel

Der Radius der Kugel sei R.

Bremsdichte [vgl. Gl. (6.3.22)]

$$q(r', \tau) = \frac{Q}{2R^2 r'} \sum_{l=1}^{\infty} l \sin \frac{l\pi r'}{R} e^{-\left(\frac{l\pi}{R}\right)^2 \tau},$$

Aus Gl. (4.4.4) erhält man den Diffusionskern

$$G = \frac{L}{4\pi D r'} \frac{\mathfrak{Sin} \frac{R-r'}{L}}{\mathfrak{Sin} \frac{R}{L}} \frac{\mathfrak{Sin} \frac{r}{L}}{r} \qquad r < r'$$

$$G = \frac{L}{4\pi D r} \frac{\mathfrak{Sin} \frac{r'}{L}}{\mathfrak{Sin} \frac{R}{L}} \frac{\mathfrak{Sin}\left(\frac{R-r}{L}\right)}{r} \qquad r > r'.$$

$$\left.\begin{aligned} \Phi_{th} = \frac{Q \cdot L}{2 D r^2 R^2 \mathfrak{Sin} \frac{R}{L}} \Bigg\{ & \mathfrak{Sin} \frac{R-r}{L} \cdot \int_0^r r'^2 \sum_{l=1}^{\infty} l \cdot \sin\left(\frac{l\pi r'}{R}\right) e^{-\left(\frac{l\pi}{R}\right)^2 \tau} \frac{\mathfrak{Sin} \frac{r'}{L}}{r'} dr' + \\ & + \mathfrak{Sin} \frac{r}{L} \cdot \int_r^R r'^2 \sum_{l=1}^{\infty} l \sin\left(\frac{l\pi r'}{R}\right) e^{-\left(\frac{l\pi}{R}\right)^2 \tau} \frac{\mathfrak{Sin} \frac{R-r'}{L}}{r'} dr' \Bigg\} \end{aligned}\right\} \tag{6.4.8}$$

$$\boxed{\Phi_{th} = \frac{Q}{2Dr} \sum_{l=1}^{\infty} \frac{2 \cdot l}{R^2 + l^2 \pi^2 L^2} e^{-\frac{l^2 \pi^2}{R^2} \tau} \cdot \sin \frac{l\pi r}{R}}. \tag{6.4.9}$$

6.4.5. Punktquelle im unendlich langen Pile

Der Pile habe die Kantenlängen a und b; die Kanten seien parallel zur x- und y-Richtung. Die Quelle befinde sich bei x_0, y_0; $z_0 = 0$.

Bremsdichte:

$$q(x'y'z', \tau) = \frac{4Q}{ab} \frac{e^{-\frac{z'^2}{4\tau}}}{\sqrt{4\pi\tau}} \sum_{l=1}^{\infty} \sin \frac{l\pi x_0}{a} \sin \frac{m\pi y_0}{b} e^{-\pi^2 \left(\frac{l^2}{a^2} + \frac{m^2}{b^2}\right) \tau} \sin \frac{l\pi x'}{a} \sin \frac{m\pi y'}{b},$$

Diffusionskern vgl. Gl. (4.6.5)

$$G = \frac{2}{D\cdot a\cdot b}\sum_{l,m=1}^{\infty} L_{lm}\sin\frac{l\pi x'}{a}\sin\frac{m\pi y'}{b}\, e^{-\frac{|z-z'|}{L_{lm}}}\sin\frac{l\pi x}{a}\sin\frac{m\pi y}{b}\,.$$

Die Integration führt auf

$$\boxed{\begin{aligned} \Phi_{th} &= \frac{Q\cdot e^{-\frac{\tau}{L^2}}}{ab\cdot D}\sum_{l,m=1}^{\infty}\Phi_{lm}\sin\frac{l\pi x}{a}\sin\frac{m\pi y}{b} \\ \Phi_{lm} &= \sin\frac{l\pi x_0}{a}\sin\frac{m\pi y_0}{b}\cdot e^{-\pi^2\left(\frac{l^2}{a^2}+\frac{m^2}{b^2}\right)\tau}\times \\ &\times L_{lm}\left\{e^{-\frac{z}{L_{lm}}}\left(1+\operatorname{erf}\left(\frac{z}{2\sqrt{\tau}}-\frac{\sqrt{\tau}}{L}\right)\right)+e^{\frac{z}{L_{lm}}}\left(1-\operatorname{erf}\left(\frac{z}{2\sqrt{\tau}}+\frac{\sqrt{\tau}}{L}\right)\right)\right\}\end{aligned}}\,. \qquad (6.4.10)$$

6.5. Die Gruppendiffusionsmethode

Die wesentliche Voraussetzung der bis jetzt diskutierten Age-Theorie war die Annahme, daß der Abbremsprozeß als kontinuierlich angesehen werden kann. Sie ist in leichtem und schwerem Wasser nicht erfüllt, infolgedessen stellt die Age-Theorie dort nur eine schlechte Näherung dar.

Die sog. Gruppendiffusionsmethode oder Multigruppentheorie ist von dieser speziellen Annahme frei und kann daher auch in leichtem und schwerem Wasser angewendet werden. Darüber hinaus ermöglicht sie eine Behandlung des Abbremsvorganges in heterogenen Strukturen, was nach der Age-Theorie nur in einigen sehr speziellen Fällen möglich ist.

Wir werden diese Methode, die vor allem für die Berechnung wassermoderierter Reaktoren von Bedeutung ist, hier nur in ihren Grundzügen kurz besprechen. Sie besteht darin, den Fluß $\Phi(\vec{r}, E)$ in eine Reihe von Gruppen $\Phi_\nu(\vec{r})$ aufzuteilen:

$$\Phi_\nu(\vec{r}) = \int_{E_{\nu+1}}^{E_\nu} \Phi(\vec{r}, E)\, dE\,.$$

Die räumliche Verteilung des Flusses $\Phi_\nu(\vec{r})$ wird nach der elementaren Diffusionstheorie berechnet.

6.5.1. Die Gruppendiffusionsgleichungen

Ausgangspunkt der Multigruppenmethode ist die energieabhängige Diffusionsgleichung. Diese entsteht, wenn man eine Neutronenbilanz unter Berücksichtigung der Diffusionseffekte aufstellt. Mit $\vec{j}(\vec{r}, u) = -D\operatorname{grad}\Phi(\vec{r}, u)$ lautet diese Bilanz

$$-D\Delta\Phi(\vec{r}, u) + \Sigma_a\Phi(\vec{r}, u) = -\frac{\partial q(\vec{r}, u)}{\partial u} + S(\vec{r}, u)\,. \qquad (6.5.1)$$

Man kann von Gl. (6.5.1) zur Age-Gleichung kommen, indem man $\Phi(\vec{r}, u) = \frac{q}{\xi\Sigma_s}$ (Fermi-Näherung) setzt. Wir wählen jedoch eine allgemeinere Behandlung, die nicht an die speziellen Voraussetzungen der Age-Theorie gebunden ist.

Durch Integration über u in den Grenzen $u_{\nu-1} \cdot u_\nu$ kann man diese energieabhängige Gleichung verwandeln in ein gekoppeltes System von Differentialgleichungen, in denen die Energie nicht mehr auftritt:

$$\left.\begin{aligned} -\int\limits_{u_{\nu-1}}^{u_\nu} D\,\Delta\Phi(\vec{r},u)\,du + \int\limits_{u_{\nu-1}}^{u_\nu} \Sigma_a\,\Phi(\vec{r},u)\,du & \\ = q(\vec{r},u_{\nu-1}) - q(\vec{r},u_\nu) + \int\limits_{u_{\nu-1}}^{u_\nu} S(\vec{r},u)\,du. & \end{aligned}\right\} \quad (6.5.2)$$

Mit den Abkürzungen

$$\Phi_\nu(\vec{r}) = \int\limits_{u_{\nu-1}}^{u_\nu} \Phi(\vec{r},u)\,du = \int\limits_{E_\nu}^{E_{\nu-1}} \Phi(\vec{r},E)\,dE$$

$$\Sigma_{a\nu} = \frac{\int\limits_{u_{\nu-1}}^{u_\nu} \Sigma_a\,\Phi(\vec{r},u)\,du}{\Phi_\nu(\vec{r})} = \frac{\int\limits_{E_\nu}^{E_{\nu-1}} \Sigma_a\,\Phi(\vec{r},E)\cdot dE}{\Phi_\nu(\vec{r})}$$

$$D_\nu = \frac{\int\limits_{u_{\nu-1}}^{u_\nu} D\,\Delta\Phi(\vec{r},u)\,du}{\Delta\,\Phi_\nu(\vec{r})} = \frac{\int\limits_{E_\nu}^{E_{\nu-1}} D\,\Delta\Phi(\vec{r},E)\,dE}{\Delta\,\Phi_\nu(\vec{r})}$$

$$S_\nu(\vec{r}) = \int\limits_{u_{\nu-1}}^{u_\nu} S(\vec{r},u)\,du \qquad q_\nu(\vec{r}) = q(\vec{r},u_\nu)$$

folgt

$$-D_\nu\,\Delta\Phi_\nu + \Sigma_{a\nu}\,\Phi_\nu = q_{\nu-1} - q_\nu + S_\nu. \quad (6.5.3)$$

Also (mit $u_0 = 0$)

$$\left.\begin{aligned} -D_1\,\Delta\Phi_1 + \Sigma_{a1}\,\Phi_1 &= -q_1 + S_1 \\ &\vdots \\ -D_n\,\Delta\Phi_n + \Sigma_{an}\,\Phi_n &= q_{n-1} - q_n + S_n. \end{aligned}\right\} \quad (6.5.4)$$

Man wählt die Gruppeneinteilung so, daß u_n der thermischen Energie entspricht; dann gilt für die thermischen Neutronen

$$-D_{th}\,\Delta\Phi_{th} + \Sigma_{a\,th}\,\Phi_{th} = q_n. \quad (6.5.5)$$

Zur weiteren Behandlung der Gln. (6.5.4) müssen wir den Zusammenhang zwischen den Bremsdichten q_ν und den Φ_ν kennen. Nach (5.4.2) hat dieser offenbar die allgemeine Form

$$q_\nu(\vec{r}) = \sum_{\mu=1}^{\nu} \Sigma_{\mu\nu}\,\Phi_\mu(\vec{r}) \quad (6.5.6)$$

mit

$$\left.\begin{aligned} \Sigma_{\mu\nu} &= \frac{1}{1-\alpha} \cdot \frac{\int\limits_{u_{\mu-1}}^{u_\mu} \Sigma_s\,\Phi(u)\,\{e^{-(u_\nu-u)} - \alpha\}\,du}{\Phi_\mu}, \\ \Sigma_{\mu\nu} &= 0 \quad \text{für} \quad u_\mu < u_\nu - \ln(1/\alpha). \end{aligned}\right\} \quad (6.5.7)$$

Zur Bremsdichte q_ν tragen also alle Gruppen im Bereich $u_\nu - \ln(1/\alpha)$ bei, da aus diesem Bereich ein Neutron bei einem Stoß bis nach u_ν gelangen kann.

Ein besonders wichtiger Spezialfall liegt vor, wenn die Breite der Gruppen größer oder zumindest nicht wesentlich kleiner als ein Stoßintervall ist. In diesem Fall ist

$$\left.\begin{aligned} \Sigma_{\mu\nu} &= 0 \quad \text{für} \quad \mu \neq \nu \\ q_\nu &= \Sigma_{\nu\nu} \cdot \Phi_\nu = \Sigma_{b\nu} \cdot \Phi_\nu . \end{aligned}\right\} \tag{6.5.8}$$

Dabei ist $\Sigma_{b\nu}$ der „Querschnitt für Abbremsung"; $\Phi_\nu \cdot \Sigma_{b\nu}$ gibt die Anzahl von Neutronen aus der Gruppe ν an, die pro cm^3 und sec in die Gruppe $\nu + 1$ übergehen. Wir wollen uns im folgenden an diese Näherung halten. Die Gruppengleichungen lauten dann:

$$\left.\begin{aligned} &-D_\nu \Delta\Phi_\nu + (\Sigma_{a\nu} + \Sigma_{b\nu})\,\Phi_\nu - \Sigma_{b\,\nu-1}\,\Phi_{\nu-1} + S_\nu \\ &\nu = 1 \ldots n \\ &-D_{th}\,\Delta\,\Phi_{th} + \Sigma_{a\,th}\,\Phi_{th} = \Sigma_{b\,n}\,\Phi_n . \end{aligned}\right\} \tag{6.5.9}$$

Dieses System ist bei gegebenen Randbedingungen zu betrachten. Als Randbedingung an der Oberfläche eines Streumediums gilt die Forderung, daß alle Φ_ν an der extrapolierten Oberfläche verschwinden müssen. Für die Rechnung ist es dabei bequem, eine mittlere, vom Gruppenindex unabhängige Extrapolationslänge anzunehmen. An der Grenzfläche zweier Streumedien muß für alle ν Φ_ν und D_ν grad Φ_ν stetig sein.

6.5.2. Die Gruppenkonstanten

Die in (6.5.9) auftretenden Diffusionsparameter sind Mittelwerte über das Spektrum innerhalb der Gruppe. Die Bestimmung dieser Mittelwerte ist das charakteristische Problem bei der Anwendung der Gruppendiffusionsmethode, da dieses Spektrum im allgemeinen unbekannt ist. Wir werden uns im folgenden darauf beschränken, Mittelwerte für ein $1/E$-Spektrum des Neutronenflusses anzugeben.

Die Diffusionskonstante lautet dann

$$D_\nu = \frac{\int\limits_{E_\nu}^{E_{\nu-1}} D_\nu(E)\,\frac{dE}{E}}{\int\limits_{E_\nu}^{E_{\nu-1}} \frac{dE}{E}} = \frac{\int\limits_{E_\nu}^{E_{\nu-1}} \frac{1}{3\Sigma_s\left(1-\frac{2}{3A}\right)}\,\frac{dE}{E}}{\ln\frac{E_{\nu-1}}{E_\nu}} . \tag{6.5.10}$$

Ferner ist

$$\Sigma_{a\nu} = \frac{\int\limits_{E_\nu}^{E_{\nu-1}} \Sigma_a(E)\,\frac{dE}{E}}{\ln\frac{E_{\nu-1}}{E_\nu}} \tag{6.5.11}$$

Gl. (6.5.11) wird uns später auf den wichtigen Begriff des Resonanzintegrals führen.

Zur Festlegung von $\Sigma_{b\nu}$ bedenken wir, daß die Anzahl der Stöße, die ein in den ν. Bereich eintretendes Neutron macht, ehe es zum $(\nu+1)$. Bereich gelangt, gleich $\frac{1}{\xi}\ln\frac{E_{\nu-1}}{E_\nu}$ ist; es folgt

$$\Sigma_{b\nu}=\frac{\Sigma_{s\nu}}{\frac{1}{\xi}\ln\frac{E_{\nu-1}}{E_\nu}} \quad \text{mit} \quad \Sigma_{s\nu}=\frac{\int\limits_{E_\nu}^{E_{\nu-1}}\Sigma_s\frac{dE}{E}}{\ln\frac{E_{\nu-1}}{E_\nu}}. \tag{6.5.12}$$

6.5.3. Lösung der Gruppendiffusionsgleichungen in einem unbegrenzten, nicht absorbierenden Medium

Wir nehmen eine Punktquelle $Q\cdot\delta(\vec{r}-\vec{r}_0)$ bei $\vec{r}_0$ an und vernachlässigen Absorption, $\Sigma_a=0$. Die Gruppengleichungen werden mit der *Methode der Diffusionskerne* gelöst: Nennen wir zur Abkürzung

$$\frac{\Sigma_{b\nu}}{D_\nu}=\frac{1}{L_\nu^2},$$

so folgt

$$\left.\begin{aligned}\Phi_1(\vec{r})&=Q\cdot\frac{e^{-\frac{|\vec{r}-\vec{r}_0|}{L_1}}}{4\pi D_1|\vec{r}-\vec{r}_0|}\\ \Phi_\nu(\vec{r})&=\int dV'\,\frac{e^{-\frac{|\vec{r}-\vec{r}'|}{L_\nu}}}{4\pi D_\nu|\vec{r}-\vec{r}'|}\,\Sigma_{b\nu-1}\Phi_{\nu-1}(\vec{r}').\end{aligned}\right\} \tag{6.5.13}$$

Mit

$$g_\nu(\vec{r}_\nu,\vec{r}_{\nu-1})=\frac{e^{-\frac{|\vec{r}_\nu-\vec{r}_{\nu-1}|}{L_\nu}}}{4\pi L_\nu^2|\vec{r}_\nu-\vec{r}_{\nu-1}|}$$

folgt

$$\left.\begin{aligned}\Sigma_{bn}\Phi_n=\int dV_{n-1}g_n(\vec{r}_n,\vec{r}_{n-1})\int dV_{n-2}g_{n-1}(\vec{r}_{n-1},\vec{r}_{n-2})\ldots\\ \ldots\int dV_1 g_2(\vec{r}_2,\vec{r}_1)\,g_1(\vec{r}_1,\vec{r}_0)\cdot Q\end{aligned}\right\} \tag{6.5.14}$$

oder

$$\Sigma_{bn}\Phi_n=G_n(\vec{r}_n,\vec{r}_0)\cdot Q. \tag{6.5.15}$$

Dabei entsteht der Kern $G_n(\vec{r}_n,\vec{r}_0)$ aus einer „Faltung" der Kerne g_ν:

$$G_n=\int dV_{n-1}\,g_n(\vec{r}_n,\vec{r}_{n-1})\int dV_{n-2}\ldots\int dV_1\,g_2(\vec{r}_2,\vec{r}_1)\,g_1(\vec{r}_1,\vec{r}_0). \tag{6.5.16}$$

Mit Hilfe des Faltungstheorems kann gezeigt werden, daß

$$G_n(\vec{r}_n,\vec{r}_0)=\sum_{i=1}^{n}\frac{(L_i^2)^{n-1}}{\prod\limits_{\mu\neq i}(L_i^2-L_\mu^2)}\,\frac{e^{-\frac{|\vec{r}_n-\vec{r}_0|}{L_i}}}{4\pi L_i^2|\vec{r}_n-\vec{r}_0|}. \tag{6.5.17}$$

Bei einer beliebigen vorgegebenen Quellverteilung ist dann:

$$\Sigma_{bn}\Phi_n=q(E_n)=\int G_n(\vec{r}_1\vec{r}_0)\cdot S(\vec{r}_0)\,dV_0. \tag{6.5.18}$$

Der mittlere Bremsabstand von einer Punktquelle ist nach (6.5.17)

$$\overline{r_n^2}=6\,[L_1^2+L_2^2+\cdots+L_n^2]. \tag{6.5.19}$$

Man erkennt an Hand der Gln. (6.5.10) und (6.5.12), daß der Ausdruck in der Klammer in das Fermi-Alter übergeht, wenn die Breite der Energiegruppen gegen Null strebt[1].

Die Gln. (6.5.17) und (6.5.19) liefern eine Möglichkeit zur experimentellen Bestimmung von Gruppenkonstanten: Dazu wird die Bremsdichte in der Umgebung einer Punktquelle in einem hinreichend großen Streumedium bestimmt. Die gemessene Verteilung wird mittels Gl. (6.5.19) durch eine Anzahl von Gruppen approximiert, wodurch die L_i festgelegt werden. Die Summe der so bestimmten L_i^2 muß gleich dem gemessenen $\frac{\overline{r^2}}{6}$ sein.

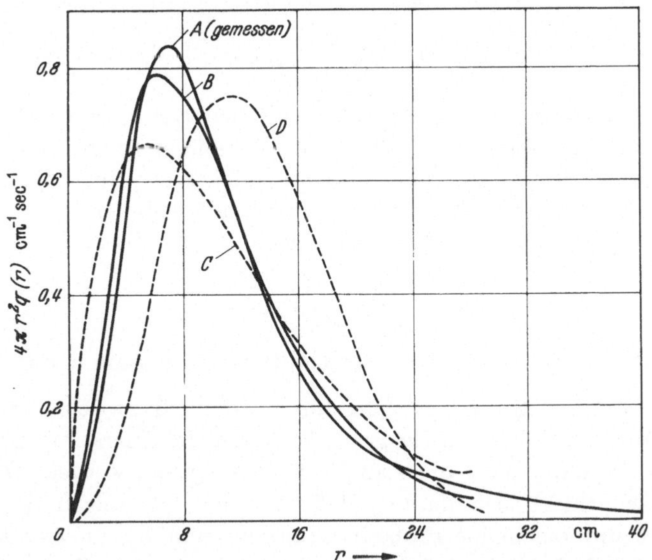

Abb. 6.5.1. Gemessene Bremsdichte in Wasser (In-Resonanz) im Vergleich zur Rechnung nach B: 3-Gruppentheorie, C: 1-Gruppentheorie, D: Age-Theorie. Aus GLASSTONE & EDLUND, loc. cit.

Übliche Gruppeneinteilungen sind: Eine Gruppe schnelle und eine Gruppe thermische Neutronen, oder eine Gruppe schnelle Neutronen, eine Gruppe Resonanzneutronen und eine Gruppe thermische Neutronen.

Abb. 6.5.1 zeigt die gemessene Bremsdichte bei 1,44 eV in Wasser und drei derart durchgeführte Approximationen.

6.6. Resonanzintegrale

In der einfachsten und auch gebräuchlichsten Form der Gruppendiffusionsmethode wird das Neutronenspektrum in *zwei* Gruppen aufgeteilt. Eine Gruppe umfaßt alle schnellen, die andere alle thermischen Neutronen. Bei schwacher Absorption wird für das Energiespektrum des Flusses innerhalb der schnellen Gruppe ein Verlauf gemäß $1/E$ angenommen. Es ist in diesem Fall nützlich, Mittelwerte des Absorptionsquerschnittes über das $1/E$-Spektrum einzuführen.

[1] Das kommt daher, daß wir weiter oben angenommen haben, daß die Breite einer Gruppe größer als ein Stoßintervall sein soll [Gl. (6.5.8)]. Wenn wir mit der Breite der Energiegruppen gegen Null gehen und diese Voraussetzung beibehalten, gelangen wir zum kontinuierlichen Bremsvorgang, also zur Age-Theorie.

In einem Neutronenfluß $\Phi(E) = \frac{q}{\xi \Sigma_s E}$ mögen sich pro cm³ N Atome mit dem Absorptionsquerschnitt $\sigma_a(E)$ befinden. Die Anzahl der Absorptionsprozesse pro cm³ und sec ist (mit Σ_s unabhängig von E) gegeben durch

$$\nu = \frac{q \cdot N}{\xi \Sigma_s} \int \sigma_a(E) \frac{dE}{E} . \tag{6.6.1}$$

Die Größe

$$\sigma_{a0} = \int \sigma_a(E) \frac{dE}{E} \tag{6.6.2}$$

definieren wir als das Resonanzabsorptionsintegral. Dann lautet (6.6.1)

$$\nu = \frac{q \cdot N}{\xi \Sigma_s} \cdot \sigma_{a0} . \tag{6.6.1a}$$

Gl. (6.6.1) ist nur richtig, wenn die absorbierenden Kerne innerhalb des Streumediums so dünn verteilt sind, daß an den Resonanzstellen von $\sigma_a(E)$ keine Flußdepression auftritt. Andernfalls muß ein „effektives" Resonanzintegral (vgl. WIGNER) eingeführt werden. Ein wichtiger Spezialfall dieser „unendlichen Verdünnung" liegt vor, wenn der Absorber eine Folie der Dicke

$$d \ll \left(\frac{1}{\Sigma_a^{\max}}\right)$$

ist; dabei sei $\Sigma_a^{\max}$ der Absorptionsquerschnitt im Maximum der Resonanzlinie.

Die Integration in Gl. (6.6.2) wird für gewöhnlich zwischen den Grenzen 0,4 eV und 1 MeV vollführt. Da für große Energien $1/E$ einerseits, $\sigma_a(E)$ andererseits klein werden, kann nach oben auch bis ∞ integriert werden. Der Wert der unteren Grenze erklärt sich daraus, daß man bei Messungen des Resonanzintegrals die zu untersuchende Probe in Cadmium einhüllt, um von thermischen Einfangprozessen frei zu sein. Cd ist praktisch undurchlässig für Neutronenenergien $< 0{,}4$ eV und durchlässig für Neutronenenergien $> 0{,}4$ eV.

Für einen $1/v$-Absorber läßt sich Gl. (6.6.2) auswerten:

$$\left.\begin{aligned} \sigma_{a0} = \int_{0{,}4\,\mathrm{eV}}^{1\,\mathrm{MeV}} \frac{k}{v} \frac{dE}{E} = 2 \int \frac{k}{v^2} dv &= 2\,[\sigma_a(0{,}4\,\mathrm{eV}) - \sigma_a(1\,\mathrm{MeV})] \\ &\approx 2\sigma_a(0{,}4\,\mathrm{eV}) . \end{aligned}\right\} \tag{6.6.3}$$

Der Verlauf des Absorptionsquerschnittes in der Nähe einer isolierten Resonanzstelle läßt sich nach der Breit-Wigner-Formel darstellen[1].

$$\sigma_a(E) = \pi \lambda\!\!\!^{-2} f \frac{\Gamma_n \Gamma_\gamma}{(E - E_0)^2 + \frac{\Gamma^2}{4}} . \tag{6.6.4}$$

Hier ist $\lambda\!\!\!^{-} = \frac{\lambda}{2\pi}$ die reduzierte de Broglie-Wellenlänge des Neutrons, f ein statistischer Faktor ($\approx \frac{1}{2}$), der von der Einstellung des Neutronenspins zum Spin des Targetkerns abhängt, E_0 die Energie der Resonanz und Γ, Γ_n, Γ_γ die Gesamtbreite sowie die Neutronen- und die Strahlungsbreite des Niveaus.

---

[1] Vgl. z. B. BLATT u. WEISSKOPF, Theoretical Nuclear Physics.

Für das Resonanzintegral über eine solche Resonanzstelle findet man

$$\sigma_{a\,0} = 2\pi^2 \lambda\!\!\!{}^{-2} f \frac{\Gamma_n \Gamma_\gamma}{\Gamma \cdot E_0}. \tag{6.6.5}$$

Der Absorptionsquerschnitt eines Resonanzabsorbers zeigt für gewöhnlich einen $1/v$-Verlauf bei kleiner Energie und Einzelresonanzen im eV-Gebiet, während viele Resonanzen im Gebiet höherer Energie nicht aufgelöst sind. Mit geeigneten Annahmen über diese Resonanzen und mit Hilfe von Gl. (6.6.5) und (6.6.3) ist es möglich, Resonanzintegrale aus gemessenen Wirkungsquerschnitten zu berechnen. Dies hat DRESNER für eine Reihe von Substanzen getan. Wir vergleichen seine Resultate mit Ergebnissen direkter Messungen im Anhang VI.

Der Resonanzeinfang von Neutronen führt im allgemeinen zu einer Aktivierung. Man kann daher ein „Resonanzaktivierungsintegral" einführen. Besteht eine Substanz aus nur einem aktivierbaren Isotrop — z. B. $_{79}Au^{197}$ — so sind Resonanzabsorptionsintegral und Resonanzaktivierungsintegral identisch. Bei einer Substanz, die aus mehreren Isotopen besteht, ist das Resonanzabsorptionsintegral die Summe der den Aktivitäten der verschiedenen Isotopen entsprechenden Aktivierungsintegrale (sofern alle Isotope durch Neutroneneinfang aktiviert werden).

Die Messung des *Aktivierungsintegrals* einer Substanz erfolgt durch einen Vergleich des „Cadmium-Verhältnisses" dieser Substanz mit dem Cd-Verhältnis einer Standardsubstanz.

Exponiert man eine hinreichend dünne Folie in einem Neutronenfeld, so ist ihre Aktivierung proportional zu

$$\int_0^{0,4\,\mathrm{eV}} \Phi\,\sigma_a\,dE + \int_{0,4\,\mathrm{eV}}^{\infty} \Phi\,\sigma_a\,dE = \Phi_{th}\sigma_{th} + \underbrace{\frac{q}{\xi\,\Sigma_s}}_{\Phi_{ep}}\sigma_{a\,0}. \tag{6.6.6}$$

Exponiert man dieselbe Folie unter einer Cd-Hülle, so werden die thermischen Neutronen nicht zur Aktivierung beitragen, die Aktivierung ist dann proportional zu $\Phi_{ep} \cdot \sigma_{a\,0}$.

Als Cd-Verhältnis bezeichnet man das Verhältnis der Aktivierung einer am gleichen Ort *ohne* und *mit* Cd-Hülle dem Neutronenfeld ausgesetzten Folie, also

$$R_{\mathrm{Cd}} = \frac{\Phi_{th}\sigma_{th} + \Phi_{ep}\sigma_{a\,0}}{\Phi_{ep}\sigma_{a\,0}} = 1 + \frac{\Phi_{th}}{\Phi_{ep}}\frac{\sigma_{th}}{\sigma_{a\,0}}. \tag{6.6.7}$$

Da die Aktivität einer Folie ihrer Aktivierung proportional ist und durch Auszählen genau bestimmt werden kann (vgl. Kapitel 7), kann das Cd-Verhältnis leicht gemessen werden. Von einer Standardsubstanz mögen das Resonanzintegral und der thermische Absorptionsquerschnitt bekannt sein, dann folgt das Resonanzintegral der zu messenden Substanz gemäß (6.6.7) sofort aus

$$(\sigma_{a\,0})_x = (\sigma_{a\,0})_{st}\,\frac{(R_{\mathrm{Cd}})_{st} - 1}{(R_{\mathrm{Cd}})_x - 1} \cdot \frac{\sigma_{th}(x)}{\sigma_{th}(st)}. \tag{6.6.8}$$

Als Standardsubstanz wird heute meist Gold verwendet ($\sigma_{a\,0} = 1558$ barn, $\sigma_{th} = 98$ barn).

Sind das Resonanzintegral und der thermische Absorptionsquerschnitt bekannt, liefert eine Messung des Cd-Verhältnisses nach Gl. (6.6.7) die Größe

Φ_{ep}/Φ_{th}. Für den wichtigen Spezialfall eines $1/v$-Absorbers gilt

$$\frac{\sigma_{th}}{\int\limits_{0,4\,\mathrm{eV}}^{\infty} \sigma_a \frac{dE}{E}} = \frac{\frac{1}{1{,}128 \cdot (0{,}025)^{\frac{1}{2}}}}{\frac{2}{(0{,}4)^{\frac{1}{2}}}} \approx 1{,}76 .$$

Also

$$\frac{\Phi_{th}}{\Phi_{ep}} = (R_{\mathrm{Cd}} - 1) \cdot 0{,}57 . \qquad (6.6.9)$$

Die *absolute* Messung von Resonanzaktivierungsintegralen kann erfolgen, wenn man die Substanz unter Cd in einem Fluß mit bekanntem Φ_{ep} aktiviert und anschließend absolut auszählt.

Ein Verfahren zur direkten Messung von Resonanz*absorptions*integralen ist von SPYVAK angewandt worden; es beruht auf der Messung der Transmission eines Neutronenstrahls mit $1/E$-Spektrum durch einen dünnen Absorber. Wesentlich dabei ist, daß die Ansprechwahrscheinlichkeit des Detektors von der Energie nicht abhängt. Die Mehrzahl aller Messungen von Resonanzabsorptionsintegralen wurde an Hand der Einwirkung eines Resonanzabsorbers auf die Reaktivität eines Reaktors gemacht; wir gehen auf diese Methode hier nicht ein.

Tabelle VI im Anhang gibt gemessene und gerechnete Werte für das Resonanzintegral (nach MACKLIN und POMMERANCE). Als Standard für die Meßwerte diente Gold. Wie man sieht, ist die Übereinstimmung der gerechneten und gemessenen Werte noch nicht überall gut. Die gerechneten Werte enthalten jeweils einen Resonanzanteil und einen $1/v$-Anteil.

6.7. Resultate von Bremsabstandsmessungen

6.7.1. Meßmethoden

Die Bremslänge ist definiert durch

$$L_s^2 = \tau = \frac{1}{6} \cdot \frac{\int_0^\infty r^2 q(r\,E)\, 4\pi r^2\, dr}{\int_0^\infty q(r\,E)\, 4\pi r^2\, dr} . \qquad [(6.1.1)]$$

Entsprechend dieser Definition erfolgt ihre Bestimmung aus einer graphischen Integration der mit einem Resonanzdetektor (Abschnitt 7.4) bestimmten Bremsdichte in der Umgebung einer Punktquelle schneller Neutronen in einem unbegrenzten Streumedium[1]. Als Indikator verwendet man meist in Cd eingehüllte In-Folien; da In eine scharfe Resonanzstelle bei 1,44 eV hat, ist die Aktivität eines solchen Indikators proportional zur Bremsdichte bei 1,44 eV. Die Bremslänge zwischen 1,44 eV und der thermischen Energie kann nach der elementaren Theorie berechnet werden:

$$\Delta\tau = \frac{1}{3\xi\left(1 - \frac{2}{3A}\right)} \cdot \int\limits_{0,025}^{1,44} \frac{\lambda_s^2(E)\, dE}{E} . \qquad [(6.1.5)]$$

[1] Da in großen Abständen von der Quelle die Bremsdichte proportional $\frac{e^{-\Sigma r}}{r^2}$ abfällt (S. 83), braucht für eine solche Integration die Bremsdichte nur bis zu einem Quellabstand r_0 gemessen zu werden, für größere Abstände wird extrapoliert.

Gl. (6.1.5) dürfte jedoch nur annähernd richtige Resultate ergeben, da in der Nähe des thermischen Gleichgewichtes die chemische Bindung der Streuatome und ihre thermische Bewegung eine Rolle spielen, was bei der Herleitung von Gl. (6.1.5) nicht berücksichtigt wurde. Es sind daher in H_2O und in Graphit Messungen der Größe $\Delta\tau$ angestellt worden.

Dazu wird mit thermischen Sonden in der Umgebung einer Punktquelle schneller Neutronen die Größe

$$\overline{r_{th}^2} = \frac{\int\limits_0^\infty r^2 \Phi_{th}(r)\, 4\pi r^2\, dr}{\int\limits_0^\infty \Phi_{th}(r)\, 4\pi r^2\, dr} = 6\,[L^2 + \tau] = 6\,M^2$$

bestimmt. In einer getrennten Messung wird die Diffusionslänge L und in einer weiteren Messung mit In-Resonanzdetektoren das Alter bis zur In-Resonanz bestimmt[1]. Dann ist

$$\Delta\tau = M^2 - \tau_{1,44} - L^2. \tag{6.7.1}$$

In der Tabelle 6.7.1 geben wir nach der elementaren Formel (6.1.5) gerechnete und gemessene Werte für $\Delta\tau$ wieder.

Tabelle 6.7.1. *Bremsung zwischen der In-Resonanzenergie und thermischer Energie*

	$\Delta\tau$ berechnet mit (6.1.5)	$\Delta\tau$ gemessen
H_2O	1 cm²	$1{,}0 \pm 0{,}5$ cm² (BARKOV)
D_2O	6 cm²	
Be ($d = 1{,}85$) . . .	17,2 cm²	
Graphit ($d = 1{,}6$) .	53 cm²	$56 \pm 6{,}5$ cm² (MARTELLY)

6.7.2. Resultate für $\tau_{1,44\,\text{eV}}$

Tabelle 6.7.2. *(Ra + Be)-Quellen*

Streumedium	$\tau_{1,44\,\text{eV}} = L_s^2 = \frac{\overline{r_E^2}}{6}$
H_2O	47 cm²
Paraffin	31 cm²
D_2O (+1% H_2O) .	150 cm²
Graphit ($d = 1{,}6$) .	357 cm²

Tabelle 6.7.3. *Neutronen aus der Uranspaltung* (nach: Reactor Handbook, Vol. I, S. 485)

Streumedium	$\tau_{1,44\,\text{eV}}$
H_2O	$30{,}4 \pm 0{,}4$ cm²
D_2O	100 ± 5 cm²
Be	80 ± 2 cm²
C ($d = 1{,}6$)	300 ± 3 cm²

6.7.3. Die (Ra + Be)-Quelle in Graphit

Abb. 6.7.1 zeigt die in der Umgebung einer (Ra + Be)-Quelle in Graphit gemessene Bremsdichte. Mit eingezeichnet ist die Funktion $\frac{e^{-\frac{r^2}{4\tau}}}{(4\pi\tau)^{\frac{3}{2}}}$ mit $\tau_{1,44\,\text{eV}} =$ 357 cm² (nach Tabelle 6.7.2).

[1] Meßmethoden für die Diffusionslänge werden im 10. Kapitel besprochen.

Wie man sieht, ist die Übereinstimmung beider Kurven schlecht; dies rührt daher, daß die (Ra + Be)-Quelle ein verhältnismäßig breites Energiespektrum emittiert, das nicht durch eine einzige Age-Gruppe wiedergegeben werden kann.

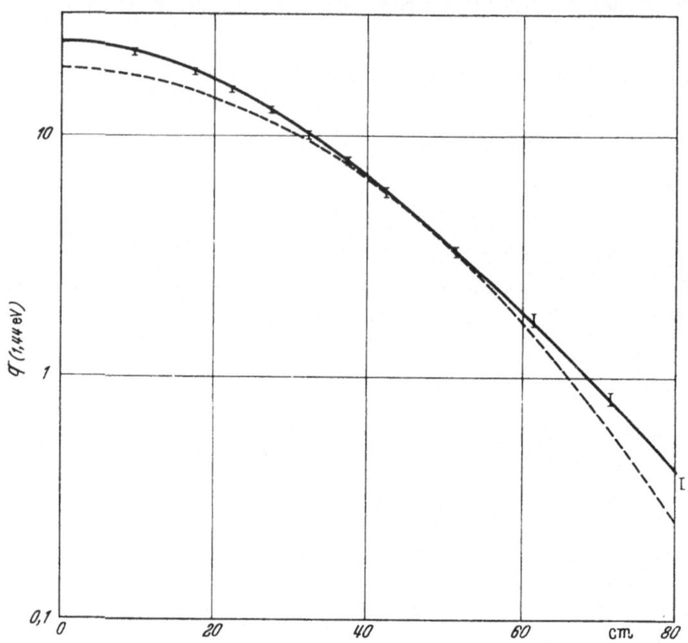

Abb. 6.7.1. Bremsdichte in der Umgebung einer Ra + Be-Quelle in Graphit. I Meßpunkte; — — — gerechnet mit einer Age-Gruppe; ——— gerechnet mit drei Age-Gruppen

Eine bessere Übereinstimmung erzielt man, wenn man das Spektrum der Quelle durch mehrere Age-Gruppen mit verschiedenen Gewichten approximiert. Die (Ra + Be)-Quelle in Graphit kann nach FERMI durch drei Gruppen dargestellt werden:

Gewicht . . .	0,15	0,69	0,16
$\tau_{1,44\,\text{eV}}$	130 cm²	340 cm²	815 cm²

Nach Messungen der Verfasser ergeben sich leicht abweichende Werte:

Gewicht . . .	0,11	0,68	0,21
$\tau_{1,44\,\text{eV}}$	175 cm²	340 cm²	860 cm²

Die diesen Werten entsprechende Bremsdichteverteilung ist in Abb. 6.7.1 mit eingezeichnet und gibt die gemessenen Werte gut wieder.

Literatur zum 6. Kapitel

Allgemein

GLASSTONE and EDLUND: l. c. Kap. VI, S. 137, The Slowing down of Neutrons sowie Teile von Kap. VIII und XII: The Group Diffusion Method.

MARSHAK, R. E.: Rev. Mod. Phys. **19**, 185 (1947). The Slowing down of Neutrons.

Reactor Handbook, I, Kap. 1.3, S. 365: Kinetic Theory of Neutrons. Speziell ab S. 401: Space and Energy Variations.

Spezielle Arbeiten

BECKERLEY, G.: AECD 1664, S. 62ff.
FERMI, E.: Nuclear Physics, S. 187ff. Chicago: University Press 1949.
} Age-Theorie.

SNEDDON, J. N.: Fourier Transforms, Kap. VI, Slowing down of Neutrons in Matter. London: McGraw Hill-Company 1951.
} Mathematische Methoden zur Lösung der Age-Gleichung.

WALLACE, P. R., and J. LE CAINE: Elementary Approximations in the Theory of Neutron Diffusion. N.R.C. 1480 (Zahlreiche Lösungen der Age-Gleichung).

EHRLICH, R., u. H. HURWITZ jr.: Nucleonics **12**, 2, 23 (1954).
DEUTSCH, R. W.: Nucleonics **15**, 1, 47 (1957).
} Multigruppentheorie.

MACKLIN, R. L., and H. S. POMMERANCE: Progr. Nucl. Energy **1**, 1, 179 (1956) (Resonanzintegral).

HARRIS, S. P. et al.: Phys. Rev. **79**, 11 (1950).
SPYVAK, P. E. et al.: Genf P/659 (1955).
} Messungen von Resonanzintegralen.

WIGNER, E. P. et al.: J. Appl. Phys. **26**, 260 (1955) (Effektives Resonanzintegral).

AMALDI, E., and E. FERMI: Phys. Rev. **50**, 899 (1936).
FELD, B. T.: MDDC 1437.
WIRTZ, K.: Naturwiss. **33**, 366 (1946).
} Bremslängen der Ra + Be-Quelle.

DUGGAL, V. P., u. J. MARTELLY: Genf P/358 (1955).
BARKOV, L. M. et al.: J. Nucl. Energy **4**, 194 (1957).
} Messungen von $\Delta\tau_{1,44\,\mathrm{eV}\to th}$.

WILKINS, HELLENS and ZWEIFEL: Genf P/597 (1955) (Bremslängen in H_2O).

7. Neutronennachweis

Da das Neutron als elektrisch neutrales Teilchen nicht mit einem der üblichen Nachweisgeräte in Wechselwirkung tritt, erfolgt sein Nachweis indirekt mit Hilfe von Kernreaktionen, bei denen eine geladene Sekundärstrahlung entsteht. Es gibt zwei verschiedene Typen von Reaktionen mit Neutronen, die geladene Teilchen erzeugen.

1. Reaktionen, die sofort, ohne einen langlebigen Zwischenkern zu bilden, einen geladenen Kernbaustein (p, α) liefern. Beispiele sind die Reaktionen

$$B^{10}(n,\alpha)Li^7; \quad Li^6(n,\alpha)H^3; \quad He^3(n,p)H^3$$

oder auch die n-p-Streuung. Auf diesen Reaktionen beruhen die prompt anzeigenden Neutronendetektoren, z.B. der Borzähler oder die Rückstoßprotonenkammer.

2. Reaktionen, bei denen das Neutron angelagert wird, oder allgemein eine Kernreaktion ausführt, so daß ein langlebiger β-Strahler entsteht. Die β- oder die begleitende γ-Strahlung kann nach Entfernung der „Sonde" aus dem Neutronenfeld gemessen werden und ist ein Maß für die Neutronenintensität. Dieser Reaktionstyp bildet die Grundlage für die „radioaktiven Indikatoren" oder „Sonden".

Wir werden uns in diesem und im folgenden Kapitel vorwiegend mit solchen *Sonden* und insbesondere mit Sonden für thermische Neutronen befassen, die für die Untersuchung von Neutronenfeldern besondere Bedeutung haben. Die übrigen Ausführungen sollen vorwiegend eine Einführung in die ausgedehnte Spezialliteratur sein.

7.1. Prompt anzeigende Neutronendetektoren

7.1.1. Borzähler

Zum Nachweis thermischer Neutronen wird vielfach die $B^{10}(n, \alpha)Li^7$-Reaktion verwendet. Sie verläuft nach dem Schema

$$B^{10} + n \begin{cases} \nearrow Li^7 + \alpha + 2{,}78\,\text{MeV} \quad (7\%) \\ \searrow Li^{7*} + \alpha + 2{,}3\,\text{MeV} \\ \qquad \searrow Li^7 + \gamma + 0{,}48\,\text{MeV} \quad (93\%) \end{cases}$$

Für diese Reaktion beträgt bei $v = 2200$ m/sec der Wirkungsquerschnitt des reinen B^{10} 3990 barn; er zeigt bis herauf zu einer Neutronenenergie von 10 keV einen $1/v$-Verlauf. Natürliches Bor besteht zu 18,8% aus B^{10} und zu 91,2% aus

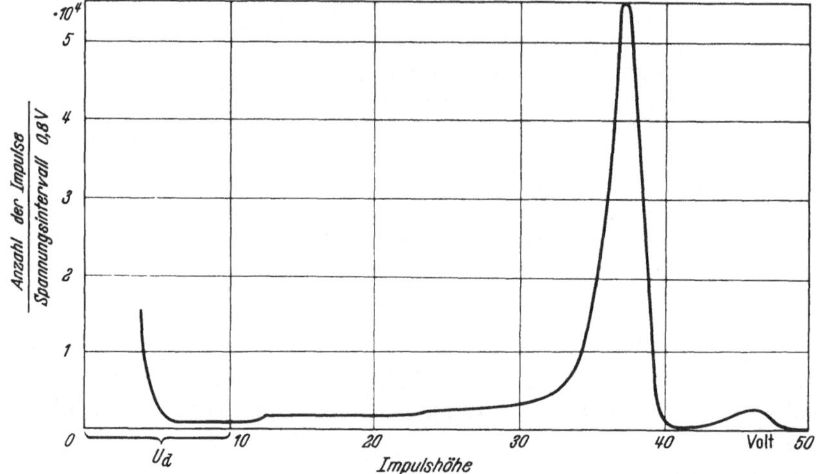

Abb. 7.1.1. Differentielles Spektrum der Impulse aus einem $B(CH_3)_3$-Zählrohr nach 6000facher Verstärkung. Zählspannung 1900 V

B^{11}; der (n, α)-Querschnitt von natürlichem Bor beträgt bei $v = 2200$ m/sec 755 barn und zeigt wegen des Streuquerschnitts von B^{11} nur bis zu 1 keV einen $1/v$-Verlauf. Heute ist es möglich, B^{10} hoher Konzentration herzustellen; damit können Detektoren, die in einem großen Energiebereich hohe Ansprechwahrscheinlichkeit besitzen, gebaut werden.

Weniger üblich ist die Verwendung der Reaktion

$$Li^6 + n \rightarrow H^3 + \alpha + 4{,}76\,\text{MeV}.$$

Bei $v = 2200$ m/sec beträgt der Wirkungsquerschnitt 910 barn und verläuft gemäß $1/v$ bis zu etwa 1 keV. Li^6 ist nur zu 7,4% im natürlichen Lithium vorhanden. Diese Reaktion ist im übrigen eine der ganz wenigen Einfangprozesse thermischer Neutronen, bei denen keine γ-Strahlung entsteht.

Borzähler sind Proportionalzähler — oder auch Ionisationskammern —, die mit einer gasförmigen Borverbindung gefüllt sind. Erprobt sind Füllungen mit Bortrifluorid (BF_3) und Bortrimethyl $(B(CH_3)_3)$

Abb. 7.1.1 zeigt die Höhenverteilung der elektrischen Impulse aus einem Borzählrohr. Man erkennt die den beiden Zweigen der $B^{10}(n, \alpha)Li^7$-Reaktion entsprechenden Maxima.

Ein Teil der α- bzw. Li^7-Teilchen, die in der Nähe der Wand oder der Zählrohrenden entstehen, können den empfindlichen Bereich des Zählrohrs verlassen oder auf die Wand auftreffen, ehe sie ihre gesamte Energie als Ionisationsenergie auf das Zählgas übertragen haben. Infolge dieser Wand- und Endeffekte zeigt das linke Maximum einen Ausläufer kleiner Impulse. Bei sehr kleinen Impulsen steigt das Spektrum wieder an; diese kleinen Impulse sind durch γ-Strahlen ausgelöst.

Da ein Borzähler auf γ-Strahlung nicht ansprechen soll, muß man seine elektrischen Impulse nach der Verstärkung über einen Integraldiskriminator leiten, der nur solche Impulse passieren läßt, deren Höhe einen gewissen Betrag — etwa U_d in Abb. 7.1.1 — übersteigt.

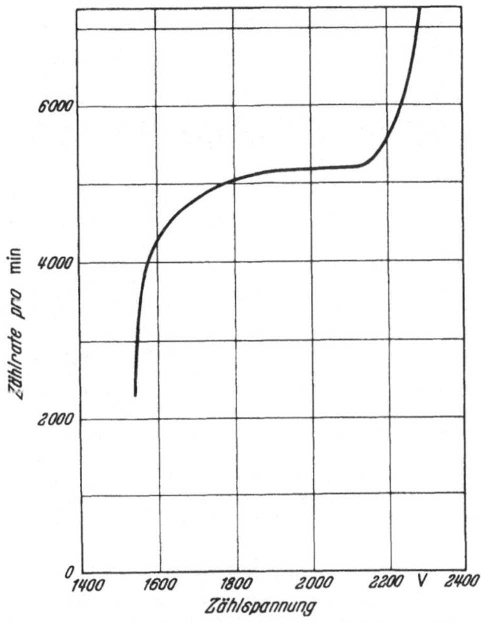

Abb. 7.1.2. Charakteristik eines $B(CH_3)_3$-Zählers. Das Impulsspektrum des gleichen Zählrohrs zeigt Abb. 7.1.1. Verstärkung 6000fach; Diskriminatorspannung 10 V

Abb. 7.1.2 zeigt die Charakteristik einer solchen Neutronennachweisanlage, d.h. die Zählrate bei konstanter Einstrahlung als Funktion der Zählrohrhochspannung. Wie man sieht, besteht ein Plateau der Empfindlichkeit des Zählers. Um das zu verstehen, gehen wir auf Abb. 7.1.1 zurück: Eine Veränderung der Zählspannung bewirkt eine Änderung der Gasverstärkung und damit eine lineare Dehnung oder Stauchung der Abszisse in Abb. 7.1.1. Bei kleiner Zählspannung liegen alle Impulse links von U_d, die Zählrate ist 0. Passieren die Maxima der Verteilung U_d, so zeigt die Zählrate einen steilen Anstieg, bei weitersteigender Spannung bleibt sie nahezu konstant. Bei sehr hoher Zählspannung schließlich werden von γ-Strahlung ausgelöste Impulse gezählt.

Um ein derart langes, schwach ansteigendes Plateau zu erhalten, muß das Zählgas frei von elektronegativen Verunreinigungen sein, die eine erhebliche Verschmierung des Spektrums Abb. 7.1.1 bewirken können. Die Herstellung guter Borzählrohre ist wegen dieser hohen Reinheitsanforderungen schwierig.

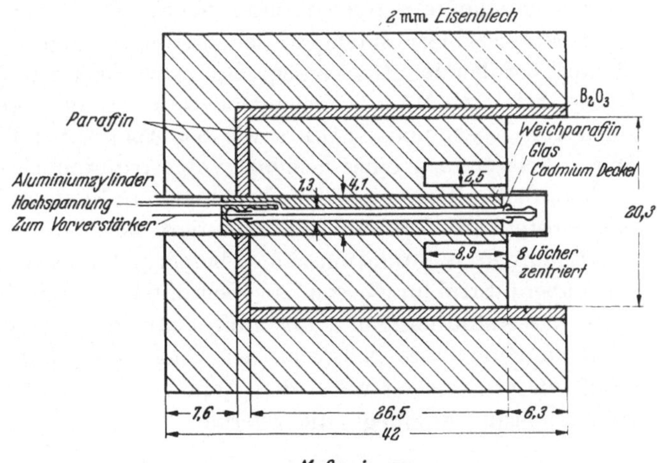

Abb. 7.1.3. Long counter nach HANSON und MCKIBBEN

Heute sind gute BF_3-Zähler mit natürlichem Bor und angereichertem B^{10} im Handel erhältlich.

Typische Daten für ein Zählrohr sind: Durchmesser 2 bis 5 cm, Länge 20 bis 60 cm, Gasdruck 60 bis 110 cm Hg, Arbeitsspannung 2000 bis 6000 V. Bei Verwendung von hochangereichertem B^{10} liegt die Ansprechwahrscheinlichkeit für thermische Neutronen in der Größenordnung 0,1 bis 1.

Es sind auch Zählrohre mit einem borhaltigen Wandbelag gebaut worden, die mit gewöhnlichem Zählgas gefüllt sind (sog. Boron coated-counters).

Angaben über Borzähler finden sich in den Büchern von ROSSI und STAUB, FÜNFER und NEUERT sowie in Arbeiten von COCCONI, FOWLER und TUNICLIFFE, und HAUSER.

Sollen schnelle Neutronen mit einem Borzählrohr nachgewiesen werden, müssen sie zunächst abgebremst werden. Dazu wird der Zähler mit einer Moderatorsubstanz umgeben. HANSON und MCKIBBEN haben eine spezielle Anordnung eines Borzählrohrs in Paraffin angegeben; die Empfindlichkeit dieses sog. „Long counters" für schnelle Neutronen, die in Längs richtung einfallen, ist zwischen 0,5 und 5 MeV innerhalb 1% konstant (etwa $5 \cdot 10^{-3}$) und fällt bei 25 keV um nur etwa 10%; vgl. Abb. 7.1.4.

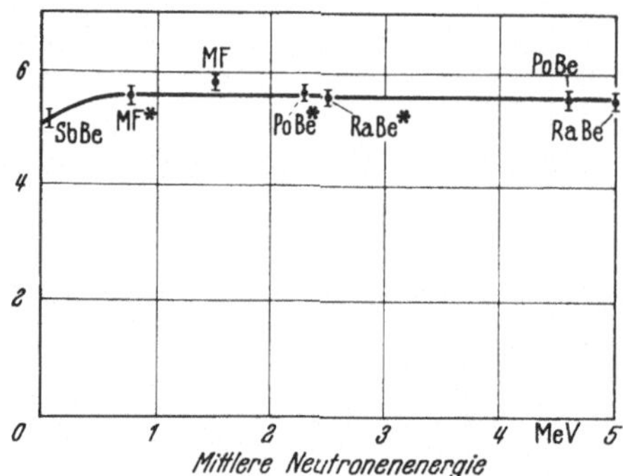

Abb. 7.1.4. Zählrate des in Abb. 7.1.3 gezeigten Long counters für verschiedene gleichstarke Quellen (nach NOBLES). Bei den mit einem Stern bezeichneten Quellen wurde die mittlere Neutronenenergie durch Moderation erniedrigt. MF ist eine Quelle, die ein der Uranspaltung ähnliches Neutronenspektrum emittiert

In neuer Zeit werden auch borhaltige Szintillatoren zum Neutronennachweis verwendet. MÜHLHAUSE und THOMAS beschreiben flüssige Szintillatoren aus Mischungen von Toluol und Methylborat; solche Zähler haben eine hohe Ansprechwahrscheinlichkeit und eine sehr kurze Zählzeit, was insbesondere bei Laufzeitexperimenten von Bedeutung ist. GATTI et al., KOONTZ et al. sowie GUNST haben Szintillatoren, die aus Mischungen von Zinksulfid und verschiedenen Borverbindungen bestehen, untersucht. HOFSTÄDTER et al. und SCHARDT verwenden Li J-Einkristalle zum Nachweis thermischer Neutronen. Li^6J-Kristalle und borhaltige Szintillatoren sind heute kommerziell erhältlich. Zum Nachweis sehr kleiner Neutronenintensitäten sind bor- oder lithiumgeladene Kernphotoplatten geeignet. Nähere Angaben finden sich bei YAGODA.

7.1.2. Nachweis und Energiemessung schneller Neutronen mit Hilfe von Rückstoßprotonen

Schnelle Neutronen lösen in wasserstoffhaltigen Substanzen Rückstoßprotonen aus, die mit Ionisationskammern, Proportionalzählern oder auch mit Szintillationszählern nachgewiesen werden können; es sind eine große Zahl hierauf beruhender Nachweisgeräte entwickelt worden. Beschreibungen von Wasserstoff- und Methan-Proportionalzählern und -kammern finden sich in dem Buch von ROSSI und STAUB sowie bei ALLEN, bei BEYSTER und bei SKYRME. Durch Verwendung eines geeignet vorgespannten Diskriminators kann man erreichen, daß mit einer solchen Kammer nur Neutronen mit Energien größer als eine einstellbare Grenzenergie registriert werden.

Organische Szintillationszähler beschreibt BONNER. Nach HORNYAK können gegenüber γ-Strahlung besonders unempfindliche Szintillatoren aus einer Mischung eines wasserstoffhaltigen Kunststoffes mit ZnS hergestellt werden.

Beim Stoß eines Neutrons der Energie E_n mit einem (ruhenden) Proton erhält dieses, wenn es unter dem Winkel Θ gegenüber der ursprünglichen Neutronenrichtung wegfliegt, die Energie

$$E = E_n \cdot \cos \Theta .$$

Nach dieser Beziehung ist es möglich, die Energie eines schnellen Neutrons zu bestimmen, wenn gleichzeitig E und Θ gemessen werden können (vgl. auch Abschnitt 5.2). Solche Energiemessungen sind im Bereich von 0,5 bis 15 MeV mit Kernphotoplatten (vgl. z. B. ROSEN, EGGLER, TEUCHER, NERESON) und im Bereich von etwa 50 bis 500 keV mit einer Nebelkammer (EGGLER) häufig ausgeführt worden. Es sind auch einige direkt anzeigende Neutronenspektrometer gebaut worden. Der Bau derartiger Rückstoßprotonenspektrometer macht Schwierigkeiten, da neben der Protonenenergie auch der Emissionswinkel Θ bestimmt werden muß. Bei den meisten bislang gebauten Spektrometern werden die in einer dünnen Kunststoffolie ausgelösten Rückstoßprotonen mit einer Art Zählrohr-Teleskop beobachtet (NERESON und DARDEN, COCHRAN und HENRY, JOHNSON und TRAIL). Man erhält im Energiegebiet von etwa 2 bis 20 MeV bestenfalls 10% Auflösung bei einer Ansprechwahrscheinlichkeit von etwa 10^{-5}. Andere Konstruktionen beruhen auf der Kollimation von im Gasraum einer Wasserstoffkammer ausgelösten Rückstoßprotonen (PERLOW, SCHMIDT-ROHR).

Wir erwähnen in diesem Zusammenhang ein von BATCHELOR et al. gebautes Spektrometer, das aus einem mit Helium 3 + Krypton gefüllten Proportionalzähler besteht. He^3 reagiert mit Neutronen nach

$$He^3 + n \rightarrow H^3 + H^1 + Q; \qquad Q = 770\,\text{keV}.$$

Bei der Reaktion eines Neutrons der Energie E_n mit einem Heliumkern entsteht am Zähler ein elektrischer Impuls, der der Größe $E_n + Q$ proportional ist. Mit Hilfe des He^3-Detektors und eines Impulshöhenanalysators können demnach Neutronenspektren untersucht werden. Das Verfahren bietet im Energiebereich von 0,1 bis 1,2 MeV eine Auflösung von etwa 3%; die Ansprechwahrscheinlichkeit beträgt etwa 10^{-5}.

7.1.3. Spaltkammern

Die Spaltung des Urans und anderer schwerer Kerne kann zum Neutronennachweis verwendet werden. Die bei einer Spaltung als kinetische Energie der Spalttrümmer freiwerdende Energie beträgt nahezu 200 MeV, daher ist in einer Spaltkammer die Diskrimination gegen γ-Strahlung einfach.

In Ermangelung geeigneter gasförmiger Verbindungen der schweren Elemente baut man Spaltkammern mit Elektrodenbelegungen aus spaltbarem Material. Zahlreiche Konstruktionen finden sich in dem schon mehrfach erwähnten Buch von ROSSI und STAUB.

Spaltkammern mit im U^{235}-Gehalt angereichertem Uran finden als Detektoren für thermische Neutronen Verwendung. Spaltkammern mit reinem U^{238} ergeben den totalen Fluß oberhalb $\sim$1,5 MeV, da der Spaltquerschnitt des U^{238} zwischen 1 und 1,8 MeV von 0 auf etwa 0,6 barn ansteigt und bei höherer Energie nahezu konstant bleibt.

7.2. Schwellensonden für energiereiche Neutronen

Es gibt Substanzen, die erst oberhalb einer bestimmten Neutronenenergie in ein β-strahlendes Atom verwandelt werden. Sonden aus einer solchen Substanz zeigen nur die Neutronenintensität oberhalb dieser Schwellenenergie an. Bei diesen Schwellenreaktionen handelt es sich meist um $(n, 2n)$-Prozesse, deren Schwellenenergien zwischen 9 und 21 MeV liegen, sowie um einige (n, p)-Prozesse mit Energieschwellen zwischen 0 und 3 MeV. Für $(n, 2n)$-Reaktionen und für die Mehrzahl der (n, p)-Reaktionen kennt man den von der Energie abhängigen Wirkungsquerschnitt nur schlecht. Für Schwefel, Phosphor und Aluminium ist $\sigma_{n,p}(E)$ in den Abb. 7.2.1, 7.2.2, 7.2.3 wiedergegeben.

Die Zahl der in einem Neutronenfeld sekundlich aktivierten Sondenatome ist proportional zu

$$\int_{E_s}^{\infty} \Phi(E)\,\sigma(E)\,dE\,.$$

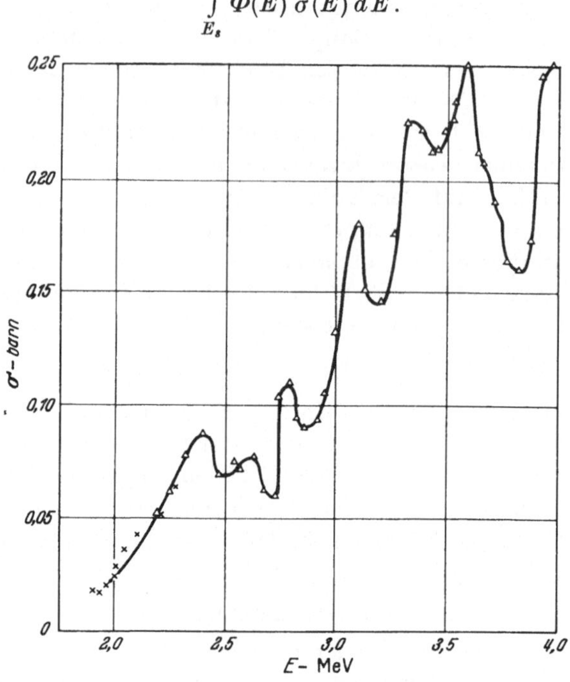

Abb. 7.2.1. $\sigma_{n,p}$ für Schwefel

Für die (n, p)-Prozesse am Phosphor und am Schwefel kann man näherungsweise den Querschnitt oberhalb der Schwellenenergie als konstant annehmen (nach ALLEN ist $\sigma_{n\,p\ \text{Schwefel}} \approx 0{,}32$ barn, $\sigma_{n\,p\ \text{Phosphor}} \approx 0{,}08$ barn). Mit Schwefel und

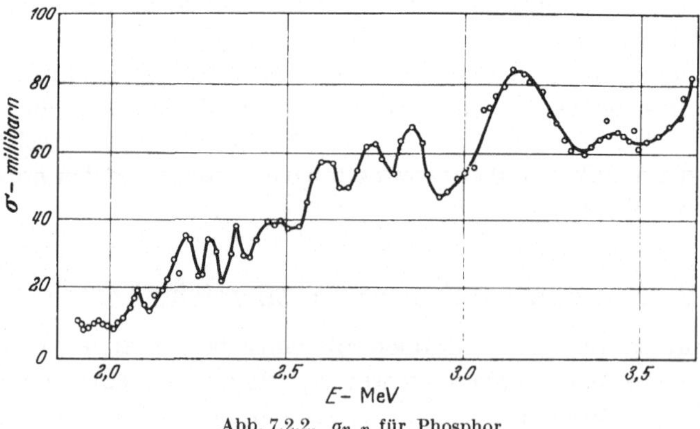

Abb. 7.2.2. $\sigma_{n,p}$ für Phosphor

Phosphor erhält man somit den integralen Fluß oberhalb etwa 3 MeV. Im allgemeinen Fall kann man aus der Aktivierung von Schwellensonden nur sehr grobe Rückschlüsse auf den Fluß $\Phi(E)$ ziehen. Schwellensonden eignen sich jedoch z.B. für die Untersuchung von Winkelverteilungen von Neutronen aus Kernreaktionen, da sie auf gestreute Neutronen, die Energie verloren haben, nicht ansprechen. Auch als Kontrollstandards für Neutronen aus Beschleunigungsanlagen bieten sie Vorteile. Sie sind allerdings in neuer Zeit weitgehend durch Wasserstoff-Proportionalzähler, die man als Schwellendetektoren betreiben kann, verdrängt worden.

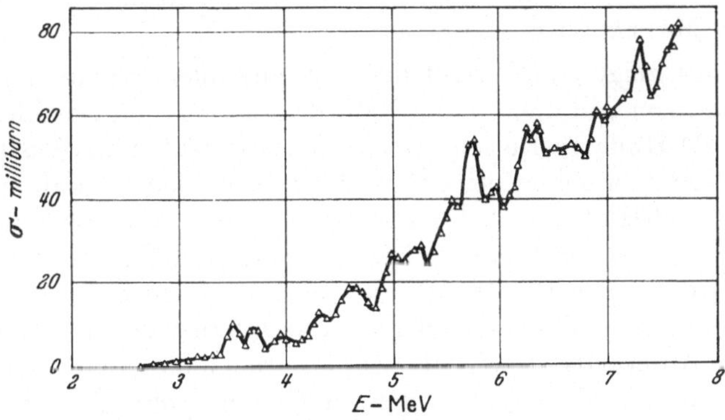

Abb. 7.2.3. $\sigma_{n,p}$ für Aluminium

In den Tabellen 7.2.1 und 7.2.2 werden nach COHEN die Eigenschaften einiger nützlicher $(n, 2n)$- und (n, p)-Schwellensonden zusammengestellt.

Tabelle 7.2.1. *Substanzen für* $(n, 2n)$*-Schwellensonden*

Ausgangskern	Schwelle MeV	$T_{\frac{1}{2}}$	Geeignetes Material	Korrektur[2] für K-Einfang	α[1] mg/cm²	Andere Aktivitäten
C^{12}	20,2	20,5 m	Graphit	1	70	Keine
N^{14}	10,6	10,1 m	Harnstoff	1	100	20,5 m von C^{12}
O^{16}	16,5	2,1 m	Cellophan	1	170	20,5 m von C^{12}
F^{19}	10,4	112 m	LiF	1	40	Keine
P^{31}	12,3	2,5 m	$NH_4H_2PO_4$	1	400	170 m (n, p)
Cr^{50}	13,4	42 m	Cr_2O_3	1	240	3,9 m (n, p)
Ni^{58}	11,7	36 h	Ni-Metall	3	40	2,6 h (n,γ) 72d (n,p)
As^{75}	10,3	16 d	As_2O_3	1,3	85	26,8 h (n, γ)
Ag^{107} . . .	9,6	24,5 m	Ag-Metall	2,3	220	2,3 m (n,γ) 13 h (n,p)
Sb^{121} . . .	9,25	16 m	Sb_2O_3	3,0	160	2,8 d (n, γ)
J^{127}	9,45	13,0 d	NH_4J	7,0	75	25 m (n, γ)
Pr^{141} . . .	9,4	3,5 m	PrO_{116}	1,6	360	

Tabelle 7.2.2. *Substanzen für* (n, p)*-Schwellensonden*

Ausgangskern	Schwelle MeV	$T_{\frac{1}{2}}$	Geeignetes Material	α[1] mg/cm²	Andere Aktivitäten
Mg^{24}	2,1	11,8 h	Mg-Metall	250	10,2 m (n, γ)
Al^{27}	2,1	10,2 m	Al-Metall	160	4,2 m (n, γ)
P^{31}	1,1	170 m	$NH_4H_2PO_4$	120	2,5 m $(n, 2n)$
S^{32}	1,0	14,3 d	Schwefelblume	160	Keine
Ti^{49}	1,1	57 m	Ti-Metall	190	3,0 h $(n, 2n)$ 44 h (n, p)
Cr^{52}	2,8	3,9 m	Cr_2O_3	350	42,0 m $(n, 2n)$
Fe^{56}	2,1	2,59 m	Eisen	250	Keine

[1] Ist δ die Schichtdicke des Indikators, so werden die eigenen β's gemäß $e^{-\alpha\delta}$ absorbiert.

[2] In dieser Spalte ist angegeben, $\frac{F_\beta - F_K}{F_\beta}$, wo F_β, F_K die Wahrscheinlichkeiten für β-Zerfall und K-Einfang sind.

7.3. Substanzen für thermische Sonden

In der Tabelle 7.3.1 sind einige häufig gebrauchte Substanzen für thermische Sonden in schwachen Neutronenfeldern zusammengestellt. Vollständige Tabellen aller derjenigen Isotopen, die durch thermische Neutronen aktiviert werden, finden sich bei MATTAUCH-FLAMMERSFELD.

Die Abb. 7.3.1 zeigt den Verlauf der Wirkungsquerschnitte einiger Sondensubstanzen sowie von Cadmium in der Nähe der thermischen Energie. Man sieht, daß mit einer Cd-Hülle thermische Neutronen abgehalten werden können, daß die Cd-Absorption aber schon bei 1 eV so klein geworden ist, daß epithermische Neutronen diese Cd-Hülle leicht durchdringen können. Man verwendet daher in Cd eingehüllte Sonden mit ausgeprägten Resonanzstellen oberhalb 1 eV als Indikatoren für den epithermischen Fluß (vgl. 7.5). Umgekehrt führt man Messungen des thermischen Flusses häufig als Cd-Differenzmessungen aus, um den epithermischen Anteil der Sondenaktivierung zu eliminieren. Dazu exponiert man die Sonde an derselben Stelle einmal mit, einmal ohne Cd-Hülle dem Neutronenfluß und bildet die Differenz der Aktivierung, die nur durch thermische Neutronen bedingt ist. Für Absolutmessungen ist es dabei erforderlich, die Absorption der epithermischen Neutronen im Cd zu berücksichtigen.

Viele Sondensubstanzen zeigen im Gebiet thermischer Energie einen $1/v$-Verlauf des Aktivierungsquerschnittes. Ist eine derartige Sonde hinreichend dünn, daß man den Neutronenfluß in ihrem Inneren gleich dem ungestörten Neutronenfluß im Streumedium setzen kann, so ist ihre Aktivierung proportional zu

$$\int \sigma_a(v) \cdot \Phi(v)\, dv = \int \frac{k}{v}\, n(v)\, v\, dv = k \cdot n .$$

Die Aktivierung einer dünnen $1/v$-Sonde ist proportional zur Neutronendichte.

Tabelle 7.3.1. *Sondensubstanzen für thermische Neutronen*

Ausgangs-isotop	Natürliche Häufigkeit	σ_{act} (2200 s/m)	$\overline{\sigma_{act}}$ (2200s/m) des natürlichen Elements	Erzeugtes Isotop	Halbwert-zeit $T_{\frac{1}{2}}$	Maximale β-Energie	α (cm²/g) nach SEREN
	%	barn	barn			(MeV)	
Ag^{107} . .	51,35	44 ± 9	22,5	Ag^{108}	2,3 min	2,8	6,7
Ag^{109} . .	48,65	$2{,}8 \pm 0{,}5$	1,4	Ag^{110}	270 d	0,53 38%	36,5
						0,087 50%	
Ag^{109} . .	48,65	110 ± 20	54	Ag^{110}	24,2 sec	2,86	2,9
Rh^{103} . .	100	12 ± 2	12	Rh^{104}	4,5 min	1,0	4,4
Rh^{103} . .	100	140 ± 30	140	Rh^{104}	44 sec	2,6	3,9
In^{113} . .	4,23	56 ± 12	2,37	In^{114}	49 d		
In^{113} . .	4,23	$2{,}0 \pm 0{,}6$	0,08	In^{114}	72 s	1,98	6,4
In^{115} . .	95,77	145 ± 15	139	In^{116}	54,1 min	1	17,2
In^{115} . .	95,77	52 ± 6	50,5	In^{116}	13 s	2,8	5,4
Dy^{164} . .	28	510 ± 20	143	Dy^{165}	1,3 min	sehr weich	50
Dy^{164} . .	28	2100 ± 300	590	Dy^{165}	140 min	1,25	12,4
Mn^{55} . .	100	$13{,}4 \pm 0{,}3$	13,4	Mn^{56}	2,58 h	2,88	4,85
Au^{197} . .	100	96 ± 10	96	Au^{198}	2,7 d	0,97	19,3
J^{127} . .	100	$5{,}5 \pm 0{,}5$	5,5	J^{128}	25 min	2,02	5,33

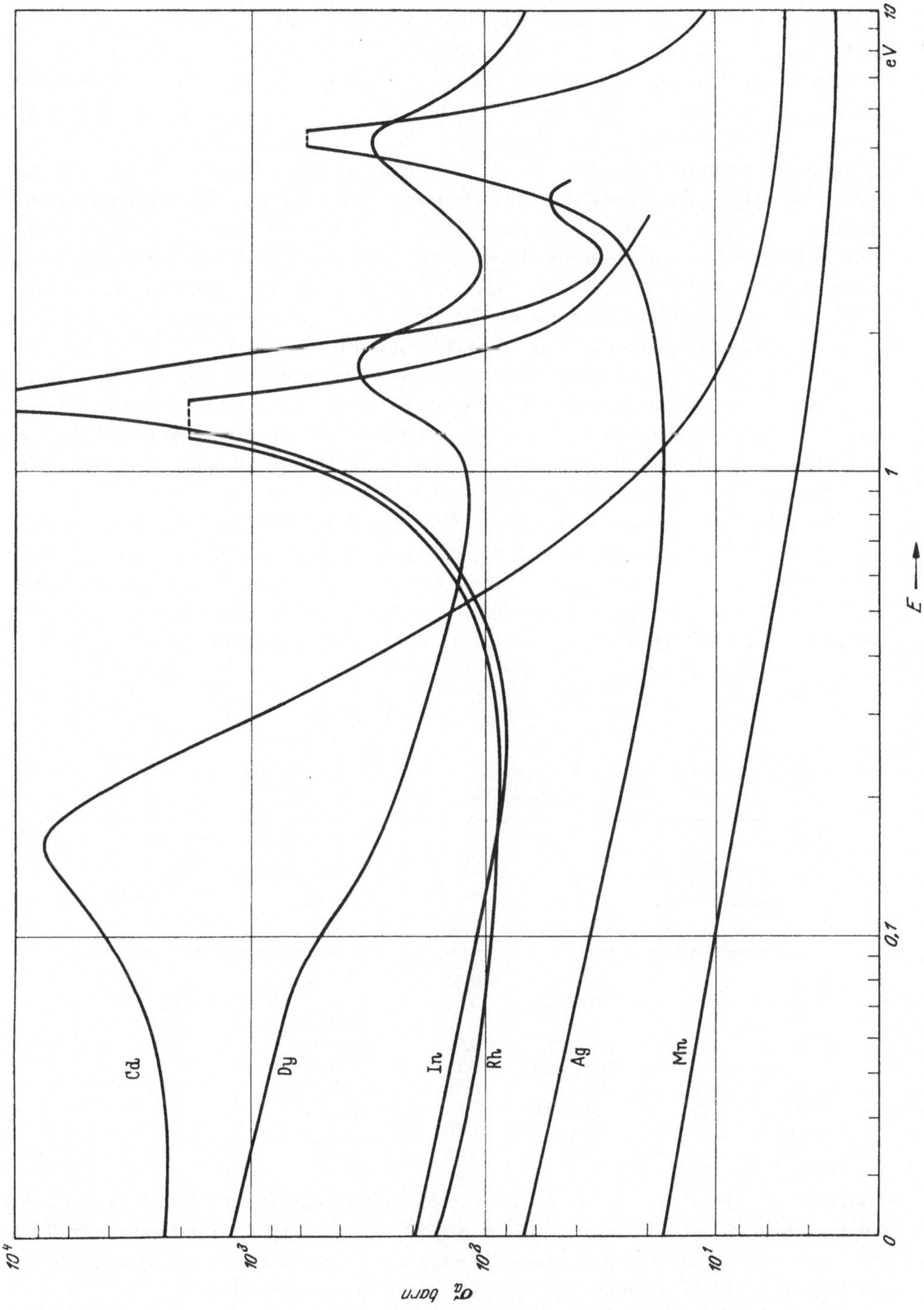

Abb. 7.3.1. Wirkungsquerschnitte von Sondensubstanzen

Einige Sondensubstanzen der Tabelle 7.3.1 besitzen mehrere Halbwertzeiten, z.B. Indium eine von 13 sec und eine von 54 min. Letztere gehört zur meist benutzten Aktivität. Bei der Messung muß darauf geachtet werden, daß die kurzlebige vorher abgeklungen ist. Die angegebenen maximalen β-Energien findet man bei MATTAUCH-FLAMMERSFELD sowie bei FEINGOLD.

Die Sonden können in fester, flüssiger und gasförmiger Form verwendet werden. Ihre äußere Gestalt muß dem jeweiligen Verwendungszweck angepaßt werden und beeinflußt das Meßergebnis. In vielen Fällen werden Sonden als kleine feste Scheibchen gebraucht und dienen in dieser Form z.B. zur punktweisen Messung der Neutronenintensität in ausgedehnten Neutronenfeldern. Indium z.B. als Metallfolie, ebenso Rhodium, Silber und Gold; Jod als Bleijodidpulver und Dysprosium als Dysprosiumoxyd (Dy_2O_3)-Pulver, aufgeschlemmt in einem Bindemittel auf Al-Unterlage (Abschnitt 7.6). In stabförmigen Flüssigkeitssonden, die z.B. zur Integration der Neutronendichte in einer Streusubstanz längs einer Koordinate vorteilhaft sind, können die Substanzen (Dy, In) in einer Flüssigkeit (z.B. D_2O mit etwas Salpetersäure) gelöst sein. Zur Aktivitätsmessung dient ein Flüssigkeitszählrohr. Es würde zu weit führen, die vielen Möglichkeiten der Sondenkonstruktion hier im einzelnen zu erörtern. Am wichtigsten sind wie gesagt die scheibenförmigen Sonden, deren Konstruktion (Abschnitt 7.6) und Theorie (8. Kapitel) wir genauer besprechen werden.

Obwohl häufig nur *ein* Isotop eines Elementes die Sondeneigenschaft besitzt, können die Neutronen auch durch die übrigen Isotopen absorbiert werden. Die Theorie der Sonden erfordert oft die Kenntnis der gesamten Absorption. Sie wird durch den Massenabsorptionskoeffizienten μ [cm^2/g] des Elements charakterisiert. Eine Schichtdicke von x g/cm² schwächt den thermischen Neutronenstrom um einen Faktor $\exp(-\mu x)$. Es ist

$$\mu = \sum_i N_{g\,i} \cdot \sigma_{a\,i} = N_g \cdot \overline{\sigma_a}\,.$$

Tabelle 7.3.2. *Absorptionsquerschnitt sowie Massenabsorptions- und Aktivierungskoeffizient für Neutronen der Geschwindigkeit 2200 m/sec*

Sondensubstanz natürlicher Isotopenzusammensetzung	σ_a (barn)	μ (cm²/g)	Halbwertzeit $T_{\frac{1}{2}}$ der Sondenaktivität	$\frac{\mu_{T\frac{1}{2}}}{\mu}$ zur Anregung von $T_{\frac{1}{2}}$ verwandter Teil der absorbierten Neutronen
Ag	62 ± 2	0,34	2,3 min	0,36
Rh	150 ± 7	0,88	44 sec	0,93
			4,5 min	0,07
In	190 ± 10	1,0	54 min	0,73
Mn	13,2 ± 0,4	0,144	2,58 h	1
Au	98 ± 1	0,300	2,7 d	1
J	6,7 ± 0,6	0,031	25 min	1
Dy	1100 ± 150	4,10	140 min	0,53
Dy_2O_3		3,66		

Dabei ist $N_{g\,i}$ die Zahl der Atome der Sorte i im Gramm, $\sigma_{a\,i}$ ihr Absorptionsquerschnitt, bzw. N_g die Gesamtzahl der absorbierenden Atome im Gramm und $\overline{\sigma_a}$ der totale Absorptionsquerschnitt. Analog definiert man einen Aktivierungskoeffizienten des Elementes für die Aktivität der Halbwertszeit $T_{\frac{1}{2}}$

$$\mu_{T_{\frac{1}{2}}} = N_{g\,T_{\frac{1}{2}}} \cdot \sigma_{a\,T_{\frac{1}{2}}}\,.$$

In der Tabelle 7.3.2 findet man $\mu_{T_{\frac{1}{2}}}$ und μ für einige Sondensubstanzen.

In der Regel wird die β-Strahlung der Sondensubstanz bereits in der Sonde durch Selbstabsorption geschwächt. Die β-Strahlung einer Schicht, die den Abstand x g/cm² von der Sondenoberfläche hat, wird in vielen Fällen nahezu exponentiell geschwächt, also um einen Faktor $\exp(-\alpha x)$. Der Massenabsorptionskoeffizient α cm²/g hängt hauptsächlich von der Energie der β-Strahlung ab und ist wenig abhängig von der Ordnungszahl des Absorbers. In der Tabelle 7.3.1 sind die Werte von α für β-Strahlen der aktivierten Isotope in cm²/g für Aluminium als Absorber nach Seren angegeben. Weitere Massenabsorptionskoeffizienten finden sich bei MEYER-SCHÜTZMEISTER. Empirisch hat sich gezeigt, daß der Massenabsorptionskoeffizient angenähert als Funktion der maximalen Energie des β-Spektrums darzustellen ist:

$$\alpha = \frac{22}{E_{\max}^{1,33}}\,; \quad E \text{ in MeV}.$$

Die Werte von α in Tabelle 7.3.1 dürften Unsicherheiten enthalten. So hat VIGON die Selbstabsorption des Indiums durch Aktivierung einer dünnen Folie ($\alpha\delta \ll 1$) (δ = Foliendicke) und Absorption der β-Strahlung mittels sehr dünnen aufgelegten nicht aktivierten In-Folien verschiedener Dicke bestimmt. Die Absorptionskurve konnte nur durch Überlagerung zweier Exponentialkurven dargestellt werden:

$$A = 0{,}94\, e^{-\alpha_1 x} + 0{,}06\, e^{-\alpha_2 x},$$

mit $\alpha_1 = 29$ cm²/g und $\alpha_2 = 2$ cm²/g. Die β-Strahlung des In ist komplex; die genauere Analyse der Absorptionskoeffizienten dürfte auch in anderen Fällen zeigen, daß ein einziges α zur Darstellung der Absorption nicht ausreicht. Die Werte α_1 und α_2 weichen von denen von SEREN (Tabelle 7.3.1) stark ab. Diese Selbstabsorption der β-Strahlung bewirkt zusammen mit der Absorption der Neutronen, daß zur Erzielung einer maximalen Aktivität eine Sonde nicht beliebig dick gemacht werden darf. Wir kommen in Abschnitt 8.1 darauf zurück. Experimentell ergibt sich für Indium bei Aktivierung durch thermische Neutronen, daß bei 100 mg/cm² ein Maximum der β-Aktivierung vorliegt (TITTLE).

Auf die Mitanregung störender Aktivitäten der Sonde und eventueller Halterungsmaterialien (Al!) muß im Einzelfall geachtet werden. Halterungsmaterialien prüft man im Leerversuch. Als Beispiel für die Sondensubstanzen sei erwähnt, daß In^{115} ein Isomeres mit 4,5 h Halbwertszeit besitzt, das durch inelastische Streuung schneller Neutronen angeregt werden kann. In 8 cm Abstand von einer (Ra + Be)-Quelle in H_2O findet TITTLE, daß bei Bestrahlung bis zur Sättigung die γ-Strahlung der Isomeren in seinem β-Zählrohr 90 min nach Belichtungsende 3% seiner Aktivität ausmacht, bei Belichtung in 16 cm Abstand $\sim$1%. Man sollte also In möglichst kurz belichten (vgl. Abschnitt 7.5), um die 4,5 h-Aktivität klein zu halten.

7.4. Resonanzsonden

Zur Messung des Flusses epithermischer Neutronen oder der Bremsdichte $q(E)$ verwendet man in Cd eingehüllte Resonanzdetektoren. Ist die Sonde hinreichend dünn, so daß keine Depression des Flusses an den Resonanzstellen auftritt — diese Forderung wird später noch präzisiert werden — und kann der epithermische Fluß durch

$$\Phi(E) = \frac{q(E)}{\xi \Sigma_s E}$$

dargestellt werden, so ist die Aktivierung der Resonanzsonde proportional zu[1]

$$\int\limits_{0,4\,\mathrm{eV}}^{\infty} \frac{q(E)}{\xi \Sigma_s} \sigma_a(E) \frac{dE}{E}.$$

Hat der Aktivierungsquerschnitt der Sondensubstanz nur eine Resonanzstelle bei E_0 und ist sonst klein, so ist die Aktivierung proportional

$$\frac{q(E_0)}{\xi \Sigma_s} \int\limits_{0,4}^{\infty} \sigma_a(E) \frac{dE}{E},$$

also proportional zur Bremsdichte bei E_0. Für einen idealen Resonanzdetektor sollte man also verlangen, daß das Resonanzaktivierungsintegral überwiegend von einer Einzelresonanz herrührt. Dieser Forderung kommen das *Indium* ($E_0 = 1{,}44$ eV), das Gold ($E_0 = 4{,}9$ eV) und das Rhodium (1,3 eV) sehr nahe. Gebräuchliche Resonanzdetektoren sind ferner Palladium (25 eV) und Jod (37 eV). Am meisten verwendet wird die erwähnte 1,44 eV-Resonanz beim Indium; der Resonanzeinfang führt zu der bereits besprochenen 54 min-Halbwertszeit. Der Absorptionsquerschnitt des In erreicht im Maximum der Resonanz den Wert 28000 barn; die Schichtdicke, längs derer der Resonanzfluß auf $1/e$ abgeschwächt wird, beträgt dann etwa 0,6 mg/cm². Man erkennt daraus, daß die Dicke eines In-Resonanzdetektors nur von der Größenordnung mg/cm² sein darf, damit seine Aktivierung nur von 1,44 eV-Neutronen herrührt. Eine dicke Sonde wird in einem dem Volumen proportionalen Anteil von Neutronen anderer Energie (In besitzt einige kleinere Resonanzstellen bei höherer Energie) aktiviert, was u.U. das Meßergebnis empfindlich stört. Ist die Form des Spektrums bekannt, kann dieser Anteil rechnerisch eliminiert werden. Für manche Messungen ist es nötig, die Absorption der epithermischen Neutronen in der Cd-Hülle zu berücksichtigen. Abb. 7.4.1 zeigt nach TITTLE den Korrekturfaktor, mit dem die gemessene Aktivität einer unter Cd aktivierten In-Sonde zu multiplizieren ist, für verschiedene Cd-Dicken als Funktion der Dicke der In-Sonde.

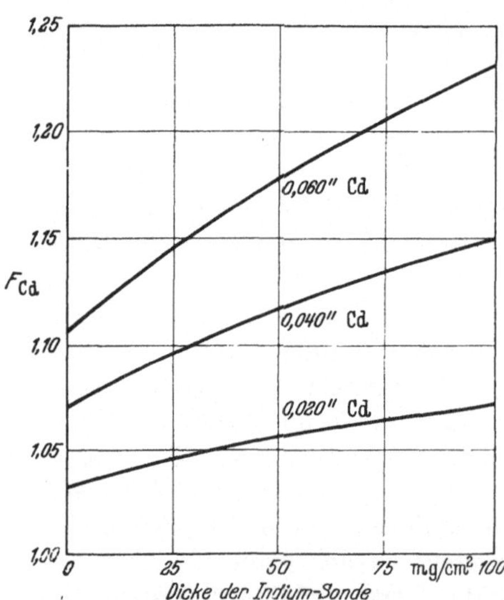

Abb. 7.4.1. Cd-Korrekturfaktoren (nach TITTLE)

7.5. Aktivierung und Aktivität einer Sonde

7.5.1. Definitionen

Um eine Beziehung zwischen der Intensität eines Neutronenfeldes und der Aktivität der Sonde herzustellen, müssen folgende Begriffe eingeführt werden:

[1] Vgl. auch Abschn. 6.6.

Intensität F des Neutronenfeldes. F ist der im 3. Abschnitt eingeführte Vektorfluß.

Aktivierung $C =$ Zahl der aktivierten Atome, die das Neutronenfeld pro sec erzeugt. Bei Scheibensonden definiert man mit Vorteil C als die Zahl der aktivierten Atome, die pro sec und cm^2 *Sondenoberfläche* entstehen. $C = C\left(F, N, \sigma_a, \frac{\mu_a}{\mu}\right)$.

Gesamtaktivierung B der Sonde, d.i. die Zahl der seit Bestrahlungsbeginn in der Sonde gebildeten radioaktiven Isotope. B erreicht einen Gleichgewichtswert B_∞, wenn ebenso viele Atome pro Zeiteinheit aktiviert werden, wie radioaktiv zerfallen.

Aktivität A der Sonde, d. i. die Zahl von Zerfällen in der Zeiteinheit, die von einem vorgegebenen Meßgerät wirklich registriert werden. A ist proportional B.

7.5.2. Zeitabhängigkeit der Gesamtaktivierung

Die Gesamtaktivierung B in der Sonde sei immer klein gegen die Gesamtzahl der Sondenatome, die als konstant anzusehen ist. Dann ist in einem zeitlich konstanten Neutronenfeld die Aktivierung C ebenfalls eine Konstante.

Die Zahl der Zerfälle in der Zeiteinheit ist proportional B:

$$\text{Zahl der Zerfälle} = \lambda \cdot B. \tag{7.5.1}$$

Die Proportionalitätskonstante λ wird *Zerfallskonstante*, $\tau = 1/\lambda$ die *Lebensdauer* genannt. Sie hängt mit der Halbwertszeit $T_{\frac{1}{2}}$ zusammen:

$$\tau \cdot \ln 2 = \tau \cdot 0{,}693 = T_{\frac{1}{2}}. \tag{7.5.2}$$

Die Gesamtaktivierung gehorcht der Differentialgleichung

$$\frac{dB}{dt} = C - \lambda B. \tag{7.5.3}$$

Aus (7.5.3) erhält man folgende Beziehungen:

1. Die Zahl der Zerfälle im Aktivierungsgleichgewicht, d.h. nach unendlich langer Belichtung. Dann ist $\frac{dB}{dt} = 0$ und aus (7.5.3) folgt die „Sättigungsaktivierung“

$$B_\infty = \frac{C}{\lambda}. \tag{7.5.4}$$

2. Die Gesamtaktivierung nach der Bestrahlungszeit t folgt aus der Integration von Gl. (7.5.3)

$$B(t) = \frac{C}{\lambda}(1 - e^{-\lambda t}) = B_\infty(1 - e^{-\lambda t}). \tag{7.5.5}$$

3. Die Belichtungszeit $t_{0/_{00}}$ für Sättigung bis auf $1\,{}^0/_{00}$ folgt aus Gl. (7.5.5):

$$e^{-\lambda t_{0/_{00}}} = {}^1/_{1000}$$

oder

$$\left(\frac{1}{2}\right)^{\frac{t_{0/_{00}}}{T_{\frac{1}{2}}}} = {}^1/_{1000}.$$

Da $2^{10} = 1024$, folgt

$$t_{0/_{00}} \approx 10\, T_{\frac{1}{2}}. \tag{7.5.6}$$

4. Gesamtaktivierung nach der Zeit t_2 nach Belichtungsende. Die Sonde werde während t_1 bestrahlt, seit Bestrahlungsende sei t_2 verstrichen. Wie groß ist die Gesamtaktivierung B_2 am Ende von t_2? Nach Gl. (7.5.5) ist am Ende von t_1

$$B_1 = B_\infty (1 - e^{-\lambda t_1}).$$

Die aktivierten Atome zerfallen gemäß $\frac{dB}{dt} = -\lambda B$, also

$$B(t_2) = B(t_1)\, e^{-\lambda t_2} = B_\infty (1 - e^{-\lambda t_1})\, e^{-\lambda t_2}. \tag{7.5.7}$$

Es ist üblich, alle Messungen auf B_∞ umzurechnen. Eine zu irgendeiner Zeit gemessene Gesamtaktivierung $B(t_2)$ muß deshalb mit einem Zeitfaktor T multipliziert werden, der B_∞ liefert:

$$B_\infty = B \cdot T.$$

Nach (7.5.7) ist

$$T = \frac{e^{\lambda t_2}}{1 - e^{-\lambda t_1}}. \tag{7.5.8}$$

Wurde zur Sättigung belichtet, so reduziert er sich auf $e^{\lambda t_2}$. Tabellen von $e^{\lambda t}$ findet man im Anhang.

7.5.3. Zusammenhang von Aktivität und Gesamtaktivierung

Die Aktivität der Sonde ist, falls *alle* Zerfälle registriert werden

$$A = -\frac{dB}{dt} = \lambda B. \tag{7.5.9}$$

Aus A ist also die augenblickliche Gesamtaktivierung zu erhalten. Ebenso erhält man $A \cdot T = A_\infty$, die Sättigungsaktivität.

In der Regel ist das gemessene A nicht gleich der Zerfallszahl. Aus geometrischen Gründen, wegen der Absorption in der Zählerwand und infolge der Selbstabsorption in der Sonde gehen Elektronen verloren. Die Verluste durch Selbstabsorption werden in Abschnitt 8.1 behandelt. Die übrigen Verluste werden durch einen Geometriefaktor R beschrieben:

$$A = R \cdot \frac{dB}{dt}; \qquad B_\infty = \frac{T}{R \cdot \lambda} \cdot A. \tag{7.5.10}$$

Die Beziehung (7.5.9) kann nur mit sehr dünnen Sonden und speziell konstruierten Zählrohren, sog. 4π-Zählern, realisiert werden (Abschn. 9.1.). Damit R in den übrigen Fällen eine Konstante ist, muß A unter reproduzierbaren geometrischen Verhältnissen gemessen werden.

7.5.4. Reduktion der Aktivität auf einen Standard

In vielen Fällen genügt es, an Stelle der Aktivität einen Relativwert bezogen auf eine geeignete Standard-Aktivität zu kennen. Dabei kann es sich um eine Sonde handeln, die eine Standard-Bestrahlung erfahren hat. Bequem ist auch der Vergleich mit einem sehr langlebigen radioaktiven Strahler, z.B. mit natürlichem Uranmineral, in dem Uran mit allen Tochtersubstanzen im Gleichgewicht ist. Da es sich jedoch nicht um dieselbe Strahlung (hinsichtlich Energie, γ-Untergrund) wie bei der Sonde handelt, können Änderungen der Zählrohrempfindlichkeit auch das Ansprechverhältnis für Sonden- und Standardstrahlung ändern. In der Praxis muß die Sondenintensität möglichst in kurzen Abständen mit der Standard-Intensität verglichen werden. Auch die reduzierte Aktivität muß mit dem Zeitfaktor auf reduzierte Sättigungsaktivität umgerechnet werden.

7.6. Sondenkonstruktion und Messung der Sondenaktivität

Die Konstruktion der Sonden sowie der Geräte zur Ausmessung ihrer Aktivität ist denkbar einfach und kann dem jeweiligen Experiment angepaßt werden. Dennoch hat es sich als praktisch erwiesen, innerhalb eines Laboratoriums eine gewisse Standardisierung häufiger Sondentypen und der zugehörigen Meßgerate vorzunehmen. Die folgenden kurzen Beschreibungen vor allem der Scheibensonden nebst Meßgeräten geben einige Anhaltspunkte.

7.6.1. Konstruktion von Scheibensonden

Die eigentliche Sondensubstanz wird, wenn es sich um ein Metall (In, Au) handelt, als dünnes kreisförmiges Blechscheibchen von 1 bis 2 cm Durchmesser, wenn es sich um ein Pulver (Dy_2O_3) handelt, als Belag auf einer Unterlage aus 0,5 mm Al-Blech von 1 bis 2 cm Durchmesser verwendet. Als Normaldimension werde 2 cm Durchmesser (Fläche $= \pi$ cm^2) angenommen. Wichtig ist völlig gleichmäßige Dicke der Sondensubstanz, oft auch gleiche Dicke und Größe eines Satzes von mehreren Sonden. Bei Metallen wird dies durch Ausstanzen aus einer gewalzten Folie erreicht. Zur Kontrolle werden die Sonden ausgewogen.

Aus pulverisierter Substanz wie Dy_2O_3 kann auf folgende Weise ein gleichmäßig belegter Satz von Sonden hergestellt werden. 5 g fein gemahlenes Dy_2O_3-Pulver werden in etwa 800 cm^3 Aceton, in dem etwas reines Celluloid gelöst ist, suspendiert, tüchtig geschüttelt und in einen kleinen rechteckigen Glastrog der Grundfläche 60×120 und der Höhe 150 mm gegossen. Man läßt zunächst etwa 2 min lang gröbere Oxydkörnchen sich absetzen. Dann werden 10 Stück gut gereinigte Kreisscheibchen aus 0,5 Al auf einer mit Löchern versehenen Blechunterlage langsam in die Suspension eingetaucht. Im Verlauf mehrerer Stunden sedimentiert das Pulver sehr gleichmäßig auf alle Scheibchen. Dann werden sie zur Vermeidung von Strömungen sehr langsam auf ihrer Unterlage, die an Fäden aufgehängt ist, herausgezogen. Sie trocknen rasch und werden falls notwendig nochmals mit einer stärkeren Lösung von Celluloid in Aceton bestäubt, und nach Trocknen ausgewogen. Bei Einhaltung der angegebenen Daten erhält man etwa 30 mg Dy_2O_3/cm^2, d.i. 100 mg pro Sondenscheibchen.

Die fertige Sondenscheibe wird auf den Sondenhalter, eine rechteckige Unterlage aus 1,5 mm dickem Al-Blech gebracht, die eine passende Einfräsung besitzt, und dort festgeklebt. Zum Schutz gegen mechanische Beschädigung liegt die Sondenoberfläche etwa 0,5 mm versenkt. Dysprosiumoxydsonden werden zum Schutz des Belags außerdem mit einer 0,03 mm Al-Folie bedeckt, die ebenfalls vertieft liegt und am Rand mit Araldit (kaltpolymerisiert) verklebt ist. Unter Umständen kann zunächst auch eine sehr dünne Schicht Paraffin auf das suspendierte Pulver gebracht werden, und dann erst die Al-Folie. Sondenscheibe nebst Unterlage bilden die fertige Sonde; sie wird in dieser Form exponiert. Es ist vorteilhaft, einen Satz derart hergestellter Sonden durch Bestrahlung am gleichen Ort innerhalb eines konstanten Neutronenfeldes zu eichen.

Vergleichstandards aus Uranmineralpulver werden entsprechend hergestellt. Das Pulver wird in flüssigem Araldit aufgeschlemmt und auf eine Al-Scheibe gebracht, nach Erstarren abgewaschen und ebenfalls auf einer Sondenunterlage festgeklebt. Es empfiehlt sich, einen Satz Standards verschiedener Aktivität anzufertigen.

7.6.2. Geräte zur Messung der Aktivität von Scheibensonden

Die aktivierte Sonde wird zur Auszählung der Aktivität in einen „Halter“ eingelegt und mit diesem Halter unter das Zählrohrfenster geschoben. Dabei läuft der Halter bis zum Anschlag in einer Nut in der Grundplatte eines Bleihauses, in dem sich das Glockenzählrohr befindet. Das Bleihaus hält einen Teil der kosmischen Strahlung und der Raumaktivität ab, um den Nulleffekt des Zählrohrs zu reduzieren. Eventuelle Radioaktivität des Bleis selbst wird durch einen inneren Eisenbelag von 2 mm Dicke abgehalten. Ein sauber konstruiertes Bleihaus mit Zubehör gewährleistet Reproduzierbarkeit der Sonden- und Standardaktivität über lange Zeiten. Erwähnt sei, daß auch die elektronischen Zählgeräte (Verstärker, Untersetzer, mechanisches Zählwerk, Spannungsquellen), auf die wir nicht eingehen, zweckmäßig in einer Standardausführung vorliegen sollen.

Müssen sehr viele Sonden in kurzer Zeit ausgezählt werden, so lohnt es sich unter Umständen, den Zähl- und Auswertungsvorgang zu automatisieren (vgl. Relf).

7.6.3. Flüssigkeitssonden

Von den übrigen Formen der Sonden seien die Flüssigkeitssonden erwähnt. Eine gebräuchliche Form ist ein dünnes Glas- oder Aluminiumrohr, das die zu aktivierende Lösung enthält. Die meisten Sondensubstanzen lassen sich in H_2O, oft besser D_2O, mit etwas Essigsäure, notfalls auch Salpetersäure lösen. Die aktivierte Lösung wird in einem Flüssigkeitszählrohr ausgemessen. Als Vergleichsstandard dient eine Probe derselben Flüssigkeit, die eine Standardaktivierung erfahren hat. Auch das Flüssigkeitszählrohr befindet sich in einem geeignet konstruierten Bleihaus.

Literatur zum 7. Kapitel

Fowler, I. L., and P. R. Tunicliffe: Rev. Sci. Instrum. **21**, 734 (1950).
Cocconi, V. et al.: Rev. Sci. Instrum. **22**, 889 (1951).
Hauser, U.: Z. Naturforsch. **7** a, 781 (1952).
} Borzähler.

Hanson, A. O., and M. L. McKibben: Phys. Rev. **72**, 673 (1947).
Nobles, R. A. et al.: Rev. Sci. Instrum. **25**, 334 (1954).
} „Long counter.“

Mühlhause, C. O., and G. E. Thomas: Phys. Rev. **85**, 926 (1952). — Nucleonics **11**, 1, 44 (1953).
} Flüssige Szintillatoren.

Gatti, E. et al.: Nuovo Cim. **9**, 1013 (1953).
Koontz, P. G. et al.: Rev. Sci. Instrum. **26**, 352 (1955).
} B + ZnS-Szintillatoren.

Gunst, S. B. et al.: Rev. Sci. Instrum. **26**, 894 (1955).
Hofstädter, R. et al.: Phys. Rev. **82**, 749 (1951).
Schardt, A. W., and W. Bernstein: Phys. Rev. **86**, 583 A (1952).
} Li J-Szintillatoren.

Kaplan, N., and H. Yagoda: Rev. Sci. Instrum. **23**, 155 (1952).
} Borhaltige Photoplatten zum N-Nachweis.

Allen, R. C.: Phys. Rev. **95**, 637 (1954).
Beyster, J. R. et al.: Phys. Rev. **97**, 563 (1953).
Skyrme, T. H. R. et al.: Rev. Sci. Instrum. **23**, 204 (1952).
} Wasserstoffkammern.

Rossi, B., and H. Staub: Ionisation Chambers and Counters. New York-Toronto-London: McGraw Hill 1949.
Fünfer, E., u. H. Neuert: Zählrohre und Szintillationszähler. Karlsruhe: G. Braun 1954.
} Allgemeines über Zähler.

Bonner, T. W. et al.: Phys. Rev. **94**, 808 (1954) (Organische Szintillatoren als Detektoren für schnelle Neutronen).

Hornyak, W. F.: Rev. Sci. Instrum. **23**, 264 (1952) („Hornyak-Button“).

Rosen, L.: Genf P/582 (1955). — Nucleonics **11**, Nr 7, 32, Nr 8, 38 (1953).
Nereson, N., and F. Reines: Rev. Sci. Instrum. **21**, 534 (1950).
} Beobachtung von Neutronenspektren in Photoplatten.

EGGLER, C.: Nucl. Sci. Eng. 1, 391 (1956) (Beobachtung von Neutronenspektren mit der Nebelkammer).

NERESON, N., and S. DARDEN: Phys. Rev. 89, 775 (1953).
COCHRAN, R. G., and M. HENRY: Rev. Sci. Instrum. 26, 757 (1955).
JOHNSON, C. H., and C. C. TRAIL: Rev. Sci. Instrum. 27, 468 (1956).
PERLOW, G. J.: Rev. Sci. Instrum. 27, 460 (1956).
SCHMIDT-ROHR, U.: Z. Naturforsch. 8a, 470 (1953).
} Rückstoßprotonen-Spektrometer.

BATCHELOR, R., R. AVES and T. H. R. SKYRME: Rev. Sci. Instrum. 26, 1037 (1955) (He^3-Detektor).

FELD, B. T.: Phys. Rev. 71, 464 (1947).
COHEN, B. L.: Nucleonics 8, 2, 29 (1951). — Phys. Rev. 81, 184 (1951).
ALLEN, A. J. et al.: Phys. Rev. 81, 536 (1951).
} Schwellensonden.

SEREN, L. et al.: Phys. Rev. 72, 888 (1947).
MATTAUCH, J., u. A. FLAMMERSFELD: Isotopenbericht. Tübingen: Verl. d. Z. Naturf. 1949.
Siehe auch
Landolt-Börnstein, 6. Aufl., Bd. I, S. 294.
HUGHES, D. J.: BNL 325 (Tabellenbuch).
} Angaben über Sondensubstanzen.

FEINGOLD, A. M.: Rev. Mod. Phys. 23, 10 (1951) (β-Energien).

VIGON, M.: Naturwiss. 40, 458 (1953).
Landolt-Börnstein, 6. Aufl., Vol. I, 5, S. 348.
GLEASON, G. J.: Nucleonics 8, 5, 12 (1951).
} Selbstabsorption von β-Strahlern.

TITTLE, C. W.: Nucleonics 8, 6, 5 (1951); 9, 1, 60 (1951) (Allgemeines über thermische Sonden).

ELMORE, W., and M. SANDS: Electronics. New York-Toronto-London: McGraw Hill 1949 (Beschreibungen von elektronischen Zählgeräten).

RELF, K. E.: Nucleonics 15, 4, 86 (1957) (Automatische Auszählung und Auswertung von Sondenmessungen).

8. Vertiefte Behandlung der Neutronensonden

Neutronensonden, insbesondere Scheibensonden, ermöglichen sehr genaue Messungen von Feldintensitäten. Um jedoch die volle Genauigkeit solcher Sondenmessungen auszunutzen, ist eine Kenntnis der Sondentheorie erforderlich, die wir deshalb im folgenden besprechen. Dies geschieht in zwei Schritten: Zunächst wird der Zusammenhang zwischen der Aktivierung bzw. der Aktivität der Sonde mit den Feldgrößen am Sondenort diskutiert, wobei die Störungen, die das Neutronenfeld durch das Einbringen der Sonde erfährt, vernachlässigt werden. Der Einfluß dieser Störungen wird dann gesondert besprochen.

8.1. Theorie der Aktivität scheibenförmiger Neutronensonden

8.1.1. Aktivierung und Neutronenfluß

In einem Neutronenfeld befinde sich eine kreisscheibenförmige Sonde der Dicke δ, deren Absorptions- und Aktivierungskoeffizienten wir mit μ bzw. μ_a bezeichnen[1]. Das Neutronenfeld, das wir der Einfachheit halber zunächst als monoenergetisch annehmen (die Spezialisierung auf die Maxwell-Verteilung erfolgt in 8.1.3), besitze in jedem Punkt eine Symmetrie seiner Intensität um eine Rotationsachse und lasse sich, wie im 3. Kapitel, durch

$$F(\vec{r}, \vartheta, \varphi) = \frac{1}{4\pi} F_0(\vec{r}) + \frac{3}{4\pi} F_1(\vec{r}) \cos\vartheta \tag{8.1.1}$$

[1] Wir vernachlässigen hier und im folgenden Streuprozesse innerhalb der Sonde.

darstellen. Die Sondennormale schließe mit der Symmetrieachse den Winkel ψ ein; im übrigen sei angenommen, daß sich das Neutronenfeld längs der Sondenoberfläche nicht ändert.

Unsere Aufgabe besteht nun darin, den Zusammenhang zwischen der Aktivierung $C\,[\mathrm{cm}^{-2}\mathrm{sec}^{-1}]$ (vgl. 7.5) und den Feldgrößen F_0, F_1 aufzusuchen. Dazu betrachten wir die Abb. 8.1.1.

Die Aktivierung der Schicht x, $x+dx$ durch Neutronen aus dem Raumwinkelelement $d\Omega = \sin\Theta\, d\Theta\, d\varphi'$ beträgt

$$\left.\begin{aligned} dC &= F(\vec{r},\vartheta,\varphi)\, e^{-\frac{\mu x}{\cos\Theta}}\cdot dx\,\frac{\mu_a}{\cos\Theta}\cos\Theta\, d\Omega \qquad 0<\Theta<\frac{\pi}{2}\\ dC &= F(\vec{r},\vartheta,\varphi)\, e^{-\frac{\mu(\delta-x)}{|\cos\Theta|}}\cdot dx\,\frac{\mu_a}{|\cos\Theta|}\cdot|\cos\Theta|\cdot d\Omega \qquad \frac{\pi}{2}<\Theta<\pi.\end{aligned}\right\}\tag{8.1.2}$$

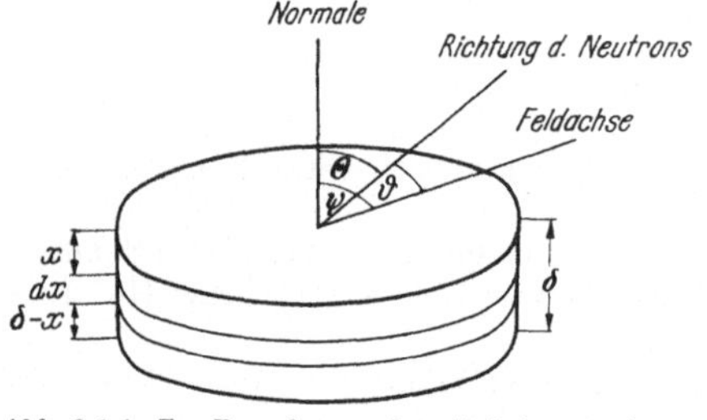

Abb. 8.1.1. Zur Berechnung der Aktivierung einer Scheibensonde

Die Aktivierung der Sonde durch die von beiden Seiten einfallenden Neutronen erhält man durch Integration über x und die Neutronenrichtungen:

$$\left.\begin{aligned} C &= \int_0^{2\pi} d\varphi' \int_0^{\pi} \sin\Theta\, d\Theta\, F(\vec{r},\vartheta,\varphi)\times\\ &\times\int_0^{\delta} e^{-\frac{\mu x}{|\cos\Theta|}}\mu_a\, dx.\end{aligned}\right\}\tag{8.1.3}$$

Das Integral über x ergibt

$$\int_0^{\delta} e^{-\frac{\mu x}{|\cos\Theta|}}\mu_a\, dx = \frac{\mu_a}{\mu}|\cos\Theta|\left(1-e^{-\frac{\mu\delta}{|\cos\Theta|}}\right).$$

Für den Neutronenfluß setzen wir jetzt die Entwicklung (8.1.1) an, wobei wir $\cos\vartheta$ gemäß

$$\cos\vartheta = \cos\Theta\cdot\cos\psi + \sin\Theta\sin\psi\cdot\cos\varphi' \tag{8.1.4}$$

ersetzen. Bei der Integration verschwindet der $\cos\varphi'$ enthaltende Summand. Auch der Summand mit $\cos\psi$ als Faktor verschwindet, da das Vorzeichen von $\cos\psi$ auf beiden Seiten der Sonde verschieden, die Integrale aber sonst gleich sind. Es wird dann:

$$C = \frac{\mu_a}{\mu}\cdot\frac{F_0(\vec{r})}{2}\cdot 2\int_0^{\pi/2}\sin\Theta\, d\Theta\cos\Theta\left[1-e^{-\frac{\mu\delta}{\cos\Theta}}\right],$$

$$\boxed{C = \frac{\mu_a}{\mu}\cdot\frac{F_0}{2}\cdot\varphi_0(\mu\delta)}. \tag{8.1.5}$$

Dabei ist

$$\begin{aligned}\varphi_0(\mu\delta) &= 2\int_0^{\pi/2}\sin\Theta\, d\Theta\cos\Theta\left[1-e^{-\frac{\mu\delta}{\cos\Theta}}\right]\\ &= 1-(1-\mu\delta)\,e^{-\mu\delta}+\mu^2\delta^2 E_i(-\mu\delta),\end{aligned}$$

wo

$$E_i(-\mu\delta) = -\int_{\mu\delta}^{\infty} \frac{e^{-t}}{t}\, dt \tag{8.1.6}$$

(s. z. B. JAHNKE-EMDE). Der Verlauf der Funktion $\varphi_0(\mu\delta)$, die in Anhang IV tabelliert ist, geht aus Abb. 8.1.2 hervor.

Die Aktivierung ist also unabhängig von der Orientierung zwischen Sondennormale und Feldachse und proportional dem Fluß $\Phi = F_0$. $\varphi_0(\mu\delta)$ können wir

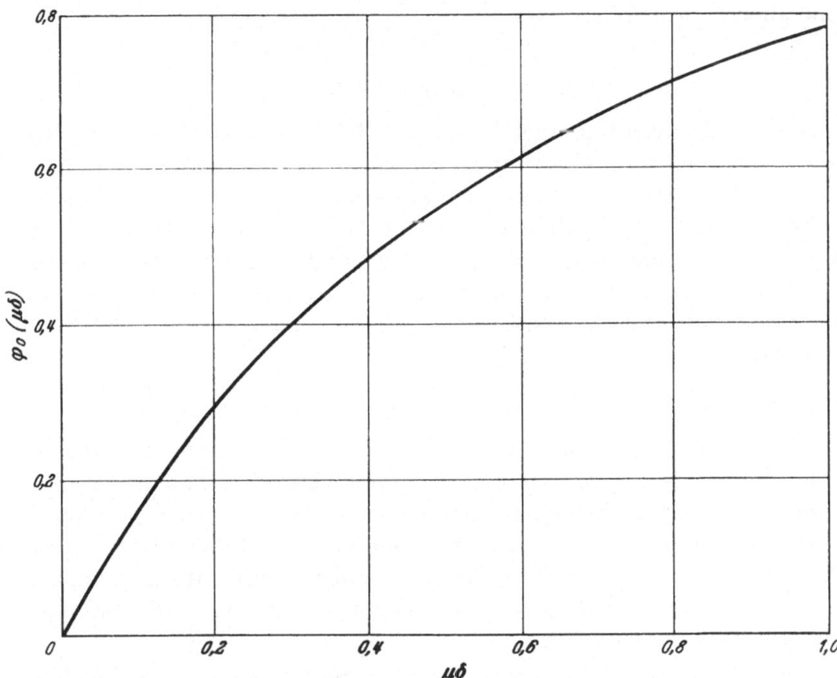

Abb. 8.1.2. Die Funktion $\varphi_0(\mu\delta)$

als mittlere Absorptionswahrscheinlichkeit der Sonde für ein aus beliebiger Richtung auftreffendes Neutron interpretieren: Dazu erinnern wir daran, daß $\frac{F_0}{2} = \frac{\Phi}{2}$ die Anzahl der Neutronen ist, die pro sec auf 1 cm² Sondenoberfläche von beiden Seiten auftreffen; da $\frac{\mu}{\mu_a} \cdot C$ die Anzahl der Neutronen angibt, die pro cm² und sec in der Sonde steckenbleiben, erkennt man mittels Gl. (8.1.5), daß $\varphi_0(\mu\delta)$ die mittlere Wahrscheinlichkeit für ein aus beliebiger Richtung einfallendes Neutron ist, in der Sonde steckenzubleiben.

Es muß allerdings ausdrücklich darauf hingewiesen werden, daß Gl. (8.1.5) und die Interpretation von $\varphi_0(\mu\delta)$ als Absorptionswahrscheinlichkeit nur dann zutreffen, wenn die Störung des Neutronenfeldes durch die Sonde vernachlässigt werden kann.

Wir betrachten die Aktivierung für zwei wichtige Spezialfälle:

1. Sehr dicke Sonde, $\mu\delta \gg 1$. Dann ist $\varphi_0(\mu\delta) = 1$; das ist verständlich, da die Sonde dann „schwarz" ist und alle auf sie einfallenden Neutronen absorbiert, und

$$C = \frac{\mu_a}{\mu} \cdot \frac{\Phi}{2} . \tag{8.1.7}$$

2. Sehr dünne Sonde, $\mu\delta \ll 1$. In diesem Fall ist $\varphi_0(\mu\delta) \approx 2\mu\delta$, also

$$\left.\begin{aligned} C &= \frac{\mu_a}{\mu} \cdot \frac{\Phi}{2} \cdot 2\mu\,\delta \\ &= \Phi \cdot \Sigma_{\text{act}} \cdot d \end{aligned}\right\} \qquad (8.1.8)$$

[d = Sondendicke in cm, Σ_{act} = Aktivierungsquerschnitt der Sonde].

Man erkennt in Gl. (8.1.8), daß die Aktivierung einer dünnen $1/v$-Sonde der Neutronendichte proportional ist.

8.1.2. Aktivität und Aktivierung

Um aus der Aktivierung einer Sonde auf ihre mit einem Zählrohr, Szintillationszähler usw. meßbare Aktivität zu schließen (oder umgekehrt), muß — abgesehen von Geometriefaktoren sowie Faktoren, die durch die Empfindlichkeit der Nachweisvorrichtung bedingt sind — die *Selbstabsorption* der zum Nachweis der Aktivierung benutzten Strahlung in der Sonde berücksichtigt werden. Es gibt Fälle, in denen diese ohne Belang ist, z.B. dann, wenn die Aktivität an Hand der γ-Strahlung oder aber nach der β-γ-Koinzidenzmethode (vgl. Kapitel 9.1) bestimmt wird; dann gilt einfach

$$A = R \cdot C, \qquad (8.1.9)$$

wobei der Faktor R Zeit- und Geometrieeffekte beschreibt. Im allgemeinen erfolgt der Nachweis der Aktivierung an Hand von β-Strahlung, deren Selbstabsorption durch einen Selbstabsorptionsfaktor S beschrieben werden kann. Häufig ist eine Kenntnis von S nicht erforderlich — z.B. bei Relativmessungen oder aber bei den im 12. Kapitel zu besprechenden Temperaturmessungen. Für präzise Absolutmessungen im 4π-Zählrohr kann S experimentell bestimmt werden, wie wir im 9. Kapitel zeigen werden.

Unter der Annahme eines exponentiellen Schwächungsgesetzes für die Elektronen kann der Selbstabsorptionsfaktor oder die Sondenaktivität aber auch berechnet werden. Dies soll nun geschehen, vor allem um zu zeigen, daß infolge der Selbstabsorption eine Abhängigkeit der Sondenaktivität vom Winkel Feldachse–Sondennormale auftritt.

Wir berechnen die Aktivität einer der beiden Sondenoberflächen analog wie die Aktivierung in 8.1.1; ein Faktor R berücksichtigt wieder Zeit- und Geometrieeffekte, während die Selbstabsorption der Elektronen aus der Schicht x, $x+dx$ durch den Faktor $e^{-\alpha x}$ beschrieben wird. Dann ist der Beitrag dieser Schicht zur Sondenaktivität

$$\left.\begin{aligned} dA &= RF(\vec{r},\vartheta,\varphi)\, e^{-\frac{\mu x}{\cos\Theta}}\, e^{-\alpha x}\, dx\, \frac{\mu_a}{\cos\Theta} \cos\Theta\, d\Omega & 0 < \Theta < \frac{\pi}{2} \\ dA &= R\cdot F(\vec{r},\vartheta,\varphi)\, e^{-\frac{\mu(\delta - x)}{|\cos\Theta|}}\, e^{-\alpha x}\, dx\, \frac{\mu_a}{|\cos\Theta|}\, |\cos\Theta|\, d\Omega & \frac{\pi}{2} < \Theta < \pi. \end{aligned}\right\} \qquad (8.1.10)$$

Die Integration ergibt, wenn wir wieder die Entwicklung (8.1.1) zugrunde legen:

$$A = R \cdot \frac{\mu_a}{\mu} \left\{ \frac{1}{2} F_0(\vec{r})\, \varphi_0(\mu\,\delta, \alpha\,\delta) + \frac{3}{2} F_1(\vec{r}) \cos\psi\, \varphi_1(\mu\,\delta, \alpha\,\delta) \right\}. \qquad (8.1.11)$$

Dabei ist mit $\nu = \mu\delta$ und $\beta = \alpha\delta$

$$\left.\begin{aligned}\varphi_0(\nu,\beta) = \frac{\nu}{\beta}\Big\{&(1-e^{-\beta})(1+e^{-\nu}) - \frac{\nu}{\beta}\left(\ln\frac{\nu+\beta}{\nu} + e^{-\beta}\ln\frac{|\nu-\beta|}{\nu}\right) + \\ &+\left[\nu(1-e^{-\beta}) - \frac{\nu}{\beta}(1+e^{-\beta})\right]E_i(-\nu) + \\ &+\frac{\nu}{\beta}\left[E_i(-(\nu+\beta)) + e^{-\beta}E_i(-(\nu-\beta))\right]\Big\}^{1},\end{aligned}\right\} \quad (8.1.12)$$

$$\varphi_1(\nu,\beta) = \frac{1}{2}\frac{\nu}{\beta}(1+e^{-\beta})\left[1-(1-\nu)e^{-\nu} + \nu^2 E_i(-\nu)\right] - \frac{\nu}{\beta}\varphi_0(\nu,\beta). \quad (8.1.13)$$

Die Funktionen $\varphi_0(\nu,\beta)$; $\varphi_1(\nu,\beta)$ sind im Anhang IV tabelliert. Die Abb. 8.1.3 und 8.1.4 zeigen ihren Verlauf für Indium und Dysprosium.

Da $\varphi_1(\nu,\beta)$ im allgemeinen $\neq 0$ ist, und da $F_1(\vec{r})$ nicht immer neben $F_0(\vec{r})$ vernachlässigt werden kann, tritt, wie schon oben erwähnt, eine Abhängigkeit der Aktivität vom Orientierungswinkel ψ im Neutronenfeld auf[2].

Für sehr große und sehr kleine Absorption vereinfachen sich die Ausdrücke beträchtlich. Wir betrachten einige Fälle:

1. Sehr kleine Absorption der Elektronen ($\beta \ll 1$) und beliebige Absorption der Neutronen: Hier wird

$$\varphi_0(\nu,\beta) = 1-(1-\nu)e^{-\nu} + \nu^2 E_i(-\nu) = \varphi_0(\mu\delta)$$
$$\varphi_1(\nu,\beta) = 0.$$

In diesem Fall ist die Aktivität abgesehen vom Faktor R gleich der Aktivierung, wie zu erwarten ist.

2. Sehr große Absorption der Elektronen ($\beta \gg 1$) und kleine Absorption der Neutronen ($\nu \ll 1$):

$$\varphi_0(\nu,\beta) = 2\cdot\frac{\nu}{\beta}$$
$$\varphi_1(\nu,\beta) = 0.$$

Auch dieses Resultat kann unmittelbar eingesehen werden. Wegen $\nu \ll 1$ ist die Aktivierung der Sonde homogen,

$$C = \frac{\mu_a}{\mu}\cdot\frac{\Phi}{2}\cdot 2\nu.$$

Für den Selbstabsorptionsfaktor S gilt dann

$$S = \frac{\int_0^\delta e^{-\alpha x}dx}{\delta} = \frac{1-e^{-\alpha\delta}}{\alpha\delta},$$

wegen $\alpha\delta \gg 1$ also $S = \frac{1}{\alpha\delta} = \frac{1}{\beta}$, damit

$$A = R\cdot\frac{\mu_a}{\mu}\cdot\frac{\Phi}{2}\cdot\frac{2\nu}{\beta}.$$

---

[1] Für $\beta > \nu$ wird $E_i(-(\nu-\beta)) = \overline{E}_i(\beta-\nu)$. Die Funktion $\overline{E}_i(x)$ ist bei JAHNKE-EMDE, Tafeln höherer Funktionen, tabelliert.

[2] Vgl. hierzu auch S. 167.

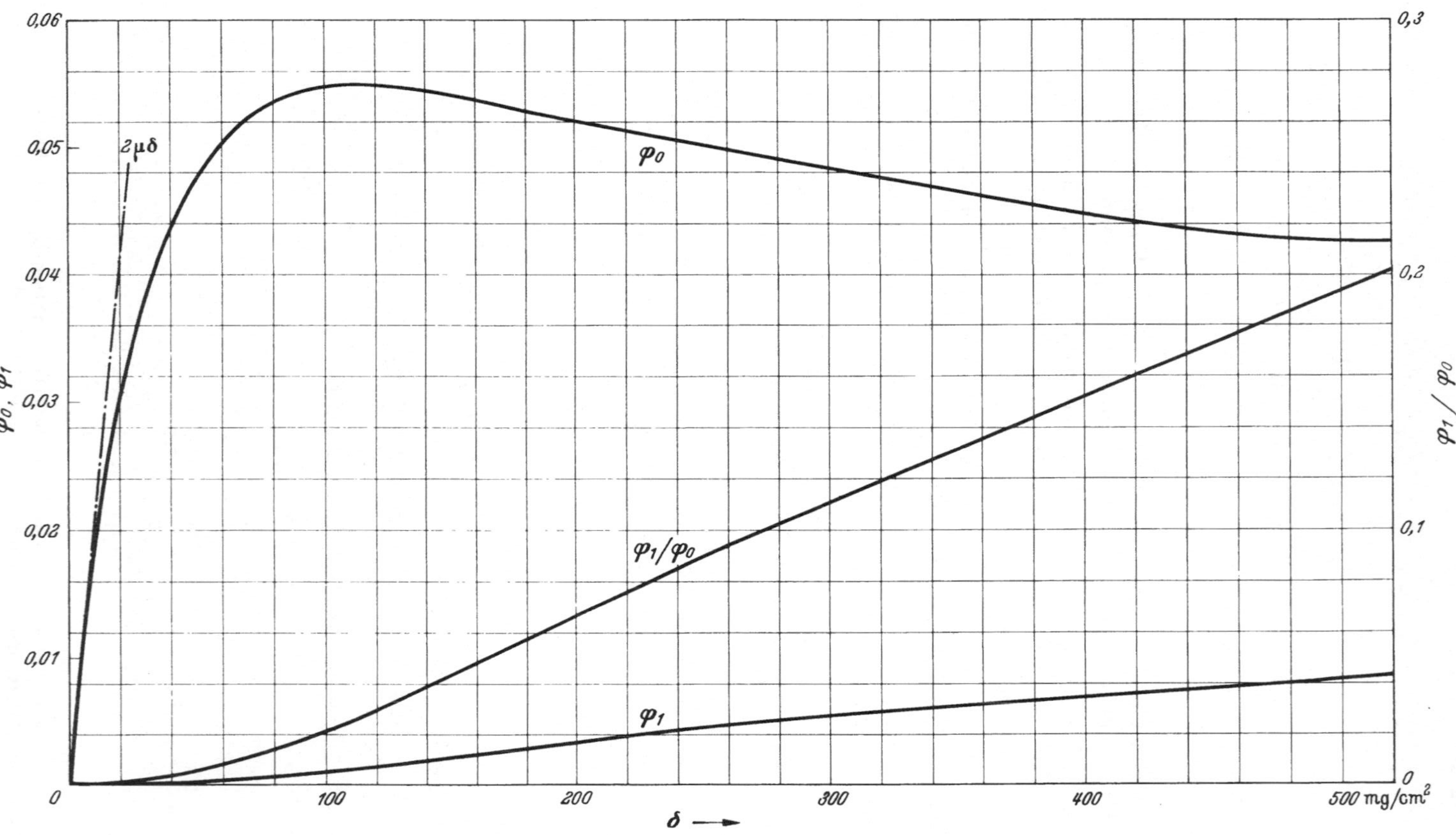

Abb. 8.1.3. $\varphi_0(\nu, \beta)$ und $\varphi_1(\nu, \beta)$ für Indium: $\mu = 1\ \text{cm}^2/\text{g}$; $\alpha = 29\ \text{cm}^2/\text{g}$

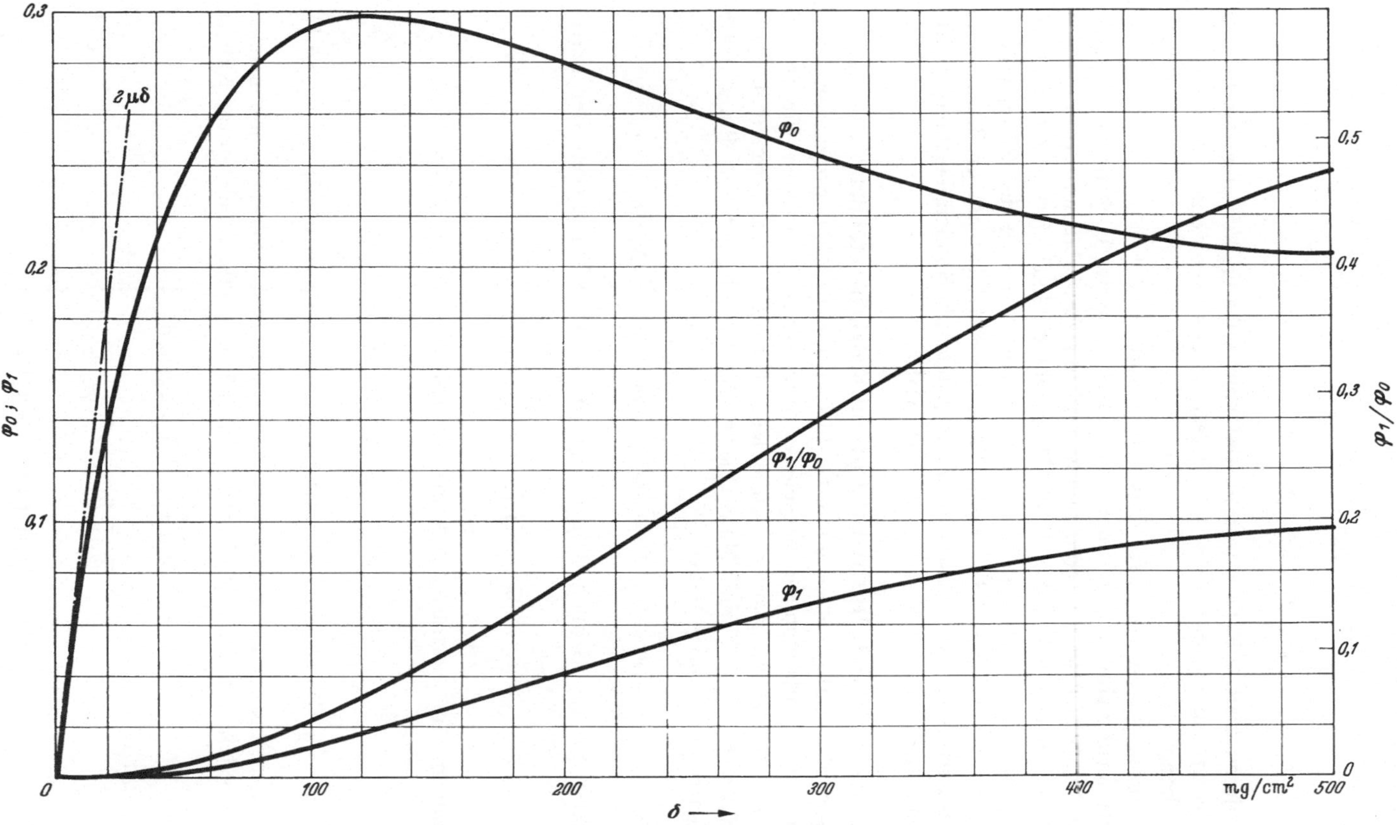

Abb. 8.1.4. $\varphi_0(\nu, \beta)$ und $\varphi_1(\nu, \beta)$ für Dysprosium: $\mu = 4{,}35\ \mathrm{cm^2/g}$; $\alpha = 12{,}4\ \mathrm{cm^2/g}$

3. Sowohl die Elektronen ($\beta \gg 1$) als auch die Neutronen ($\nu \gg 1$) werden stark absorbiert. Wir betrachten zwei Fälle

$$\beta \gg \nu: \quad \varphi_0(\nu,\beta) = \frac{\nu}{\beta} \qquad \varphi_1(\nu,\beta) = \frac{1}{2}\frac{\nu}{\beta}$$

$$\nu \gg \beta: \quad \varphi_0(\nu,\beta) = \frac{1}{2} \qquad \varphi_1(\nu,\beta) = \frac{1}{3}\,.$$

In diesen beiden Fällen besteht also eine Abhängigkeit der Sondenaktivität vom Orientierungswinkel, die zur Messung des Neutronenstroms ausgenutzt werden kann.

Der anschauliche Grund für diese Abhängigkeit liegt darin, daß die Verteilung der Aktivierung einer Sonde (nicht ihr Betrag) von der Richtung abhängt, unter der der Neutronenstrom in die Sonde eindringt, und daß weiterhin ein Zerfallselektron dann eine möglichst große Wahrscheinlichkeit hat, die Sonde zu verlassen, wenn das zugehörige Neutron möglichst nahe an der Sondenoberfläche absorbiert wurde. Daher ist für große β die Aktivität am größten, wenn der Neutronenstrom senkrecht auf die zu untersuchende Sondenoberfläche trifft, und am kleinsten, wenn er sie von rückwärts trifft.

8.1.3. Maxwellsche Geschwindigkeitsverteilung

Unsere Resultate, insbesondere Gl. (8.1.5) und (8.1.11), waren für ein monoenergetisches Neutronenfeld hergeleitet und sollen nun noch für thermische Neutronen angegeben werden. In einem thermischen Neutronenfeld besitzen die Größen F (F_0, F_1) eine Maxwellsche Geschwindigkeitsverteilung der Form (v = Neutronengeschwindigkeit)

$$F(v) = 2F\,\frac{v^3}{v_0^4}\,e^{-\left(\frac{v}{v_0}\right)^2}, \qquad \text{wo} \qquad F = \int_0^\infty F(v)\,dv\,.$$

Wir führen für die Größen $\varphi_0(\mu\delta)$, $\varphi_0(\nu,\beta)$, $\varphi_1(\nu,\beta)$ Mittelwerte der Form

$$\overline{\varphi} = 2\int_0^\infty \left(\frac{v}{v_0}\right)^3 e^{-\left(\frac{v}{v_0}\right)^2} \varphi(v)\,\frac{dv}{v_0}$$

ein; dann gilt im thermischen Neutronenfeld:

$$C = \frac{\mu_a}{\mu}\,\frac{F_0}{2}\cdot\overline{\varphi_0(\mu\delta)} \tag{8.1.5a}$$

und

$$A = R\cdot\frac{\mu_a}{\mu}\left\{\frac{F_0}{2}\cdot\overline{\varphi_0(\nu,\beta)} + \frac{3}{2}F_1\cdot\cos\psi\cdot\overline{\varphi_1(\nu,\beta)}\right\}. \tag{8.1.11a}$$

Die Berechnung der Mittelwerte (8.1.15) ist von MEISTER numerisch ausgeführt worden; für einen $1/v$-Verlauf von μ bzw. ν gilt in sehr guter Näherung:

$$\left.\begin{aligned} \overline{\varphi_0(\mu\delta)} &= \frac{\sqrt{\pi}}{2}\,\varphi_0(\mu_0\delta) \\ \overline{\varphi_0(\nu,\beta)} &= \frac{\sqrt{\pi}}{2}\,\varphi_0(\nu_0,\beta) \\ \overline{\varphi_1(\nu,\beta)} &= \frac{\sqrt{\pi}}{2}\,\varphi_1(\nu_0,\beta) \end{aligned}\right\} \tag{8.1.14}$$

mit $\nu_0 = \mu_0\delta$; $\mu_0 = \mu\,(v_0)$.

Die φ-Funktionen können also wie lineare Funktionen von μ gemittelt werden.

8.2. Elementare Theorie der Störungen von Scheibensonden

Da eine Sonde Neutronen absorbiert, stört sie die Intensität des umgebenden Neutronenfeldes. Um die Intensität des ungestörten Feldes zu erhalten, muß man daher an den Angaben der Sonde Korrekturen anbringen, die z.B. dann von Bedeutung sind, wenn verschiedene Sonden oder verschiedene Streumedien miteinander in Beziehung gesetzt werden sollen. Zur Berechnung dieser Sondenkorrekturen gehen wir von der Voraussetzung aus, daß die elementare Diffusionstheorie in der Umgebung der Sonde gilt. Dies hat den Vorteil, daß wir zu geschlossenen analytischen Ausdrücken für Störungen bzw. Korrekturen gelangen, die einen einfachen Überblick über die Abhängigkeit dieser Größen von den Eigenschaften der Sonde und des Streumediums ermöglichen. Man wird von vornherein vermuten, daß die erhaltenen Ausdrücke in der Nähe der Sondenoberfläche ungenau werden.

8.2.1. Das gestörte Neutronenfeld in der Nähe einer Scheibensonde

Wir betrachten eine kreisscheibenförmige Neutronensonde vom Radius R, der groß gegen die Transportweglänge des umliegenden Streumediums sein möge. Dieses Streumedium nehmen wir zur Vereinfachung als unbegrenzt an, in Abwesenheit der Sonde möge überall das homogene Neutronenfeld mit dem Fluß Φ_0 vorliegen. Wir führen Zylinderkoordinaten r, z mit dem Ursprung im Scheibenmittelpunkt ein, so daß deren Achse mit der Scheibensonde zusammenfällt.

Das gestörte Feld $\Phi(r,z)$ kann als Überlagerung des ungestörten Feldes Φ_0 und eines Störfeldes $\Delta\Phi(r,z)$ aufgefaßt werden. $\Delta\Phi(r,z)$ läßt sich aus seinen (negativen) Quellen $Q(r)\,dS$ — d.i. die Anzahl Neutronen, die pro sec von dem Flächenelement dS der Scheibensonde absorbiert werden — bestimmen. Daher müssen wir nun $Q(r)$ berechnen. Dabei haben wir zu berücksichtigen, daß das gestörte Neutronenfeld an der Sondenoberfläche F_s vom Ort auf der Sondenoberfläche abhängt und daß nunmehr ein Neutronenstrom von *beiden* Seiten auf die Sonde zu geht; daher muß F_s zur Sondenebene symmetrisch sein.

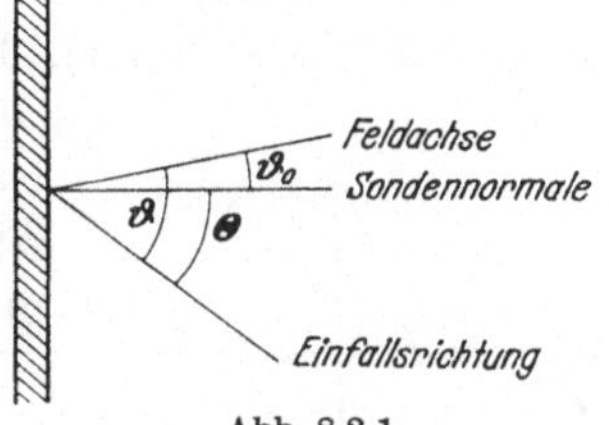

Abb. 8.2.1. Das gestörte Neutronenfeld an der Sondenoberfläche

Für F_s machen wir den Ansatz (vgl. Abb. 8.2.1)

$$F_s(r,\vartheta) = \frac{1}{4\pi} F_{s0}(r) + \frac{3}{4\pi} F_{s1}(r) \cos\vartheta .$$

Dabei hängt der Winkel ϑ_0 zwischen Rotationsachse des Feldes und der Sondennormale vom Ort r auf der Scheibe ab. Weiter soll F_s symmetrisch zur Sondenebene sein. Wir können uns also auf die Betrachtung einer Seite beschränken. Die Berechnung von $Q(r) = \frac{\mu}{\mu_\alpha} C(r)$ verläuft nun ganz analog zu der von C in Abschnitt 8.1.1, führt aber zu einem etwas anderen Ergebnis, da wegen der Symmetrie des Stromglieds das F_{s1} enthaltende Glied nicht mehr verschwindet. (Man vergleiche auch die entsprechenden Betrachtungen bei Kugelsonden in Abschnitt 8.4.) Es ergibt sich:

$$Q(r) = \frac{F_{s0}}{2} \overline{\varphi_0(\mu\,\delta)} + \frac{3}{2} F_{s1} \overline{\varphi_1(\mu\,\delta)} \cdot \cos\vartheta_0 \tag{8.2.1}$$

mit

$$\varphi_1(\mu\delta) = \frac{2}{3}(1 - e^{-\mu\delta}) + \frac{\mu\delta}{3}\left(1 - \varphi_0(\mu\delta)\right). \tag{8.2.2}$$

Es ist wieder $\overline{\varphi_1(\mu\delta)} = \frac{\sqrt{\pi}}{2} \cdot \varphi_1(\mu_0\delta)$.

Dabei ist $F_{s1}(\vec{r}) \cdot \cos\vartheta_0 = j_n(r)$ die Normalkomponente des Neutronenstroms in Richtung auf die Sondenoberfläche, so daß wir Gl. (8.2.1) auch in der Form

$$Q(r) = \frac{F_{s0}(r)}{2}\overline{\varphi_0(\mu\delta)} + \frac{3}{2} j_n(r)\,\overline{\varphi_1(\mu\delta)} \tag{8.2.3}$$

schreiben können.

Andererseits muß der von beiden Seiten auf die Sonde zu gerichtete Strom gleich der Absorption pro Flächeneinheit sein:

$$Q(r) = 2 j_n(r). \tag{8.2.4}$$

Wir können aus Gl. (8.2.3) und (8.2.4) den Neutronenstrom eliminieren und erhalten:

$$Q(r) = \frac{F_{s0}(r)}{2}\,\frac{\overline{\varphi_0(\mu\delta)}}{1 - \frac{3}{4}\overline{\varphi_1(\mu\delta)}}. \tag{8.2.5}$$

$\frac{\varphi_0}{1 - \frac{3}{4}\varphi_1}$ ist die Absorptionswahrscheinlichkeit der Sonde „unter Berücksichtigung der Sondenstörung".

Mit Gl. (8.2.5) haben wir bereits eine Möglichkeit zur Berechnung des gestörten Neutronenfeldes $\Phi(r,z)$. Dazu bedenken wir, daß sich dieses Feld darstellen läßt als Überlagerung des ungestörten Feldes Φ_0 und des Störfeldes $\Delta\Phi(r,z)$, das von den negativen Quellen $\delta Q = Q(r)\,dS$ resultiert. Mit dem Diffusionskern Gl. (4.5.2) gilt für das Störfeld:

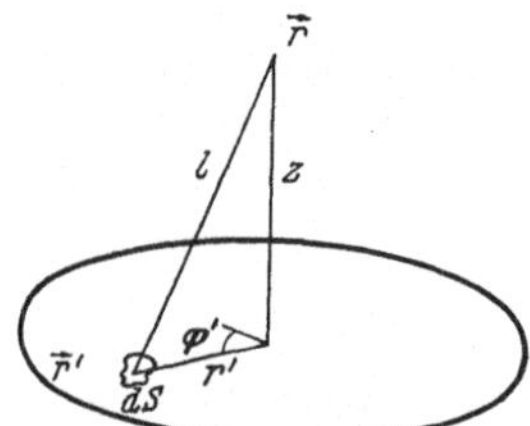

Abb. 8.2.2. Zur Integration von Gl. (8.2.6)

$$\Delta\Phi(r,z) = \frac{3}{4\pi\lambda_{tr}}\int Q(\vec{r}\,')\,\frac{e^{-\frac{l}{L}}}{l}\,dS'. \tag{8.2.6}$$

Dabei ist $l = |\vec{r} - \vec{r}\,'|$ und λ_{tr}, L die Transportweglänge bzw. Diffusionslänge des Streumediums. Es ist über die Fläche der Sonde zu integrieren, vgl. Abb. 8.2.2. Ersetzen wir nun $Q(r)$ nach Gl. (8.2.5) durch $F_{s0}(r) = \Phi(r, z=0)$, so folgt für den gestörten Fluß:

$$\Phi(r,z) = \Phi_0 - \frac{3}{8\pi\lambda_{tr}}\cdot\frac{\overline{\varphi_0(\mu\delta)}}{1 - \frac{3}{4}\overline{\varphi_1(\mu\delta)}}\cdot\int\frac{\Phi(r', z=0)\,e^{-\frac{l}{L}}}{l}\,dS'. \tag{8.2.6a}$$

Die Lösung dieser Integralgleichung läßt sich durch Iteration gewinnen. Wir begnügen uns mit dem ersten Schritt und nehmen an, daß in nullter Näherung der Fluß auf der Sondenoberfläche konstant sei, und zwar gleich dem über die Sonde gemittelten Fluß $\overline{\Phi(r,z=0)}^{\,r} = \Phi_s$. In dieser Näherung erhalten wir für die Flußdepression

$$\Delta\Phi(r,z) = \Phi_0 - \Phi(r,z) = \frac{3\Phi_s}{8\pi\lambda_{tr}}\,\frac{\overline{\varphi_0(\mu\delta)}}{1 - \frac{3}{4}\overline{\varphi_1(\mu\delta)}}\int_F\frac{e^{-\frac{l}{L}}}{l}\,dS'. \tag{8.2.7}$$

Für Punkte auf der Achse, $r=0$, läßt sich die Integration geschlossen ausführen:

$$\int_0^R \frac{e^{-\frac{\sqrt{z^2+r'^2}}{L}}}{\sqrt{z^2+r'^2}} 2\pi r' dr' = 2\pi L \left\{e^{-\frac{z}{L}} - e^{-\frac{1}{L}\sqrt{R^2+z^2}}\right\}.$$

8.2.2. Flußstörung

Als Flußstörung $\varkappa(z)$ (auch: Dichtestörung) bezeichnet man die auf Φ_s bezogene Flußdepression $\Delta\Phi(r=0, z)$. Mit (8.2.7) folgt also für $r=0$:

$$\left.\begin{aligned} \varkappa(z) &= \frac{\Phi_0 - \Phi(r=0,z)}{\Phi_s} = \frac{\Delta\Phi(r=0,z)}{\Phi_s} \\ &= \frac{3}{4}\frac{\overline{\varphi_0(\mu\delta)}}{1-\frac{3}{4}\overline{\varphi_1(\mu\delta)}}\frac{L}{\lambda_{tr}}\left\{e^{-\frac{z}{L}} - e^{-\frac{1}{L}\cdot\sqrt{R^2+z^2}}\right\}. \end{aligned}\right\} \quad (8.2.8)$$

Für die Flußstörung an der Oberfläche gilt:

$$\varkappa(z=0) = \varkappa_s = \frac{\Phi_0 - \Phi_s}{\Phi_s} = \frac{3}{4}\frac{\overline{\varphi_0(\mu\delta)}}{1-\frac{3}{4}\overline{\varphi_1(\mu\delta)}}\frac{L}{\lambda_{tr}}\left\{1 - e^{-\frac{R}{L}}\right\}. \quad (8.2.9)$$

Gl. (8.2.8) geht im Grenzfall $R \gg L$ über in

$$\varkappa(z) = \frac{3}{4}\frac{\overline{\varphi_0(\mu\delta)}}{1-\frac{3}{4}\overline{\varphi_1(\mu\delta)}}\frac{L}{\lambda_{tr}} e^{-\frac{z}{L}}. \quad (8.2.8\text{a})$$

Ein exponentieller Abfall der Störung ist im eindimensionalen Fall in der Tat zu erwarten.

Für $R \ll L$ und $z \gg R$ folgt dagegen:

$$\varkappa(z) = \frac{3}{8}\frac{\overline{\varphi_0(\mu\delta)}}{1-\frac{3}{4}\overline{\varphi_1(\mu\delta)}}\frac{R^2}{\lambda_{tr}}\frac{e^{-\frac{z}{L}}}{z}. \quad (8.2.8\text{b})$$

Der Abfall der Störung entspricht hier dem bekannten Verlauf des Flusses in der Umgebung einer Punktquelle.

Die Berücksichtigung der Flußstörung ist von Bedeutung, wenn mehrere Sonden gleichzeitig im gleichen Streumedium aktiviert werden sollen. Dann muß — mit Hilfe der Gl. (8.2.8) — der Abstand zwischen den Sonden so groß gewählt werden, daß keine gegenseitige Beeinflussung vorliegt.

8.2.3. Aktivierungsstörung

Wir wenden uns nunmehr der Frage nach der Sondenaktivierung zu. Da der Neutronenfluß vom Ort auf der Sondenoberfläche abhängt, gilt dies auch für die Aktivierung. Wir haben daher zunächst die ortsabhängige Aktivierung $C(r)$ zu betrachten, gehen aber später zu der uns allein interessierenden gemittelten Aktivierung $C = \overline{C(r)}^{\,r}$ über. Für $C(r) = \frac{\mu_a}{\mu} Q(r)$ gilt nach Gl. (8.2.3):

$$C(r) = \frac{\mu_a}{\mu}\left\{\frac{F_{s0}(r)}{2}\overline{\varphi_0(\mu\delta)} + \frac{3}{2} j_n(r)\overline{\varphi_1(\mu\delta)}\right\}. \quad (8.2.10)$$

Hier können wir $j_n(r)$ gemäß (8.2.4) durch $Q(r)$ bzw. $C(r)$ ausdrücken; ferner gilt

$$F_{s0}(r) = \Phi_0 - \Delta\Phi(r, z=0)$$

und wir erhalten, wenn wir noch $\Delta\Phi$ nach Gl. (8.2.6) ersetzen:

$$C(r) = \frac{\mu_a}{\mu}\left\{\frac{\Phi_0}{2} - \frac{3}{8\pi\lambda_{tr}}\int\frac{Q(r')\,e^{-\frac{l}{L}}}{l}\,dS'\right\}\overline{\varphi_0(\mu\,\delta)} + \frac{3}{4}\,C(r)\,\overline{\varphi_1(\mu\,\delta)}.$$

Nun ist $\frac{\mu_a}{\mu}\cdot\frac{\Phi_0}{2}\cdot\overline{\varphi_0(\mu\delta)}$ diejenige Aktivierung C_0, die sich im ungestörten Neutronenfeld ergeben würde. Wir erhalten daher für die Aktivierungsdepression $C_0 - C(r)$:

$$C_0 - C(r) = \frac{3}{8\pi\lambda_{tr}}\int\frac{C(r')\,e^{-\frac{l}{L}}}{l}\,dS'\,\overline{\varphi_0(\mu\,\delta)} - \frac{3}{4}\,C(r)\,\overline{\varphi_1(\mu\,\delta)}. \quad (8.2.11)$$

Das Integral ist wiederum über die Scheibe zu erstrecken, nur liegen jetzt Quellpunkt *und* Aufpunkt auf der Scheibe.

Wir lösen diese Integralgleichung wiederum durch Iteration, indem wir rechts $C(r)$ durch $\overline{C(r)}^{r} = C$ ersetzen. Dann erhalten wir für die *Aktivierungsstörung*:

$$\varkappa(r) = \frac{C_0 - C(r)}{C} = \frac{3}{8\pi\lambda_{tr}}\int\frac{e^{-\frac{l}{L}}}{l}\,dS'\cdot\overline{\varphi_0(\mu\,\delta)} - \frac{3}{4}\,\overline{\varphi_1(\mu\,\delta)}. \quad (8.2.12)$$

Wir gehen nunmehr sofort zu der über die Sonde gemittelten Aktivierungsstörung $\varkappa_c = \overline{\varkappa_c(r)}^{r}$ über:

$$\varkappa_c = \frac{C_0 - C}{C} = \frac{3}{8\pi\lambda_{tr}}\overline{\int\frac{e^{-\frac{l}{L}}}{l}\,dS'}^{r}\,\overline{\varphi_0(\mu\,\delta)} - \frac{3}{4}\,\overline{\varphi_1(\mu\,\delta)}. \quad (8.2.13)$$

Dabei ist

$$\overline{\int\frac{e^{-\frac{l}{L}}}{l}\,dS'}^{r} = \frac{1}{\pi R^2}\int_0^R 2\pi r\,dr\int_0^R r'\,dr'\int_0^{2\pi}d\varphi\,\frac{e^{-\frac{\sqrt{r^2+r'^2-2rr'\cos\varphi}}{L}}}{\sqrt{r^2+r'^2-2rr'\cos\varphi}}.$$

Die Integration ist im allgemeinen Fall nicht ausführbar. Wir betrachten zwei Grenzfälle:

$R \gg L$. Das Integral

$$\int_0^R r'\,dr'\int_0^{2\pi}d\varphi\,\frac{e^{-\frac{\sqrt{r^2+r'^2-2rr'\cos\varphi}}{L}}}{\sqrt{r^2+r'^2-2rr'\cos\varphi}}$$

ist wegen des schnell abklingenden Exponentialfaktors vom Ort auf der Scheibe unabhängig und kann durch seinen Wert bei $r = 0$ ersetzt werden:

$$\int_0^R r'\,dr'\int_0^{2\pi}d\varphi\,\frac{e^{-\frac{r'}{L}}}{r'} = 2\pi L\left(1 - e^{-\frac{R}{L}}\right) \approx 2\pi L.$$

Damit folgt für die Aktivierungsstörung

$$\varkappa_c = \frac{3}{4}\,\frac{L}{\lambda_{tr}}\,\overline{\varphi_0(\mu\,\delta)} - \frac{3}{4}\,\overline{\varphi_1(\mu\,\delta)}. \quad (8.2.14)$$

$R \ll L$. Die Exponentialfunktion kann näherungsweise gleich eins gesetzt werden; es bleibt

$$\frac{1}{\pi R^2} \int_0^R 2\pi r\, dr \int_0^R r'\, dr' \int_0^{2\pi} d\varphi \cdot \frac{1}{\sqrt{r^2 + r'^2 - 2 r r' \cos\varphi}} = 2\pi R \cdot W,$$

wo

$$W = \frac{1}{\pi} \int_0^1 x\, dx \int_0^1 y\, dy \int_0^{2\pi} d\varphi \frac{1}{\sqrt{x^2 + y^2 - 2 x y \cos\varphi}} = \frac{8}{3\pi} = 0{,}85 .$$

Damit erhalten wir für $R \ll L$:

$$\varkappa_c = \frac{3}{4} \frac{R}{\lambda_{tr}} W \cdot \overline{\varphi_0(\mu\delta)} - \frac{3}{4} \overline{\varphi_1(\mu\delta)} . \tag{8.2.15}$$

Für $R/\lambda_{tr} = 0$ liefert (8.2.15) eine negative Sondenkorrektur, was vollkommen sinnlos ist. Wir erinnern aber daran, daß Gl. (8.2.15) an Hand der elementaren Diffusionstheorie hergeleitet wurde, die in diesem Fall nur eine schlechte Näherung darstellt. Wie sich später zeigen wird, gilt (8.2.15) in guter Näherung, wenn man das Zusatzglied mit $\overline{\varphi_1(\mu\delta)}$ streicht.

Wir haben nunmehr für $R \ll L$ und $R \gg L$ Ausdrücke gewonnen, eine Interpolationsformel, die diese Ausdrücke enthält und sich auch im Zwischengebiet bewähren dürfte ist:

$$\varkappa_c = \frac{3}{4} \left\{ \frac{L}{\lambda_{tr}} \left(1 - e^{-\frac{W \cdot R}{L}} \right) \overline{\varphi_0(\mu\delta)} - \overline{\varphi_1(\mu\delta)} \right\} . \tag{8.2.16}$$

In Gl. (8.2.16) fällt auf, daß die Aktivierungsstörung um so größer ist, je kleiner die Transportweglänge des umgebenden Streumediums ist. Dies ist leicht zu verstehen: Mit abnehmender Transportweglänge wächst die Wahrscheinlichkeit dafür, daß ein Neutron des Störfeldes durch ein- oder mehrmalige Streuung auf die Sonde zurückgelangt und dort zur Aktivierungsstörung beiträgt.

Wir vermerken weiterhin, daß die Aktivierungsstörung [über $\overline{\varphi_0(\mu\delta)}$, $\overline{\varphi_1(\mu\delta)}$] von der Neutronentemperatur am Sondenort abhängt (vgl. 12. Kapitel).

Um die mit einer Sonde gemessene Aktivierung C mit dem ungestörten Neutronenfluß in Beziehung zu setzen, hat man die ungestörte Aktivierung gemäß

$$C_0 = C(1 + \varkappa_c)$$

zu bilden. Nur so sind Flußvergleiche mit verschiedenen Sonden oder in verschiedenen Streumedien möglich. Bei Flußvergleichen im selben Streumedium und mit denselben Sonden heben sich die Sondenkorrekturen heraus.

8.3. Vergleich der elementaren Theorie mit der Erfahrung

8.3.1. Messungen der Aktivierungsstörung

Aktivierungsstörungen von Indiumfolien in den Streumedien Paraffin und Graphit sind eingehend von Meister untersucht worden. Die Messung von $\varkappa_c$ beruht auf einem Vergleich der gestörten Aktivierung C im Streumedium mit der Aktivierung C_0 derselben Sonde an einem Ort, an dem eine solche Störung nicht eintritt. Dieser ungestörte Fall wurde dadurch realisiert, daß die Sonde in einem Hohlraum innerhalb des Streumediums aktiviert wurde. Wegen der Abwesenheit des Streumediums in der Sondenumgebung ist dann die Wahrscheinlichkeit dafür, daß ein durch die Sonde hindurchgetretenes Neutron infolge Rückstreuung ein zweites Mal auf die Sonde gelangt und damit, falls es absorbiert würde, durch sein Fehlen eine Aktivierungsstörung bewirkt, zu vernachlässigen, sofern man den Hohlraum nur groß genug wählt. Bezieht man die Größen C_0 und C auf die gleiche ungestörte Neutronendichte n_0 an den beiden Meßorten, die mit einer Bezugssonde bekannter Störung gemessen wird, so kann man $\varkappa_c$ berechnen.

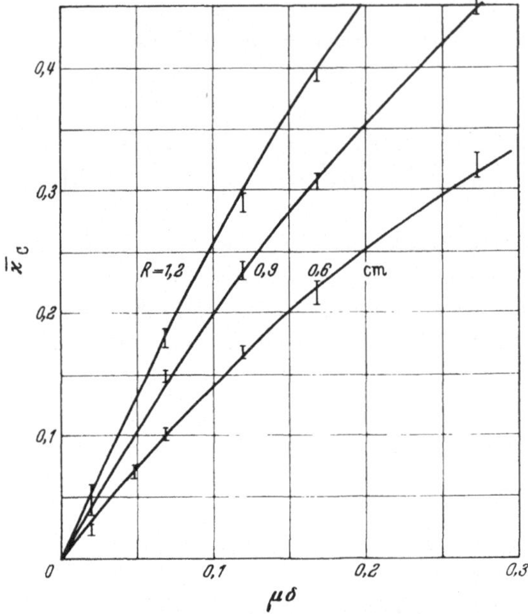

Abb. 8.3.1. Aktivierungsstörung verschiedener Indiumsonden in Paraffin.
I Meßwerte; —— Interpolationskurve const · $\overline{\varphi_0(\mu\delta)}$

Auf die Einzelheiten dieser Messungen, die große Sorgfalt erfordern, gehen wir hier nicht ein. Abb. 8.3.1 zeigt die Resultate in Paraffin. Es wurden In-Folien der Schichtdicke 0,02 bis 0,3 g/cm² und der Radien $R = 0{,}6$ bis 1,2 cm untersucht.

Durch die Meßwerte in Paraffin wird eine Interpolationskurve der Form const $\overline{\varphi_0(\mu\delta)}$ gelegt.

8.3.2. Diskussion der Resultate von Meister

Abb. 8.3.2 zeigt die in Paraffin gemessenen Größen $\varkappa_c/\overline{\varphi_0(\mu\delta)}$ als Funktion von R/λ_{tr} im Vergleich zu verschiedenen Theorien. Unsere elementare Theorie zeigt zwar stets um etwa 30% zu kleine Werte, gibt aber den Anstieg der Störung mit R/L richtig wieder. Der Grund dafür dürfte darin liegen, daß der Beitrag weit entfernter Sondenelemente zur Aktivierungsstörung durch die elementare Diffusionstheorie richtig beschrieben wird, nicht aber der Beitrag näher benachbarter Sondenelemente, deren Abstand kleiner als etwa $2\lambda_s$ ist. Dieser kann nur durch die allgemeine Transporttheorie beschrieben werden.

Die in Paraffin im Bereich $1{,}5 \leq R/\lambda_{tr} \leq 3$ gemessenen Werte kann man durch die empirische Formel

$$\varkappa_c = \left\{\frac{3}{4}\,\frac{L}{\lambda_{tr}}\left(1 - e^{-\frac{R}{L}}\right) - (0{,}06 \pm 0{,}06)\right\}\overline{\varphi_0(\mu\delta)} \tag{8.3.1}$$

wiedergeben, die sich auch bei größeren Sondenradien bewähren dürfte. Es fällt auf, daß die elementare Gl. (8.2.16) mit $W = 1$ die Verhältnisse nahezu richtig beschreibt, wenn man das Zusatzglied $\overline{\varphi_1(\mu\delta)}$ streicht.

Nun soll noch das Gebiet $R \ll \lambda_{tr}$, also die Messung in Graphit, betrachtet werden. Es ist nicht zu erwarten, daß dort unsere elementare Gl. (8.2.16) gültig ist, da in diesem Gebiet die elementare Diffusionstheorie versagt. Es ist jedoch nicht nötig, zur Behandlung derart kleiner Sonden auf die Transporttheorie zurückzugreifen, vielmehr genügt die Betrachtung einzelner Stoßprozesse, wie bereits BOTHE gezeigt hat. MEISTER hat auf diese Weise für die Aktivierungsstörung kleiner Sonden

$$\varkappa_c = \frac{4}{3\pi} \frac{R}{\lambda_s} \chi_0(\mu\,\delta) \qquad (8.3.2)$$

gefunden. Der Verlauf der Funktion $\chi_0(\mu\,\delta)$, die von MEISTER tabelliert (Tabelle 8.3.1) wurde, geht aus Abb. 8.3.3 hervor. Wie man in Abb. 8.3.4 erkennt, werden die für $R \ll \lambda_{tr}$ gemessenen Aktivierungsstörungen durch Gl. (8.3.2) richtig wiedergegeben. Unsere elementare

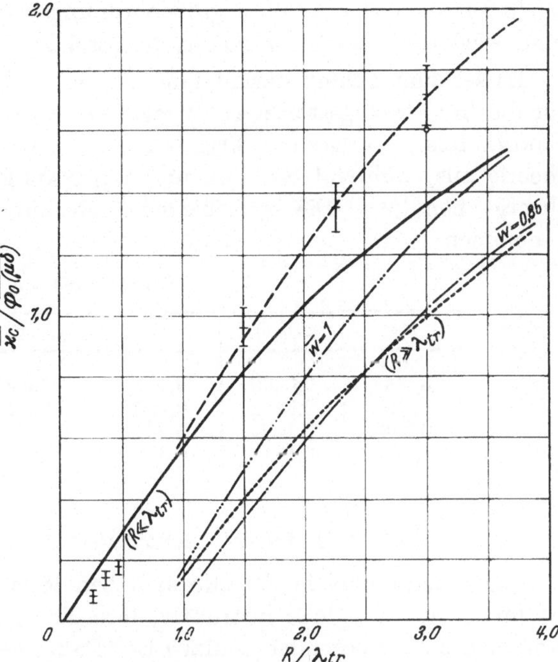

Abb. 8.3.2. $\varkappa_c/\varphi_0$ in Abhängigkeit von R/λ_{tr} in Paraffin. Vergleich mit verschiedenen Theorien. I Meßpunkte; — — — — Gl. (8.3.1); ———— Theorie von SKYRME; —···—···— Gl. (8.2.16) $W = 1$; —·—·— Gl. (8.2.16) $W = 0{,}85$; ------ Theorie von TITTLE

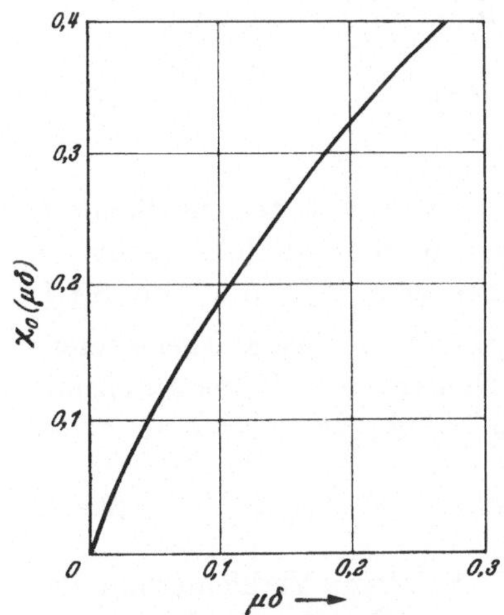

Abb. 8.3.3. Die Funktion $\chi_0(\mu\,\delta)$

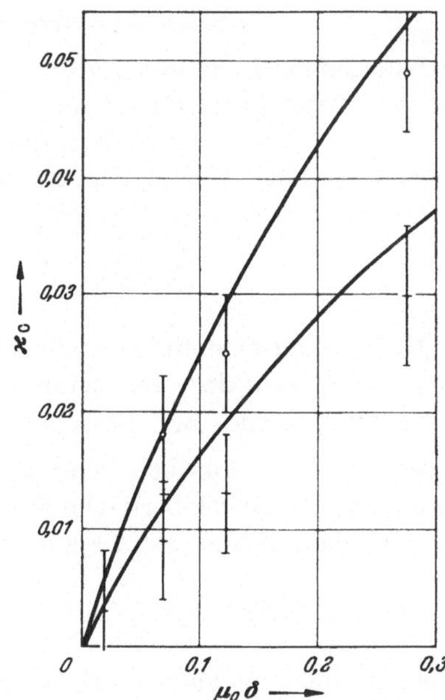

Abb. 8.3.4. Aktivierungsstörung verschiedener Indiumsonden in Graphit. I Meßwerte; ——— Gl. (8.3.2)

Gl. (8.2.15) liefert zumindest größenordnungsmäßig ein richtiges Resultat, wenn man wiederum das Glied mit φ_1 wegstreicht.

Es sei zum Schluß darauf hingewiesen, daß auch andere Autoren Theorien für die Aktivierungsstörungen angegeben haben (BOTHE, TITTLE, SKYRME sowie CORINALDESI). BOTHE und TITTLE gehen wie wir von der elementaren Diffusionstheorie aus, während SKYRME und CORINALDESI eine vereinfachte Transporttheorie benutzen. Die verschiedenen Resultate sind in Abb. 8.3.2 mit aufgenommen.

Tabelle 8.3.1. *Werte von* $\chi_0(\mu\delta)$

$\mu\delta$	$\chi_0(\mu\delta)$	$\mu\delta$	$\chi_0(\mu\delta)$	$\mu\delta$	$\chi_0(\mu\delta)$
0,000	0,0000	0,100	0,1908	0,400	0,520
0,020	0,0453	0,150	0,2642	0,500	0,590
0,050	0,1054	0,200	0,3276	1,000	0,804
0,070	0,1412	0,300	0,435		

8.4. Zur Theorie kugelförmiger Neutronensonden

Neutronensonden in Kugelform haben bislang keine praktische Anwendung erfahren. Es ist jedoch instruktiv, ihre Theorie zu betrachten, die wegen der Kugelsymmetrie besonders einfach ist. Dabei besprechen wir zunächst die Aktivierung der Sonde im ungestörten Feld und diskutieren anschließend die Sondenstörungen. Die in Abschnitt 8.1.2 dargebotenen Überlegungen zur Aktivität einer Scheibensonde übertragen wir nicht auf die Kugel. Auch beschränken wir uns auf ein monoenergetisches Neutronenfeld.

8.4.1. Aktivierung einer Kugelsonde

Die Kugelsonde habe den Radius R; ihren Absorptions- bzw. Aktivierungskoeffizienten bezeichnen wir wieder mit μ bzw. μ_a. Das Neutronenfeld sei in jedem Punkt rotationssymmetrisch um eine feste Achse und entlang der Kugeloberfläche konstant. Wir stellen es wieder durch

$$F(\vec{r},\vartheta)=\frac{1}{4\pi}F_0+\frac{3}{4\pi}F_1\cos\vartheta \qquad [(8.1.1)]$$

dar.

Als Aktivierung C definieren wir bei der Kuglsonde — unterschiedlich zur Scheibe — die Anzahl der pro sec innerhalb der gesamten Sonde (also nicht pro cm²) aktivierten Kerne. Zur Berechnung von C betrachten wir die Abb. 8.4.1. Der Beitrag, den ein aus beliebiger Richtung $\vec{\Omega}(\Theta,\varphi')$ auf das Flächenelement $R^2\sin\psi\,d\psi\,d\varphi$ der Kugeloberfläche auftreffender Neutronenstrahl der Intensität $F(\Theta,\varphi')$ zwischen x und $x+dx$ zur Aktivierung leistet, ist

$$dC=\frac{\mu_a}{\mu}F(\Theta,\varphi')\,e^{-\mu x}\cos\Theta\,\mu\,dx\sin\Theta\,d\Theta\,d\varphi'\cdot R^2\sin\psi\,d\psi\,d\varphi. \qquad (8.4.1)$$

Dabei beschreibt der Faktor $\cos\Theta$ wieder die scheinbare Verkleinerung des Flächenelements $R^2\sin\psi\,d\psi\,d\varphi$ für einen aus Richtung Θ auftreffenden Strahl. Setzen wir — man betrachte Abb. 8.4.1 — $x=y\cos\Theta$, $dx=\cos\Theta\,dy$, so erhalten wir die gesamte Aktivierung der Kugel durch Integration über y von 0 bis $2R$, über alle Einfallsrichtungen und über die Kugeloberfläche:

$$\left.\begin{aligned} C = \frac{\mu_a}{\mu} \int_0^{2R} \int_0^{2\pi} \int_0^{\pi/2} \int_0^{2\pi} \int_0^{\pi} F(\Theta, \varphi')\, e^{-\mu y \cos\Theta} \mu \cdot \cos^2\Theta \times \\ \times\, dy\, d\varphi' \sin\Theta\, d\Theta\, R^2\, d\varphi \sin\psi\, d\psi. \end{aligned}\right\} \tag{8.4.2}$$

Es ist besonders zu beachten, daß über Θ nur von 0 bis $\pi/2$ integriert wird, da nur die von außen auftreffende Strahlung zu berücksichtigen ist.

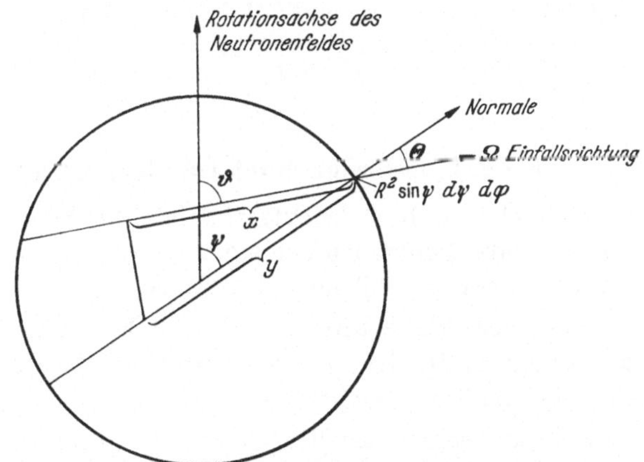

Abb. 8.4.1. Zur Berechnung der Aktivierung einer Kugelsonde

Wir können nun $F(\Theta, \varphi')$ durch Gl. (8.1.1) ersetzen, indem wir dort

$$\cos\vartheta = \cos\Theta \cos\psi + \sin\Theta \sin\psi \cos\varphi'$$

einführen. Bei der anschließenden Integration verschwinden die Terme mit $\cos\varphi'$ und $\cos\psi$; somit ergibt sich nach Integration über φ', φ und ψ:

$$C = \frac{\mu_a}{\mu} \cdot \frac{8\pi^2 F_0 \cdot R^2}{4\pi} \int_0^{\pi/2} \int_0^{2R} e^{-\mu y \cos\Theta} \mu \cos^2\Theta \sin\Theta\, d\Theta\, dy. \tag{8.4.3}$$

Integration über y und Θ liefert schließlich:

$$C = \frac{\mu_a}{\mu} \pi R^2 F_0 \cdot \zeta_0(\mu R) \tag{8.4.4}$$

mit

$$\left.\begin{aligned} \zeta_0(\mu R) &= 2 \int_0^{\pi/2} (1 - e^{-2\mu R \cos\Theta}) \cos\Theta \sin\Theta\, d\Theta \\ &= 1 + \frac{1}{\mu R} e^{-2\mu R} - \frac{1}{2(\mu R)^2} (1 - e^{-2\mu R}). \end{aligned}\right\} \tag{8.4.5}$$

Wir erhalten also — wie bei der Scheibensonde — das wichtige Resultat, daß die Aktivierung allein vom Neutronenfluß am Sondenort abhängt. $\zeta_0(\mu R)$ entspricht der bei den Scheibensonden auftretenden Funktion $\varphi_0(\mu\delta)$ und kann wieder als mittlere Absorptionswahrscheinlichkeit gedeutet werden.

Die Anzahl Neutronen, die pro sec auf die gesamte Kugel auftreffen, ist nach Abb. 8.4.1

$$Z = R^2 \int_0^{\pi/2} \int_0^{2\pi} \int_0^{\pi} \int_0^{2\pi} F(\Theta, \varphi') \cos\Theta \sin\Theta \, d\Theta \, d\varphi' \sin\psi \, d\psi \, d\varphi .$$

Setzt man hier $F(\Theta, \varphi')$ nach (8.1.1) ein und drückt wieder $\cos\vartheta$ durch ψ, Θ und φ' aus, so liefert die Integration

$$Z = \pi R^2 \cdot F_0 .$$

Vergleicht man dies mit Gl. (8.4.4), so erkennt man in der Tat, daß $\zeta_0(\mu R)$ die mittlere Absorptionswahrscheinlichkeit der Sonde ist.

Aus (8.4.5) sieht man, daß für $\mu R \gg 1$, also für eine „schwarze" Kugel, $\zeta_0(\mu R) = 1$ wird, wie es auch sein muß. Für $\mu R \ll 1$ folgt

$$\zeta_0(\mu R) = \frac{4}{3} \mu R, \qquad \text{also} \qquad C = \frac{4\pi}{3} R^3 \mu \cdot F_0 . \tag{8.4.6}$$

8.4.2. Flußstörung durch eine Kugelsonde

Wir haben nunmehr zu berücksichtigen, daß die Sonde infolge ihrer Absorption das umgebende Neutronenfeld stört. Nehmen wir an, daß der Fluß vor Einbringen der Sonde überall konstant gleich Φ_0 sei!

Nach Einbringen der Sonde wird sich diesem Fluß ein (negatives) Störfeld $\Delta\Phi(r)$ (r = Radiusvektor) überlagern. Es entsteht ein Neutronenstrom, der von allen Seiten auf die Sonde zugerichtet ist.

Um das Störfeld aus seinen Quellen zu berechnen, müssen wir zunächst die Anzahl $Q = \frac{\mu}{\mu_a} \cdot C$ der von der Sonde pro sec absorbierten Neutronen unter Berücksichtigung dieses Stromglieds berechnen.

Das Neutronenfeld sei durch

$$F_s(\Theta) = \frac{1}{4\pi} F_{s0} + \frac{3}{4\pi} F_{s1} \cos\Theta \tag{8.4.7}$$

beschrieben; unterschiedlich zu Abschnitt 8.4.1 stimmen jetzt Symmetrieachse des Neutronenfeldes und Sondennormale (Radiusvektor) überein; das kommt natürlich daher, daß der Strom symmetrisch von allen Seiten auf die Sonde zugeht.

Die Berechnung von Q verläuft nun analog der von C in Abschnitt (8.4.1) und führt zunächst — abgesehen vom Faktor μ_a/μ — auf Gl. (8.4.2). Dort ist jedoch für $F(\Theta, \varphi')$ statt (8.1.1) die Gl. (8.4.7) einzusetzen, daher verschwindet der F_s enthaltende Term nicht mehr bei der Integration und es folgt:

$$Q = \pi R^2 \{F_{s0} \cdot \zeta_0(\mu R) + 3 F_{s1} \zeta_1(\mu R)\}, \tag{8.4.8}$$

wobei

$$\zeta_1(\mu R) = \frac{2}{3} + \frac{e^{-2\mu R}}{\mu R} + \frac{4e^{-2\mu R}}{(2\mu R)^2} (e^{-2\mu R} - 1) . \tag{8.4.9}$$

Aus der Gl. (8.4.8) können wir F_{s1} eliminieren; dazu bedenken wir, daß F_{s1} gleich der Dichte des auf die Kugel zugerichteten Stroms ist. Es gilt also

$$Q = 4\pi R^2 \cdot F_{s1} \tag{8.4.10}$$

und nach Einsetzen von (8.4.10) in (8.4.8)

$$Q = \pi R^2 \cdot F_{s0} \cdot \frac{\zeta_0(\mu R)}{1 - \frac{3}{4}\zeta_1(\mu R)} . \tag{8.4.11}$$

Für die Flußdepression $\Delta\Phi(r) = \Phi_0 - \Phi(r)$ machen wir nun den der Kugelsymmetrie entsprechenden Ansatz:

$$\Delta\Phi(r) = a \cdot \frac{R}{r} \cdot e^{-\frac{r}{L}} .$$

a bestimmen wir aus der Forderung:

$$\int_R^\infty \Sigma_a \cdot \Delta\Phi(r) \cdot 4\pi r^2 dr = Q . \tag{8.4.12a}$$

Wir haben sie schon im 4. Kapitel benutzt. Man könnte ebenso verlangen:

$$-D \cdot \left(\frac{d\Delta\Phi(r)}{dr}\right)_{r=R} = \frac{Q}{4\pi R^2} . \tag{8.4.12b}$$

Beide Bedingungen führen auf:

$$a = \frac{3}{4\pi} \frac{L}{\lambda_{tr}} \cdot \frac{e^{R/L}}{R(R+L)} \cdot Q . \tag{8.4.13}$$

Drücken wir hier noch Q mittels (8.4.11) durch $F_{s0} = \Phi(r = R)$ aus, so erhalten wir für die Flußdepression:

$$\Delta\Phi(r) = \Phi_0 - \Phi(r) = \frac{3}{4} \frac{L}{\lambda_{tr}} \frac{R}{R+L} \frac{R}{r} e^{-\frac{r-R}{L}} \cdot \frac{\zeta_0(\mu R)}{1 - \frac{3}{4}\zeta_1(\mu R)} \cdot \Phi(r = R) . \tag{8.4.14}$$

Schließlich ergibt sich für die Flußstörung:

$$\varkappa(r) = \frac{\Delta\Phi(r)}{\Phi(r=R)} = \frac{3}{4} \frac{L}{\lambda_{tr}} \cdot \frac{R}{R+L} \cdot \frac{R}{r} \cdot e^{-\frac{r-R}{L}} \cdot \frac{\zeta_0(\mu R)}{1 - \frac{3}{4}\zeta_1(\mu R)} . \tag{8.4.15}$$

Man vergleiche dieses Resultat mit der Lösung (8.2.8) für die Flußstörung der Scheibensonde!

8.4.3. Aktivierungsstörung

Für die Aktivierung $C = \frac{\mu_a}{\mu} \cdot Q$ folgt aus Gl. (8.4.8), wenn wir dort wieder F_{s1} durch Q bzw. hier durch C ausdrücken:

$$C = \frac{\mu_a}{\mu} \pi R^2 F_{s0} \zeta_0(\mu R) + \frac{3}{4} C \cdot \zeta_1(\mu R) . \tag{8.4.16}$$

Nun ist

$$\begin{aligned} F_{s0} &= \Phi_0 - \Delta\Phi(r = R) \\ &= \Phi_0 - \frac{3}{4\pi} \frac{L}{\lambda_{tr}} \cdot \frac{1}{R(R+L)} \cdot \frac{\mu}{\mu_a} \cdot C . \end{aligned}$$

Setzen wir dies in Gl. (8.4.16) ein und erinnern daran, daß $\frac{\mu_a}{\mu} \cdot \pi R^2 \Phi_0 \cdot \zeta_0(\mu R)$ gleich der ungestörten Aktivierung C_0 ist, so folgt für die Aktivierungsdepression:

$$\Delta C = C_0 - C = \frac{3}{4} \frac{L}{\lambda_{tr}} \cdot \frac{R}{R+L} \cdot \zeta_0(\mu R) \cdot C - \frac{3}{4} \zeta_1(\mu R) \cdot C .$$

Also gilt schließlich für die Aktivierungsstörung:

$$\varkappa_c = \frac{C_0 - C}{C} = \frac{3}{4}\left\{\frac{L}{\lambda_{tr}}\frac{R}{R+L}\zeta_0(\mu R) - \zeta_1(\mu R)\right\}. \tag{8.4.17}$$

Dies entspricht vollkommen unserem früheren Resultat für die Aktivierungsstörung einer Scheibensonde[1].

Literatur zum 8. Kapitel

Theorie der Sondenaktivität:

BOTHE, W.: Z. Physik **120**, 457 (1943).
VIGON, M.: Z. Naturforsch. **8a**, 727 (1953).
VIGON, M.: Diss. Madrid 1953.

Theorie der Sondenstörungen:

VIGON, M., u. K. WIRTZ: Z. Naturforsch. **9a**, 286 (1954).
BOTHE, W.: Z. Physik **120**, 437 (1943).
CORINALDESI, E.: Nuovo Cim. **3**, 131 (1946).
SKYRME, T. H. R.: Canad. Rep. MS 91.
MEISTER, H.: Z. Naturforsch. **11a**, 347, 579 (1956).

Messungen von Sondenstörungen:

MEISTER, H.: Diplomarbeit. Göttingen 1954. — Z. Naturforsch. **10a**, 669 (1955); **11a**, 356 (1956).
TITTLE, C. W.: Nucleonics **8**, 5 (1951).

9. Standardisierung von Neutronenmessungen

Für viele neutronenphysikalische Messungen, z. B. Messungen der Diffusionslänge, der Bremslänge oder der Neutronentemperatur, ist die Kenntnis von Absolutwerten des Neutronenflusses oder der Quellstärke ohne Bedeutung. Für andere Experimente — z. B. Messungen von Aktivierungsquerschnitten — und für viele Anwendungen der Neutronenstrahlung müssen diese Absolutwerte jedoch genau bekannt sein. Dies ist insbesondere zur Eichung von Neutronenflüssen in Kernreaktoren wichtig.

9.1. Absolutmessung des thermischen Flusses mit Sonden

Mit den im 7. und 8. Kapitel beschriebenen Sonden ist eine absolute Messung des thermischen Neutronenflusses möglich. Dazu müssen eine Reihe von Voraussetzungen erfüllt sein.

1. Die Aktivierungsstörung ist zu berücksichtigen.

2. Der Aktivierungsquerschnitt der Sondensubstanz muß sehr genau bekannt sein und im Bereich thermischer Energien in möglichst guter Näherung dem $1/v$-Gesetz folgen. Etwaige Resonanzen müssen weit oberhalb thermischer Energie liegen.

3. Die epithermische Aktivierung der Sonde muß eliminiert werden.

4. Die Auszählung hat absolut zu erfolgen. Dabei muß die Elektronen-Selbstabsorption in der Sonde genau berücksichtigt werden.

---

[1] Die bisherige Ableitung galt in einem monoenergetischen Neutronenfeld. In einem thermischen Feld muß eine Mittelung der Funktionen $\zeta_0(\mu R)$, $\zeta_1(\mu R)$ über die Maxwell-Verteilung durchgeführt werden, die der Mittelung von $\varphi_0(\mu\delta)$, $\varphi_1(\mu\delta)$ in Abschnitt 8.1.3 analog verläuft. Eine numerische Auswertung liegt bislang nicht vor.

9.1.1. Gold als Sondensubstanz

Eine für Absolutmessungen besonders geeignete Sondensubstanz ist das Gold. Gold besitzt nur ein einziges Isotop (Au^{197}) und ist in großer Reinheit erhältlich. Es läßt sich zu dünnen Folien auswalzen. Der Aktivierungsquerschnitt ist groß und sehr genau bekannt ($\sigma_{act} = 98{,}8 \pm 0{,}3$ barn bei 2200 m/sec); er zeigt im thermischen Gebiet einen guten $1/v$-Verlauf. Eine Resonanzstelle befindet sich bei 4,9 eV — also weit entfernt vom thermischen Gebiet. Die Halbwertszeit des Au^{198} beträgt 2,70 d und ist für genaue Messungen von günstiger Größenordnung; das Zerfallsschema ist nahezu einheitlich und ermöglicht eine genaue Messung der Aktivität.

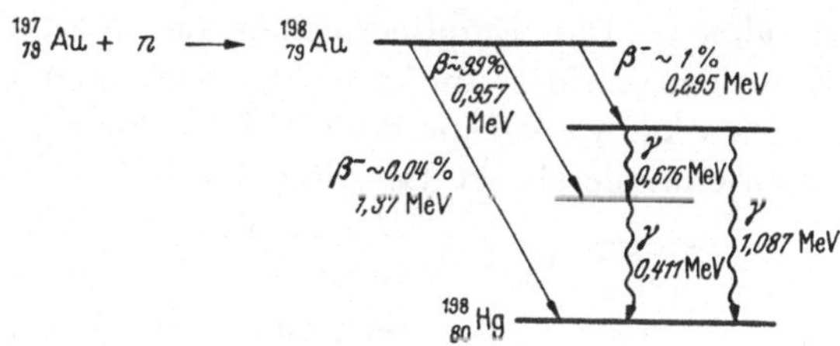

Abb. 9.1.1. Zerfallsschema des Goldes

Nachteilig ist bei Gold

1. seine große Selbstabsorption der β-Strahlung,
2. der Umstand, daß ein verhältnismäßig großer Anteil (etwa 5%) der beim Zerfall entstehenden angeregten Hg-Kerne Sekundärelektronen durch innere Konversion aussendet.

9.1.2. Absolutbestimmung von β-Aktivitäten

Zur Bestimmung absoluter β-Aktivitäten werden in der Literatur verschiedene Methoden beschrieben. Sie sollen im folgenden einer vergleichenden Betrachtung unterzogen werden:

1. Zählmethode mit definiertem Raumwinkel (Novey).

Das β-Präparat wird außerhalb einer Zählkammer so angeordnet, daß nur die innerhalb eines genau abgegrenzten Raumwinkels einfallende β-Strahlung in das Zählrohr gelangen kann. Hierbei ist zu beachten, daß die gleichzeitig auftretende γ-Strahlung eine Vergrößerung der Zählrate bedingt, die allerdings bei guten β-Zählern nur geringfügig sein wird. Eine Erhöhung der Zählrate können auch die schon eben erwähnten Konversionselektronen ergeben und dadurch einen erheblichen Fehler verursachen. Ebenso können die durch Reflexion an der Präparatunterlage in den ausgeblendeten Raumwinkel hineingestreuten β-Teilchen das Ergebnis verfälschen; ferner die β-Absorption im Präparat und im Zählrohrfenster. Diese Einflüsse sind nur schwer zu erfassen, lassen sich aber durch geeignete Anordnungen weitgehend reduzieren.

2. β-γ-Koinzidenzmethode (s. z.B. Larsson, Tavernier, v. Planta und Huber).

Liegt eine aktive Substanz mit einfachem β-γ-Zerfallsschema vor und besteht keine Winkelkorrelation der β-γ-Kaskade, so zählt man mit einem β-empfindlichen Zähler und einem solchen, der nur auf γ-Strahlung anspricht, und registriert gleichzeitig die Koizidenzrate. Ist C_β die Ansprechwahrscheinlichkeit des β- und C_γ die des γ-Zählers, und ist A die Aktivität, so ist

$$N_\beta = A \cdot C_\beta \text{ die } \beta\text{-Zählrate} \qquad N_\gamma = A\, C_\gamma \text{ die } \gamma\text{-Zählrate}$$

$$\text{und } N_{\beta,\gamma} = A \cdot C_\beta \cdot C_\gamma \text{ die Koinzidenzrate,}$$

also ist

$$A = \frac{N_\beta \cdot N_\gamma}{N_{\beta,\gamma}}.$$

Auch bei dieser Methode üben Konversionselektronen einen störenden Einfluß aus, bewirken nämlich eine Erhöhung der β-Zählrate, eine Erniedrigung der γ-Zählrate, und einen Verlust an Koinzidenzen, der in einer nachträglichen Korrektur berücksichtigt werden muß. Dagegen spielt die Elektronen-Selbstabsorption bei dieser Methode *keine* Rolle. Als weitere Fehlerquellen sind zu erwähnen: Die Empfindlichkeit des β-Zählers gegenüber γ-Strahlung sowie Koinzidenzverluste in der elektronischen Meßanordnung.

Man kann aber alle diese Effekte klein halten bzw. durch geeignete Korrekturen eliminieren, so daß diese Methode in vielen Fällen wesentlich genauer ist als die Raumwinkelmethode. Leider ist sie auf wenige Substanzen mit einfachem Zerfallsschema — darunter das Gold — beschränkt und erfordert hohe Intensitäten.

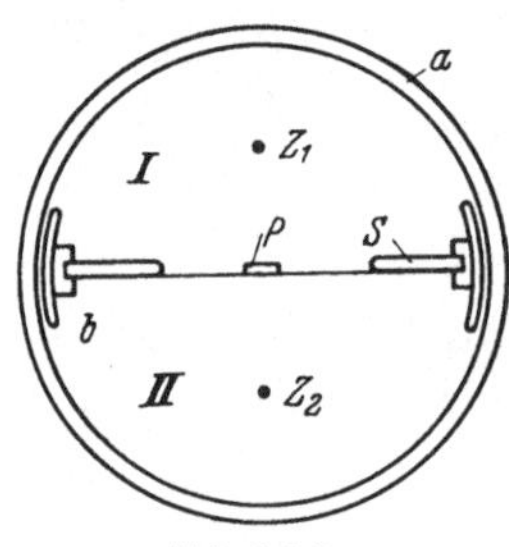

Abb. 9.1.2. Querschnitt eines 4 π-Zählers Z_1; Z_2 = Zähldrähte; a = Zählrohrmantel; b = Halterung für Schieber; S = Schieber; P = β-Präparat

3. 4π-Zählrohr (vgl. MEYER-SCHÜTZMEISTER, V. WEYSSENHOFF, COHEN).

Man kann die Genauigkeit der Raumwinkelmethode erheblich steigern, wenn man statt eines kleinen Ausschnitts den ganzen Raumwinkel erfaßt. Hierzu muß man das β-Präparat direkt in das Innere einer Zählkammer, des sog. „4π-Zählrohres", bringen. Man vermeidet dadurch alle Fehler, die durch Streuung und Absorption, γ-Strahlung und Konversionselektronen entstehen und hat zugleich eine viel höhere Zählrate. Man kann daher auch weit schwächere Präparate ausmessen. Das Präparat wird in die Mitte zwischen zwei halbzylindrische Zählkammern mit gemeinsamen Mantel gebracht; so gelangen sämtliche das Präparat verlassende Strahlen in den empfindlichen Bereich und veranlassen einen Zählimpuls.

Es werden registriert:

Die Anzahl N_1 der in Kammer 1 gezählten Ereignisse.

Die Anzahl N_2 der in Kammer 2 gezählten Ereignisse.

Die Anzahl N_{12} der Koinzidenzen 1, 2.

Dann ist die Aktivität

$$A = N_1 + N_2 - N_{12}.$$

Alle mit dem β-Zerfall gleichzeitig auftretenden Erscheinungen wie Konversionselektronen und γ-Quanten werden wegen ihrer Koinzidenz nicht gezählt.

Die einzige Fehlerquelle ist — abgesehen von Fehlern, die durch die allgemeinen Zählrohreigenschaften bedingt sind und jeder Zählmethode anhaften — die β-Selbstabsorption im Präparat. Diese ist bei Gold besonders groß.

9.1.3. Aktivierung und Neutronenfluß

Zwischen der Aktivität A (sec^{-1}) und der Aktivierung C (sec^{-1}cm^{-2}) besteht die Beziehung:

$$A = \frac{R \cdot F \cdot S \cdot C}{T}. \tag{9.1.1}$$

Dabei ist

R die Empfindlichkeit der Zählanordnung. R ist gleich eins bei Auszählung nach der β-γ-Koinzidenzmethode und im 4π-Zählrohr;

F die Fläche der Sonde;

T der Zeitfaktor, vgl. Gl. (7.5.8);

S der Selbstabsorptionsfaktor.

Bei Auszählung nach der β-γ-Koinzidenzmethode ist $S=1$, für die Auszählung im 4π-Zählrohr muß S experimentell bestimmt werden (vgl. Abschnitt 9.1.4). Man könnte daran denken, S wie in Abschnitt 8.1.2 aus dem exponentiellen Schwächungsgesetz der β-Strahlung zu berechnen. Die Genauigkeit einer solchen Rechnung ist jedoch nicht hoch, da das Schwächungsgesetz vom Exponentialverlauf Abweichungen zeigt und da weiterhin bei der Bestimmung der Selbstabsorption durch Integration der Abschwächungskurve Rückstreuprozesse von β-Teilchen innerhalb der Sonde nicht berücksichtigt werden.

Für die Aktivierung C gilt nach den Formeln des 8. Kapitels:

$$C=\frac{1}{1+\varkappa_c}\cdot\frac{1}{2}\,\overline{\varphi_0(\mu\,\delta)}\cdot\Phi;\qquad \overline{\varphi_0(\mu\,\delta)}=\frac{\sqrt{\pi}}{2}\,\varphi_0(\mu_0\,\delta). \tag{9.1.2}$$

Die Funktion $\varphi_0(\mu\,\delta)$ wurde in Abb. 8.2.2 gezeigt.

Für die Aktivierungsstörung $\varkappa_c$ können die Formeln von MEISTER verwendet werden [vgl. Gl. (8.3.1)].

Damit folgt für den Neutronenfluß

$$\Phi=\frac{4\,T\cdot A\cdot(1+\varkappa_c)}{S\cdot F\cdot\sqrt{\pi}\cdot\varphi_0(\mu_0\,\delta)}. \tag{9.1.3}$$

Zu einer Absolutmessung des Flusses ist die Kenntnis der Neutronentemperatur erforderlich, die in Gl. (9.1.3) (über μ_0) im Nenner und im Zähler (Aktivierungsstörung) auftritt. Da man im allgemeinen dünne Sonden, $\mu\,\delta\ll 1$, verwendet, ist $\varkappa_c\ll 1$, so daß die Temperaturabhängigkeit von $\varkappa_c$ keine Rolle spielt. Weiterhin ist dann $\varphi_0(\mu\,\delta)\approx 2\mu\,\delta$, das Produkt $v\cdot\varphi_0(\mu\,\delta)$ bei $1/v$-abhängigem Aktivierungsquerschnitt also nahezu temperaturunabhängig. Daraus folgt, daß zur Absolutbestimmung der Neutronendichte

$$n=\frac{4\,T\cdot A\,(1+\varkappa_c)}{S\cdot F\cdot\sqrt{\pi}\cdot\bar{v}\,\varphi_0(\mu_0\,\delta)} \tag{9.1.4}$$

mit einigermaßen dünnen Sonden die Neutronentemperatur nur annähernd bekannt sein muß.

A in den Gln. (9.1.1) bis (9.1.4) stellt die durch thermische Neutronen verursachte Aktivität dar. Sie wird in einer Cadmium-Differenzmessung gewonnen, wobei bei der Messung mit Cadmiumdeckeln die Abschwächung des epithermischen Flusses durch das Cd berücksichtigt werden muß.

9.1.4. Bestimmung des Selbstabsorptionsfaktors

Als Selbstabsorptionsfaktor definieren wir das Verhältnis

$$S=\frac{\text{Anzahl der pro sec eine Sonde verlassenden } \beta\text{-Teilchen}}{\text{Anzahl der in der Sonde pro sec stattfindenden Zerfälle}}.$$

MEISTER hat für eine Reihe von Substanzen, darunter auch das Gold, Bestimmungen des Selbstabsorptionsfaktors im 4π-Zählrohr angestellt. Dazu wurde mit dem 4π-Zählrohr die spezifische Aktivität (d.h. die Aktivität pro g Sondensubstanz) einer Reihe von Sonden gleicher Fläche, aber verschiedener Dicke, die alle die gleiche spezifische Aktivierung erhalten hatten, gemessen. Die *wahre* spezifische Aktivität, die für alle Sonden wegen der gleichen spezifischen Aktivierung gleich ist, ergibt sich durch Auftragen der gemessenen spezifischen Aktivitäten als Funktion der Sondendicke und Extrapolation auf Sondendicke Null. Der Fehler, der bei dieser Extrapolation auftritt, ist zu vernachlässigen, da die dünnste der von MEISTER verwendeten Sonden nur 0,9 mg/cm² dick ist. Der Selbstabsorptionsfaktor einer Sonde folgt dann als das Verhältnis ihrer direkt gemessenen spezifischen Aktivität zur wahren spezifischen Aktivität. In Abb. 9.1.3 sind die auf diese Weise bestimmten Selbstabsorptionsfaktoren für Goldfolien von 0,9 bis 90 mg/cm² Dicke aufgetragen.

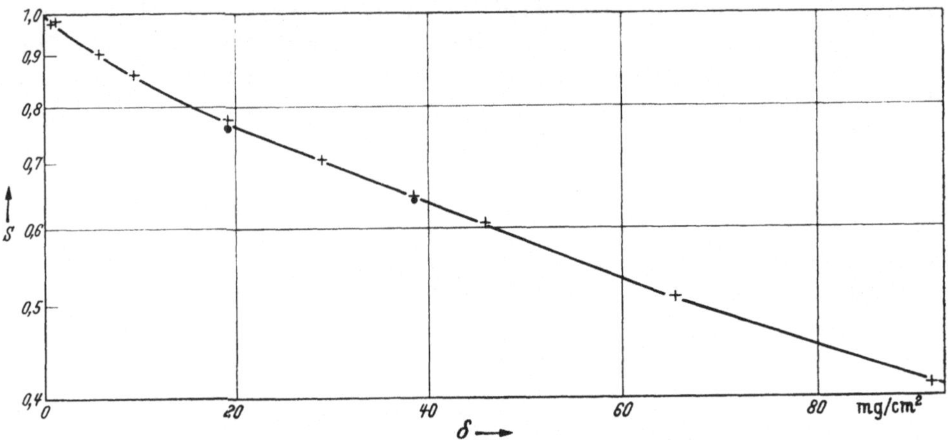

Abb. 9.1.3. Selbstabsorptionsfaktor einer Goldsonde als Funktion der Dicke. + Meßpunkte „Extrapolationsmethode". ● Meßpunkte β-γ-Koinzidenzmethode

Für Goldsonden der Dicke 19,2 und 38,5 mg/cm² wurde eine unabhängige Bestimmung des Selbstabsorptionsfaktors durchgeführt, indem die Aktivität derselben aktivierten Sonde hintereinander nach der β-γ-Koinzidenzmethode und mit dem 4π-Zählrohr bestimmt wurde; da bei der β-γ-Koinzidenzmethode $S=1$ ist, folgt der Selbstabsorptionsfaktor der Sonde als Verhältnis der mit dem 4π-Zähler und der nach der β-γ-Methode bestimmten Aktivitäten. Die so gewonnenen Werte für S sind in Abb. 9.1.3 mit eingetragen und stehen in guter Übereinstimmung mit den nach der Extrapolationsmethode gewonnenen Werten.

9.1.5. Absolutmessungen mit einem Natrium-Jodid-Kristall

Ein weiteres Verfahren zur Absolutmessung thermischer Neutronenfelder ist von GRIMELAND angegeben worden. Exponiert man einen NaJ(Tl)-Kristall dem Neutronenfeld, so bilden sich die Isotopen Na^{24} ($T_{\frac{1}{2}} = 15{,}06$ h) und J^{128} ($T_{\frac{1}{2}} = 24{,}09$ min).

Die β-Aktivität des Natriums kann, nachdem die des Jods abgeklungen ist, an Hand der Szintillationen des Kristalls mit einem Photo-Multiplier absolut ausgezählt werden. Dabei sind keinerlei Korrekturen für Geometrie oder für Elektronen-Selbstabsorption erforderlich.

Besonders vorteilhaft ist dabei, daß Natrium — abgesehen von einer bedeutungslosen Resonanz bei 1 keV — ein reiner $1/v$-Absorber ist, daß also die Aktivierung unmittelbar proportional der Neutronendichte erfolgt.

9.2. Bestimmung der Ergiebigkeit von Neutronenquellen

9.2.1. Quellstärkenmessung durch räumliche Integration („Wasserbadmethode")

Eine Neutronenquelle emittiere isotrop Q schnelle Neutronen pro sec in ein unendlich ausgedehntes Streumedium. Im stationären Zustand muß die Zahl der sekundlich emittierten Neutronen gleich der Anzahl der in der Sekunde von der Streusubstanz absorbierten Neutronen sein. Ist Σ_a der Absorptionsquerschnitt der Streusubstanz, so gilt

$$\left.\begin{aligned} p\,Q &= \int_0^\infty \Sigma_a \Phi(r)\, 4\pi r^2\, dr, \\ Q &= \frac{\Sigma_a}{p} \int_0^\infty \Phi(r)\, 4\pi r^2\, dr. \end{aligned}\right\} \tag{9.2.1}$$

Dabei ist p die Resonanzentkommwahrscheinlichkeit.

Sind Σ_a und p bekannt, und kann ferner Φ absolut gemessen werden, so folgt aus einer räumlichen Integration des Neutronenflusses die Quellstärke.

Als Streumedium verwendet man hierfür meist ein hinreichend großes Wasservolumen, in dessen Mitte die Neutronenquelle aufgehängt ist. Die Größe des Wasservolumens ist durch die Forderung festgelegt, daß nur ein vernachlässigbarer Anteil — etwa $< 1^0/_{00}$ — der Quellneutronen nach außen verschwindet. Ist dieser Anteil größer, muß er rechnerisch berücksichtigt werden. Eine weitere kleine Korrektur kann durch die Absorption thermischer Neutronen in der Neutronenquelle erforderlich sein.

Die Resonanzentkommwahrscheinlichkeit p für die Neutronen einer (Ra + Be)-Quelle in einem ausgedehnten Wasservolumen beträgt nach einer Messung von DE TROYER und TAVERNIER 0,975 ± 0,003. Der Resonanzeinfang rührt von einer (n, α)-Reaktion am O^{16} bei höherer Neutronenenergie her. DE TROYER und TAVERNIER bestimmten p durch Vergleich der Quellstärke in H_2O und in Paraffinöl.

Die Integration des Neutronenflusses erfolgt im einfachsten Fall durch graphisches Integrieren der Größe $r^2\Phi$, wobei punktweise mit Scheibensonden absolut gemessen wird. Wir verweisen in diesem Zusammenhang auf Anhang II, wo verschiedene Integrationsverfahren diskutiert werden.

Quellstärkebestimmungen nach dieser „Wasserbadmethode" sind von LARSSON, DE TROYER und TAVERNIER, v. PLANTA und HUBER und v. WEYSSENHOFF durchgeführt worden, fast ausnahmslos für (Ra + Be)-Quellen. Diese Methode setzt die genaue Kenntnis des Aktivierungsquerschnittes von Gold, genau genommen das Verhältnis σ_{Au}/σ_H, voraus.

9.2.2. Von der Kenntnis von Wirkungsquerschnitten unabhängige Methoden

Bevor in den letzten Jahren genaue Werte für die Querschnitte von Gold und Wasserstoff bekannt wurden, sind Methoden zur Absolutbestimmung von Quellen entwickelt worden, die von Wirkungsquerschnitten nicht oder nur sehr wenig abhängen.

Die in 9.2.1 entwickelte „*Wasserbadmethode*" kann von den Wirkungsquerschnitten weitgehend unabhängig gemacht werden, wenn man z. B. als Streusubstanz eine Borsäurelösung verwendet und die Neutronendichte mit einem Borzähler mißt. Schreiben wir den Absorptionsquerschnitt der Lösung

$\Sigma_a = N_{\mathrm{H}} \cdot \sigma_{\mathrm{H}} + N_{\mathrm{B}} \cdot \sigma_{\mathrm{B}}$ ($N_{\mathrm{H}}, N_{\mathrm{B}}$ ist die Anzahl der H- bzw. B-Atome pro cm³), so wird, wenn wir von der Resonanzabsorption absehen

$$\left.\begin{aligned} Q &= \{N_{\mathrm{B}} \cdot \sigma_{\mathrm{B}} + N_{\mathrm{H}} \cdot \sigma_{\mathrm{H}}\} \int_0^\infty 4\pi r^2 \Phi(r)\, dr \\ &= N_{\mathrm{B}}\, \sigma_{\mathrm{B}} \left\{1 + \frac{N_{\mathrm{H}} \sigma_{\mathrm{H}}}{N_{\mathrm{B}} \sigma_{\mathrm{B}}}\right\} \int_0^\infty 4\pi r^2 \Phi(r)\, dr. \end{aligned}\right\} \tag{9.2.2}$$

$\Phi(r)$ werde mit einem Borzähler bestimmt. Der Borzähler habe ein empfindliches Volumen V und enthalte pro cm³ N_Z B-Atome, dann ist seine Zählrate pro sec

$$Z(r) = \Phi(r) \cdot N_Z \cdot V \cdot \sigma_{\mathrm{B}}. \tag{9.2.3}$$

Setzt man dies in (9.2.2) ein, so folgt

$$Q = \frac{N_{\mathrm{B}}}{N_Z \cdot V} \left\{1 + \frac{N_{\mathrm{H}} \sigma_{\mathrm{H}}}{N_{\mathrm{B}} \sigma_{\mathrm{B}}}\right\} \int_0^\infty Z(r)\, 4\pi r^2\, dr. \tag{9.2.4}$$

Man sieht, daß der Querschnitt des Bors, der in Gl. (9.2.2) als Faktor stand, herausfällt. Er tritt nun nur noch als Korrekturglied $1 + N_{\mathrm{H}} \sigma_{\mathrm{H}} / N_{\mathrm{B}} \sigma_{\mathrm{B}}$ auf. Der Ausdruck $\frac{N_{\mathrm{H}} \sigma_{\mathrm{H}}}{N_{\mathrm{B}} \sigma_{\mathrm{B}}}$ kann aber klein gegen 1 gemacht werden und es genügt, wenn $\sigma_{\mathrm{H}}/\sigma_{\mathrm{B}}$ auf etwa 10% bekannt ist. $\sigma_{\mathrm{H}}/\sigma_{\mathrm{B}}$ kann durch Variation des Verhältnisses $N_{\mathrm{B}}/N_{\mathrm{H}}$ auch völlig eliminiert werden. Nach diesem Verfahren hat LARSSON eine sehr genaue Quellstärkebestimmung angestellt. Frühere Bestimmungen (ALDER und HUBER, O'NEIL und GOLDHABER, WALKER) sind nach ähnlichen Methoden durchgeführt worden.

Ein völlig anderes Verfahren ist von LITTLER angegeben worden. Es beruht auf einem Vergleich des Effektes einer Neutronenquelle und eines Absorbers auf die *Reaktivität eines Reaktors* und ist gleichfalls nicht an die Kenntnis von Wirkungsquerschnitten gebunden.

Eine weitere Methode ist die des „*assoziierten Teilchens*": Bei den neutronenerzeugenden Reaktionen

$$H^2 + H^2 \rightarrow He^3 + n \qquad H^3 + H^1 \rightarrow He^3 + n$$
$$H^3 + H^2 \rightarrow He^4 + n \qquad H^2 + \gamma \rightarrow H^1 + n$$

entsteht zugleich mit dem Neutron ein geladenes Teilchen, das — je nach der Energie des Primären — eine beträchtliche kinetische Energie erhalten kann. Im Prinzip kann man durch Zählung dieser Teilchen die von einer solchen Quelle emittierte Neutronenzahl absolut bestimmen. Dies ist für die $H^3(d, n)He^4$ und für die $H^2(d, n)He^3$-Reaktion durchgeführt worden (vgl. BARSHALL et al. sowie LARSSON). Man mißt dabei die in einem begrenzten Raumwinkel emittierten Teilchen; um auf die in den gesamten Raumwinkel 4π emittierte Teilchenzahl zu schließen, muß der differentielle Wirkungsquerschnitt der betreffenden Reaktion bekannt sein.

In den soeben erwähnten Arbeiten von LARSSON und von BARSHALL et al. finden sich auch Angaben über Absolutmessungen des schnellen Neutronenflusses mit Rückstoßprotonendetektoren, siehe dazu auch JOHNSON und TRAIL.

9.3. Vergleichsmethoden

9.3.1. Vergleich von Quellstärken

Stimmen zwei Neutronenquellen in ihrem Energiespektrum überein, so ist ein Vergleich ihrer Ergiebigkeiten verhältnismäßig einfach durchführbar, indem man in fester Geometrie die von beiden Quellen herrührende Neutronenintensität mit einem beliebigen Detektor vergleicht. Man hat dabei auf eventuelle Anisotropien der Neutronenemission zu achten.

Eine einfache Möglichkeit zum schnellen Vergleich von Quellen *verschiedener* Energiespektren bietet der in Abschnitt 7.1 besprochene „Long counter“; die Genauigkeit solcher Messungen ist begrenzt:

1. Durch Anisotropien in der Neutronenemission der Quellen,
2. durch Rückstreueffekte an den Wänden und Untergrund,
3. durch die — wenn auch nur geringe — Energieabhängigkeit der Ansprechwahrscheinlichkeit des Zählers.

Auch die Wasserbadmethode ist zum Vergleich von Quellen mit verschiedenen Energiespektren geeignet; allerdings muß die Resonanzentkommwahrscheinlichkeit für jede Quelle bekannt sein. Eine Absolutmessung des Neutronenflusses ist für einen Vergleich nicht notwendig. Stimmen beide Quellen im Energiespektrum überein, so genügt ein Vergleich der thermischen Dichte an einem Punkt.

Die bereits erwähnte Methode von Littler kann auch zum Vergleich von verschieden starken Neutronenquellen benutzt werden; sie ist gegenüber dem Neutronenspektrum weitgehend unempfindlich. Ein anderes von Wattenberg und Eggler vorgeschlagenes Verfahren benutzt die Multiplikation der Quellstärke in einem unterkritischen Reaktor. Befindet sich in einem unterkritischen Reaktor eine Neutronenquelle, so ist der Neutronenfluß weitgehend unabhängig vom Spektrum der Quelle ihrer Quellstärke proportional. Durch Vergleich des von zwei verschiedenen Quellen am gleichen Ort verursachten Neutronenflusses können ihre Ergiebigkeiten verglichen werden.

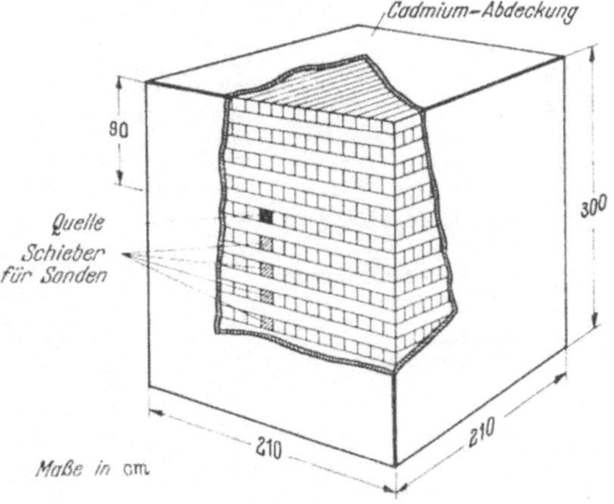

Abb. 9.3.1. Standard-Pile des Argonne National Laboratory

9.3.2. Der Standard-Pile

Besteht in einem Laboratorium sehr häufig die Notwendigkeit, Neutronenflüsse absolut zu messen, so ist die Errichtung eines „Standard-Piles“ vorteilhaft. Die Abb. 9.3.1 zeigt einen solchen Standard-Pile aus Graphit. Auf der Achse des Graphitquaders befindet sich eine geeichte Neutronenquelle. Mittels Age- und Diffusionstheorie kann die absolute Neutronendichte im Pile berechnet werden. Es besteht die Möglichkeit, an verschiedenen Stellen des Piles Neutronensonden einzuführen, die eine Standardbestrahlung erfahren. Die absolute Bestimmung eines unbekannten Neutronenflusses erfolgt, indem man die Aktivität einer im unbekannten Fluß belichteten Sonde mit der einer gleichen, die im Standard-Pile eine Standardbestrahlung erfahren hat, vergleicht. Erfolgt ein Vergleich zwischen verschiedenen Streusubstanzen, so muß die Aktivierungsstörung berücksichtigt werden. Der Standard-Pile ermöglicht auch Absolutbestimmungen der Bremsdichte.

Näheres über Standard-Piles findet man bei SEREN und bei REDMAN.

9.4. Resultate verschiedener Messungen an (Ra + Be)-Quellen

LARSSON hat an einer 250 mC-(Ra + Be)-Quelle nach mehreren der hier besprochenen Methoden sehr sorgfältige Quellstärkemessungen ausgeführt, die

Tabelle 9.4.1. *Quellstärke einer 250 mC-(Ra + Be)-Neutronenquelle* (nach LARSSON)

Methode	Ergebnis $\times 10^{-6}$ n/sec	Abhängigkeit von absoluten Werten von Wirkungsquerschnitten?
Integration der Neutronendichte in H_3BO_3-Lösung mit Borkammern. Absolutzählung der $B^{10}(n\alpha)$-Reaktionen	2,63 ± 0,12	Nein (nur im Zusatzglied)
Integration der Neutronendichte in reinem H_2O mit Goldsonden, die absolut ausgezählt werden. $\sigma_H = 0{,}333$ barn $\sigma_{Au} = 98{,}6$ barn	2,64 ± 0,08	Ja
Vergleich (durch Wasserbad) mit der Ausbeute der *d-T*-Reaktion. Absolutzählung der H^3-Teilchen aus dieser Reaktion	2,65 ± 0,06	Nein
Bestimmung nach der Littlerschen Methode im Reaktor (Harwell)	2,64 ± 0,13	Nein

in der Tabelle 9.4.1 zusammengestellt sind. Wie man sieht, stimmen seine Werte gut miteinander überein. Man ersieht aus der Tabelle zugleich, mit welcher Genauigkeit Absolutmessungen heute möglich sind.

Tabelle 9.4.2. *Ausbeute von (Ra + Be)-Quellen*

Autor	$Q \cdot 10^{-7}$/g Ra/sec
TAVERNIER	1,52 ± 0,03
v. WEYSSENHOFF	1,29 ± 0,04
WALKER	1,18 ± 0,08
LARSSON	1,04 ± 0,05
LITTLER	0,97 ± 0,04

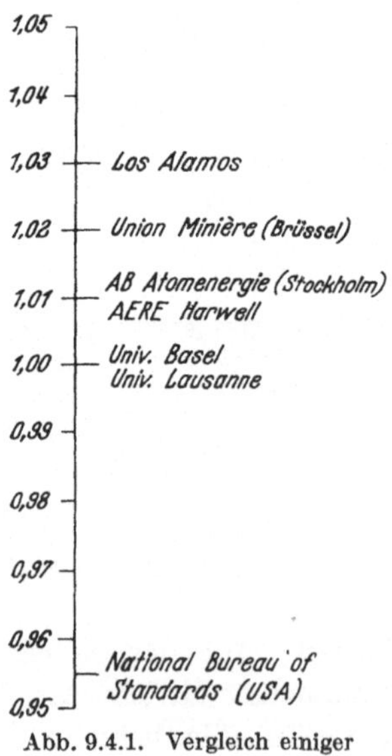

Abb. 9.4.1. Vergleich einiger Neutronenstandards

Die in den verschiedenen Ländern verwendeten Standardmethoden zeigen etwas größere Abweichungen. Dies geht aus Abb. 9.4.1 hervor: Dort ist (nach Angaben von v. PLANTA und HUBER) aufgetragen, welche Quellstärken die in den verschiedenen Laboratorien üblichen Meßmethoden für eine (Ra + Be)-Quelle, die nach der Methode dieser Autoren die Stärke 1 hat, ergeben würden.

Wir weisen zum Schluß noch darauf hin, daß die Quellstärke einer (Ra + Be)-Quelle nicht nur von ihrem Radiumgehalt, sondern auch von ihrem Be-Gehalt und der Bauweise empfindlich abhängt. Aus Tabelle 9.4.2 ersieht man, daß die Ausbeute pro g Ra zwischen 1 und $1{,}5 \cdot 10^7$ n/sec schwankt.

Literatur zum 9. Kapitel

Allgemein

HUGHES, D. J.: l. c. S. 72ff.: Neutron Standardization.

WATTENBERG, A.: Ann. Rev. Nucl. Sci. **3**, 119 (1953): The Standardization of Neutron Measurements.

Reactor Handbook I, S. 36: Neutron Standardization.

Spezielle Arbeiten

NOVEY, T. B.: Rev. Sci. Instrum. **21**, 280 (1950) (Zählmethode mit definiertem Raumwinkel).

BARNOTHY, J., and M. FORRO: Rev. Sci. Instrum. **22**, 415 (1951) (β-γ-Koinzidenzmethode).

MEYER-SCHÜTZMEISTER, L., F. G. HOUTERMANNS u. D. H. VINCENT: Z. Physik **134**, 1, 9 (1952).

COHEN, R. A.: C. R. Acad. Sci. Paris **229**, 356 (1949) (4π-Zählrohr).

MEISTER, H.: Diss. Göttingen 1957 (Untersuchungen der Selbstabsorption von β-Strahlung).

GRIMELAND, B.: Phys. Rev. **86**, 937 (1952) (Absolutmessung mit NaJ-Kristall).

WEYSSENHOFF, H. v.: Diplomarbeit, Göttingen 1955.
TROYER, A. DE, et G. C. TAVERNIER: Bull. Acad. Roy. Belg., Cl. Sci. **40**, 150 (1954).
PLANTA, C. v., u. P. HUBER: Helv. phys. Acta **29**, 375 (1956).
LARSSON, K. E.: Ark. Fysik **7**, 323 (1954).
} Ausbeutebestimmung einer Ra+Be-Quelle nach der „Wasserbadmethode". Absolutmessung des thermischen Flusses mit Goldsonden.

LARSSON, K. E.: Ark. Fysik **7**, 323 (1954).
WALKER, R. L.: MDDC 414 (1946).
O'NEAL, R. D., and G. GOLDHABER: Phys. Rev. **69**, 368 (1946).
ALDER, F., u. P. HUBER: Helv. phys. Acta **22**, 368 (1949).
} Absolutbestimmung von Quellen nach von Wirkungsquerschnitten unabhängigen Methoden.

LITTLER, D. J.: Proc. Phys. Soc. Lond. A **64**, 638 (1951).
LITTLER, D. J. et al.: AERE R/R 776 (1951).
} Absolutbestimmung von Quellen durch ihre Wirkung auf die Reaktivität eines Reaktors.

BARSHALL, H. H. et al.: Rev. Mod. Phys. **24**, 1 (1952).
LARSSON, K. E.: Ark. Fysik **9**, 293 (1955).
} Absolutbestimmung von $H^2(d,n)He^3$- und $H^3(d,n)He^4$-Reaktionen an Hand des assoziierten Teilchens.

JOHNSON, C. H., and C. C. TRAIL: Rev. Instrum. **27**, 468 (1956) (Absolutmessung des schnellen Flusses mit Rückstoßprotonendetektoren).

WATTENBERG, A., u. C. EGGLER: AECD 3002 (1950) (Vergleich von Quellen im unterkritischen Reaktor).

SEREN, L.: CP-704 (1953).
REDMAN, C.: CP-3432 (1946).
} Standard-Pile.

10. Stationäre Methoden zur Messung der Diffusionslänge und des Absorptionsquerschnitts schwach absorbierender Substanzen

Ist der Absorptionsquerschnitt σ_a einer Substanz klein gegen ihren Streuquerschnitt — Beispiel Graphit, Be, D_2O, H_2O — so ist es nicht möglich, ihn nach einer der in Kapitel 1.5 besprochenen direkten Methode zu bestimmen. Man benutzt in diesem Fall sog. „*integrale*" Methoden. Das klassische integrale

Meßverfahren besteht in der Bestimmung der Diffusionslänge L, in die der Absorptionsquerschnitt eingeht. Wir werden verschiedene stationäre Meßmethoden für die Diffusionslänge kennenlernen. In neuerer Zeit werden Bestimmungen der Diffusionslänge und des Absorptionsquerschnitts häufig nach einer nichtstationären Impulsmethode durchgeführt; sie wird im 12. Kapitel besprochen.

Ist man im Besitz ausreichender Mengen einer Streusubstanz mit bekanntem Absorptionsquerschnitt, so kann der Absorptionsquerschnitt anderer Streusubstanzen durch Vergleich integrierter Neutronendichten erfolgen. Wir werden dies an einem Beispiel vorführen.

Wesentlich geringere Materialmengen werden benötigt, wenn man die Querschnitte verschiedener Absorber an Hand ihrer Wirkung auf die Reaktivität eines Reaktors vergleicht. Wir gehen auf derartige Methoden hier nicht ein (s. z.B. HUGHES, loc. cit. S. 196ff., „Danger coefficient method" S. 201ff. „Pile oscillator").

Bestimmungen des Absorptionsquerschnitts einer Streusubstanz müssen vielfach zu dem Zweck angestellt werden, den Beitrag von Verunreinigungen, die sich chemisch schwer nachweisen lassen, zur Neutronenabsorption zu bestimmen. Sie gehören zu den häufigsten Arbeiten im neutronenphysikalischen Laboratorium.

10.1. Diffusionslänge im unendlich ausgedehnten Streumedium

Die Messung der Diffusionslänge einer Streusubstanz erfolgt aus dem im quellfreien Bereich gemessenen Verlauf des Neutronenflusses, für den die elementare Diffusionsgleichung

$$\Delta\Phi - \frac{1}{L^2}\Phi = 0$$

gilt. Dazu müssen die Lineardimensionen der Streusubstanz groß sein, und zwar mindestens von der Größenordnung einiger Diffusionslängen.

Am einfachsten sind die Verhältnisse im unendlich ausgedehnten Streumedium, d.h. bei so großen Lineardimensionen, daß die Neutronendichte am Rand auf 0 abgesunken ist. Selbst in Wasser, $L = 2{,}7$ cm würde diese Forderung bedeuten, daß ein Streugefäß einen Durchmesser von mindestens $20\,L \approx 55$ cm haben muß; in Graphit ($L = 50$ cm) würde dies Lineardimensionen von 10 m entsprechen, d.h. bei kubischer Symmetrie rund 1600 t Graphit. Unendlich ausgedehnte Streusubstanz ist deshalb nur bei Paraffin und Wasser praktisch zu verwirklichen. Bei Verwendung einer thermischen Punktquelle würde es in diesem Fall genügen, den Verlauf der Dichte bzw. des Flusses längs des Radius r zu messen. Nach Gl. (4.3.1) gilt

$$\Phi(r) = \frac{Q}{4\pi D}\frac{e^{-\frac{r}{L}}}{r}.$$

L ergibt sich also unmittelbar, wenn man $r \cdot \Phi(r)$ logarithmisch gegen r aufträgt.

Da alle Neutronenquellen schnelle Neutronen emittieren, ist dieser Fall nicht unmittelbar zu verwirklichen. Man kann aber eine (negative) thermische Quelle durch eine Cd-Differenzmethode erzeugen: Dazu mißt man den Neutronenfluß in der Umgebung der Quelle einmal mit, einmal ohne eine die Quelle umgebende Hülle aus thermische Neutronen stark einfangendem Material, z.B. Cadmium.

Die Differenz beider Meßserien ist durch die in der Hülle absorbierten thermischen Neutronen verursacht, sie sollte in Strenge der obigen Formel gehorchen. Nach diesem Verfahren ist von LARSSON eine — allerdings nicht sehr genaue — Bestimmung der Diffusionslänge von Wasser angestellt worden.

Andere Autoren (z.B. BARKOV, DE JUREN und ROSENWASSER) haben zur Bestimmung der Diffusionslänge von Wasser Photoneutronenquellen geringer Energie (Sb-Be, $E_n = 30$ keV) benutzt. Wegen ihrer geringen Anfangsenergie erreichen die Neutronen in unmittelbarer Nähe der Quelle thermisches Gleichgewicht und die obige Lösung gilt von einem gewissen Abstand an genau.

10.2. Dichteverteilung in endlichen Streuvolumina; der Sigma-Pile

Will man die eben besprochene Methode der Diffusionslängenmessung auf endliche Streuvolumina übertragen, so muß, wie bereits erwähnt, der Neutronenverlust durch die Oberfläche berücksichtigt werden. Substanzen mit großem L, bei denen dies in Frage kommt, sind D_2O ($L = 171$ cm), Be ($L = 31$ cm) und Graphit ($L = 50$ cm). Die Diffusionslänge dieser Substanzen bestimmt man im Σ-Pile, das ist eine zylindrische oder quaderförmige Anordnung der Streusubstanz, in der sich eine Neutronenquelle befindet. Aus einer Analyse der mittels Sonden gemessenen Neutronendichteverteilung im Σ-Pile mit Hilfe der elementaren Diffusionstheorie kann die Diffusionslänge gewonnen werden. Nach dieser Methode sind Messungen an Beryllium (GERASEVA et al.), Berylliumoxyd (KOECHLIN et al.), D_2O (SARGENT et al.) und insbesondere an Graphit (HEREWARD et al., CARLBLOM, WINZELER, BECKURTS) durchgeführt worden. Wir betrachten sie am Beispiel des Graphits ein wenig näher.

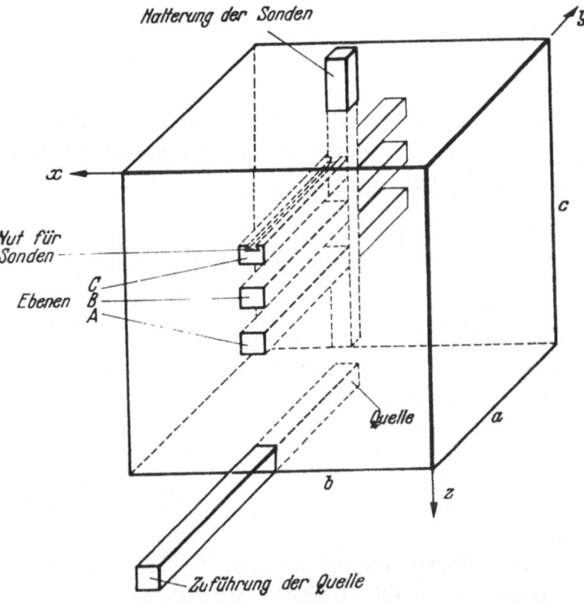

Abb. 10.2.1. Aufbau des Sigma-Piles

10.2.1. Aufbau des Sigma-Piles

Ein Graphitquader mit den Seiten a, $b = a$, c (Abb. 10.2.1) wird aus einzelnen Graphitklötzen aufgebaut, wobei auf größtmögliche Ebenheit der Oberflächen Wert zu legen ist. Auf der vertikalen Achse befindet sich nahe am Boden eine (Ra + Be)-Neutronenquelle. Der Neutronenfluß kann mit Sonden auf der vertikalen Achse, sowie in den drei horizontalen Ebenen A, B, C — und zwar wiederum in ihren Achsen — gemessen werden. Für besonders genaue Messungen ist es erforderlich, den Pile mit Cadmium zu umkleiden, damit keine von den Wänden des Laboratoriums gestreuten Neutronen wieder in den Pile zurückkehren. Die Extrapolationslänge beträgt dann $d = 0{,}71\ \lambda_{tr}$. Unterläßt man diese Umkleidung, so muß man die Extrapolationslänge, die infolge der Rückstreuung beträchtlich ansteigen kann, experimentell bestimmen.

10.2.2. Neutronenverteilung im Pile

Wir nehmen zunächst an, die Quelle sei rein thermisch. Dann gilt überall die gewöhnliche Diffusionsgleichung (4.2.1). Für die Neutronenverteilung im Pile gilt dann [vgl. (4.6.10)]:

$$\Phi = \sum_{l, m = 1, 3, \ldots} K_{lm} \operatorname{Sin} \frac{z}{L_{lm}} \sin \frac{l \pi x}{a} \sin \frac{m \pi y}{a}. \tag{10.2.1}$$

(Dabei ist a die effektive Kantenlänge d.h. die geometrische plus $2d$.)

Für $z = \text{const}$, d.h. innerhalb einer der Ebenen A, B, C wird

$$K_{lm} \operatorname{Sin} \frac{z}{L_{lm}} = A_{lm} = \text{const}. \tag{10.2.2}$$

Die Flußverteilung in den Ebenen wird also

$$\Phi_{A, B, C} = \sum_{l, m = 1, 3, \ldots} A_{lm}^{A, B, C} \sin \frac{l \pi x}{a} \sin \frac{m \pi y}{a}. \tag{10.2.3}$$

Für die Relaxationslänge L_{lm} erhält man mit (10.2.1) und (4.2.1)

$$\frac{1}{L_{lm}^2} = \frac{1}{L^2} + \frac{\pi^2}{a^2} (l^2 + m^2). \tag{10.2.4}$$

Physikalisch besagt diese Gleichung, daß der Abfall des Neutronenflusses in z-Richtung einerseits durch Absorption ($1/L^2$), andererseits durch Abfluß nach außen $\left(\frac{\pi^2}{a^2} (l^2 + m^2)\right)$ bedingt ist.

10.2.3. Bestimmung der Diffusionslänge

Aus den in den Ebenen A, B und C bestimmten Flußverteilungen können mit Hilfe einer Fourier-Inversion die Koeffizienten A_{lm} bestimmt werden. Zwischen den Koeffizienten aus je zwei Ebenen bestehen nach (10.2.2) Beziehungen der Form

$$\frac{A_{lm}^A}{A_{lm}^B} = \frac{\operatorname{Sin} \frac{z_A}{L_{lm}}}{\operatorname{Sin} \frac{z_B}{L_{lm}}}. \tag{10.2.5}$$

Aus diesen transzendenten Gleichungen kann L_{lm} bestimmt werden; L folgt aus L_{lm} nach Gl. (10.2.4). Man führt diese Auswertung zweckmäßigerweise mit dem größten Koeffizienten A_{11} durch; alle höheren Fourier-Komponenten fallen sehr schnell mit steigendem Abstand von der Quelle ab.

Gemessen wird die Flußverteilung in der Achse der Ebenen. Dort liefert Gl. (10.2.3) mit $y = a/2$

$$\Phi = \sum_{1, 3, 5, \ldots} a_l \sin \frac{l \pi x}{a} \quad \text{mit} \quad a_l = \sum_m A_{lm} \sin \frac{m \pi}{2}. \tag{10.2.6}$$

Die Bestimmung der a_l aus der gemessenen Flußverteilung erfolgt nach den bekannten Formeln

$$a_l = \frac{2}{a} \int_0^a \Phi(x) \sin \frac{l \pi x}{a} \, dx. \tag{10.2.7}$$

Man bestimmt auf diese Weise

$$\left.\begin{array}{l} a_1 = A_{11} - A_{13} + A_{15} \cdots \\ a_3 = \qquad A_{31} - A_{33} \cdots \qquad A_{lm} = A_{ml}. \\ a_5 = \qquad A_{51} \cdots \end{array}\right\} \tag{10.2.8}$$

Es zeigt sich nun, daß alle Glieder außer A_{11} und A_{13} bei hinreichendem Quellabstand der Meßebene vernachlässigt werden können. Dann brauchen nur a_1 und a_3 bestimmt zu werden, es folgt $A_{11} = a_1 + a_3$.

Die Auswertung ist wesentlich einfacher, wenn der Pile so hoch ist, daß alle $A_{lm}(z)$ außer A_{11} vernachlässigt werden können. Für den Neutronenfluß auf der Achse des Piles gilt dann

$$\Phi(z) = K_{11} \operatorname{Sin} \frac{z}{L_{11}}$$

und wenn der obere Rand hinreichend weit entfernt ist

$$\Phi(z) = \frac{K_{11}}{2} e^{z/L_{11}}.$$

Man braucht dann nur den Fluß auf der Achse zu messen und logarithmisch auftragen, L_{11} folgt als Steigung einer Geraden.

Wir schätzen noch die für eine einigermaßen genaue Diffusionslängenmessung notwendige Materialmenge ab: Nach Gl. (10.2.4) gilt

$$L = \frac{L_{11}}{\sqrt{1 - \beta^2 L_{11}^2}}, \tag{10.2.9}$$

wobei wir zur Abkürzung $\frac{2\pi^2}{a^2} = \beta^2$ setzen. Nehmen wir an, daß der Fehler bei der Bestimmung von β (also bei der Messung der Längen a) zu vernachlässigen ist, so folgt für den relativen Fehler $\Delta L/L$:

$$\frac{\Delta L}{L} = \frac{\Delta L_{11}}{L_{11}} [1 + \beta^2 L^2]. \tag{10.2.10}$$

Um den Fehler $\Delta L/L$ möglichst klein zu halten, sollte $\beta^2 L^2$ klein sein, praktisch wählt man meist $\beta L \approx 1$ d.h. $a \approx 4{,}5\,L$.

Um L_{11} mit hinreichender Genauigkeit zu bestimmen, muß dann die Höhe des Σ-Piles ebenfalls 4 bis 5 Diffusionslängen betragen.

10.2.4. Modifikation des Verfahrens bei Verwendung einer (Ra + Be)-Quelle

Verwendet man im Σ-Pile eine schnelle Neutronenquelle, also z.B. eine (Ra + Be)-Neutronenquelle, so ist Gl. (10.2.1) ungültig, da dann überall im Pile Quellen thermischer Neutronen bestehen. Man kann den Einfluß der räumlichen Quellen wiederum durch eine Cadmium-Differenzmessung ausschalten: Es werden dann zwei Messungen der Neutronenverteilung in den Ebenen ABC gemacht bei der zweiten wird zwischen der Ebene A und der Quelle eine den ganzen Kubus durchziehende Ebene aus Cd-Blech eingelegt. Die Differenz beider Messungen kann als die Wirkung dieser thermischen Flächenquelle angesehen werden, für sie gelten in Strenge unsere obigen Überlegungen.

Andererseits ist es aber auch möglich, den Einfluß der räumlich verteilten Quellen rechnerisch mit Hilfe der Age- und Diffusionstheorie zu berücksichtigen. Dazu können die im 4. und 6. Kapitel abgeleiteten Gleichungen benutzt werden.

Die Neutronenverteilung im Pile kann bei Anwesenheit räumlich verteilter Quellen durch

$$\Phi(x\,y\,z) = \sum A'_{lm}(z) \sin\frac{l\pi x}{a} \sin\frac{m\pi y}{a} = \sum K_{lm}(1 + g_{lm}(z)) \mathfrak{Sin}\,\frac{z}{L_{lm}} \sin\frac{l\pi x}{a} \sin\frac{m\pi y}{b}$$

dargestellt werden. Dabei sind die K_{lm} wieder Konstanten. Zur Berechnung der Korrekturgrößen $g_{lm}(z)$ gehen wir folgendermaßen vor: Wir betrachten den etwas vereinfachten Fall, daß der Pile nach unten, also nach positiven z, unendlich ausgedehnt sei. Die schnelle Neutronenquelle befinde sich bei $x = y = a/2$, $z = d$.

Die Neutronenverteilung berechnen wir nach der Methode der Spiegelquellen. Dazu nehmen wir zunächst den Pile als auch nach oben, also nach negativen z, unendlich ausgedehnt an. Für den thermischen Fluß gilt dann nach Gl. (6.4.10)

$$\Phi(x\,y\,z) = \text{const}\cdot \sum_{l,m=1,3,\ldots} (-1)^{\frac{l+m}{2}+1} l^{-\frac{\pi^2}{a^2}(l^2+m^2)} L_{lm} \left\{ e^{-\frac{z-d}{L_{lm}}} \left(1 + \operatorname{erf}\left(\frac{z-d}{2\sqrt{\tau}} - \frac{\sqrt{\tau}}{L_{lm}}\right)\right) + \right.$$
$$\left. + e^{\frac{z-d}{L_{lm}}} \left(1 - \operatorname{erf}\left(\frac{z-d}{2\sqrt{d}} + \frac{\sqrt{\tau}}{L_{lm}}\right)\right)\right\} \cdot \sin\frac{l\pi x}{a} \sin\frac{m\pi y}{a}.$$

Wir denken uns nun eine gleichstarke negative Quelle bei $x = y = a/2$, $z = -d$. Überlagern wir beide Felder, so erhalten wir gerade das Feld in dem bei $z = 0$ beginnenden Pile. Für den so gewonnenen Fluß gilt:

$$\Phi = \sum_{l,m=1,3,\ldots} K_{lm}(1 + g_{lm}(z)) \mathfrak{Sin}\,\frac{z}{L_{lm}} \cdot \sin\frac{l\pi x}{a} \sin\frac{m\pi y}{a}.$$

Dabei folgt nach einiger Umrechnung für $g_{lm}(z)$:

$$g_{lm}(z) = \frac{\exp\left(-\frac{z-d}{L_{lm}}\right)\left(1 + \operatorname{erf}\left(\frac{z-d}{2\sqrt{\tau}} - \frac{\sqrt{\tau}}{L_{lm}}\right)\right) - \exp\left(-\frac{z+d}{L_{lm}}\right)\left(1 - \operatorname{erf}\left(\frac{z+d}{2\sqrt{\tau}} + \frac{\sqrt{\tau}}{L_{lm}}\right)\right)}{2\,\mathfrak{Sin}\,\frac{z}{L_{lm}} \times}$$
$$\frac{-\exp\left(\frac{z-d}{L_{lm}}\right)\operatorname{erf}\left(\frac{z-d}{2\sqrt{\tau}} + \frac{\sqrt{\tau}}{L_{lm}}\right) - \exp\left(-\frac{z+d}{L_{lm}}\right)\operatorname{erf}\left(\frac{z+d}{2\sqrt{\tau}} - \frac{\sqrt{\tau}}{L_{lm}}\right)}{\times \exp\left(-\frac{d}{L_{lm}}\right)}.$$

Die Bestimmung der Diffusionslänge im Σ-Pile geschieht nun folgendermaßen: Durch Analyse der Flußverteilung wird die Größe $A'_{11}(z)$ bestimmt. $g_{11}(z)$ wird nach der obigen Gleichung berechnet. Dazu muß ein Näherungswert von L_{11} benutzt werden und die Größe τ muß bekannt sein. Handelt es sich um eine Radium-Beryllium-Quelle in Graphit, so muß man g_{11} für die drei verschiedenen τ der Quelle berechnen und mit den Gewichten mitteln (vgl. Abschnitt 6.7.3). Mit $g_{11}(z)$ wird dann

$$A_{11}(z) = \frac{A'_{11}(z)}{1 + g_{11}(z)}$$

gebildet. Für A_{11} gilt dann wieder die Beziehung (10.2.5), mittels der die Diffusionslänge errechnet werden kann.

10.3. Diffusionslänge aus der Dichteverteilung in einem von Oberflächenquellen eingeschlossenen Streumedium

10.3.1. Kugelflächenquelle

Geringere Materialmessungen als beim Σ-Pile benötigt man bei einem von HEISENBERG vorgeschlagenen Verfahren. Die zu untersuchende Substanz wird in das Innere einer Kugel gebracht, die außen von Wasser oder Paraffin als Reflektor umgeben ist. Im Zentrum der Kugel befindet sich eine Quelle schneller Neutronen, z.B. eine (Ra + Be)-Quelle. Man mißt die Flußverteilung $\Phi'(r)$ längs eines Radiusvektors, umgibt dann die Kugel bei unverändertem Reflektor mit einer Cadmiumhülle und mißt erneut den Fluß $\Phi''(r)$. $\Phi(r) = \Phi'(r) - \Phi''(r)$ entspricht einer thermischen Oberflächenquelle; im Inneren gehorcht Φ der kugelsymmetrischen Lösung der elementaren Diffusionsgleichung:

$$\Phi(r) = \frac{\Phi_0}{r/L} \cdot \mathfrak{Sin} \frac{r}{L}.$$

An die praktische Anwendung muß die Bedingung gestellt werden, daß der Radius der Kugel so groß ist, daß $\Phi(r)$ sich zwischen Zentrum und Oberfläche genügend ändert. Diese Methode ist während des Krieges zur Bestimmung der Diffusionslänge von schwerem Wasser (HEISENBERG und DÖPEL), Beryllium (BOTHE und FÜNFER), und Graphit (JENSEN und BOTHE) angewendet worden. Sie hat den Nachteil, auf Kugelform beschränkt zu sein, die z.B. bei Graphit verlangt, die einzelnen Preßstücke entsprechend zu bearbeiten. Speziell für Graphit liegt es nahe, die Methode auf einen Kubus zu übertragen.

10.3.2. Kubische Flächenquellen

Die zu untersuchende Substanz hat die Form eines Kubus und ist außen von Wasser oder Paraffin als Reflektor umgeben, vgl. Abb. 10.3.1.

Die (Ra + Be)-Quelle befindet sich im Zentrum des Würfels. Die Flußverteilung wird einmal mit, einmal ohne eine den Kubus umgebende Cadmiumhülle gemessen. Die Differenz stellt die Wirkung einer kubischen Oberflächenquelle dar.

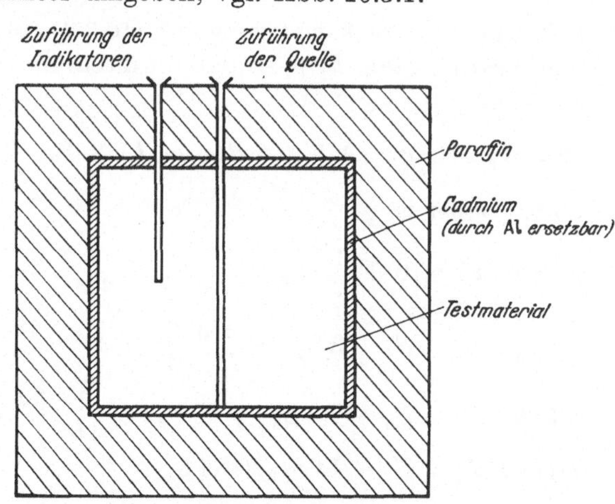

Abb. 10.3.1. Anordnung zur Diffusionslängenmessung mit kubischen Oberflächenquellen

Die Diffusionsgleichung im Inneren muß durch eine Näherung gelöst werden. Mit Rücksicht auf die Symmetrie um das Zentrum empfiehlt es sich, einen Ansatz mit geraden Funktionen der Koordinaten zu wählen (Koordinatenursprung im Zentrum):

$$\left.\begin{aligned}\Phi(xyz) = \Phi_0 S_0 + \Phi_2 S_2 + \Phi_4 S_4 + \Phi_{22} S_{22} + \Phi_6 S_6 + \Phi_{42} S_{42}\\ + \Phi_{222} S_{222} + \Phi_8 S_8 + \Phi_{44} S_{44} + \Phi_{422} S_{422}.\end{aligned}\right\} \quad (10.3.1)$$

(Es erweist sich, daß die Berücksichtigung von Gliedern mit noch höherer als 8. Ordnung nicht notwendig ist.)

Dabei sind die $S_{\lambda\mu\nu}$ die elementarsymmetrischen Funktionen:

$$\left.\begin{array}{ll}
S_0 = 1 & \\
S_2 = x^2 + y^2 + z^2 & \\
S_4 = x^4 + y^4 + z^4 & S_{22} = x^2 y^2 + y^2 z^2 + x^2 z^2 \\
S_6 = x^6 + y^6 + z^6 & S_{42} = x^4 y^2 + x^4 z^2 + y^4 x^2 + y^4 z^2 + z^4 x^2 + z^4 y^2 \\
 & S_{222} = x^2 y^2 z^2 \\
S_8 = x^8 + y^8 + z^8 & S_{62} = x^6 y^2 + x^6 z^2 + y^6 x^2 + y^6 z^2 + z^6 x^2 + z^6 y^2 \\
 & S_{44} = x^4 y^4 + x^4 z^4 + y^4 z^4 \\
 & S_{422} = x^4 y^2 z^2 + y^4 x^2 z^2 + z^4 x^2 y^2
\end{array}\right\} \quad (10.3.2)$$

und die Φ_{ijk} sind — zunächst freie — Konstanten.

Dieser allgemeine Ansatz muß der Diffusionsgleichung angepaßt werden. Bei Anwendung des Δ-Operators auf die Funktionen S ergeben sich eine Reihe von Beziehungen:

$$\left.\begin{array}{lll}
\Delta S_0 = 0 & & \\
\Delta S_2 = 6 & & \\
\Delta S_4 = 12 S_2 & \Delta S_{22} = 4 S_2 & \\
\Delta S_6 = 30 S_4 & \Delta S_{42} = 24 S_{22} + 4 S_4 & \Delta S_{222} = 2 S_{22} \\
\Delta S_8 = 56 S_6 & \Delta S_{62} = 30 S_{42} + 4 S_6 & \\
 & \Delta S_{44} = 12 S_{42} & \Delta S_{422} = 36 S_{222} + 2 S_{42}.
\end{array}\right\} \quad (10.3.3)$$

Das Einführen des Ansatzes (10.3.1) in die Diffusionsgleichung $\Delta\Phi - \frac{1}{L^2}\Phi = 0$ liefert unter Berücksichtigung von (10.3.3) eine Reihe von Beziehungen zwischen den Koeffizienten Φ_{ijk}, so daß an die Stelle von (10.3.1) die etwas vereinfachte Beziehung

$$\Phi = \Phi_2 \cdot A(xyz, L) + \Phi_4 \cdot B(xyz, L) + \Phi_6 \cdot C(xyz, L) + \Phi_8 \cdot D(xyz, L) \quad (10.3.4)$$

tritt. Dabei ist

$$\left.\begin{array}{l}
A(xyz, L) = \left[6 + \frac{1}{L^2}\left[S_2 + \frac{1}{4L^2}\left[S_{22} + \frac{1}{2L^2}\left[S_{222} + \frac{1}{36L^2}\left[S_{422} - \frac{S_{44}}{6}\right]\right]\right]\right]\right], \\
B(xyz, L) = S_4 - 3 S_{22} + \frac{1}{L^2}\left[\frac{S_{42}}{4} - 4{,}5\, S_{222} + \frac{1}{8L^2}\left[- S_{422} + \frac{S_{44}}{3}\right]\right], \\
C(xyz, L) = S_6 - 7{,}5\, S_{42} + 90\, S_{22} + \frac{1}{3L^2}\left[\frac{3}{4} S_{62} + 7{,}5\, S_{422} - 5\, S_{44}\right], \\
D(xyz, L) = S_8 - 14\, S_{62} + 35\, S_{44}.
\end{array}\right\} \quad (10.3.5)$$

Die Diffusionslänge gewinnt man folgendermaßen:

Die an einer Reihe von Meßstellen $(xyz)_i$ bestimmten Werte des Flusses Φ^i werden nach der Methode der kleinsten Quadrate durch Gl. (10.3.4) aproximiert. Dadurch gewinnt man Φ_2, Φ_4, Φ_6 und Φ_8. Diese Rechnung wird für eine Reihe von L-Werten, die in der Nähe des zu erwartenden Wertes der Diffusionslänge liegen, durchgeführt.

Die Fehlerquadratsumme, also die Größe

$$Q = \sum_i \{\Phi^i - \Phi((x\,y\,z)_i, L)\} \tag{10.3.6}$$

wird gebildet. Sie ist offenbar eine Funktion von L und hat ein Minimum, wenn L gleich der Diffusionslänge ist. Das Verfahren kann durch eine Linearisierung der L-Abhängigkeit der Größen A, B und C noch vereinfacht werden.

Diese Methode ist von FITÉ und von SCHLÜTER auf Graphit angewandt worden. Die umfangreiche numerische Auswertung wurde auf einer elektronischen Rechenmaschine ausgeführt.

10.3.3. Mantelflächenquellen

Man kann das in 10.2 beschriebene Prinzip des Σ-Pile, dessen Oberflächen schwarz für thermische Neutronen sind, mit dem der Oberflächenquellen kombinieren

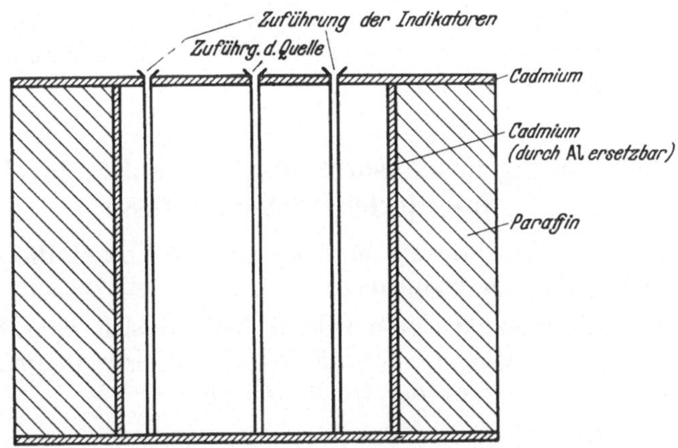

Abb. 10.3.2. Anordnung zur Diffusionslängenmessung mit zylindrischen Mantelflächenquellen

Eine derartige Anordnung zeigt Abb. 10.3.2. Die zu untersuchende Substanz hat die Form eines Zylinders und ist von oben und unten stets mit Cadmium bedeckt. Die Ra + Be-Quelle befindet sich auf der Achse des Zylinders auf halber Höhe. Die Neutronenverteilung längs verschiedener Geraden parallel zur Achse wird mit und ohne einen die Streusubstanz umgebenden Cadmiummantel gemessen. Die Differenzverteilung entspricht der einer thermischen *Mantelflächenquelle* um den Zylinder. Entsprechend der Randbedingung bei $z = 0$ und $z = a$ folgt

$$\Phi = \sum_n K_n I_0(\lambda_n \cdot r) \cdot \sin \frac{n \pi z}{a}, \tag{10.3.7}$$

$$\lambda_n^2 = \frac{1}{L^2} + n^2 \cdot \frac{\pi^2}{a^2}. \tag{10.3.8}$$

Dabei ist $I_0(x)$ die modifizierte Bessel-Funktion erster Art, nullter Ordnung; die K_n sind Konstanten.

Für die Flußverteilung längs einer der Achse parallelen Geraden im Abstand r_0 gilt

$$\Phi(z) = \sum K_n \cdot I_0(\lambda_n \cdot r_0) \sin \frac{n \pi z}{a} = \sum A_n \cdot \sin \frac{n \pi z}{a}.$$

Aus einer Messung des Flusses längs dieser Geraden können durch eine Fourier-Inversion die Größen

$$A_n(r_0) = K_n \cdot I_0(\lambda_n r_0)$$

bestimmt werden. In der Achse des Zylinders gilt wegen $I_0(0) = 1$

$$\Phi = \sum_n K_n \cdot \sin \frac{n \pi z}{a}.$$

Durch Fourier-Inversion der gemessenen Flußverteilung folgt

$$A_n(0) = K_n.$$

Es ist also

$$I_0(\lambda_n \cdot r_0) = \frac{A_n(r_0)}{A_n(0)}. \tag{10.3.9}$$

Aus dieser transzendenten Gleichung folgt λ_n und damit L.

Die Methode kann auch auf Streumedien in Form eines Quaders oder eines Kubus angewandt werden. Sie wurde von FITÉ zur Bestimmung der Diffusionslänge in Graphitpulver benutzt.

10.4. Bestimmung des Absorptionsquerschnitts durch Vergleich integrierter Neutronenflüsse

Die im folgenden beschriebene Methode hat den Vorteil, die Verwendung der Diffusionstheorie ganz zu vermeiden.

In einem unbegrenzten Streumedium befinde sich eine Neutronenquelle — z. B. eine (Ra + Be)-Quelle — der Stärke Q. Ist $\Phi(r)$ der thermische Neutronenfluß in einem Abstand r von der Quelle, so gilt

$$p\,Q = 4\pi \int_0^\infty \Sigma_a\, \Phi(r)\, r^2\, d r. \tag{10.4.1}$$

Rechts steht die Anzahl der sekundlich absorbierten thermischen Neutronen und links die der erzeugten; dabei ist p die Resonanz-Entkommwahrscheinlichkeit. In einem zweiten, ebenfalls unbegrenzten Streumedium gilt für die gleiche Neutronenquelle

$$p'\,Q = 4\pi \int_0^\infty \Sigma'_a\, \Phi'(r)\, r^2\, d r.$$

Es ist

$$\frac{\Sigma'_a}{\Sigma_a} = \frac{p'}{p} \frac{\int_0^\infty \Phi(r)\, r^2\, d r}{\int_0^\infty \Phi'(r)\, r^2\, d r}. \tag{10.4.2}$$

Gl. (10.4.2) liefert eine Möglichkeit zum Vergleich von Absorptionsquerschnitten. Dazu wird der Neutronenfluß in der Umgebung der gleichen Quelle in den zu vergleichenden Streumedien mit Sonden gemessen, und integriert; ist das Verhältnis p'/p bekannt, so folgt aus Gl. (10.4.2) Σ'_a/Σ_a. Es versteht sich, daß eine Absolutmessung des Flusses nicht notwendig ist, jedoch muß im allgemeinen die Aktivierungskorrektur angebracht werden. Weiterhin müssen die

Streumedien so ausgedehnt sein, daß nur ein zu vernachlässigender Anteil der Neutronen herausdiffundiert. Die Methode ist daher nur anwendbar für stärker absorbierende Streumedien wie Wasser, Aluminium, Paraffin oder Lösungen von Absorbern in Wasser. Sie kann jedoch auch modifiziert werden, damit weniger absorbierende Streumedien, wie z.B. Graphit, untersucht werden können:

Dazu umgibt man die zu untersuchende Substanz, deren Lineardimensionen von der Größenordnung einiger (~ 2) Diffusionslängen sein sollten, mit einer praktisch unendlich ausgedehnten Vergleichssubstanz, z. B. Paraffin. Die Inte-

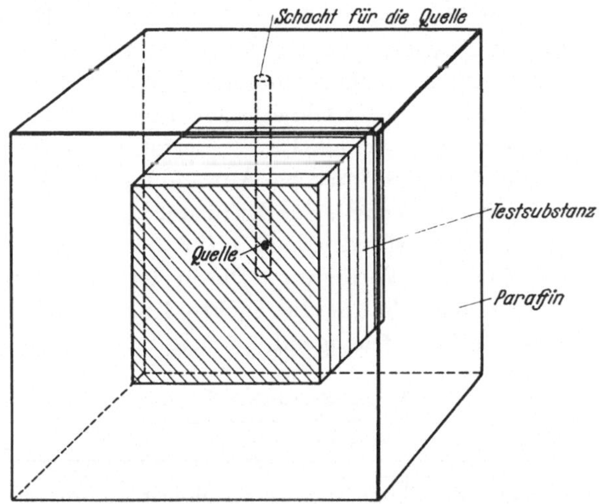

Abb. 10.4.1. Anordnung zur Bestimmung des Absorptionsquerschnitts durch Vergleich integrierter Neutronendichten

gration wird getrennt über Innen- und Außenraum ausgeführt. Es gilt — wenn wir hier von der Resonanzabsorption absehen —

$$Q = \Sigma_{a\,\mathrm{CH}_2} \int\limits_{\text{Außenraum}} \Phi\, d V + \Sigma_x \int\limits_{\text{Innenraum}} \Phi\, d V . \tag{10.4.3}$$

Dabei ist Σ_x der Absorptionsquerschnitt der Testsubstanz. Ferner wird eine Vergleichsmessung in einem hinreichend großen Paraffinkubus durchgeführt:

$$Q = \Sigma_{a\,\mathrm{CH}_2} \int\limits_{\text{Paraffin}} \Phi\, d V . \tag{10.4.4}$$

Also

$$\Sigma_x = \Sigma_{\mathrm{CH}_2} \cdot \frac{\int\limits_{\text{Paraffin}} \Phi\, d V - \int\limits_{\text{Außenraum}} \Phi\, d V}{\int\limits_{\text{Innenraum}} \Phi\, d V} .$$

Die Integration im Vergleichsmedium ist einfach. Es wird längs eines Radiusvektors $\Phi(r)$ bestimmt und $4\pi \int\limits_0^\infty \Phi(r)\, r^2\, d r$ gebildet. Die Integration über Außen- und Innenraum ist dagegen mühsam; der Neutronenfluß muß punktweise bestimmt werden und nacheinander über x, y, z integriert werden. Die in Anhang II entwickelten Integrationsmethoden sind für ein derartiges Zweimedienproblem nicht geeignet. Liegt die Testsubstanz in Kugelform vor, so ist die Integration wiederum sehr einfach.

BÖCKHOFF hat nach diesem Verfahren den Absorptionsquerschnitt verschiedener Graphitsorten bestimmt.

10.5. Resultate verschiedener Messungen der Diffusionslänge in Graphit

Um die Konsistenz der verschiedenen in 10.2, 10.3 und 10.4 entwickelten Meßverfahren zu demonstrieren, führen wir hier die Resultate von Untersuchungen desselben Graphits nach fünf verschiedenen Methoden vor. Diese Untersuchungen wurden in den Jahren 1953 bis 1956 am Max-Planck-Institut für Physik durchgeführt mit dem Ziel, eine möglichst schnelle und einfache, von dem Vorhandensein eines Reaktors unabhängige, Meßmethode zu finden, für die nur eine geringe Menge Material — etwa weniger als 1 m³ — erforderlich ist. Der untersuchte Graphit ist nicht für kernphysikalische Anwendungen hergestellt und enthält starke Verunreinigungen; daher ist seine Diffusionslänge kleiner als die normalen Reaktorgraphits (50 cm). Er stand jedoch in für die verschiedenen Untersuchungen ausreichendem Maße zur Verfügung. Die in der Tabelle 10.5.1 angegebenen Werte für L beziehen sich alle auf die Dichte 1,6. Die Übereinstimmung der verschiedenen Resultate ist befriedigend.

Tabelle 10.5.1. *Vergleich von Messungen der Diffusionslänge in Graphit*

Methode	L (cm)
Σ-Pile. Cd-Differenz zur Elimination epithermischer Neutronen	$40{,}5 \pm 0{,}7$
Kubische Oberflächenquellen	$40{,}0 \pm 0{,}7$
Kubische Mantelflächenquellen	$41{,}6 \pm 3$
Vergleich mit Paraffin	$39{,}6 \pm 1$
Impulsmethode	$40{,}9 \pm 0{,}3$

Bei den ersten drei Methoden wird L primär bestimmt; bei der Vergleichsmethode primär σ_a gemessen und L mit $\lambda_{tr} = 2{,}58$ cm berechnet; die Impulsmethode liefert sowohl λ_{tr} als auch σ_a, also auch L. Für den Aufbau des Σ-Piles sind etwa 8 m³ Graphit erforderlich, während die übrigen Methoden je etwa 1 m³ benötigen. Der besondere Vorteil der Impulsmethode (Kapitel 12) liegt darin, daß eine komplette Bestimmung innerhalb weniger Tage erfolgen kann.

10.6. Methoden zur Bestimmung der Transportweglänge

Der Absorptionsquerschnitt einer Streusubstanz kann aus deren Diffusionslänge gemäß

$$\sigma_a(v_0) = \frac{2}{\sqrt{\pi}} \frac{\lambda_{tr}}{3 N L^2} \tag{10.6.1}$$

berechnet werden. Dazu muß die Transportweglänge λ_{tr} bekannt sein. Die Transportweglänge ist im Gegensatz zur Diffusionslänge, die durch Verunreinigungen stark beeinflußt wird, eine Materialkonstante. Wir besprechen hier kurz einige Methoden zu ihrer Bestimmung.

Eine besonders genaue Messung von λ_{tr} ist nach der nichtstationären Impulsmethode möglich; diese kommt erst im 12. Kapitel zur Sprache.

10.6.1. Extrapolationslänge am Rand eines Streumediums

In der Nähe der Oberfläche einer Streusubstanz fällt der Neutronenfluß linear ab. Eine lineare Extrapolation des tatsächlichen Verlaufs nach außen verschwindet im Abstand $d = 0{,}71\ \lambda_{tr}$ von der Oberfläche. Man kann daher aus dem Verhalten des Neutronenflusses am Rand die Transportweglänge bestimmen. Dabei ist darauf zu achten, daß nicht von den Wänden des Laboratoriums zurückgestreute Neutronen das Ergebnis verfälschen; man bedeckt daher die Oberfläche mit Cadmium.

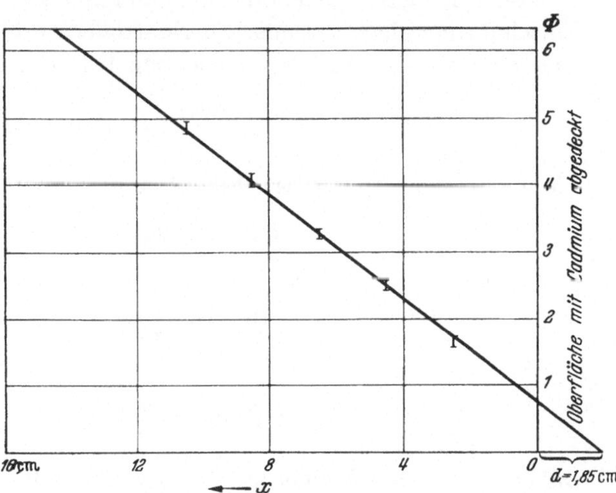

Abb. 10.6.1. Zur Bestimmung der Extrapolationslänge an Graphit

Abb. 10.6.1 zeigt den gemessenen Verlauf des Neutronenflusses am Rande eines Graphitpiles. Im Abstand von etwa einer Transportweglänge vom Rand weicht der Fluß von der Extrapolationsgeraden nach unten ab, dieses Verhalten ist nach der Transporttheorie (vgl. Abschnitt 3.6) auch zu erwarten.

Nach diesem Verfahren wurde die Transportweglänge von D_2O, H_2O und Graphit bestimmt; es ist für genaue Messungen nicht geeignet.

10.6.2. Bestimmung von λ_{tr} aus L und σ_a

Kennt man von einer Streusubstanz L und σ_a, so kann man nach (10.6.1) λ_{tr} berechnen. Dazu sind sog. Vergiftungsmethoden besonders geeignet.

Die Testsubstanz habe den (unbekannten makroskopischen) Absorptionsquerschnitt Σ_a und die Transportweglänge λ_{tr}; es ist $\frac{1}{L^2} = \frac{3\Sigma_a}{\lambda_{tr}}$. Fügt man der Testsubstanz nunmehr einen Absorber mit bekanntem Absorptionsquerschnitt Σ_b zu, so ist

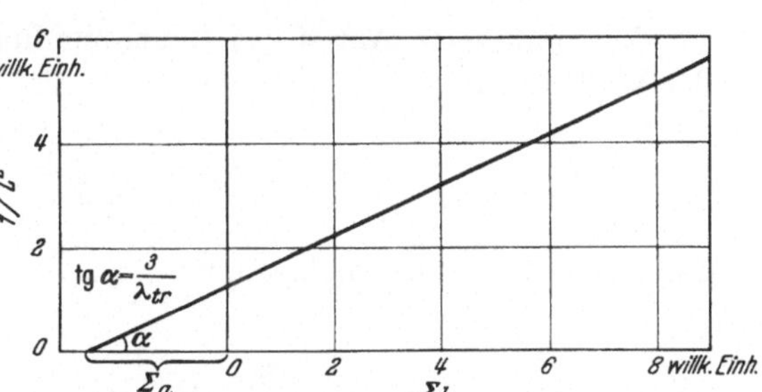

Abb. 10.6.2. Vergiftungsmethode. $1/L^2$ ist eine lineare Funktion von Σ_b

$$\left.\begin{aligned} \frac{1}{L'^2} &= \frac{3(\Sigma_a + \Sigma_b)}{\lambda_{tr}} \\ &= \frac{1}{L^2} + 3\Sigma_b \cdot \frac{1}{\lambda_{tr}} \,. \end{aligned}\right\} \quad (10.6.2)$$

Man mißt die Diffusionslänge bei verschiedenen Konzentrationen des Absorbers und trägt $1/L'^2$ über Σ_b auf (vgl. Abb. 10.6.2). Es entsteht eine Gerade, aus deren Steigung sich unmittelbar λ_{tr} ergibt. Diese Methode wurde von Cohen vorgeschlagen.

10.6.3. Bestimmung von λ_{tr} aus einer „komplexen“ Diffusionslänge

In einem unbegrenzten Streumedium befinde sich eine punktförmige Quelle thermischer Neutronen, deren Intensität mit der Zeit sich gemäß

$$Q(t) = Q_0 + \delta Q_0 e^{i\omega t} \tag{10.6.3}$$

ändere. Eine derartige Modulation kann man z. B. durch periodische sinusförmige Einschnürung eines thermischen Neutronenstrahls aus einem Reaktor erreichen. Die zeitabhängige Diffusionsgleichung lautet

$$\frac{1}{\bar{v}}\frac{\partial \Phi}{\partial t} = D \cdot \Delta\Phi - \Sigma_a \cdot \Phi. \tag{10.6.4}$$

Für die Quelle (10.6.3) ist ihre Lösung:

$$\Phi(r, t) = \Phi_0(r) + \delta\Phi_0(r)\, e^{i\omega t}, \tag{10.6.5}$$

$$\Phi_0(r) = \frac{Q_0}{4\pi D}\frac{e^{-\frac{r}{L}}}{r}, \tag{10.6.6}$$

$$\delta\Phi_0(r) = \frac{\delta Q_0}{4\pi D}\frac{e^{-\frac{r}{L_\omega}}}{r}. \tag{10.6.7}$$

Dabei ist L_ω eine frequenzabhängige, „komplexe“ Diffusionslänge, es ist

$$\frac{1}{L_\omega^2} = \frac{\Sigma_a + \frac{i\omega}{\bar{v}}}{D}. \tag{10.6.8}$$

Für $\omega/\bar{v}\Sigma_a \gg 1$, d.h. für Schwingungsdauern, die klein gegen die mittlere Lebensdauer der Neutronen gegen Einfang sind, folgt durch Entwicklung nach $\frac{\Sigma_a \bar{v}}{\omega}$ und Abbrechen nach dem linearen Glied

$$\frac{1}{L_\omega} = \sqrt{\frac{\omega}{2D\bar{v}}}\left(1 + \frac{\bar{v}\Sigma_a}{2\omega}\right) + i\sqrt{\frac{\omega}{2D\bar{v}}}\left(1 - \frac{\bar{v}\Sigma_a}{2\omega}\right). \tag{10.6.9}$$

Der modulierte Anteil des Neutronenflusses stellt eine gedämpfte Welle mit der Wellenlänge

$$\lambda = \frac{2\pi}{\operatorname{Im}(1/L_\omega)} = \frac{2\pi\sqrt{\frac{2D\bar{v}}{\omega}}}{1 - \frac{\bar{v}\Sigma_a}{2\omega}} \tag{10.6.10}$$

dar. Die Eindringtiefe beträgt

$$\delta = \frac{1}{\operatorname{Re}(1/L_\omega)} = \frac{\sqrt{\frac{2D\bar{v}}{\omega}}}{1 + \frac{\bar{v}\Sigma_a}{2\omega}} \tag{10.6.11}$$

und fällt mit steigender Frequenz.

Im Abstand r von der Quelle beträgt der „Modulationsgrad“ des Neutronenflusses

$$\frac{\delta\Phi_0}{\Phi_0} = \frac{\delta Q_0}{Q_0}\frac{e^{-\frac{r}{\delta}}}{e^{-\frac{r}{L}}}. \tag{10.6.12}$$

Bestimmt man den Modulationsgrad als Funktion der Modulationsfrequenz und trägt $\log \frac{\delta \Phi}{\Phi}$ über $\sqrt{\omega}\left[1 + \frac{\bar{v}\,\Sigma_a}{2\omega}\right]$ auf, so ergibt sich nach Gl. (10.6.11) und (10.6.12) eine Gerade, aus deren Steigung $D = \lambda_{tr}/3$ berechnet werden kann. Wir gehen auf Einzelheiten des Verfahrens, das von RAIEVSKI und HOROWITZ entwickelt und auf Graphit und schweres Wasser angewandt wurde, nicht ein.

10.6.4. Ergebnisse verschiedener Bestimmungen der Transportweglänge

H_2O. Es liegen Resultate von drei unabhängigen Bestimmungen nach der Impulsmethode (Kapitel 12) vor:

v. DARDEL und SJÖSTRAND:	$\lambda_{tr} = 0{,}440 \pm 0{,}000$ cm
ANTONOV et al.:	$\lambda_{tr} = 0{,}423 \pm 0{,}013$ cm
BRACCI und COCEVA:	$\lambda_{tr} = 0{,}421 \pm 0{,}013$ cm

D_2O. RAIEVSKI und HOROWITZ erhalten aus der „komplexen Diffusionslänge“

$$\lambda_{tr} = 2{,}45 \pm 0{,}07 \text{ cm}.$$

KASH und WOODS bestimmen nach der Vergiftungsmethode

$$\lambda_{tr} = 2{,}52 \pm 0{,}03 \text{ cm}.$$

Nach AUGER et al. ergibt sich aus der Extrapolationslänge

$$\lambda_{tr} = 2{,}40 \pm 0{,}1 \text{ cm}.$$

Graphit (Dichte 1,6). RAIEVSKI und HOROWITZ finden aus der „komplexen Diffusionslänge“

$$\lambda_{tr} = 2{,}55 \pm 0{,}09 \text{ cm}.$$

Aus der Extrapolationslänge am Rande eines Graphitpiles ergibt sich nach einer Messung der Verfasser:

$$\lambda_{tr} = 2{,}60 \pm 0{,}13 \text{ cm}.$$

Nach der Impulsmethode finden:

ANTONOV et al.	$\lambda_{tr} = 2{,}51 \pm 0{,}04$ cm
BECKURTS	$\lambda_{tr} = 2{,}58 \pm 0{,}02$ cm

Beryllium ($d = 1{,}78$)

Impulsmethode (ANTONOV)	$= 1{,}47 \pm 0{,}06$ cm
HUGHES zitiert (ohne Angabe des Meßverfahrens)	$= 1{,}49$ cm

Berylliumoxyd ($d = 2{,}96$)

Impulsmethode (RAMANA)	$= 1{,}29 \pm 0{,}01$ cm
STEPHENSON zitiert (ohne Angabe des Meßverfahrens)	$= 1{,}55$ cm

Alle diese Meßwerte gelten bei Zimmertemperatur (293 °k). Meßwerte von λ_{tr} bei höheren Temperaturen lieger nur für H_2O vor (ANTONOV, v. DARDEL und SJÖSTRAND).

Literatur zum 10. Kapitel

LARSSON, K. E.: Ark. Fysik **2/1**, 47 (1950).
BARKOV, L. M. et al.: J. Nucl. Energy **4**, 194 (1957).
JUREN, J. A. DE, and H. ROSENWASSER: J. Res. Nat. Bur. Stand. **51**, 203 (1953).
} Diffusionslänge in H_2O.

SARGENT, B. W. et al.: Canad. J. Res. A **25**, 134 (1947) (Σ-Pile-Messung der Diffusionslänge in D_2O).

HEREWARD, H. G. et al.: Canad. J. Res. A **25**, 15 (1947).
CARLBLOM, L.: Ark. Fysik **614**, 335 (1953).
WINZELER, H.: Diplomarbeit, Göttingen 1952.
BECKURTS, K. H.: Diplomarbeit, Göttingen 1954.
} Σ-Pile-Messung der Diffusionslänge in Graphit.

GERASEVA, L. A. et al.: Genf P/662 (Σ-Pile-Messung der Diffusionslänge in Beryllium).

KOECHLIN, J. C. et al.: Genf P/359 (Σ-Pile-Messung der Diffusionslänge in Berylliumoxyd).

BOTHE, W., u. E. FÜNFER: Z. Physik **122**, 769 (1944) (Diffusionslängenmessung mittels Oberflächenquellen an Beryllium).

BOTHE, W., u. P. JENSEN: Z. Physik **122**, 749 (1944).
FITÉ, J. G.: Diss. Göttingen 1954.
SCHLÜTER, H.: Diplomarbeit, Göttingen 1956.
} Diffusionslängenmessung mittels Oberflächen- und Mantelflächenquellen an Graphit.

BÖCKHOFF, K. H.: Diplomarbeit, Göttingen 1956 (Bestimmung von σ_a in Graphit durch Vergleich integrierter Neutronendichten).

RAIEVSKI, V., et J. HOROWITZ: C. R. Acad. Sci. Paris **238**, 1993 (1954).
AUGER, P. et al.: Canad. J. Res. A **25**, 143 (1947).
KASH, S. W., and D. C. WOODS: Phys. Rev. **90**, 564 (1953).
COHEN, E. R.: Chem. Eng. Progr. Symp. ser. **12/50**, S. 72 (1954).
} λ_{tr} von schwerem Wasser.

RAIEVSKI, V., u. J. HOROWITZ: Genf P/360.
ANTONOV, A. V. et al.: Genf P/661.
BECKURTS, K. H.: Diss. Göttingen 1956.
} λ_{tr} von Graphit.

RAMANA, R.: Genf P/872.
STEPHENSON, R.: Introduction to nuclear engineering. New York-Toronto-London: McGraw Hill 1954.
} λ_{tr} von BeO.

11. Neutronentemperatur im stationären Feld

Befänden sich Neutronen im thermischen Gleichgewicht mit den Atomen einer Streusubstanz, so nähmen sie eine Maxwell-Verteilung der Geschwindigkeiten mit der Temperatur T_0 der Streusubstanz an. In der Praxis liegt ein solcher thermischer Gleichgewichtszustand nie vor: Aus jedem Streumedium verschwinden durch Absorption und Diffusion laufend Neutronen, die durch Quellen nachgeliefert werden müssen. Nun liefern die Quellen keine Neutronen mit thermischem Gleichgewichtsspektrum, sondern vielmehr Neutronen hoher Energie, die erst allmählich auf thermische Energien abgebremst werden. Infolgedessen zeigt das resultierende Geschwindigkeitsspektrum der langsamen Neutronen Abweichungen von der Maxwell-Verteilung. In einem guten Moderator ist die Zeit, die zur Abbremsung eines Neutrons auf thermische Energie erforderlich ist, klein gegen dessen weitere thermische Lebensdauer. Infolgedessen sind die Abweichungen gering; sie konnten in den bisherigen Kapiteln mit Recht vernachlässigt werden. In stärker absorbierenden Streumedien und in Streumedien kleiner Abmessungen, aus denen ein starker Neutronenverlust durch Diffusion besteht, kann jedoch das Spektrum beträchtlich von der Gleichgewichtsverteilung abweichen. Es sind zahlreiche experimentelle Untersuchungen und auch Berechnungen thermischer Spektren in absorbierenden Streumedien und Reaktoren durchgeführt worden. Das Gebiet ist noch im Fluß und keineswegs abgeschlossen; die Darstellung in diesem Kapitel ist daher eine vorläufige.

Der nächstliegende Weg zur experimentellen Untersuchung thermischer Spektren besteht in einer direkten Aufnahme der Geschwindigkeitsverteilung der aus einem Streumedium austretenden Neutronen mit einem Kristallspektrometer oder nach einer Laufzeitmethode. Derartige Untersuchungen sind von RAINWATER und HAVENS, von ZINN, von STURM und in neuerer Zeit von STONE und SLOWACEK sowie von POOLE angestellt worden. Innerhalb der Meßgenauigkeit ergibt sich dabei, daß sich bei schwacher Absorption das thermische Spektrum durch eine Maxwell-Verteilung darstellen läßt, deren aus der wahrscheinlichsten Geschwindigkeit v_0 gemäß $kT = \frac{m}{2} v_0^2$ bestimmbare *Neutronentemperatur* jedoch im allgemeinen von der Moderatortemperatur verschieden ist. Es liegt auf Grund dieser Resultate — und auch aus theoretischen Gründen (Abschnitt 11.2.3) — nahe, die Abweichungen des Neutronenspektrums von der Gleichgewichtsverteilung zumindest näherungsweise durch die Abweichungen der Neutronentemperatur T von der Temperatur T_0 der Streusubstanz zu beschreiben[1].

Zur Bestimmung der Neutronentemperatur T ist — wenn man annehmen kann, daß die Neutronen eine Maxwell-Verteilung der Geschwindigkeiten besitzen oder zumindest annähern — eine Aufnahme des differentiellen Neutronenspektrums nicht erforderlich. Vielmehr kann T auf „integralem" Wege an Hand des Verhaltens von Absorbern mit geschwindigkeitsabhängigem Wirkungsquerschnitt im Neutronenfeld bestimmt werden. Eine derartige Methode besteht z.B. darin, die Wirkung eines dünnen $1/v$-Absorbers (z.B. Bor), dessen Absorptionsrate proportional zur Neutronendichte n erfolgt, und eines schwarzen Absorbers (z.B. Cd), der proportional zum auffallenden Neutronenfluß $n \cdot v$ absorbiert, auf die Reaktivität eines Reaktors zu vergleichen (ANDERSON et al., GAVIN). Eine andere Methode wird in Abschnitt 11.1 näher beschrieben.

11.1. Temperaturbestimmung nach der Transmissionsmethode mittels Sonden

Setzt man voraus, daß die Neutronen eine Maxwellsche Geschwindigkeitsverteilung $n(v)$ besitzen oder jedenfalls gut annähern, so kann man ihre Tem-

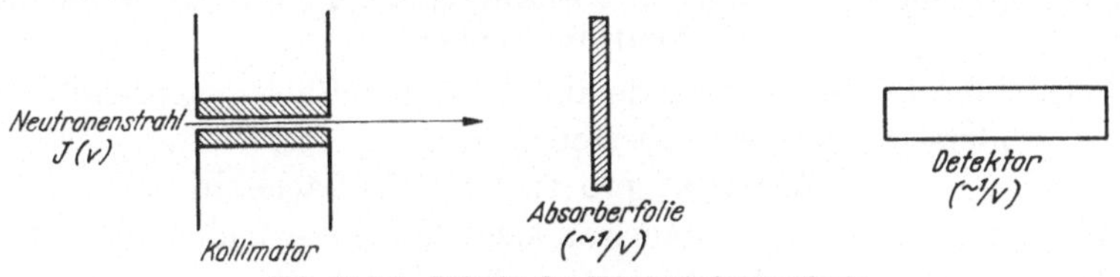

Abb. 11.1.1. Prinzip der Transmissionsmethode

peratur aus ihrer Transmission durch Folien bestimmen, deren Absorptionsquerschnitt in bekannter Weise mit der Neutronengeschwindigkeit variiert. Dies möge Abb. 11.1.1 illustrieren. Ein schmaler, gebündelter Neutronenstrahl der Intensität $J(v) = v \cdot n(v)$ durchsetzt zunächst eine Absorberfolie und trifft anschließend auf einen Detektor. Die Folie habe die Dicke δ und den Absorptionskoeffizienten $\mu = k/v$. Hat der Detektor ebenfalls einen $1/v$-Verlauf und somit

[1] Bei einer derart vereinfachten Behandlung erhält man allerdings keinerlei Aufschluß über das Spektrum im Übergangsgebiet der Maxwell-Verteilung zur $1/E$-Verteilung des epithermischen Flusses.

eine der Neutronendichte proportionale Absorption, so erhält man als Transmission das Verhältnis von Zählrate *mit* Absorber zu Zählrate *ohne* Absorber

$$\frac{A^+}{A^0} = \frac{\int\limits_0^\infty n(v)\, e^{-\mu\delta} dv}{\int\limits_0^\infty n(v)\, dv}. \tag{11.1.1}$$

Für dünne Absorber, $\mu\delta \ll 1$, kann man die Exponentialfunktion entwickeln, dann gilt

$$\frac{A^+}{A^0} = \frac{\int\limits_0^\infty n(v)(1-\mu\delta)\, dv}{\int\limits_0^\infty n(v)\, dv} = 1 - \frac{2k\delta}{\sqrt{\pi}\, v_0}. \tag{11.1.2}$$

Wie man sieht, hängt $\frac{A^+}{A^0}$ von $v_0 = \sqrt{\frac{2kT}{m}}$, also von der Neutronentemperatur ab; die Transmission wächst mit der Neutronentemperatur. Der Effekt wird mit zunehmender Absorberdicke deutlicher, jedoch darf bei dicken Absorbern die Exponentialfunktion in Gl. (11.1.1) nicht mehr entwickelt werden.

Derartige Messungen sind unter anderem von Fermi und Marschall sowie von Hughes, Wallace und Holtzmann durchgeführt worden. Eine für uns interessante Variante wurde von Branch angegeben und von Küchle weiterentwickelt. Sie besteht darin, daß man als Detektor eine Scheibensonde aus Indium verwendet und diese in zwei Absorberfolien aus Gold einschließt; die ganze Anordnung wird direkt im Streumedium untergebracht. Setzt man dort ein isotropes Neutronenfeld voraus, so tritt in Gl. (11.1.1) an Stelle von $e^{-\mu\delta}$ der Wert

$$\overline{e^{-\frac{\mu\delta}{\cos\vartheta}}} = \int\limits_0^{\pi/2} e^{-\frac{\mu\delta}{\cos\vartheta}} \sin\vartheta\, d\vartheta = \int\limits_1^\infty e^{-\mu\delta y} \frac{dy}{y^2}.$$

Eine genauere Herleitung der Beziehung zwischen Transmission und Temperatur folgt in Abschnitt 11.1.1.

11.1.1. Aktivität einer zwischen absorbierenden Folien eingeschlossenen Neutronensonde

Wir betrachten in einem Streumedium eine unendlich ausgedehnte Scheibensonde, die beiderseits von Absorberfolien bedeckt ist. Wir fragen nach der Aktivität pro cm² Sondenfläche in Abhängigkeit von der Intensität des Neutronenfeldes. Die Herleitung verläuft ganz analog der der Aktivität einer Scheibensonde im 8. Kapitel. Unsere Ausdrücke müssen in die dort gewonnenen übergehen, wenn die Dicke der Absorberfolien vernachlässigbar klein wird. Es seien δ die Dicke der Sonde und μ bzw. μ_a ihr Absorptions- bzw. Aktivierungskoeffizient; die gestrichenen Größen gelten entsprechend für den Absorber. Die Symmetrieachse des Neutronenfeldes $F(\vec{r}, \vartheta)$ möge mit der Sondennormale den Winkel ψ einschließen. Das Neutronenfeld sei an der Sondenoberfläche konstant. Wir betrachten wiederum zunächst nur Neutronen einer einheitlichen Geschwindigkeit.

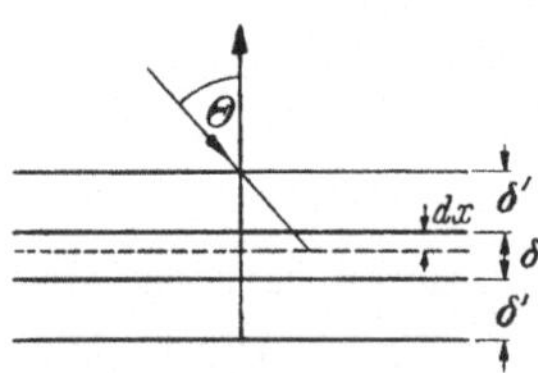

Abb. 11.1.2. Aktivierung einer zwischen Absorbern eingeschlossenen Scheibensonde

Für die Aktivierung einer Schicht der Dicke x im Abstand x von der Sondenoberfläche gilt:

$$\left.\begin{aligned} dC &= F(\vartheta)\, e^{-\frac{\mu'\delta'+\mu x}{\cos\Theta}}\, \mu_a\, dx \sin\Theta\, d\Theta\, d\varphi & 0<\Theta<\frac{\pi}{2} \\ dC &= F(\vartheta)\, e^{-\frac{\mu'\delta'+\mu(\delta-x)}{|\cos\Theta|}}\, \mu_a\, dx \sin\Theta\, d\Theta\, d\varphi & \frac{\pi}{2}<\Theta<\pi. \end{aligned}\right\} \quad (11.1.3)$$

Für $F(\vec{r}, \vartheta)$ setzen wir, wie üblich

$$F(\vec{r}, \vartheta) = \frac{1}{4\pi} F_0 + \frac{3}{4\pi} F_1 \cos\vartheta$$

und setzen

$$\cos\vartheta = \cos\Theta \cos\psi + \sin\vartheta \sin\psi \cos\varphi.$$

Einsetzen in (11.1.3) und Integration über x, Θ und φ liefert die Gesamtaktivierung

$$\left.\begin{aligned} C &= F_0 \cdot \frac{\mu_a}{\mu} \int_0^{\pi/2} e^{-\frac{\mu'\delta'}{\cos\Theta}} \cos\Theta \left[1 - e^{-\frac{\mu\delta}{\cos\Theta}}\right] \sin\Theta\, d\Theta \\ &= F_0 \cdot \frac{\mu_a}{\mu} \cdot \frac{1}{2} \psi(\mu\delta, \mu'\delta'). \end{aligned}\right\} \quad (11.1.4)$$

Dabei ist

$$\left.\begin{aligned} \psi(\mu\delta, \mu'\delta') = {} & (1-\mu'\delta')\, e^{-\mu'\delta'} - \\ & -(\mu'\delta')^2 E_i(-\mu'\delta') - \big(1-(\mu'\delta'+\mu\delta)\big)\, e^{-(\mu'\delta'+\mu\delta)} + \\ & + (\mu'\delta'+\mu\delta)^2 E_i\big(-(\mu'\delta'+\mu\delta)\big). \end{aligned}\right\} \quad (11.1.5)$$

Das F_1-Glied verschwindet, ähnlich wie in Abschnitt 8.1.1. Für $\delta'\to 0$ geht ψ über in

$$\varphi_0(\mu\delta) = 1 - (1-\mu\delta)\, e^{-\mu\delta} + (\mu\delta)^2 E_i(-\mu\delta).$$

Dies steht in Übereinstimmung mit dem Resultat (8.1.5) für die Aktivierung einer Scheibensonde.

Um von der Aktivierung (11.1.4) zur Aktivität überzugehen, muß neben Zeit- und Geometriefaktoren die Selbstabsorption der Elektronen berücksichtigt werden. Wie wir in Abschnitt 8.1.2 sahen, hängt die Aktivität nicht nur vom Fluß, sondern auch vom Strom und vom Winkel zwischen Sondennormale und Feldachse ab. Zählt man jedoch die Scheibensonde einmal von unten, einmal von oben aus und bildet den Mittelwert der Aktivität, so hebt sich das Stromglied weg, wie man in Gl. (8.1.11) sieht. Für diesen Mittelwert liefert die Berücksichtigung der Selbstabsorption lediglich einen konstanten Faktor, der für die mit und ohne Absorber aktivierte Sonde gleich ist. Er ist für Relativmessungen, wie wir sie hier vornehmen, ohne Belang.

Wir müssen nun über die Geschwindigkeiten integrieren. Es ist mit $E_0 = kT$

$$F_0(E)\, dE = \Phi(E)\, dE = \frac{2 n v_0}{\sqrt{\pi}} \frac{E}{E_0} e^{-\frac{E}{E_0}} \frac{dE}{E_0}. \quad [(3.2.8)]$$

Also beträgt die Sondenaktivität *mit* Absorber

$$A^+ = G \cdot C^+ = G \cdot \frac{\mu_a}{\mu} \cdot \frac{n v_0}{\sqrt{\pi}} \int_0^\infty \psi(E) \frac{E}{E_0} e^{-\frac{E}{E_0}} \frac{dE}{E_0} \quad (11.1.6)$$

und *ohne* Absorber

$$A^0 = G \cdot C^0 = G \cdot \frac{\mu_a}{\mu} \cdot \frac{n v_0}{\sqrt{\pi}} \int_0^\infty \varphi_0(E) \frac{E}{E_0} e^{-\frac{E}{E_0}} \frac{dE}{E_0}. \tag{11.1.7}$$

G drückt Geometrie- und Zeitfaktor sowie die Elektronenselbstabsorption in der Sonde aus.

Das Verhältnis

$$\frac{A^+}{A^0} = \frac{\int_0^\infty \psi(E) \frac{E}{E_0} e^{-\frac{E}{E_0}} \frac{dE}{E_0}}{\int_0^\infty \varphi_0(E) \frac{E}{E_0} e^{-\frac{E}{E_0}} \frac{dE}{E_0}} \tag{11.1.8}$$

ist bei vorgegebenem $\mu\delta, \mu'\delta'$ *nur* eine Funktion von E_0.

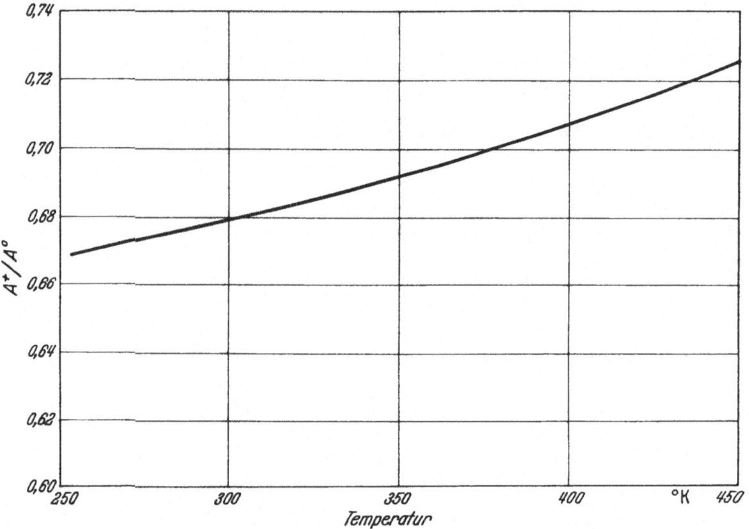

Abb. 11.1.3. $A^+/A^0(T)$; Goldabsorber 535 mg/cm² (0,28 mm); Indium-Sonde 65,7 mg/cm²

Abb. 11.1.3 zeigt A^+/A^0 als Funktion der Neutronentemperatur für eine Indiumsonde und 0,28 mm dicke Goldabsorber. Die Transmission variiert sehr langsam mit der Temperatur, umgekehrt also hängt die Temperatur sehr kritisch von der Transmission ab; für eine einigermaßen genaue Temperaturbestimmung muß daher A^+/A^0 sehr genau — etwa auf $1^0/_{00}$ — bekannt sein.

Man sollte eigentlich die Absorberdicke δ' so wählen, daß die Größe $\left(\frac{\partial(A^+/A^0)}{\partial T}\right)_{\delta'}$ ein Maximum hat, d.h. $\left(\frac{\partial^2(A^+/A^0)}{\partial T\,\partial\delta'}\right)_{\delta'} = 0$. Dies würde für Gold auf $\delta' \approx 1{,}6$ g/cm² führen. Ein derartig dicker Absorber würde das Neutronenfeld in der Umgebung der Sonde jedoch viel zu stark stören.

11.1.2. Korrekturen

Einfluß des Streuquerschnitts des Goldes

Bis jetzt ist so gerechnet worden, als ob in der Absorberfolie keine Streuprozesse stattfinden. Nun hat Gold einen Absorptionsquerschnitt von 98 *b* und einen keinesfalls zu vernachlässigenden Streuquerschnitt von 9 *b*. Die

Streuung im Absorber bewirkt einerseits, daß nahezu senkrecht einfallende Neutronen durch Rückstreuung die Sonde nicht erreichen, andererseits können einige sehr flach einfallende Neutronen, die sonst mit Sicherheit im Absorber steckenbleiben würden, in die Sonde hereingestreut werden. Eine Betrachtung einzelner Streuprozesse (KÜCHLE), die wir hier nicht im einzelnen vorführen, führt zu dem Ergebnis, daß man der Streuung Rechnung trägt, indem man in Gl. (11.1.3)ff. ein

$$\mu' = \frac{L}{A}\{\sigma_t - \overline{\sigma_s^*}\}; \qquad \sigma_t = \sigma_a + \sigma_s \tag{11.1.3a}$$

einführt, wobei für die hier betrachteten Absorberdicken $\delta' = 360\,\mathrm{mg/cm^2}$ die Größe $\overline{\sigma_s^*} = 8\,b$ und für $\delta' = 540\,\mathrm{mg/cm^2}$ die Größe $\overline{\sigma_s^*} = 10\,b$ ist. Es ist also nahezu $\mu' \approx \frac{L}{A} \cdot \sigma_a$.

Abweichung von der unendlich ausgedehnten Anordnung

Gl. (11.4) wurde für ein unendlich ausgedehntes Sondenpaket hergeleitet. Eine praktische Anordnung zeigt Abb. 11.1.4. Die Sonde ist von einem 3 mm breiten Ring umgeben, der fest an die Goldabsorber geklebt ist; bei der Leermessung treten an deren Stelle dünne Aluminiumscheiben. Durch diesen Ring werden die Verhältnisse der unendlich ausgedehnten Anordnung angenähert. Man kann leicht zeigen, daß die zusätzliche Aktivierung der Sonde durch Neutronen, die durch den Seitenrand dieser Anordnung in die Sonde eindringen, weniger als $1^0/_{00}$ der Gesamtaktivierung ausmacht; sie ist damit zu vernachlässigen. Die Gln. (11.1.4)ff. haben demnach für die Anordnung der Abb. 11.1.4 strenge Gültigkeit.

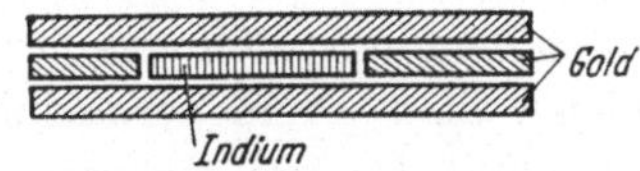

Abb. 11.1.4. Temperatursonde

Aktivierungsstörung

Für die Temperaturmessung ist die Aktivierungsstörung insofern von Bedeutung, als die mit Absorbern umgebene Sonde eine wesentlich größere Depression des Neutronenfeldes hervorruft als die Sonde ohne Absorber. Der gemessene Wert von A^+/A^0 muß daher korrigiert werden. Das kann grundsätzlich nach den empirischen Formeln von MEISTER (Abschnitt 8.3) geschehen, jedoch würde man mit einem dicken Sondenpaket — etwa mit 2 Goldabsorbern zu je 540 mg/cm² — den von MEISTER gemessenen Bereich überschreiten. Darüber hinaus wird ein derart stark absorbierendes Sondenpaket eine Anisotropie des Neutronenfeldes an der Sondenoberfläche verursachen, die in dem Korrekturfaktor der Aktivierungsstörung nicht berücksichtigt wird, aber auf die Temperaturmessung wirkt. Diese Effekte werden um so größer, je kleiner die Transportweglänge des Streumediums gegenüber den Sondendimensionen ist, und scheinen eine Temperaturbestimmung in leichtem Wasser ($\lambda_{tr} = 0{,}43$ cm) auszuschließen. Man kann sich ihnen jedoch entziehen, indem man das Sondenpaket in einem hinreichend großen Hohlraum unterbringt. Dort tritt keine Feldstörung auf (Abschnitt 8.3) und die gemessenen Transmissionswerte müssen nicht korrigiert werden.

Die Cadmiumdifferenzmethode

Wir haben bis jetzt stillschweigend ein rein thermisches Neutronenfeld vorausgesetzt. Existieren im Streumedium Quellen schneller Neutronen, so besteht ein epithermischer Anteil des Neutronenflusses, den wir durch

$$\Phi(E)\,dE = \Phi_{ep}\frac{dE}{E}, \qquad \Phi_{ep} = \frac{q}{\xi\Sigma_s} \tag{5.3.16}$$

beschreiben. Es ist nicht genau bekannt, wie dieser Verlauf bei kleinen Energien in das Maxwell-Spektrum übergeht. Der Einfachheit halber und aus Mangel an Kenntnis rechnet man meist so, als ob die Verteilung ihren $1/E$-Charakter bis zu einer Grenzenergie E_{Gr} beibehält und dort abrupt in die Maxwell-Verteilung übergeht. Bei E_{Gr} sollen thermischer und epithermischer Fluß gleich sein, es gilt also

$$\Phi_{th}\cdot\frac{E_{Gr}}{E_0}\,e^{-\frac{E_{Gr}}{E_0}}\,\frac{dE}{E_0} = \Phi_{ep}\frac{dE}{E_{Gr}}, \tag{11.1.9}$$

$$\frac{\Phi_{th}}{\Phi_{ep}} = \left(\frac{E_0}{E_{Gr}}\right)^2 e^{\frac{E_{Gr}}{E_0}}. \tag{11.1.10}$$

Gl. (11.1.10) legt die Grenzenergie fest. Sie hängt von Φ_{th}/Φ_{ep} nur sehr schwach ab. Ändert man Φ_{th}/Φ_{ep} um einen Faktor 4, so ändert sich E_{Gr} um 20%. Im unendlich ausgedehnten Streumedium mit homogen verteilten Quellen ist Φ_{th}/Φ_{ep} gleich dem Bremsverhältnis $\xi\Sigma_s/\Sigma_a$, das sich für fast alle Moderatoren (außer reinem D_2O) um weniger als einen Faktor 3 von dem Wert 265 für Graphit unterscheidet. Wir machen keinen nennenswerten Fehler, wenn wir daraus den Wert $E_{Gr} = 0{,}23\,\mathrm{eV}$ ein für allemal festlegen. Unter Berücksichtigung der Aktivierung durch epithermische Neutronen gilt für die Aktivität:

$$A^+ = G\left\{\frac{\mu_a}{\mu}\right\}\frac{1}{2}\,\Phi_{th}\int_0^{E_{Gr}}\psi(E)\,\frac{E}{E_0}\,e^{-\frac{E}{E_0}}\,\frac{dE}{E_0} + G_1\left\{\frac{\mu_a}{\mu}\right\}\frac{1}{2}\,\Phi_{ep}\int_{E_{Gr}}^{\infty}\psi(E)\,\frac{dE}{E}, \tag{11.1.11}$$

$$A^0 = G\left\{\frac{\mu_a}{\mu}\right\}\frac{1}{2}\,\Phi_{th}\int_0^{E_{Gr}}\varphi_0(E)\,\frac{E}{E_0}\,e^{-\frac{E}{E_0}}\,\frac{dE}{E_0} + G_1\left\{\frac{\mu_a}{\mu}\right\}\frac{1}{2}\,\Phi_{ep}\int_{E_{Gr}}^{\infty}\varphi_0(E)\,\frac{dE}{E}. \tag{11.1.12}$$

Dabei trägt der Faktor G_1 der Tatsache Rechnung, daß sich die Elektronenselbstabsorption für die epithermische Aktivierung anders auswirkt als für die thermische. Für eine In-Sonde der Dicke 65 mg/cm² ist $G_1/G \approx 1{,}1$ (Küchle).

Für die Temperaturmessung interessiert nur der jeweils erste Term, der zweite wird durch eine Cadmium-Differenzmessung eliminiert. Es müssen dann insgesamt 4 Messungen vorgenommen werden: Zunächst werden die nackte Sonde sowie die Sonde unter Goldabsorbern aktiviert; das führt zu den Aktivitäten (11.1.12) bzw. (11.1.11). Sodann werden Sonde bzw. Sonde und Absorber unter einem Cd-Deckel aktiviert. Definiert man analog zu (11.1.5) ein $\psi_{\mathrm{Cd+Au}}$ und ein ψ_{Cd}, so gilt für die Aktivität der in Cd eingeschlossenen Anordnungen:

$$A^+_{\mathrm{Cd}} = G_1\left(\frac{\mu_a}{\mu}\right)\frac{1}{2}\,\Phi_{ep}\int_{E_{Gr}}^{\infty}\psi_{\mathrm{Cd+Au}}\,\frac{dE}{E}, \tag{11.1.13}$$

$$A^0_{\mathrm{Cd}} = G_1\left(\frac{\mu_a}{\mu}\right)\frac{1}{2}\,\Phi_{ep}\int_{E_{Gr}}^{\infty}\psi_{\mathrm{Cd}}\,\frac{dE}{E}. \tag{11.1.14}$$

(Für Neutronen unter E_{Gr} ist das Cd völlig undurchlässig.) Abb. 11.1.5 zeigt die Schwächung der epithermischen Aktivierung durch Cd-Deckel.

Nachdem man so A^+, A^+_{Cd}, A^0, A^0_{Cd} bestimmt hat, bildet man daraus die interessierenden Größen

$$A^+_{th} = A^+ - A^+_{\mathrm{Cd}} F^+ \qquad A^0_{th} = A^0 - A^0_{\mathrm{Cd}} F^0. \tag{11.1.15}$$

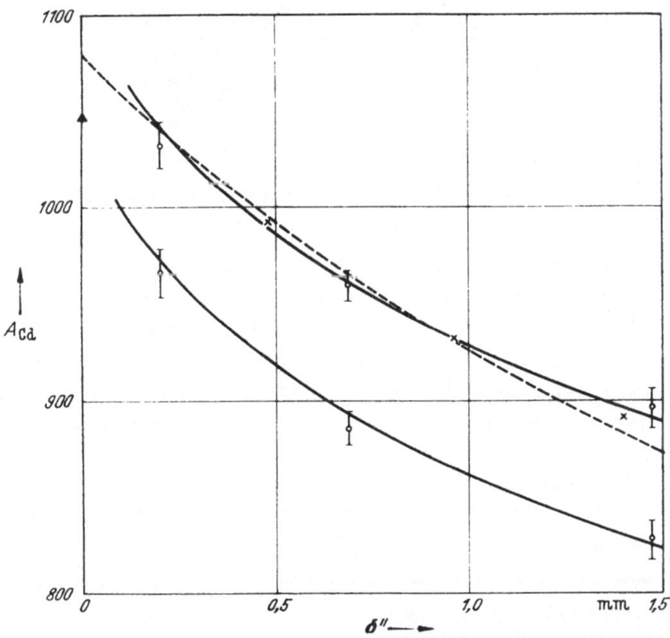

Abb. 11.1.5. Schwächung der epithermischen Aktivierung einer 65 mg/cm² dicken Indium-Sonde durch Cadmiumdeckel der Dicke δ''. Untere Kurve: In-Sonde + 360 mg/cm² Goldabsorber. ϕ Meßpunkte von KÜCHLE; ▲ Meßpunkt für Cd-Deckeldicke Null; —— gerechnet nach Gl. (11.1.13). Obere Kurve: In-Sonde. ϕ Meßpunkte von KÜCHLE; Meßwert für Cd-Deckeldicke Null: $A_{\mathrm{Cd}} = 1130$; × Meßpunkte von BRANCH; ---- Extrapolationskurve von BRANCH; —— Gl. (11.1.14). Aus diesen Kurven können die Cd-Korrekturfaktoren abgelesen werden

Die Korrekturfaktoren F^+ und F^0, die die Absorption der epithermischen Neutronen im Cadmium berücksichtigen, ergeben sich aus (11.1.11) bis (11.1.15) zu

$$F^+ = \frac{\int\limits_{E_{Gr}}^{\infty} \psi \frac{dE}{E}}{\int\limits_{E_{Gr}}^{\infty} \psi_{\mathrm{Cd+Au}} \frac{dE}{E}} \qquad F^0 = \frac{\int\limits_{E_{Gr}}^{\infty} \varphi_0 \frac{dE}{E}}{\int\limits_{E_{Gr}}^{\infty} \psi_{\mathrm{Cd}} \frac{dE}{E}}.$$

Kennt man A^+_{th} und A^0_{th}, so bildet man schließlich die Größe

$$\frac{A^+_{th}}{A^0_{th}} = \frac{\int\limits_0^{E_{Gr}} \psi(E) \frac{E}{E_0} e^{-\frac{E}{E_0}} \frac{dE}{E}}{\int\limits_0^{E_{Gr}} \varphi_0(E) \frac{E}{E_0} e^{-\frac{E}{E_0}} \frac{dE}{E}}, \tag{11.1.16}$$

aus der man mit Hilfe von Abb. 11.1.3 die Temperatur erhält.

Wie sich später noch zeigen wird, besteht ein Zusammenhang zwischen der Neutronentemperatur und der Größe Φ_{ep}/Φ_{th}. Daher sollte jeweils zugleich mit der Temperaturmessung eine Bestimmung dieser Größe erfolgen. Dazu sind jedoch keine weiteren Messungen erforderlich, vielmehr kann man die ohnehin zu bestimmenden Größen A^0_{Cd} und A^0_{th} heranziehen: Aus Gl. (11.1.14) und (11.1.12) folgt nämlich

$$\frac{\Phi_{th}}{\Phi_{ep}} = \frac{A^0_{th}}{A^0_{\mathrm{Cd}}} \cdot \frac{G_1}{G} \cdot \frac{\int\limits_{E_{Gr}}^{\infty} \varphi_{\mathrm{Cd}} \frac{dE}{E}}{\int\limits_0^{E_{Gr}} \varphi_0 \frac{E}{E_0} e^{-\frac{E}{E_0}} \frac{dE}{E_0}}. \tag{11.1.17}$$

11.1.3. Messung der Neutronentemperatur in Graphit

Grundsätzlich kann dieses Verfahren auf alle Streumedien angewandt werden, wobei in Wasser und Paraffin Schwierigkeiten wegen der starken Feldstörung auftreten. KÜCHLE hat mit dieser Methode Neutronentemperaturen in verschiedenen Graphitgeometrien bestimmt. Die verschiedenen Anordnungen gehen aus der Tabelle 11.1.1 hervor. Als Neutronenquellen dienten durchweg ein oder zwei (500 mg Ra + Be)-Präparate. Es wurden Messungen mit und ohne Hohlkugel durchgeführt; in einem Fall (1a, 1b) wurde mit und ohne Hohlraum ge-

Tabelle 11.1.1. *Neutronentemperaturen in Graphit*

Anordnung	δ' [mg/cm²]	$\frac{\Phi_{th}}{\Phi_{ep}}$	$\frac{A^+_{th}}{A^0_{th}}$	T
1. Graphitquader 189 × 189 × 197 cm, zwei 500 mg Ra—Be-Quellen in der vertikalen Pileachse, etwa 20 cm von der Grundfläche bzw. Deckfläche entfernt.				
a) Sonde im Mittelpunkt einer Hohlkugel vom Radius $R = 10$ cm im Zentrum des Quaders.	359,5 535,5	151 151	0,7529 ± 0,0026 0,6759 ± 0,0035	311 ± 10 304 ± 10
b) Sonde im Zentrum des Quaders in Graphit eingebettet, kein Hohlraum.	359,5	180	0,7519 ± 0,0020	308
c) Sonde in 54 cm Abstand von der vertikalen Achse des Quaders.	359,5	360	0,7452 ± 0,0034	285 ± 20
2. Graphitquader 99 × 108 × 134 cm, zwei 500 mg Ra—Be-Quellen in der vertikalen Pileachse, etwa 16 cm von der Grundfläche bzw. Deckfläche entfernt. Sonde im Mittelpunkt einer Hohlkugel vom Radius $R = 10$ cm im Zentrum des Quaders.	359,5	31	0,7591 ± 0,0011	336 ± 5
3. Graphitkubus 91 cm Kantenlänge, eine 500 mg Ra—Be-Quelle im Mittelpunkt des Kubus. Sonde 25 cm darüber. Kein Hohlraum.				
a) Graphitkubus von 30 cm Paraffin umgeben.	359,5	20	0,7585 ± 0,0015	334 ± 16
b) Zwischen Graphitkubus und Paraffinmantel eine 1 mm dicke Cd-Schicht.	359,5	14	0,7640 ± 0,0028	360 ± 19
c) Kubische thermische Flächenquelle durch Differenzbildung aus 3a) und 3b).	359,5	∞	0,7443 ± 0,0040	282 ± 22

δ' ist die Absorberdicke. Die Sondendicke betrug stets 65,65 mg/cm².

messen und aus dem Resultat beider Bestimmungen ein Korrekturfaktor für die Transmission zur Berücksichtigung der Aktivierungsstörung hergeleitet. Mit Hilfe dieses Korrekturfaktors wurden die Bestimmungen 1c, 3a, 3b und 3c ausgewertet. Dabei ist darauf zu achten, daß die Aktivierungsstörung von der Neutronentemperatur abhängt. Der Korrekturfaktor muß also in jedem Fall auf die vorliegende Neutronentemperatur umgerechnet werden. Die Temperatur T_0 des Graphits betrug 293° K.

Im Fall 1a wurde die Temperatur aus der Transmission durch verschieden dicke Absorber bestimmt. Die Ergebnisse für eine Absorberdicke 360 mg/cm² und 535 mg/cm² stimmen gut überein, was als Rechtfertigung der angenommenen Maxwell-Verteilung anzusehen ist. Zu den in der Tabelle angegebenen Fehlern aus der Ungenauigkeit der gemessenen Transmissionswerte tritt noch ein systematischer Fehler von $\pm 20°$. Er ist bedingt durch Ungenauigkeiten bei der Berücksichtigung des Streuquerschnitts des Goldes, Ungenauigkeiten des Absorptionsquerschnittes von Indium und Gold, Selbstabsorption der β-Teilchen in der Sonde, Cd-Korrekturfaktor und Fehler bei der numerischen Integration.

In der Tabelle sind die jeweiligen Größen Φ_{th}/Φ_{ep} mit aufgenommen. Eine Diskussion dieser Resultate soll erst später erfolgen.

In kristallinen Moderatoren wie in Graphit treten „kalte" Neutronen auf (vgl. Abschnitt 1.4). Unter kalten Neutronen sind dabei diejenigen zu verstehen, deren de Broglie-Wellenlänge größer als die doppelte Gitterkonstante ist. Sie werden nicht mehr kohärent gestreut und haben daher in Graphit die vierfache Streulänge der übrigen thermischen Neutronen. Einige direkte Beobachtungen des Spektrums der aus der Oberfläche eines Graphitpiles austretenden Neutronen deuten auf eine Anreicherung dieser kalten Neutronen. Wir haben daher festzustellen, inwieweit eine solche Anreicherung kalter Neutronen an den obigen Meßorten vorliegt, da diese eine beachtliche Verfälschung der Transmissionsmessung bewirken könnten.

Es sei

$$\Phi_c(\vec{r}) = \int_0^{v_m} \Phi(v)\, dv \quad (v_m = \text{Neutronengeschwindigkeit bei der Grenzenergie } E_m)$$

der Fluß kalter Neutronen; es sei $\overline{\Sigma}_i^k$ der über den kalten Bereich gemittelte inkohärente Querschnitt und $\overline{\Sigma}_{ik}^{th}$ der über den thermischen Bereich gemittelte Querschnitt für Stöße, bei denen die Neutronengeschwindigkeit unter v_m absinkt. Dann gilt für den „kalten" Fluß am Ort $\vec{r}$:

$$\Phi_c(\vec{r}) = \int \overline{\Sigma}_{ik}^{th}\, \Phi_{th}(\vec{r}\,') \cdot \frac{e^{-\overline{\Sigma}_i^k |\vec{r}-\vec{r}\,'|}}{4\pi |\vec{r}-\vec{r}\,'|^2}\, d\vec{r}\,'. \tag{11.1.18}$$

Im unendlich ausgedehnten Streumedium mit homogenen Quellen, $\Phi_{th}(\vec{r}) = \text{const}$, folgt:

$$\Phi_c(\vec{r}) = \frac{\overline{\Sigma}_{ik}^{th}}{\overline{\Sigma}_i^k}\, \Phi_{th}(\vec{r}). \tag{11.1.19}$$

Im unendlich ausgedehnten Streumedium mit homogen verteilten Quellen kann keine Anreicherung kalter Neutronen bestehen, es ist dort also

$$\Phi_{c_0} = \Phi_{th} \cdot \int_0^{v_m} \frac{2v^2}{v_0^2}\, e^{-\frac{v^2}{v_0^2}}\, \frac{dv}{v_0}. \tag{11.1.20}$$

Damit folgt:

$$\frac{\overline{\Sigma}_{ik}^{th}}{\overline{\Sigma}_i^k} = 2 \int_0^{v_m} \left(\frac{v}{v_0}\right)^2 e^{-\left(\frac{v}{v_0}\right)^2} \frac{dv}{v_0} \equiv c. \tag{11.1.21}$$

Wir können nun (11.1.18) und (11.1.21) dazu benutzen, den Fluß der kalten Neutronen in anderen Anordnungen zu berechnen. Ein besonders wichtiger Spezialfall ist der eines in x- und y-Richtung unendlich ausgedehnten, bei $z = 0$ beginnenden Streumediums, innerhalb dessen sich eine Flächenquelle thermischer Neutronen befindet. Es ist dann:

$$\Phi_c(z) = c \cdot \overline{\Sigma}_i^k \int_0^\infty dz' \int_0^\infty 2\pi r\, dr\, \mathfrak{Sin} \frac{(z + 0{,}71\, \lambda_{tr})}{L} \frac{e^{-\overline{\Sigma}_i^k \sqrt{r^2 + (z'-z)^2}}}{4\pi (r^2 + (z'-z)^2)}. \tag{11.1.22}$$

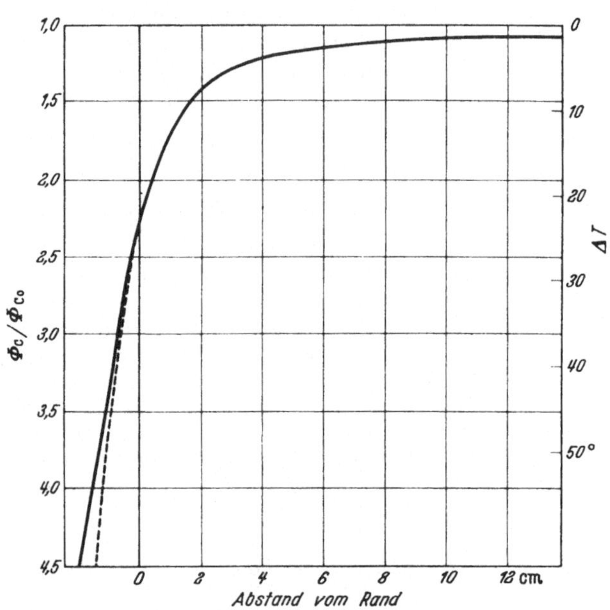

Abb. 11.1.6. Anreicherung kalter Neutronen an der Oberfläche eines Streumediums (Graphit) (nach Gl. 11.1.22). ΔT stellt die Temperaturerniedrigung dar, die nach der Transmissionsmethode gemessen werden würde

Abb. 11.1.6 zeigt für Graphit das Verhältnis Φ_c/Φ_{c0}, also den Anreicherungsgrad kalter Neutronen. Er ist am größten an der Oberfläche (etwa 2,5) und fällt nach Innen sehr schnell ab. Der Anreicherungseffekt ist also im wesentlichen ein Grenzflächenphänomen und spielt an den obigen Meßorten mit Sicherheit keine Rolle.

11.2. Zur Theorie der Neutronentemperatur

Wir wollen nunmehr versuchen, die Geschwindigkeitsverteilung thermischer Neutronen in einem Streumedium genauer zu berechnen. Der Einfachheit halber beschränken wir uns auf ein unendlich ausgedehntes Streumedium mit homogen verteilten Quellen. Dort liegt ein isotroper, homogener Neutronenfluß $\Phi(E)$ vor, für den die folgende Bilanzgleichung gilt:

$$(\sigma_a + \sigma_s)\, \Phi(E) = \int_0^\infty \Phi(E')\, \sigma_s(E' \to E)\, dE'. \tag{11.2.1}$$

Formal ist diese Gleichung identisch mit der im 5. Kapitel diskutierten Gleichung für den Abbremsvorgang. Der entscheidende neue Gesichtspunkt ist jetzt, daß wir den Einfluß der thermischen Bewegungen des Streumediums und der chemischen Bindungen im Streumedium auf den inelastischen Streuquerschnitt[1] $\sigma_s(E' \to E)$ berücksichtigen. Beide Effekte spielen bei $E \gg kT$ keine Rolle und wurden im 5. Kapitel mit Recht vernachlässigt.

Liegt keine Absorption vor, $\sigma_a = 0$ in (11.2.1), so wird, wie die statistische Mechanik lehrt, das Energiespektrum durch eine Maxwell-Verteilung

$$\Phi(E) = \frac{E}{kT} e^{-\frac{E}{kT}} \frac{dE}{kT} \tag{11.2.2}$$

beschrieben. Man braucht in diesem Fall nichts über die Größe $\sigma_s(E' \to E)$ zu wissen. Umgekehrt werden wir später diesen Sachverhalt benutzen, um allgemeine Aussagen über $\sigma_s(E' \to E)$ zu erhalten.

Um das Geschwindigkeitsspektrum bei $\sigma_a \neq 0$ zu bestimmen, muß man $\sigma_s(E' \to E)$ jedoch kennen. Wir berechnen diese Größe für den einfachsten Moderator: Ein monoatomares, ideales Gas der Temperatur T_0.

11.2.1. Berechnung von $\sigma_s(E' \to E)$ für ein ideales, monoatomares Gas

Die folgende Ableitung stammt von Wigner und Wilkins. Das moderierende Gas bestehe aus Teilchen der Masse m mit dem von der Energie unabhängigen Streuquerschnitt σ_{s0}. Die Gasatome besitzen eine Maxwellsche Geschwindigkeitsverteilung

$$M(v_2)\, dv_2 = \frac{4}{\sqrt{\pi}} \left(\frac{m}{2kT_0}\right)^{\frac{3}{2}} v_2^2\, e^{-\frac{m v_2^2}{2kT_0}} dv_2. \tag{11.2.3}$$

Wir betrachten zunächst Stöße zwischen Neutronen der Geschwindigkeit v' und Atomen einer festen Geschwindigkeit v_2. Die Richtungen vom Neutron und Gasatom mögen vor dem Stoß einen Winkel ε, $\cos\varepsilon = \mu$, bilden. Dann beträgt die Relativgeschwindigkeit

$$v_r = \sqrt{v'^2 + v_2^2 - 2v' v_2 \cdot \mu}\,.$$

Es mögen pro cm³ N Gasatome vorliegen. Dann gibt es pro cm³ $N \cdot M(v_2) dv_2$ Gasatome mit einer Geschwindigkeit v_2 bis $v_2 + dv_2$. Da alle Richtungen von Neutron und Gasatom gleichberechtigt sind, ist die Wahrscheinlichkeit für einen Stoßwinkel ε gleich $d\mu/2$. Also ist die Anzahl von derartigen Stößen pro cm³ und sec

$$d\nu = v_r \cdot \sigma_{s0} \cdot N \cdot M(v_2)\, dv_2 \cdot \frac{d\mu}{2}.$$

Wir können $d\nu$ aber auch anders schreiben:

$$d\nu = v'\, d\sigma_{v' v_2 \mu} \cdot N.$$

Dabei ist $d\sigma_{v', v_2, \mu}$ der atomare Wirkungsquerschnitt für ein Neutron der Geschwindigkeit v', einen Stoß mit einem Gasatom der Geschwindigkeit v_2 unter dem Winkel ε, $\cos\varepsilon = \mu$, auszuführen. Durch Vergleich findet man:

$$d\sigma_{v' v_2 \mu} = \frac{v_r \cdot \sigma_{s0}}{v'} M(v_2)\, dv_2 \frac{d\mu}{2}. \tag{11.2.4}$$

---

[1] $\sigma_s(E' \to E)\, dE$ ist der Wirkungsquerschnitt für Streuprozesse, die ein Neutron der Energie E' in den Energiebereich E, $E + dE$ werfen. Er entspricht der in den Kapiteln über die Bremsung benutzten Größe $\sigma_s(E') g(E', E)$.

Weiter interessiert die Wahrscheinlichkeit $g(v' \to v, v_2)\,dv$, das Neutron nach einem derartigen Stoß im Geschwindigkeitsintervall zwischen v und $v+dv$ zu finden. Wir bestimmen sie, indem wir den Stoßvorgang im Schwerpunktsystem Neutron—Gasatom betrachten. In diesem System hat das Neutron vor dem Stoß die Geschwindigkeit $\frac{A}{A+1} \cdot v_r$. Sie ändert im Schwerpunktsystem beim Stoß nur ihre Richtung, also gilt für die Geschwindigkeit nach dem Stoß im *Laborsystem:*

$$v = \sqrt{V_c^2 + \left(\frac{A}{A+1}\right)^2 v_r^2 + 2 V_c \frac{A}{A+1} v_r \cdot \omega}\,.$$

Dabei ist ω der cos des Streuwinkels im Schwerpunktsystem und V_c die Geschwindigkeit des Schwerpunkts im Laborsystem:

$$V_c = \frac{\sqrt{v'^2 + 2A\,v' v_2 \cdot \mu + A^2 v_2^2}}{A+1}\,.$$

Damit und mit der Annahme, daß die Streuung im Schwerpunktsystem isotrop erfolgt, erhalten wir, ähnlich wie in Abschnitt 5.2.2:

$$\left.\begin{aligned} g(v' \to v, v_2)\,dv &= 0 & v &< v_{\min} \\ g(v' \to v, v_2)\,dv &= \frac{2v\,dv}{v_{\max}^2 - v_{\min}^2} & v_{\min} &< v < v_{\max} \\ g(v' \to v, v_2)\,dv &= 0 & v &> v_{\max}\,. \end{aligned}\right\} \qquad (11.2.5)$$

Dabei sind $v_{\max}$ und $v_{\min}$ die größte bzw. kleinste Geschwindigkeit, die das Neutron nach dem Stoß besitzen kann:

$$v_{\max} = V_c + \frac{A}{A+1} v_r \qquad v_{\min} = V_c - \frac{A}{A+1} v_r\,.$$

Wir können nun (11.2.5) und (11.2.4) zusammenfassen, integrieren über alle Richtungen μ und über alle Geschwindigkeiten v_2:

$$\sigma_s(v' \to v)\,dv = \frac{1}{2} \cdot \frac{1}{v'} \int_0^\infty dv_2 \int_{-1}^{+1} v_r\,d\mu\,\sigma_s(v_r)\,M(v_2)\,g(v' \to v, v_2)\,dv\,. \qquad (11.2.6)$$

Bei der Integration über v_2 ist auf die durch Gl. (11.2.5) gegebenen Grenzen zu achten. Mit $\sigma_s(v_r) = \sigma_{s0}$ ergibt sich:

$$\left.\begin{aligned} \sigma_s(v' \to v) = \frac{(A+1)^2}{4A} \frac{\sigma_{s0}}{v'^2} \cdot v \cdot \Bigg\{ &\mathrm{erf}\left[\sqrt{\frac{m_n}{2kT_0}}\left(\frac{A+1}{2\sqrt{A}} \cdot v - \frac{A-1}{2\sqrt{A}} v'\right)\right] \pm \\ &\pm \mathrm{erf}\left[\sqrt{\frac{m_n}{2kT_0}}\left(\frac{A+1}{2\sqrt{A}} v + \frac{A-1}{2\sqrt{A}} v'\right)\right] + \\ &+ \exp\left[\frac{m_n}{2kT_0}(v'^2 - v^2)\right] \cdot \Bigg[\mathrm{erf}\left[\sqrt{\frac{m_n}{2kT_0}}\left(\frac{A+1}{2\sqrt{A}} v' - \frac{A-1}{2\sqrt{A}} v\right)\right] \mp \\ &\mp \mathrm{erf}\left[\sqrt{\frac{m_n}{2kT_0}}\left(\frac{A+1}{2\sqrt{A}} v' + \frac{A-1}{2\sqrt{A}} \cdot v\right)\right]\Bigg]\Bigg\}\,. \end{aligned}\right\} \qquad (11.2.7)$$

Dabei gilt das obere Vorzeichen für $v' > v$, das untere für $v' < v$. Wir können nunmehr zu $\sigma_s(E' \to E)$ übergehen:

$$\left.\begin{aligned}
\sigma_s(E' \to E) &= \frac{(A+1)^2}{8A} \frac{\sigma_{s0}}{E'} e^{\frac{E'}{kT_0}} \times \\
&\times \left\{ e^{-\frac{E}{kT_0}} \operatorname{erf}\left[\frac{1}{\sqrt{kT_0}}\left(\frac{A+1}{2\sqrt{A}}\sqrt{E'} - \frac{A-1}{2\sqrt{A}}\sqrt{E}\right)\right] + \right. \\
&+ e^{-\frac{E'}{kT_0}} \operatorname{erf}\left[\frac{1}{\sqrt{kT_0}}\left(\frac{A+1}{2\sqrt{A}}\sqrt{E} - \frac{A-1}{2\sqrt{A}}\sqrt{E'}\right)\right] \\
&- \left| e^{-\frac{E}{kT_0}} \operatorname{erf}\left[\frac{1}{\sqrt{kT_0}}\left(\frac{A+1}{2\sqrt{A}}\sqrt{E'} + \frac{A-1}{2\sqrt{E}}\sqrt{E}\right)\right] - \right. \\
&\left.\left. - e^{-\frac{E'}{kT_0}} \operatorname{erf}\left[\frac{1}{\sqrt{kT_0}}\left(\frac{A+1}{2\sqrt{A}}\sqrt{E} + \frac{A-1}{2\sqrt{A}}\sqrt{E'}\right)\right]\right| \right\}.
\end{aligned}\right\} \quad (11.2.8)$$

In Abb. 11.2.1 und 2 wird $\sigma_s(E' \to E)$ für $A = 1$ und $A = 18$ nach v. DARDEL dargestellt[1].

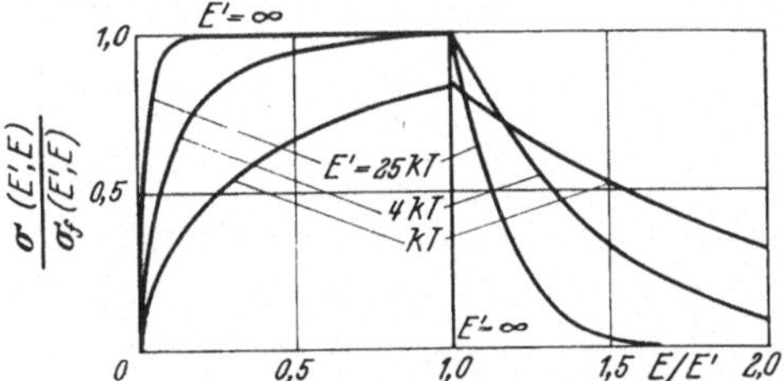

Abb. 11.2.1. Differentieller inelastischer Streuquerschnitt für Wasserstoff ($A = 1$)

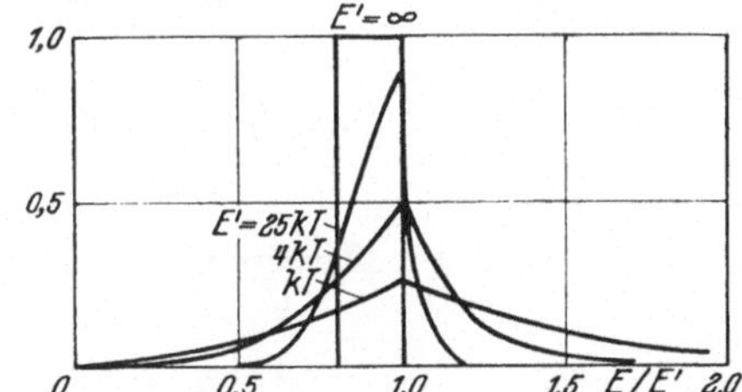

Abb. 11.2.2. Differentieller inelastischer Streuquerschnitt für Sauerstoff ($A = 16$)

Der Ausdruck in der geschweiften Klammer ändert sich nicht, wenn man E' und E vertauscht. Es gilt daher die Relation

$$\sigma_s(E' \to E)\, E'\, e^{-\frac{E'}{kT_0}} = \sigma_s(E \to E')\, E\, e^{-\frac{E}{kT_0}}\,. \quad (11.2.8\text{a})$$

In einem *nicht*absorbierenden Streumedium gilt $\Phi(E) \sim E\, e^{-\frac{E}{kT_0}}$, es ist dann also

$$\Phi(E)\, \sigma_s(E \to E') = \Phi(E')\, \sigma_s(E' \to E)\,. \quad (11.2.9)$$

Die Beziehung (11.2.9) besagt, daß pro Zeiteinheit gleich viele Neutronen von der Energie E zur Energie E' übergehen wie von der Energie E' nach E.

[1] Aufgetragen ist die Größe

$$\frac{\sigma_s(E' \to E)}{\sigma_{sf}(E' \to E)}\,; \qquad \sigma_{sf}(E' \to E) = \frac{\sigma_{s0}}{(1-\alpha)\, E'} = \sigma_{s0}\, g(E', E)$$

ist der differentielle inelastische Streuquerschnitt für ruhende Atome (Abschnitt 5.2). Man sieht, daß für $E' \gg kT$ σ_s in σ_{sf} übergeht, da dann die thermische Bewegung gegenüber der großen Neutronengeschwindigkeit zu vernachlässigen ist. Mit fallendem E' werden Stöße, bei denen das Neutron Energie gewinnt, wahrscheinlicher.

Dies ist die Aussage des ganz allgemein gültigen Prinzips des „detaillierten Gleichgewichts“ aus der Statistischen Mechanik. Es läßt sich zeigen, daß (11.2.9) in jedem nichtabsorbierenden Streumedium gilt; daher ist (11.2.8a) eine allgemeingültige Bedingung für den Streuquerschnitt eines Moderators der Temperatur T_0. (Vgl. hierzu die Arbeit von HURWITZ et al.) Man beachte, daß in einem absorbierenden Streumedium wohl das Prinzip des detaillierten Gleichgewichts, Gl. (11.2.8a), gilt, nicht aber Gl. (11.2.9), da $\Phi(E)$ dann keine Maxwell-Verteilung ist.

Für manche Anwendungen ist die Größe der „Momente“

$$\sigma_s(E')\,\overline{\Delta E^r} = \int\limits_0^\infty \sigma_s(E' \to E)\,(E' - E)^r\,dE$$

von Interesse. Man findet mit Hilfe von Gl. (11.2.8) durch partielle Integration:

$$\left.\begin{aligned} \sigma_s(E') &= \int\limits_0^\infty \sigma_s(E' \to E)\,dE \\ &= \sigma_{s0} \cdot \frac{1}{\beta^2 \cdot \sqrt{\pi}}\,\psi(\beta) \qquad \beta = A \cdot \frac{E'}{kT_0} \\ \psi(\beta) &= \beta\,e^{-\beta^2} + (2\beta^2 + 1)\,\frac{\sqrt{\pi}}{2}\,\mathrm{erf}(\beta). \end{aligned}\right\} \tag{11.2.10}$$

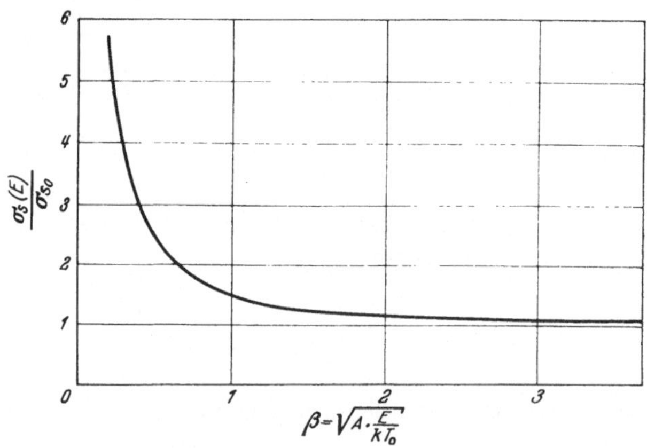

Abb. 11.2.3. $\frac{\sigma_s(E)}{\sigma_{s0}}$ als Funktion der Energie

Die in der kinetischen Gastheorie geläufige Funktion $\psi(\beta)$ ist bei JEANS[1] tabelliert; der Verlauf von $\sigma_s(E')/\sigma_{s0}$ in Abhängigkeit von β geht aus der Abb. 11.2.3 hervor.

Für $A \gg 1$ ist $\beta \gg 1$; man findet durch Entwicklung von (11.2.10)

$$\sigma_s(E') \approx \sigma_{s0}. \tag{11.2.10a}$$

[1] JEANS, J.: Kinetic theory of gases. Cambridge: University Press 1948.

Weiter findet man durch partielle Integration

$$\left.\begin{aligned}\sigma_s(E')\,\overline{\Delta E} &= \int_0^\infty \sigma_s(E'\to E)\,(E'-E)\,dE \\ &= \left\{-\frac{4kT_0}{1+A} + \frac{2kT_0}{(1+A)^2}\,\frac{\varphi(\beta)}{\psi(\beta)}\right\}\sigma_s(E')\end{aligned}\right\} \qquad (11.2.11)$$

mit

$$\varphi(\beta) = \left(\beta^3 + \frac{5}{2}\beta\right)e^{-\beta^2} + \frac{\sqrt{\pi}}{2}\left(2\beta^4 + 6\beta^2 + \frac{3}{2}\right)\operatorname{erf}(\beta).$$

Für $A \gg 1$ findet man durch Entwicklung

$$\int_0^\infty \sigma_s(E'\to E)\,(E'-E)\,dE \approx \frac{2}{A}\,[E' - 2kT_0]\cdot\sigma_{s0}. \qquad (11.2.11\,\text{a})$$

Auf gleiche Art gewinnt man durch partielle Integration und Entwicklung für $A \gg 1$

$$\int_0^\infty \sigma_s(E'-E)\,(E'-E)^2\,dE \approx \frac{4}{A}\,kT_0E'\cdot\sigma_{s0}. \qquad (11.2.12)$$

11.2.2. Berücksichtigung der chemischen Bindung

Die Berechnung des inelastischen Streuquerschnitts eines tatsächlichen Moderators ist ungleich schwieriger als unsere obige Herleitung, da sie die Berücksichtigung der chemischen Bindungen innerhalb des Streumediums erfordert, die im Energiegebiet unter etwa 1 eV nicht mehr vernachlässigt werden können.

In molekularen Flüssigkeiten wie z.B. H_2O hat man zu unterscheiden: Das Energiegebiet oberhalb 1 eV, in dem die einzelnen Atome des Moleküls als frei anzusehen sind, das Energiegebiet zwischen etwa 0,1 und 1 eV, in dem durch das Neutron Molekülschwingungen angeregt werden können; weiterhin das Energiegebiet zwischen etwa 0,01 und 0,1 eV, in dem an Molekülrotationen Energie übertragen werden kann. Diese Rotationen können in einer Flüssigkeit behindert sein (v. Dardel). Neutronen noch kleinerer Energie können nur elastische Stöße mit dem Molekül als Ganzes vollführen. Rechnungen für den inelastischen Streuquerschnitt von H_2O und D_2O finden sich in Arbeiten von Sachs und Teller, v. Dardel, Messiah und Brown.

In einem kristallinen Moderator wie in Graphit oder Beryllium können durch Wechselwirkung mit Neutronen Gitterschwingungen angeregt werden. Unter Zugrundelegung eines Einstein- oder Debye-Modells haben Weinstock, Cassels sowie Kleinmann Ausdrücke für den inelastischen Streuquerschnitt abgeleitet. Wie Brockhause und Hurst experimentell zeigten, kann man die Bindungen in einem Kristall vernachlässigen, wenn seine Temperatur T_0 größer als (streng genommen groß gegen) seine Debye-Temperatur ist. Leider ist eine solche Vernachlässigung in Graphit und Beryllium wegen der hohen Debye-Temperatur nicht möglich.

Bislang gibt es in der Literatur nur vereinzelte geschlossene Berechnungen der Geschwindigkeitsverteilung in chemisch gebundenen Streumedien. Wir werden nunmehr einige Rechnungen für ungebundene Moderatoren, also für ein monoatomares Gas, durchführen. Solche Rechnungen können mit Experimenten in anderen Medien in Übereinstimmung gebracht werden, wenn bei der Auswertung der Messungen eine „effektive Masse" eingeführt wird, die auf Grund der chemischen Bindung beträchtlich größer sein kann als die tatsächliche Masse.

11.2.3. Berechnung der Geschwindigkeitsverteilung thermischer Neutronen in einem einatomigen Gas der Temperatur T_0

Gl. (11.2.1) ermöglicht mit (11.2.8) und (11.2.10) eine Berechnung des Spektrums. Für $A = 1$, also für ein hypothetisches Gas thermischer Protonen, haben WIGNER und WILKINS eine exakte Lösung angegeben. Ihre Ableitung ist mathematisch umfangreich und soll übergangen werden; Abb. 11.2.4 zeigt das nach WIGNER und WILKINS resultierende Energiespektrum bei verschieden starker Absorption. Die Kurven gehen bei hohen Energien asymptotisch in ein dE/E-Spektrum über. Man erkennt, daß bei schwacher Absorption das Spektrum als eine Überlagerung eines $1/E$-Spektrums und einer Maxwell-Verteilung aufgefaßt werden kann, deren Temperatur über der Moderatortemperatur liegt.

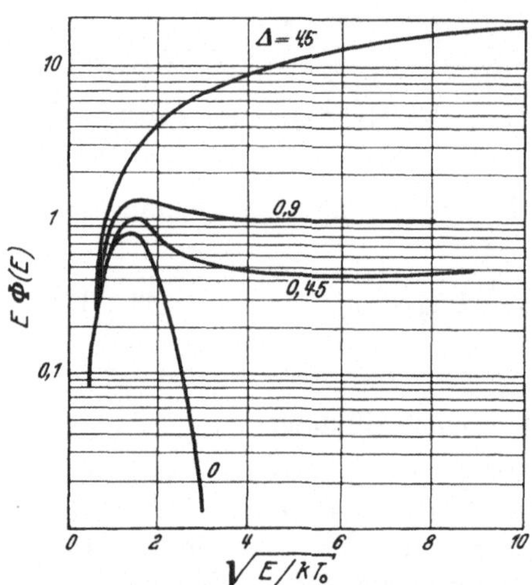

Abb. 11.2.4. Energiespektrum „thermischer" Neutronen in einem Gas thermischer Protonen (nach WIGNER und WILKINS). $\Delta = \frac{2\sigma_a(kT_0)}{\sigma_{s0}}$

Für den Fall $A \gg 1$ haben HURWITZ et al. eine Näherungslösung angegeben, deren Herleitung kurz skizziert werden soll: Wir setzen

$$\Phi(E) = \psi(E)\, E\, e^{-\frac{E}{kT_0}}.$$

$\psi(E)$ gibt also die Abweichung der Verteilung von der Maxwell-Verteilung an. Einsetzen in Gl. (11.2.1) liefert

$$\left.\begin{aligned}(\sigma_s + \sigma_a)\,\psi(E) &= \int_0^\infty \psi(E')\,\frac{E' e^{-\frac{E'}{kT}}}{E e^{-\frac{E}{kT}}}\,\sigma_s(E' \to E)\,dE' \\ &= \int_0^\infty \sigma_s(E \to E')\,\psi(E')\,dE'.\end{aligned}\right\} \qquad (11.2.13)$$

Der letzte Schritt folgt aus dem Prinzip des detaillierten Gleichgewichts (11.2.8a). Wir setzen nun

$$\psi(E') = \psi(E) + (E' - E)\,\psi'(E) + \tfrac{1}{2}(E' - E)^2\,\psi''(E).$$

Einsetzen in Gl. (11.2.13) liefert unter Berücksichtigung der „Momente" (11.2.10a), (11.2.11a), (11.2.12) ($A \gg 1$)

$$E\,k\,T_0\,\psi'' + (2kT_0 - E)\,\psi' - \frac{A\,\sigma_a(E)}{2\sigma_{s0}}\,\psi = 0. \qquad (11.2.14)$$

(Die höheren Momente, also die weiteren Entwicklungskoeffizienten, verschwinden in höherer Ordnung von $1/A$.)

Für $1/v$-Absorber ist diese Gleichung numerisch integriert worden; Abb. 11.2.5 zeigt nach HURWITZ $\Phi(E)$ für verschiedene Werte des Parameters

$$\varDelta = \frac{2A\,\sigma_a(kT)}{\sigma_{s0}}.$$

Für große Energien gilt wieder asymptotisch das $1/E$-Spektrum. Für $\varDelta \gg 1$ zeigt die resultierende Verteilung wenig Ähnlichkeit mit einer Maxwell-Verteilung. Für $\varDelta \ll 1$ läßt sie sich wiederum durch die Überlagerung eines $1/E$-Spektrums und einer Maxwell-Verteilung, die nach höherer Temperatur verschoben ist, darstellen. Uns interessiert nun insbesondere die Neutronentemperatur einer solchen genäherten Maxwell-Verteilung. Eine Betrachtung von COHEN, die wir hier nicht im einzelnen vorführen, führt zu dem Ergebnis

$$\left.\begin{aligned} T &= T_0\left\{1 + 0{,}6\,\frac{A\,\sigma_a(kT_0)}{\sigma_{s0}}\right\} \\ 0 &< \frac{A\,\sigma_a}{\sigma_{s0}} < 0{,}5. \end{aligned}\right\} \qquad (11.2.15)$$

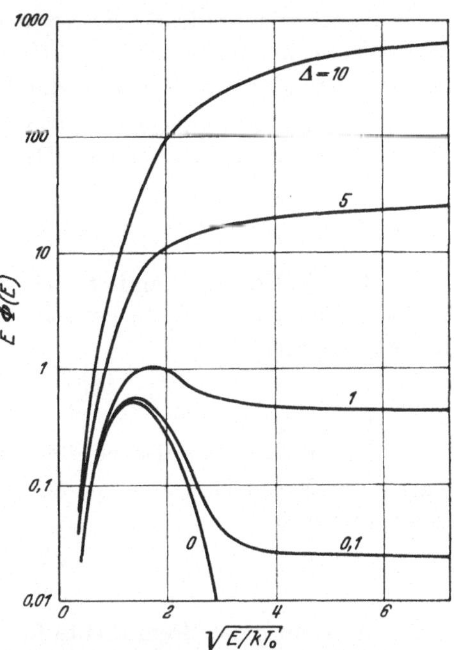

Abb. 11.2.5. Energiespektrum „thermischer" Neutronen in einem Moderator mit $A \gg 1$ $\varDelta = \frac{2A\sigma_a(kT_0)}{\sigma_{s0}}$

Während somit für $A = 1$ und für $A \gg 1$ analytische Lösungen für die Geschwindigkeitsverteilung vorliegen, sind für mittelschwere Kerne ($A < 25$) von COVEYOU Berechnungen der Geschwindigkeitsverteilung nach der Monte-Carlo-Methode unternommen worden. Diese Berechnungen ergeben, daß für $0 < \frac{A\,\sigma_a(kT)}{\sigma_{s0}} < 0{,}5$ das Geschwindigkeitsspektrum durch eine Maxwell-Verteilung im Bereich $0 < E < 3{,}6\,kT_0$ angenähert werden kann, für deren Temperatur die Beziehung

$$T = T_0\left\{1 + 0{,}91\,\frac{A\,\sigma_a(kT_0)}{\sigma_{s0}}\right\} \qquad (11.2.16)$$

gilt.

Man könnte nun versuchen, diese Resultate der Theorie, insbesondere die Gln. (11.2.15) und (11.2.16), mit gemessenen Werten der Neutronentemperatur zu vergleichen. Dabei erhebt sich die Schwierigkeit, daß die Theorie im unbegrenzten Streumedium gilt, also frei von Diffusionseffekten ist. Dagegen haben praktische Anordnungen nur endliche Abmessungen und das Neutronenspektrum wird durch den geschwindigkeitsabhängigen Diffusionseffekt modifiziert. Bislang existieren keine den obigen analoge Berechnungen des Spektrums in endlichen Streumedien. Wir müssen uns daher mit einem vereinfachten Modell behelfen, das es gestattet, diese Diffusionseffekte zu eliminieren und gemessene Neutronentemperaturen mit den Gln. (11.1.15) bzw. (11.1.16) zu vergleichen.

11.3. Ein vereinfachtes Modell des thermischen Gleichgewichtszustandes

Wir hatten im vorigen Abschnitt gesehen, daß bei schwacher Absorption die Neutronen mit guter Näherung eine Maxwell-Verteilung annehmen. Davon machen wir im folgenden Gebrauch, indem wir alle Effekte, die die Energieverteilung der thermischen Neutronen beeinflussen, als Veränderung der Neutronentemperatur beschreiben.

Aus einem räumlichen Neutronenfeld der thermischen Dichte $n(v)$ greifen wir einen cm^3 heraus und betrachten die darin enthaltene Neutronenenergie $n \cdot \overline{E}$. Diese Energie kann sich durch folgende Effekte ändern:

1. Durch Absorption gehen pro sec $\bar{v} n \Sigma_a$ Neutronen verloren, deren mittlere Energie wir mit E_A bezeichnen. Der damit verbundene Energieverlust beträgt:

$$\left(\frac{\partial n \overline{E}}{\partial t}\right)_A = -\bar{v}\, n\, \Sigma_a \cdot E_A. \tag{11.3.1}$$

2. Durch Diffusion ändert sich die Neutronendichte um $+D\bar{v} \cdot \Delta n$. Die mittlere Energie des Diffusionsstromes bezeichnen wir mit E_D. Die Energieänderung wird:

$$\left(\frac{\partial n \overline{E}}{\partial t}\right)_D = D\bar{v}\, \Delta n \cdot E_D. \tag{11.3.2}$$

3. Die in den thermischen Bereich hereingebremsten Neutronen haben zunächst im Mittel eine Energie $E_B > \overline{E}$, so daß durch thermische Quellen der Energiegewinn

$$\left(\frac{\partial n \overline{E}}{\partial t}\right)_B = q \cdot E_B \tag{11.3.3}$$

entsteht, wenn q die Bremsdichte für Neutronenenergien gerade über dem thermischen Bereich darstellt.

4. Stellt sich durch die drei genannten Effekte eine Neutronentemperatur T ein, die sich von der des Moderators (T_0) unterscheidet, so ändert sich die mittlere Energie der Neutronen auch noch durch Wärmeübergang an den Moderator. Für $T - T_0 \ll T_0$ können wir in linearer Näherung setzen:

$$\left(\frac{\partial n \overline{E}}{\partial t}\right)_W = -\frac{3}{2}\, n k \gamma (T - T_0); \tag{11.3.4}$$

k = Boltzmann-Konstante. Dabei ist γ ein „Wärmeübergangskoeffizient" zwischen Neutronengas und Moderator.

Da im stationären Zustand sowohl die Neutronendichte als auch die Geschwindigkeitsverteilung zeitlich konstant bleiben, muß $\left(\frac{\partial n \overline{E}}{\partial t}\right)_{\text{Ges}} = 0$ sein und wir erhalten die Bilanzgleichung:

$$q \cdot E_B = n \bar{v} \Sigma_a \cdot E_A - D\bar{v}\, \Delta n \cdot E_D + \tfrac{3}{2} n k \gamma (T - T_0). \tag{11.3.5}$$

Wir müssen nun die verschiedenen Energiemittelwerte berechnen.

Über die Größe von E_B läßt sich nichts genaues aussagen; sie muß empirisch ermittelt werden. Wir setzen nur formal $E_B = \frac{3}{2} k T_B$.

Ist $\Sigma_a \sim 1/v$, so ist wegen der der Dichte proportionalen Absorption eines $1/v$-Absorbers $E_A = \frac{3}{2} kT$. Ferner ist:

$$E_D = \frac{\int\limits_0^\infty E \cdot D(E)\, \Delta\Phi\, dE}{\int\limits_0^\infty D(E) \cdot \Delta\Phi\, dE} = \frac{\int\limits_0^\infty E \cdot D(E) \frac{E}{kT} e^{-\frac{E}{kT}} \frac{dE}{kT}}{\int\limits_0^\infty D(E) \frac{E}{kT} e^{-\frac{E}{kT}} \frac{dE}{kT}},$$

und da

$$D(T) = \int\limits_0^\infty D(E)\, e^{-\frac{E}{kT}} \frac{E}{kT} \frac{dE}{kT},$$

erhalten wir wegen

$$-\frac{dD}{d\left(\frac{1}{kT}\right)} = kT^2 \frac{dD}{dT} = \int\limits_0^\infty D(E) \frac{E^2}{(kT)^2} e^{-\frac{E}{kT}} dE - 2kT\, D(T),$$

$$E_D = 2kT + kT^2 \frac{d \ln D}{dT} = \frac{3}{2} kT + \left(\frac{1}{2} kT + kT^2 \frac{d \ln D}{dT}\right). \qquad (11.3.6)$$

Für Graphit und Beryllium ist nahezu $D = \text{const}$ und somit $E_D \approx 2kT$.

Einsetzen der Werte in Gl. (11.3.5) ergibt:

$$\left.\begin{aligned} q \cdot \frac{3}{2} k T_B = (n \bar{v} \Sigma_a - D \bar{v} \Delta n) \frac{3}{2} kT - D \bar{v} \Delta n \left(\frac{1}{2} kT + kT^2 \frac{d \ln D}{dT}\right) \\ + n\gamma \frac{3}{2} k(T - T_0) \end{aligned}\right\} \qquad (11.3.7)$$

und mit Benutzung der Diffusionsgleichung $q = n\bar{v}\Sigma_a - D\bar{v} \cdot \Delta n$

$$\frac{3}{2} k\gamma (T - T_0) = \frac{q}{n} \frac{3}{2} k(T_B - T) - \left\{\frac{q}{n} - \bar{v}\Sigma_a\right\}\left\{\frac{1}{2} kT + kT^2 \frac{d \ln D}{dT}\right\}. \qquad (11.3.8)$$

Setzen wir nun $\frac{q}{n} = \frac{\Phi_{ep} \cdot \xi \Sigma_s \cdot \bar{v}}{\Phi_{th}}$ und führen wir $\Theta = \xi \Sigma_s \bar{v} \cdot \frac{T_B - T}{\gamma}$ ein, so wird schließlich

$$T - T_0 = \frac{\Phi_{ep}}{\Phi_{th}} \cdot \Theta - \left\{\frac{\Phi_{ep}}{\Phi_{th}} - \frac{\Sigma_a}{\xi \Sigma_s}\right\} \frac{\xi \Sigma_s \bar{v}}{\gamma} \left(\frac{T}{3} + \frac{2}{3} T^2 \frac{d \ln D}{dT}\right). \qquad (11.3.9)$$

Rechts bedeutet der erste Term eine Temperaturerhöhung wegen der fortlaufenden Nachlieferung schneller Neutronen. Der zweite Ausdruck hängt mit den Diffusionseffekten zusammen: Betrachten wir zunächst ein quellfreies Streumedium ($\Phi_{ep}/\Phi_{th} = 0$). Dort werden in jedem Volumenelement Neutronen absorbiert, die aus der Umgebung nachgeliefert werden müssen. Da die mittlere Energie des Diffusionsstromes größer ist als die der absorbierten Neutronen, wird dem Volumenelement laufend Energie zugeführt, was im Gleichgewicht mit der Energieabgabe an den Moderator zu einer erhöhten Temperatur der Neutronen führt (Härtung). Zum anderen betrachten wir ein nichtabsorbierendes Streumedium mit Quellen. Dort fließen alle im Volumenelement gebildeten Neutronen ab, was eine Verminderung des vorgenannten Effektes bewirkt.

In einem unbegrenzten Streumedium mit homogen verteilten Quellen ist $\Phi_{ep}/\Phi_{th} = \Sigma_a/\xi\Sigma_s$. Der zweite Term in (11.3.9) verschwindet dann, wie es auch sein muß, da dann keine Diffusionsströmungen auftreten.

Der Wert des Wärmeübertragungskoeffizienten γ läßt sich für den Fall berechnen, daß der Moderator wie ein ideales Gas mit der Temperatur T_0 behandelt werden kann. Man findet durch Integration der Gl. (11.2.11) (vgl. v. DARDEL)

$$\gamma = \frac{16}{3\sqrt{\pi}} \sqrt{\frac{2\,k T_0}{m}}\, \Sigma_{s\,0} \left(1 + \frac{1}{A}\right)^2 \frac{A^{\frac{5}{2}}}{(1+A)^{\frac{7}{2}}}\,. \tag{11.3.10}$$

γ kann aber auch mit Hilfe der Methode der gepulsten Quelle direkt gemessen werden (vgl. Kapitel 12).

Wir können nunmehr die früher besprochenen Messungen an Graphit auswerten. Mit γ aus dem 12. Kapitel gilt

$$T - T_0 = \frac{\Phi_{ep}}{\Phi_{th}} \cdot \Theta - \left\{\frac{\Phi_{ep}}{\Phi_{th}} - \frac{1}{170}\right\} \cdot 290^\circ. \tag{11.3.11}$$

(Da der Graphit verunreinigt ist, beträgt das Bremsverhältnis nur 170.) Eliminieren wir mit Gl. (11.3.11) die Diffusionseffekte aus der Temperaturmessung (S. 172), so finden wir

$$T - T_0 = \frac{\Phi_{ep}}{\Phi_{th}} \cdot \Theta \quad \text{mit} \quad \Theta = 1400 \pm 500^\circ.$$

Aus Gl. (11.2.16) kann Θ berechnet werden, indem wir dort $\sigma_a/\sigma_{s\,0}$ durch $\xi\,\Phi_{ep}/\Phi_{th}$ ersetzen. Dann folgt mit den Daten des Kohlenstoffs:

$$\Theta = 0{,}9\,A\,\xi\,T_0 = 550^\circ.$$

Der gemessene Wert von Θ ist 2- bis 3mal größer. Dies hängt offenbar mit den chemischen Bindungen zusammen. Man kann formal Messung und Rechnung in Übereinstimmung bringen, wenn man mit einem effektiven Atomgewicht des Kohlenstoffatoms im Graphitgitter von 30 bis 40 rechnet.

Literatur zum 11. Kapitel

Literatur	
RAINWATER, J., and W. HAVENS: Phys. Rev. **70**, 136 (1946). ZINN, W. H.: Phys. Rev. **71**, 753 (1947). STURM, W. J.: Phys. Rev. **71**, 736 (1947). STONE, R. S., u. R. E. SLOWACEK: KAPL-1499 (1956). POOLE, M. J.: J. Nucl. Energy **5**, 325 (1957).	Direkte Aufnahme thermischer Spektren.
ANDERSON, H. L. et al.: Phys. Rev. **72**, 16 (1947). GAVIN, G. B.: Nucl. Sci. Eng. **2**, 1 (1957).	Temperaturbestimmung durch Vergleich dichte- und flußproportionaler Absorber im Reaktor.
FERMI, E. et al.: Phys. Rev. **72**, 193 (1947). HUGHES, D. J. et al.: Phys. Rev. **73**, 1277 (1948).	Temperaturmessung an Neutronenbündeln nach der Transmissionsmethode.
BRANCH, G.: MDDC 747 (1946) (Temperaturbestimmung mit Sonden).	
KÜCHLE, M.: Diplomarbeit, Göttingen 1956. — Nucl. Sci. Eng. **2**, 87 (1957). — Ber. Reaktorgruppe Göttingen **7**, (56/40) (1956).	Temperaturberechnung mit Sonden in verschiedenen Graphitgeometrien.
WIGNER, E. P., and J. E. WILKINS: AECD 2275 (1948). COHEN, E. R.: Genf P/611 (1955). HURWITZ, H. et al.: Nucl. Sci. Eng. **1**, 280 (1956). COVEYOU, R. R.: J. Nucl. Energy **2**, 153 (1955/56). COHEN, E. R.: Nucl. Sci. Eng. **2**, 227 (1957).	Berechnung der Geschwindigkeitsverteilung in einem monoatomaren Gas als Moderator.

DARDEL, G. F. v.: Trans. Roy. Inst. Techn., Stockh. **75** (1954). SACHS, R. G., and E. TELLER: Phys. Rev. **60**, 18 (1941). MESSIAH, A.: Phys. Rev. **84**, 204 (1951). BROWN, H. D.: D.P.-64.	$\sigma_s(E' \to E)$ in molekularen Gasen und Flüssigkeiten.
WEINSTOCK, R.: Phys. Rev. **65**, 1 (1944). KLEINMANN, D.: Bull. Amer. Phys. Soc. **28**, 26 (1953). BROCKHOUSE, B. N., and D. HURST: Phys. Rev. **88**, 542 (1952). PLACZEK, G.: Phys. Rev. **105**, 1240 (1957). CASSELS, J. M.: Progr. Nucl. Phys. **1**, 185 (1950).	$\sigma_s(E' \to E)$ in kristallinen Moderatoren.

NELKIN, M.: Nucl. Sci. Eng. **2**, 199 (1957) (Berechnung der Geschwindigkeitsverteilung in schweren kristallinen Moderatoren).

12. Gepulste Neutronenfelder

Wir haben im 10. Kapitel stationäre Methoden zur Bestimmung der Diffusionsparameter von Moderatoren kennengelernt. Diesen stellen wir jetzt die nichtstationäre Impulsmethode gegenüber. Sie besteht in einer Untersuchung des zeitlichen Verlaufs des Neutronenflusses in einem Streumedium nach Injektion eines Impulses schneller Neutronen.

Der apparative Aufwand ist hier im Gegensatz zu den stationären Methoden beträchtlich, jedoch ergeben sich einige wesentliche Vorteile:

1. Die Impulsmethode liefert jeweils Werte sowohl für den Diffusionskoeffizienten als auch für den Absorptionsquerschnitt.

2. Temperatureffekte spielen nur eine sekundäre Rolle und sind leicht zu eliminieren.

3. Es läßt sich prinzipiell eine sehr viel größere Genauigkeit erreichen als bei den entsprechenden stationären Methoden.

4. Die für genaue Messungen von L notwendigen Dimensionen des Streumediums sind im allgemeinen geringer als bei stationären Methoden.

5. Die Messungen lassen sich rascher durchführen.

12.1. Kinetik thermischer Neutronenfelder

12.1.1. Das zeitliche Abklingen eines gepulsten Neutronenfeldes

In ein Streumedium trete zur Zeit $-t_s$ ein Impuls schneller Neutronen ein. Diese Neutronen werden abgebremst und breiten sich dabei innerhalb des Streumediums aus. Zur Zeit $t=0$ mögen alle thermisches Gleichgewicht erreicht haben; die Verteilung sei dann $n(\vec{r}, t=0) = n_0(\vec{r})$. (Wir nehmen an, daß die Bremszeit t_s klein gegen die weitere thermische Lebensdauer der Neutronen ist.) Wie zerfällt nun dieses thermische Feld?

Die zeitabhängige Diffusionsgleichung lautet

$$\frac{\partial n}{\partial t} = D' \Delta n - \frac{n}{l_0}; \qquad l_0 = \frac{1}{\bar{v} \cdot \Sigma_a} = \text{Lebensdauer} \tag{12.1.1}$$

und ist mit der Anfangsbedingung $n(\vec{r}, t=0) = n_0(\vec{r})$ zu lösen. (Es ist üblich und auch zweckmäßig, bei Beschreibungen gepulster Neutronenfelder $D' = D \cdot \bar{v}$ zu benutzen.)

Um (12.1.1) zu vereinfachen, setzen wir

$$n(\vec{r}, t) = n'(\vec{r}, t)\, e^{-\frac{t}{l_0}}.$$

Für $n'(\vec{r}, t)$ gilt die absorptionsfreie Diffusionsgleichung

$$\frac{\partial n'}{\partial t} = D' \Delta n', \tag{12.1.2}$$

die wir durch einen Separationsansatz $n'(\vec{r}, t) = R(\vec{r}) \cdot \Theta(t)$ lösen. Es folgen die Gleichungen

$$\frac{\partial \Theta}{\partial t} = -D' B^2 \cdot \Theta \tag{12.1.3}$$

und

$$\Delta R + B^2 R = 0. \tag{12.1.4}$$

Aus Gl. (12.1.3) folgt sofort

$$\Theta(t) = e^{-B^2 D' t},$$

während die „Eigenwertgleichung" (12.1.4) den speziellen Randbedingungen des Streumediums entsprechend zu lösen ist. Wir betrachten zwei Beispiele solcher Randbedingungen.

a) Das Streumedium sei ein *Quader mit* den Seiten a, b, c. Der Koordinatenursprungspunkt liege in einer Ecke; die x-, y- und z-Achse mögen den Kanten des Quaders parallel sein.

Dann ist

$$R_{lmn}(\vec{r}) = \sin\frac{l\pi x}{a} \sin\frac{m\pi y}{b} \sin\frac{n\pi z}{c}$$

eine mit den Randbedingungen verträgliche Partikulärlösung der Gl. (12.1.4) mit

$$B^2_{lmn} = \pi^2\left(\frac{l^2}{a^2} + \frac{m^2}{b^2} + \frac{n^2}{c^2}\right);$$

die allgemeine Lösung von Gl. (12.1.2) lautet:

$$n'(\vec{r}, t) = \sum A_{lmn} \sin\frac{l\pi x}{a} \sin\frac{m\pi y}{b} \sin\frac{n\pi z}{c}\, e^{-D' B^2_{lmn} \cdot t}, \tag{12.1.5}$$

wobei die A_{lmn} aus der Bedingung

$$n'(\vec{r}, t = 0) = \sum A_{lmn} \sin\frac{l\pi x}{a} \sin\frac{m\pi y}{b} \sin\frac{n\pi z}{c} = n_0(\vec{r})$$

folgen.

b) *Zylinder, Radius* r_0, *Höhe* h. Der Einfachheit halber nehmen wir an, daß das Feld radialsymmetrisch sei. Dann ist eine Partikulärlösung von (12.1.4)

$$R_{lm}(r, z) = I_0\left(\alpha_l \cdot \frac{r}{r_0}\right) \cdot \sin\frac{m\pi z}{h}$$

$$B^2_{lm} = \left(\frac{\alpha_l}{r_0}\right)^2 + \left(\frac{m\pi}{h}\right)^2.$$

Dabei sei α_l die l-te Nullstelle der Bessel-Funktion $I_0(\alpha)$; $\alpha_0 = 2{,}405$. Die allgemeine Lösung von Gl. (12.1.2) lautet

$$n'(\vec{r}, t) = \sum A_{lm} I_0\left(\alpha_l \cdot \frac{r}{r_0}\right) \cdot \sin\frac{m\pi z}{h}\, e^{-D' B^2_{lm} \cdot t}. \tag{12.1.6}$$

Wir können also ganz allgemein

$$n(\vec{r}, t) = n'(\vec{r}, t)\, e^{-\frac{t}{l_0}} = \sum A_n R_n(\vec{r})\, e^{-\left[\frac{1}{l_0} + D' B_n^2\right] \cdot t} \tag{12.1.7}$$

schreiben, dabei sind B_n^2 und $R_n(\vec{r})$ die den Randbedingungen des Streumediums entsprechenden Eigenwerte und Eigenfunktionen, und die A_n folgen aus der Anfangsverteilung

$$n_0(\vec{r}) = \sum_n A_n R_n(\vec{r}).$$

Das Neutronenfeld setzt sich aus einer Reihe von „Harmonischen" $A_n \cdot R_n(\vec{r})$ zusammen, die mit einer Zeitkonstante

$$\frac{1}{l_n} = \frac{1}{l_0} + D B_n^2$$

abklingen. Dabei nehmen die B_n^2 mit steigendem n zu, daher fallen alle „Oberwellen" schneller aus als die Grundwelle, die nach einiger Zeit allein vorliegt: Dann ist

$$n(\vec{r}, t) = A_0 \cdot R_0(\vec{r})\, e^{-\frac{t}{l}}, \tag{12.1.8}$$

$$\frac{1}{l} = \frac{1}{l_0} + D' B_0^2. \tag{12.1.9}$$

Die Größe B_0^2 heißt „Krümmung" oder „geometrische Krümmung" des Moderators. l ist die Lebensdauer eines thermischen Neutrons; $1/l$ die Wahrscheinlichkeit, daß ein Neutron pro sec aus dem Moderator verschwindet. Diese Wahrscheinlichkeit setzt sich additiv zusammen aus der Wahrscheinlichkeit $1/l_0$, daß es absorbiert wird, und der Wahrscheinlichkeit $D' B_0^2$, daß es aus dem Moderator herausdiffundiert.

Die Lebensdauer l kann aus einer Messung des zeitlichen Abklingens der Grundwelle bestimmt werden. Kennt man l in verschieden großen Geometrien, also bei verschieden großem B^2, so können mittels (12.1.9) l_0 und D' einzeln bestimmt werden.

12.1.2. Der Diffusionskühlungseffekt

Hinsichtlich der Geschwindigkeitsverteilung der Neutronen besteht ein wichtiger Unterschied zwischen stationären Verfahren und der Impulsmethode: Im stationären Feld ist die Geschwindigkeitsverteilung der Neutronen ein Mittelwert bezüglich der verschiedenen Stadien des Bremsvorgangs. Die Neutronentemperatur wird infolge des „unvollständigen Gleichgewichts" erhöht. Im Gegensatz dazu beginnt bei der Impulsmethode die Messung erst, wenn die Neutronen thermisches Gleichgewicht erreicht haben.

Die Gleichgewichtstemperatur liegt wegen des *Diffusionskühlungseffektes* unter der Moderatortemperatur. Im Gleichgewicht lautet die Energiebilanz für die in 1 cm³ enthaltenen Neutronen:

$$\underbrace{\tfrac{3}{2} k \gamma (T_0 - T) \cdot n}_{\substack{\text{Energiezufuhr} \\ \text{vom Moderator}}} = \underbrace{D' B^2 (E_D - \tfrac{3}{2} k T)}_{\substack{\text{Energieabfuhr} \\ \text{durch Ausfluß}}}. \tag{12.1.10}$$

Dabei ist E_D die mittlere Energie der ausfließenden Neutronen. Für $E_D - \frac{3}{2} k T$ gilt nach Gl. (11.3.6), wenn wir statt D wieder D' einführen:

$$E_D - \frac{3}{2} k T = k T^2 \frac{d \ln D'}{d T} .$$

Gehen wir damit in Gl. (12.1.10) ein, so folgt:

$$T - T_0 = - \frac{2}{3} \frac{T_0^2}{\gamma} \frac{d D'}{d T} \cdot B^2. \tag{12.1.11}$$

Setzen wir in erster Näherung

$$D'(T) = D'(T_0) + (T - T_0) \frac{d D'}{d T} ,$$

so folgt

$$D'(T) = D'(T_0) - C B^2 \quad \text{mit} \quad C = \frac{2}{3} \frac{T_0^2}{\gamma} \left\{ \frac{d D'}{d T} \right\}^2 . \tag{12.1.12}$$

Fortan werden wir für $D'(T_0)$ einfach D' schreiben. An Stelle von Gl. (12.1.9) tritt jetzt

$$\boxed{\frac{1}{l} = \frac{1}{l_0} + D' B^2 - C B^4} . \tag{12.1.13}$$

Eine Analyse der in verschieden großen Geometrien eines Moderators, also bei verschiedenem B^2, gemessene Werte für $1/l$, die über B^2 aufgetragen eine Parabel ergeben müssen, liefert zunächst D', l_0 und C. Aus D' und l_0 können λ_{tr}, L und σ_a bestimmt werden; aus C und $d D'/d T$, das durch Messungen von $1/l$ bei verschiedenen Moderatortemperaturen bestimmt werden kann, folgt γ.

Das Verfahren wurde erstmalig 1954 durch v. DARDEL und SJÖSTRAND auf leichtes Wasser angewandt.

12.2. Untersuchungen der Neutronendiffusion mit der Impulsmethode

12.2.1. Experimentelle Methode

Abb. 12.2.1 zeigt das Block-Schema der Meßanordnung.

Ein Registriergerät emittiert zunächst einen Synchronisationsimpuls, der drahtlos (durch eine Dezimeterwellenstrecke oder optisch mittels eines Lichtleiters) zur Ionenquelle eines Neutronengenerators übertragen wird. Er löst dort einen Ionenimpuls aus, der seinerseits am Target einen Impuls schneller Neutronen erzeugt. Als Neutronengenerator wird dabei meist ein kleiner (150 bis 400 kV) Deuteronenbeschleuniger mit Schwereis- oder Tritiumtarget benutzt.

Zur Vermeidung von Störungen des Neutronenfeldes befindet sich das Target außerhalb des Streumediums, das zur Erzielung sauber definierter Randbedingungen mit Cadmium umkleidet wird.

Die schnellen Neutronen treten in den Moderator ein, werden gebremst und bilden schließlich eine thermische Anfangsverteilung $n_0(\vec{r})$, deren zeitliches Abklingen an Hand der aus dem Moderator austretenden Neutronen mit einem Borzähler (BF_3-Zählrohr oder Borszintillator) untersucht wird. Zu diesem Zweck werden die Impulse aus den Zählern dem Registriergerät („multichannel time analyser“) zugeleitet, wo sie in einer Reihe von zeitlich aufeinanderfolgenden

„Kanälen" entsprechend ihrer Verzögerungszeit gegenüber dem Synchronisationssignal aufgezeichnet werden. Ist die Neutronenintensität nach einem Impuls hinreichend abgeklungen, wird durch das Registriergerät wiederum ein Synchronisationssignal abgegeben und das Spiel beginnt von neuem.

Ausführliche Beschreibungen der verschiedenen in diesem Zusammenhang wichtigen Apparaturen (Registriergerät, Synchronisationssystem, Neutronengenerator) gibt v. DARDEL.

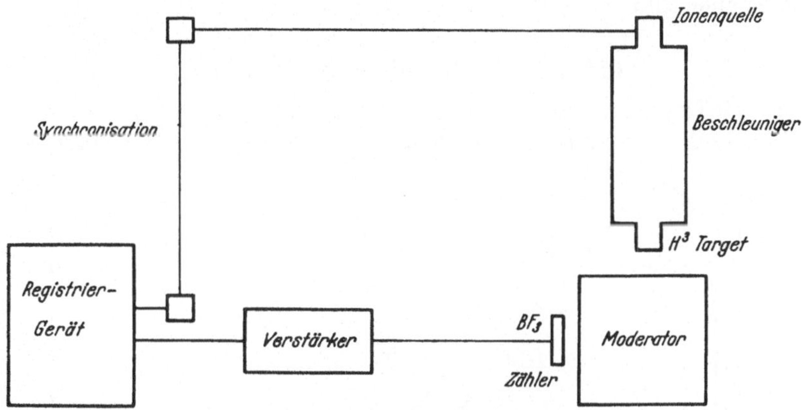

Abb. 12.2.1. Schema der Impulsmethode

12.2.2. Unterdrückung von Oberwellen

Bei der Anordnung der Quelle und der Zähler wird angestrebt, den Anteil der Oberwellen möglichst klein zu halten, damit praktisch bereits am Ende des Bremsvorgangs nur noch die Grundwelle vorliegt. Wir betrachten eine kubische Anordnung. Bezeichnen wir eine Oberwelle

$$\sin\frac{l\pi x}{a}\sin\frac{m\pi y}{a}\sin\frac{n\pi z}{a}$$

durch die Zahlen $l\,m\,n$, so sind offenbar folgende Wellentypen möglich:

Typ	$\frac{B^2_{lmn}}{\frac{\pi^2}{a^2}} = l^2+m^2+n^2$
111	3
112 121 211	6
221 212 122	9
113 131 311	11
222	12

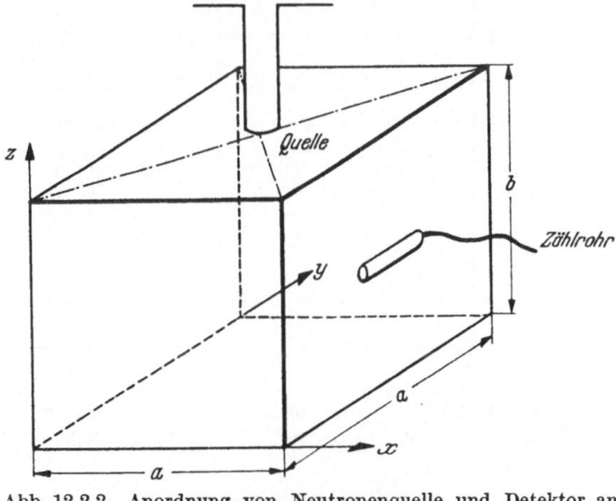

Abb. 12.2.2. Anordnung von Neutronenquelle und Detektor an einem kubischen ($b = a$) Streumedium zur Reduktion des Oberwellenanteils

Jetzt nehmen wir an, daß sich die Quelle bei $z = a$, $x = y = a/2$, also im Mittelpunkt der oberen Deckfläche des Kubus, befindet. Dann muß das entstehende Neutronenfeld — Isotropie der Quelle vorausgesetzt — zu den Ebenen

$x = a/2$ und $y = a/2$ symmetrisch sein, daher werden Oberwellen mit geradem l und m nicht angeregt. Legen wir den Zähler bei $z = a/2$ an, so werden Oberwellen mit geradem n nicht registriert; auf die 111-Welle folgen als nächsthöhere die 113-Wellen, die wesentlich schneller ausfallen als die 111-Welle.

Durch derartige Maßnahmen läßt sich eine saubere Abtrennung der Grundwelle von den Oberwellen herbeiführen. Eine solche Trennung ist um so schwieriger, je größer die Lineardimensionen des Streumediums im Vergleich zu seiner Diffusionslänge sind.

12.2.3. Einige Resultate von Messungen

Nach der Impulsmethode ist die Neutronendiffusion in Wasser (v. DARDEL und SJÖSTRAND, ANTONOV et al.), Berylliumoxyd (RAMANA), Beryllium (ANTONOV

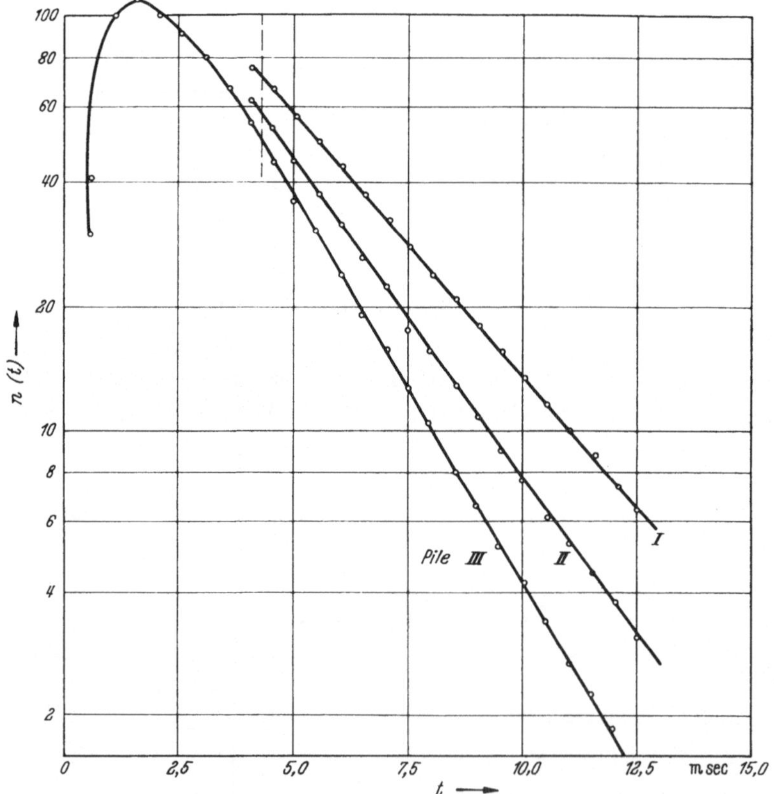

Abb. 12.2.3. Zeitlicher Abfall der Neutronendichte in verschieden großen Graphitgeometrien. Pile I: $189,3 \times 189,3 \times 194,5$ cm^3; Pile II: $189,3 \times 189,3 \times 145$ cm^3; Pile III: $142,5 \times 142,5 \times 145$ cm^3

et al.) und Graphit (ANTONOV et al., BECKURTS) untersucht worden. Die wichtigsten Resultate der verschiedenen Bestimmungen wurden schon in der Zusammenstellung der Resultate für die Transportweglänge (S. 163) wiedergegeben. Wir betrachten die Messungen an Graphit ein wenig näher:

Abb. 12.2.3 zeigt einige der von BECKURTS gemessenen Abklingkurven des thermischen Neutronenflusses aus verschiedenen Graphitpiles; die näheren Einzelheiten entnehme man der Beschriftung der Abbildung. Man sieht, wie nach Ausfall der Oberwellen sich ein sauber meßbarer exponentieller Verlauf der Neutronendichte einstellt. Aus der Steigung der Geraden (halblogarithmischer Meßstab!) wird $1/l$ bestimmt. Abb. 12.2.4 zeigt die charakteristische Parabel $1/l$ als Funktion von B^2 für diesen Graphit. Sie ist nach der Methode der kleinsten Quadrate an die Meßwerte angepaßt.

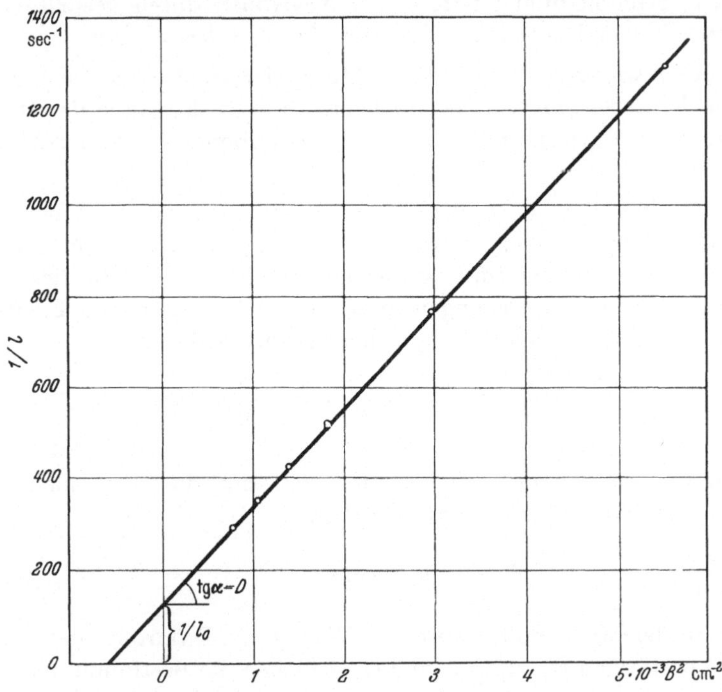

Abb. 12.2.4. Charakteristische Parabel $\frac{1}{l}$ (B^2) für einen Graphit

Umgerechnet auf die Dichte 1,6 ergibt sich

$$l_0 = 7{,}82 \pm 0{,}08 \cdot 10^{-3}\,\text{sec}$$
$$D' = 2{,}13 \pm 0{,}017 \cdot 10^5\,\text{cm}^2\,\text{sec}^{-1}$$
$$C = 16{,}3 \pm 2{,}5 \cdot 10^5\,\text{cm}^4\,\text{sec}^{-1}.$$

Woraus man

$$L = 40{,}9 \pm 0{,}03\,\text{cm} \qquad \lambda_{tr} = 2{,}58 \pm 0{,}02\,\text{cm}$$

errechnen kann. Diese Werte wurden bereits im 10. Kapitel im Vergleich zu anderen Messungen angegeben.

Den Wert für C wollen wir nach Gl. (12.1.12) berechnen. Der Wärmeübergangskoeffizient in Graphit beträgt nach einer direkten Messung — s. nächsten Abschnitt — $\gamma = 5{,}4 \pm 1{,}3 \cdot 10^3\,\text{sec}^{-1}$. Die Transportweglänge hängt nur wenig von der Temperatur ab, also schreiben wir $\frac{dD'}{dT} = \frac{D'}{2T}$, damit

$$C = \frac{D'^2}{6\gamma} = 13{,}4 \pm 3{,}3 \cdot 10^5\,\text{cm}^4\,\text{sec}^{-1}.$$

Dies paßt zu dem obigen direkt gemessenen Wert von C.

Nach Antonov ist in H_2O $C = 4 \pm 1 \cdot 10^3\,\text{cm}^4\,\text{sec}^{-1}$ und in Be ($d = 1{,}78$) $C = 3 \pm 1 \cdot 10^5\,\text{cm}^4\,\text{sec}^{-1}$.

12.3. Der zeitliche Verlauf des Bremsprozesses

Die Impulsmethode ermöglicht es auch, in beschränktem Umfang Aussagen über den zeitlichen Verlauf des Bremsvorgangs zu gewinnen. Kennt man den ungefähren Verlauf des Geschwindigkeitsspektrums zu allen Zeiten t nach Injektion des Neutronenimpulses, so kann man durch Messung der Transmission der aus dem Streumedium austretenden Neutronen durch geeichte Absorberfolien deren mittlere Energie als Funktion der Zeit bestimmen.

$1/v$-Absorber wie Bor (Pyrex-Glas), Silber oder Gold eignen sich zur Untersuchung des letzten Stadiums des Bremsprozesses in der Nähe des thermischen Gleichgewichts; bei größeren Neutronenenergien können Cadmium-Absorber benutzt werden.

v. Dardel hat auf diese Weise Untersuchungen des Bremsprozesses in leichtem und schwerem Wasser angestellt, auf die wir hier nicht im einzelnen eingehen. Von besonderem Interesse ist nur das letzte Stadium des Bremsprozesses. Nach unseren Überlegungen in Abschnitt 11.3 sollte die Energieabgabe des Neutronengases in der Nähe des Gleichgewichts durch

$$\frac{dE}{dt} = -\frac{3}{2}\, k\gamma (T - T_0)$$

beschrieben werden können, das bedeutet, daß sich die Neutronentemperatur exponentiell der Moderatortemperatur nähert:

$$T = T_0 (1 + \mathrm{const}\, e^{-\gamma t})\,. \tag{12.3.1}$$

Messungen in leichtem und schwerem Wasser (v. Dardel) und in Graphit (Beckurts) bestätigen Gl. (12.3.1) und ermöglichen die Bestimmung des Wärmeübergangskoeffizienten γ.

Für ein monoatomares Gas der Temperatur T_0 kann γ berechnet werden [Gl. (11.3.10)]. Man erhält für γ in H_2O und D_2O mit den Messungen verträgliche Werte, wenn man in Gl. (11.3.10) $A = 18$ bzw. 20 einsetzt, also annimmt, daß die Neutronen nur Stöße mit den Wassermolekülen als Ganze ausführen. Da man erwarten sollte, daß durch Neutronenstöße Molekülrotationen angeregt werden, müßte das effektive Atomgewicht kleiner sein; jedoch reicht die Genauigkeit der bisherigen Messungen nicht aus, eine klare Aussage zu gewinnen.

Für Graphit der Dichte 1,6 ergibt sich

$$\gamma = 5{,}4 \pm 1{,}3 \cdot 10^3\, \mathrm{sec}^{-1}.$$

Dieser Wert ist etwa 3mal kleiner als der nach Gl. (11.3.10) mit den Daten des Kohlenstoffs berechnete. Man bringt Messung und Rechnung in Übereinstimmung, wenn man ein effektives Atomgewicht des C-Atoms im Graphit von etwa 40 bis 50 einführt. Zu dem gleichen Resultat waren wir bereits früher bei der Untersuchung der Neutronentemperatur im stationären Feld gelangt.

Literatur zum 12. Kapitel

Allgemein

DARDEL, G. F. v.: The Interaction of Neutrons with Matter Studied with a pulsed Neutron Source. Trans. Roy. Inst. Techn., Stockh. **1954**, Nr. 75.

Spezielle Arbeiten

Apparaturen:

DARDEL, G. F. v.: Appl. Sci. Res. B **3**, 209 (1953).
DARDEL, G. F. v. et al.: Appl. Sci. Res. B **3**, 35 (1953).
BLOMSÖ, E., and G. F. v. DARDEL: Appl. Sci. Res. B **3**, 35 (1953).

Messungen in H_2O:

DARDEL, G. F. v., and N. G. SJÖSTRAND: Phys. Rev. **96**, 1245 (1954).
BRACCI, A., e C. COCEVA: Nuovo Cim. **4/1**, 95 (1956).
ANTONOV, A. V. et al.: Genf P/661 (1955).
RAMANA, P.: Genf P/872 (1955).
SCOTT, F. R., D. B. THOMPSON and W. WRIGHT: Phys. Rev. **95**, 583 (1954).
CAMPBELL, E. C., and P. H. STELSON: Oak Ridge National Laboratory Progress Report, March 10, 1956.

Graphit:

ANTONOV, A. V.: loc. cit.
BECKURTS, K. H.: Diss. Göttingen 1956.
BECKURTS, K. H.: Nucl. Sci. Eng. **2**, 516 (1957).

ANTONOV, A. V.: loc. cit. (Beryllium).
RAMANA, P.: Genf P/872 (1955) (Berylliumoxyd).

Anhang

I. Hinweise und Daten für den Strahlenschutz beim Umgang mit Neutronenquellen

Kernstrahlungen sind sehr durchdringend und können den Organismus schädigen. Man muß daher beim Umgang mit Strahlungsquellen einige Vorsichtsmaßregeln treffen. Im folgenden sollen dafür einige Hinweise gegeben werden. Diese Ausführungen beschränken sich auf verhältnismäßig schwache Strahlungsquellen, wie sie etwa im Rahmen dieses Buches zur Anwendung kommen. (Über die Abschirmung von Kernreaktoren besteht eine umfangreiche Spezialliteratur[1-5].)

I.1. Strahlungseinheiten

Wir bezeichnen mit J ($cm^{-2} sec^{-1}$) die Intensität oder den Quantenstrom einer Kernstrahlung. J gibt die Anzahl der Partikel oder Quanten an, die in der Sekunde eine zur Strahlrichtung senkrechte Fläche von 1 cm^2 durchsetzen. Weiter sei $E \cdot J$ (MeV $cm^{-2} sec^{-1}$) der Energiestrom.

Tritt Kernstrahlung durch Materie und insbesondere durch organische Substanz, so wird ein Teil derselben dort absorbiert, wobei die absorbierte Energie direkt oder indirekt (über Sekundärstrahlungen) als Ionisationsenergie auf das Medium übertragen wird. Die biologischen Wirkungen einer Bestrahlung sind eine Funktion der pro Volumen- oder pro Masseneinheit gebildeten Ionenzahl. Diese ist proportional der pro Volumen- oder Masseneinheit absorbierten Strahlungsenergie. Für die bei einer Bestrahlung pro Masseneinheit absorbierte Strahlungsmenge oder -energie, die sog. „Dosis", hat man spezielle Einheiten eingeführt, die wir nun kurz besprechen.

I.1.1. Das Röntgen

Ein Röntgen (r) ist definiert als diejenige Menge γ- oder Röntgenstrahlung, die in 0,001293 g trockener Luft (d.i. 1 cm^3 bei 0° C und 760 mm Hg) je eine elektrostatische Einheit Ladungen beider Vorzeichen freisetzt.

Da die Elementarladung $4{,}8 \cdot 10^{-10}$ el. stat. Einheiten beträgt, wird durch 1 r die Zahl von $2{,}083 \cdot 10^9$ Ionenpaaren gebildet. Nehmen wir die mittlere Ionisationsenergie in Luft zu 32,5 eV an, so folgt nach einer kleinen Umrechnung, daß die Dosis 1 r einer Energieabsorption von 83,8 erg/g Luft entspricht.

---

[1] Rockwell III, Th.: Reactor Shielding Design Manual. New York-Toronto-London: McGraw-Hill 1956.

[2] Stephenson, R.: Introduction to Nuclear Engineering. New York-Toronto-London: McGraw-Hill 1954.

[3] Glasstone, S.: Principles of Nuclear Reactor Engineering. New York: D. van Nostrand 1955.

[4] Price, B. T., C. C. Horton and K. T. Spinney: Radiation Shielding. London-New York-Paris: Pergamon Press 1957.

[5] Reactor Handbook I, Physics, Section 2 — Radiation Shielding.

Eine beliebige Substanz empfängt in einem Strahlungsfeld die Dosis m Röntgen, wenn Luft am gleichen Ort in der gleichen Zeit $m \times 83$ erg/g absorbiert. Die pro g Substanz absorbierte Energie wird dabei im allgemeinen verschieden von 83,8 erg sein. Abb. I.1.1 zeigt die pro g Substanz und pro r absorbierte Energie als Funktion der Photonenenergie für Luft, Fett, Muskelgewebe und Knochen. Man erkennt, daß für Photonenenergien von etwa 200 keV bis 5 MeV die pro g Luft absorbierte Energie der pro g Gewebe absorbierte Energie etwa proportional ist. Nur in diesem Bereich der Photonenenergie ist das Röntgen eine biologisch sinnvolle Einheit und entspricht einer absorbierten Energie von 93 erg pro g organischen Gewebes.

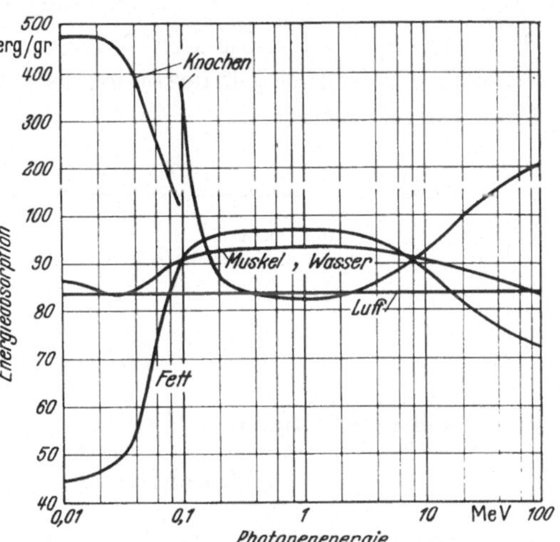

Abb. I.1.1. Die pro g Substanz und pro Röntgen absorbierte Strahlungsenergie für Luft, Knochen, Fett und Muskeln. (Aus dem Buch: Radiation Dosimetry, vgl. Fußnote S. 200)

Wir berechnen den Zusammenhang zwischen Quantenstrom, Energiestrom und Dosis D [r] bzw. Dosisleistung DL [r/h]: Bezeichnen wir mit μ_a/ϱ (cm²/g[1]) den Energieabsorptionskoeffizienten von Luft, so gilt

$$DL(\mathrm{r/h}) = J \cdot E \cdot \frac{\mu_a}{\varrho} \cdot 6{,}9 \cdot 10^{-5}. \quad \text{(I.1.1)}$$

Dabei ist E in MeV zu bestimmen; der Zahlenfaktor kommt durch die Umrechnung MeV/sec auf 83 erg/h zustande. μ_a/ϱ von Luft kann zwischen 100 keV und 2 MeV in erster Näherung konstant $= 0{,}0265$ cm²/g angenommen werden, dann folgt

$$DL(\mathrm{r/h}) = J \cdot E \cdot 1{,}8 \cdot 10^{-6} \quad \text{(I.1.2)}$$

(zwischen 100 keV und 2 MeV auf etwa 10% genau).

I.1.2. Das rad (röntgen absorbed dose)

Das Röntgen war nur für elektromagnetische Strahlung definiert und ist, wie wir an Hand von Abb. I.1.1 sahen, auch für diese Strahlung nur in einem begrenzten Energiebereich sinnvoll. Um die Vielzahl der Kernstrahlungen wie schnelle und langsame Neutronen, β- und α-Teilchen zu erfassen, wurde als neue Dosiseinheit das rad eingeführt.

Das rad ist die Einheit der absorbierten Dosis und ist gleich 100 erg je Gramm.

Man sieht, daß für γ-Strahlung von 0,2 bis 4 MeV die Einheiten r und rad nahezu übereinstimmen. Wir können nunmehr auch für andere Strahlungstypen den Zusammenhang zwischen Dosisleistung, Intensität und Energiestrom berechnen. Dabei interessieren uns besonders schnelle Neutronen.

[1] Es ist üblich, den Absorptionskoeffizienten für γ-Strahlung mit μ und den Massenabsorptionskoeffizienten mit μ/ϱ zu bezeichnen, man verwechsle dies nicht mit dem Absorptionskoeffizienten Σ und dem Massenabsorptionskoeffizienten $\mu = \Sigma/\varrho$ für Neutronen.

Treten schnelle Neutronen in organische Substanz ein, so geben sie zunächst ihre Energie in Form elastischer Stöße an deren Wasserstoffatome ab. Wir beschränken uns hier darauf, die beim ersten Stoß übertragene Energie zu berücksichtigen. Sei $N_H = 6{,}7 \cdot 10^{22}$ die Anzahl Protonen pro g organischer Substanz, so ist

$$\frac{\mu_a}{\varrho} = \frac{N_H \cdot \sigma_H(E)}{e},$$

dabei ist $\sigma_H(E)$ der von der Neutronenenergie stark abhängige n, p-Stoßquerschnitt; der Nenner e drückt aus, daß die Neutronen beim Stoß im Mittel $1/e$ ihrer Energie verlieren.

Tabelle I.1.1. $\sigma_H(E)$

E (MeV) . .	0,1	0,5	1	2	4	6	8	10	12	14
σ (barn) . .	10	5,9	4,3	2,9	1,94	1,43	1,14	0,94	0,8	0,7

Es ist dann

$$DL(\text{MeV/sec}) = J \cdot E \cdot \frac{\mu_a}{\varrho}$$

oder nach einer einfachen Umrechnung

$$DL(\text{rad/h}) = 1{,}5 \cdot 10^{-6} \cdot \sigma_H(E) \cdot J \cdot E\,. \qquad \text{(I.1.3)}$$

Das rep (röntgen-equivalent physical) ist eine ältere Dosiseinheit. Ein rep ist diejenige Dosis ionisierender Strahlung, die in organischer Substanz zu einer Energieabsorption von 93 erg/g führt.

I.1.3. Das rem (röntgen-equivalent man)

Die biologische Wirkung einer Bestrahlung ist nicht nur von der Anzahl der pro g Substanz gebildeten Ionenpaare, also der physikalischen Dosis, sondern auch von der Ionisationsdichte abhängig. Man hat daher, um die Wirkungen verschiedener Strahlungen miteinander zu vergleichen, eine weitere Dosiseinheit, das rem, eingeführt.

Ein rem einer beliebigen Strahlung hat die gleiche biologische Wirkung wie ein rad (oder ein r) γ-Strahlung. Es gilt: Dosis in rem = Dosis in rad $\times$ relative biologische Wirksamkeit (RBW). Tabelle I.1.2 enthält Angaben über die RBW der uns am meisten interessierenden Strahlungen.

Tabelle I.1.2. *Relative biologische Wirksamkeiten*

Strahlungstyp	Im Gewebe wirksame Sekundäre	Reichweite g/cm² Gewebe	RBW
γ-Strahlung	Elektronen (Compton-Effekt, Photoeffekt, Paarerzeugung)	$5 \cdot 10^{-4}$—0,6	1
Schnelle Neutronen	Rückstoßprotonen	10^{-4}—$6 \cdot 10^{-2}$	10
Thermische Neutronen	0,6 MeV Protonen [von $N^{14}(n, p)C^{14}$]	10^{-3}	10
	Sekundärelektronen der 2,2 MeV γ-Strahlung [von $H^1(n, \gamma)H^2$]	0,5	1

In Abb. I.1.2 und I.1.3 werden die einem Fluß von einem γ-Quant/cm² bzw. 1 n/cm² entsprechenden Dosen in mrem/h als Funktion der Energie gezeigt.

Abb. I.1.2 folgt aus Gl. (I.1.1) mit μ/ϱ von Luft; die Kurven in Abb. I.1.3 sind von SNYDER[1-3] gerechnet unter Berücksichtigung sekundärer Stöße sowie

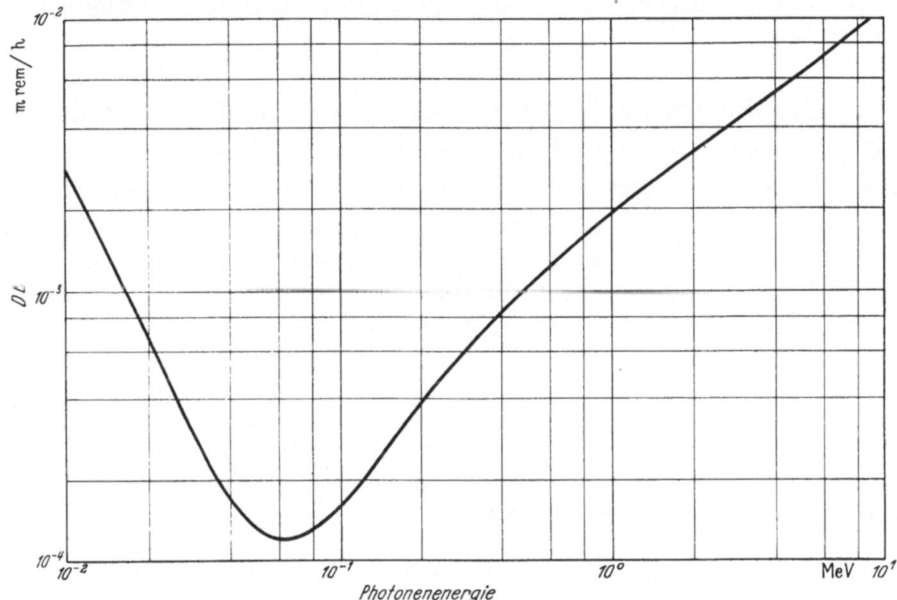

Abb. I.1.2. Die von einer Intensität 1 γ-Quant pro cm² und sec herrührende Dosisleistung

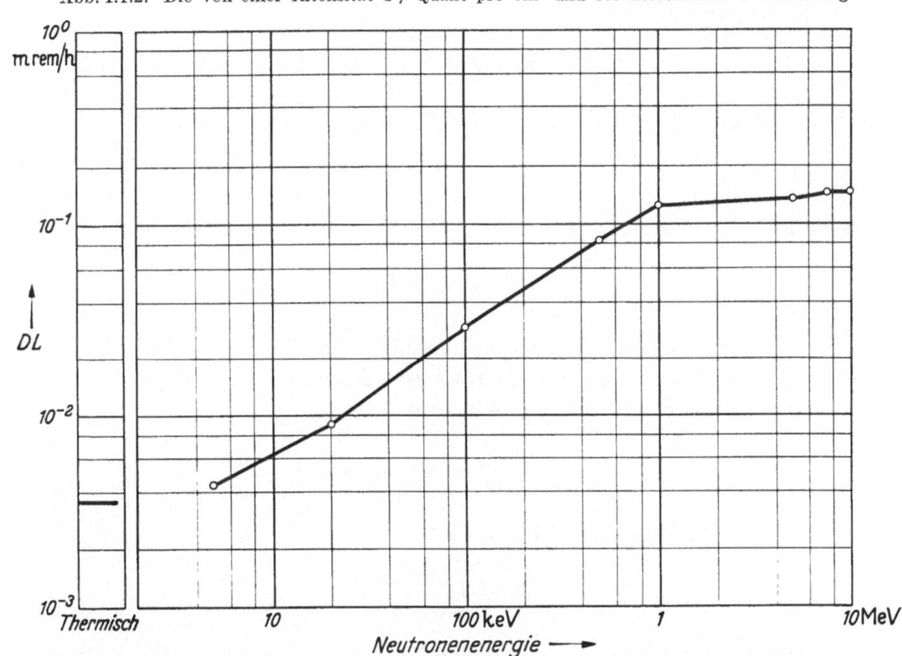

Abb. I.1.3. Die von einer Intensität 1 Neutron/cm², sec herrührende Dosisleistung

[1] SNYDER, N. S.: Nucleonics **6**, 2, 46 (1950).

[2] SNYDER, N. S., u. J. NEUFELD: AECU 2328 (1950). Siehe auch Nucl. Sci. Abstr. **7**, 734 (1953).

[3] SNYDER, N. S., u. J. NEUFELD: ORNL-LR-DWG 12898 A (1957).

(n, α)- und (n, p)-Prozesse und der verschiedenen biologischen Wirksamkeiten. Im thermischen Bereich sind zu berücksichtigen (n, p)-Prozesse am N^{14} und (n, γ)-Prozesse am H^1, wobei ein großer Teil der gebildeten γ-Quanten nicht im Körper absorbiert wird.

I.2. Strahlungsdosis in der Umgebung von Neutronenquellen

Wir geben einige wichtige Beispiele für die Dosisleistung in der Umgebung von Neutronenquellen. Betrachten wir zunächst die (Ra + Be)-Quelle.

Ein Gramm Radium im Gleichgewicht mit seinen Tochtersubstanzen verhält sich so, als ob es etwa 1 Curie $= 3{,}7 \cdot 10^{10}$/sec γ-Strahlung von 2 MeV aussendet. Sei μ der Absorptionskoeffizient der umgebenden Luft, so gilt für die Strahlungsintensität im Abstand x (cm) von einer Punktquelle der Stärke Q:

$$J = \frac{Q \cdot e^{-\mu x}}{4\pi x^2}.$$

Für 2 MeV γ-Strahlung ist $\mu_{\text{Luft}} = 5{,}4 \cdot 10^{-5}\,\text{cm}^{-1}$, d.h. in Abständen < 100 m kann die Absorption von Luft vernachlässigt werden. Dann gilt im Abstand $x = 100$ cm von einer 1 g (Ra + Be)-Quelle:

$$J = \frac{3{,}7 \cdot 10^{10}}{4\pi \cdot 10^4} = 3 \cdot 10^5\,\text{cm}^{-2}\,\text{sec}^{-1}.$$

Für den Energiestrom gilt

$$J \cdot E = 6 \cdot 10^5\,\text{MeV}\,\text{cm}^{-2}\,\text{sec}^{-1}.$$

Für die Dosisleistung in 1 m Abstand folgt aus Gl. (I.1.2) bzw. Abb. I.1.2

$$DL \approx 1\,\text{r/h}.$$

Allgemein gilt im Abstand X m von einer Y g (Ra + Be)-Quelle:

$$DL \approx \frac{Y}{X^2}\,(\text{r/h}).$$

Wir betrachten ferner die Neutronenintensität. Eine 1 g (Ra + Be)-Quelle emittiert pro sec 10^7 Neutronen einer mittleren Energie von etwa 4 MeV. Für die Neutronenintensität in 100 cm Abstand folgt

$$J = \frac{10^7}{4\pi \cdot 10^4} = 80\,\text{cm}^{-2}\,\text{sec}^{-1}$$

und für die Dosisleistung mit Abb. I.1.2

$$DL = 12\,\frac{\text{m rem}}{\text{h}}.$$

Die Dosisleistung auf Grund der schnellen Neutronen von einer (Ra + Be)-Quelle ist also rund 100mal kleiner als die auf Grund der γ-Strahlung.

Als zweites Beispiel betrachten wir einen kleinen Deuteronenbeschleuniger mit Tritiumtarget, der bei 200 kV Beschleunigungsspannung und 10 μA Deuteronenstrom etwa 10^9 Neutronen von 14 MeV pro sec liefert. Die Intensität im Abstand X m beträgt dann

$$\frac{8000}{X^2}\ (\mathrm{cm}^{-2}\,\mathrm{sec}^{-1})$$

und die Dosisleistung

$$\frac{1{,}2}{X^2}\ (\mathrm{rem/h}).$$

I.3. Toleranzdosis

Die folgenden in amerikanischen Laboratorien gültigen Strahlenschutzvorschriften haben für uns Bedeutung[1-3]:

1. Die pro Woche maximal zulässige Strahlendosis beträgt 0,3 rem.
2. Eine Person darf jedoch bis zu ihrem N. Lebensjahr nicht mehr als $(N-18)\times 5$ rem empfangen.

Diese Werte gelten für Ganzkörperbestrahlung, für weniger kritische Körperteile wie Füße und Hände und für extrem weiche Strahlungen sind die maximal zulässigen Dosen höher[1]. Besondere Vorschriften bestehen auch für die im Körper maximal zulässigen Mengen radioaktiver Isotope[4].

Die 2. Vorschrift ist neueren Datums. Während man bisher durchweg mit einer wöchentlichen Toleranzdosis von 0,3 rem gerechnet hat, muß man jetzt praktisch bei allen Strahlenschutzüberlegungen eine „mittlere" Toleranzdosis von 0,1 rem pro Woche bei länger dauernder Exposition zugrunde legen, die zur Aufnahme von 5 rem pro Jahr führt. Die normale Strahlungsbelastung des Menschen durch kosmische Strahlung und natürliche Radioaktivität beträgt etwa 0,4 mrem pro Tag.

Es ist nützlich, den sog. Toleranzstrom einzuführen, das ist diejenige Intensität einer Strahlung, die in einer Woche (= 40 Arbeitsstunden) zur Aufnahme der Toleranzdosis führt. Mit den Abb. I.1.2 und I.1.3 findet man die Werte der Tabelle I.3.2.

Tabelle I.3.2. *Toleranzströme*

Strahlungsart	Mittlerer Toleranzstrom * $\mathrm{cm}^{-2}\,\mathrm{sec}^{-1}$	Maximaler Toleranzstrom ** $\mathrm{cm}^{-2}\,\mathrm{sec}^{-1}$
γ-Strahlung 2 MeV . .	700	2100
Neutronen 10 MeV . .	17	50
2 MeV . .	18	54
0,5 MeV .	30	90
0,1 MeV .	85	250
20 keV . .	280	840
5 keV . .	600	1800
Thermische Neutronen	670	2000

* Entspricht 0,1 rem pro Woche. ** Entspricht 0,3 rem pro Woche.

Diese Toleranzströme gelten natürlich nur dann, wenn die betreffende Strahlung allein vorliegt. In einem gemischten Strahlungsfeld verhalten sich die Dosen der einzelnen Komponenten additiv.

[1] National Bureau of Standards Handbook Bd. 59 (1954).
[2] National Bureau of Standards Handbook Bd. 61 (1955).
[3] National Bureau of Standards Techn. News Bulletin **41**, 17 (1957).
[4] National Bureau of Standards Handbook Bd. 52 (1953).

Zur Messung der Dosisleistung in Strahlungsfeldern und zur Überwachung des Bedienungspersonals in strahlungsgefährdeten Laboratorien sind zahlreiche Spezialmeßinstrumente entwickelt worden, auf die wir hier nicht eingehen[1].

I.4. Abschirmung der γ-Strahlung

Ein schmaler, gebündelter γ-Strahl durchsetzte einen Absorber und falle anschließend auf einen Detektor. Die Abschwächung der Strahlintensität innerhalb des Absorbers erfolgt exponentiell:

$$J = J_0 \cdot e^{-\mu x}. \tag{I.4.1}$$

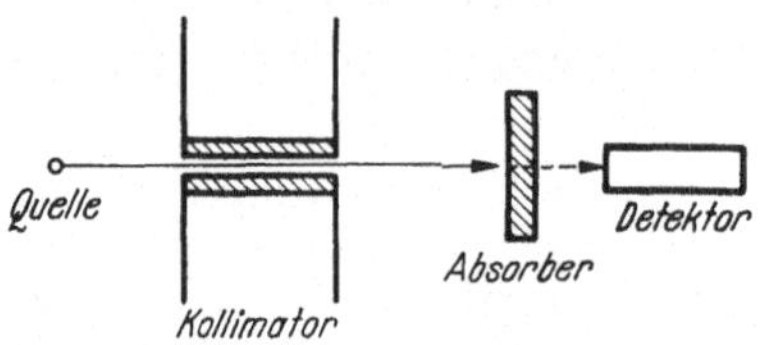

Abb. I.4.1. Der Absorptionskoeffizient für γ-Strahlung wird in einem Transmissionsexperiment in „guter" Geometrie bestimmt

Entsprechend den verschiedenen Wechselwirkungsprozessen der γ-Strahlung setzt sich der Absorptionskoeffizient μ (cm^{-1}) oder (μ/ϱ) (cm^2/g) aus drei verschiedenen Anteilen zusammen.

$$\mu = \underset{\text{Photoeffekt}}{\mu_{\text{Photo}}} + \underset{\text{Compton-Effekt}}{\mu_{\text{Compton}}} + \underset{\text{Paarerzeugung}}{\mu_{\text{Paar}}} \cdot$$

Dabei kann man eine Reihe weiterer Effekte, z.B. Raleigh-Streuung und Kernphotoeffekt, vernachlässigen.

Abb. I.4.2 zeigt diese drei Koeffizienten sowie den totalen Absorptionskoeffizienten für Blei. Man sieht, daß Blei unterhalb 1 MeV vornehmlich durch Photoeffekt, zwischen 1 und 4 MeV vornehmlich durch Compton-Effekt und bei größeren Energien durch Paarerzeugung absorbiert.

In Abb. I.4.3 wird zum Vergleich der Absorptionskoeffizient von Aluminium gezeigt. Er zeigt grundsätzlich ein ähnliches Verhalten, nur ist der Beitrag von Photoeffekt und Paarerzeugung relativ zum Beitrag des Compton-Effektes geringer. Das kommt daher, daß die atomaren Wirkungsquerschnitte dieser Effekte mit Z^5, Z^2 bzw. Z gehen. Eine ausführliche Diskussion der Z- und Energieabhängigkeit dieser atomaren Wirkungsquerschnitte findet sich bei Evans[2]. Die Abb. I.4.4 und I.4.5 zeigen nach Snyder und Powell[3] die Massenabsorptionskoeffizienten für viele Elemente und Verbindungen.

In der Meßanordnung der Abb. I.4.1, die zur Bestimmung des Massenabsorptionskoeffizienten μ/ϱ dient, werden die beim Compton-Effekt (inelastisch) gestreuten γ-Quanten vom Detektor nicht mehr erfaßt. Bei der Ausbreitung der γ-Strahlung von einer Punkt- oder Flächenquelle erfolgt zwar die Abschwächung der *Primären* gemäß

$$J(x) = \frac{Q}{4\pi x^2} e^{-\mu x} \quad \text{bzw.} \quad J(x) = J_0 \cdot e^{-\mu x},$$

---

[1] Siehe z.B. B. G. Hine u. G. L. Brownell: Radiation Dosimetry. New York: Academic Press Publishers 1956.

[2] Evans, R. D.: The Atomic Nucleus. New York: McGraw Hill 1955.

[3] Snyder, N. S., u. F. Powell: ORNL 421. Siehe auch Reactor Shielding Design Manual, S. 447.

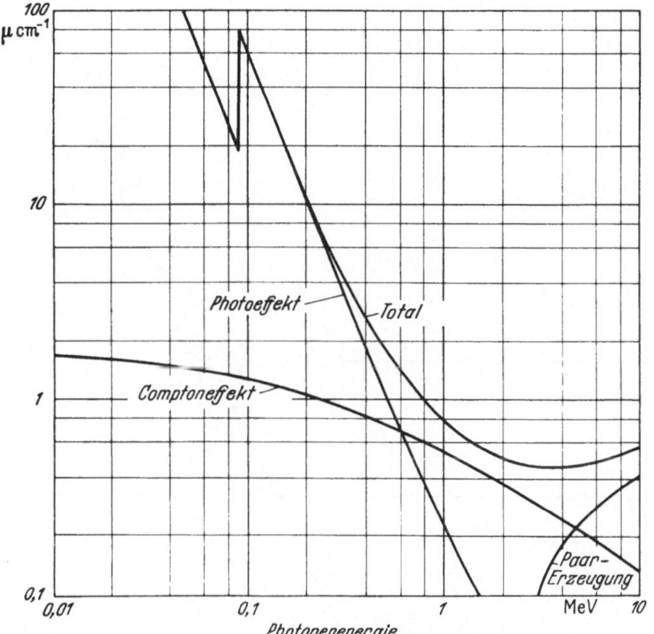

Abb. I.4.2. γ-Absorptionskoeffizient von Blei

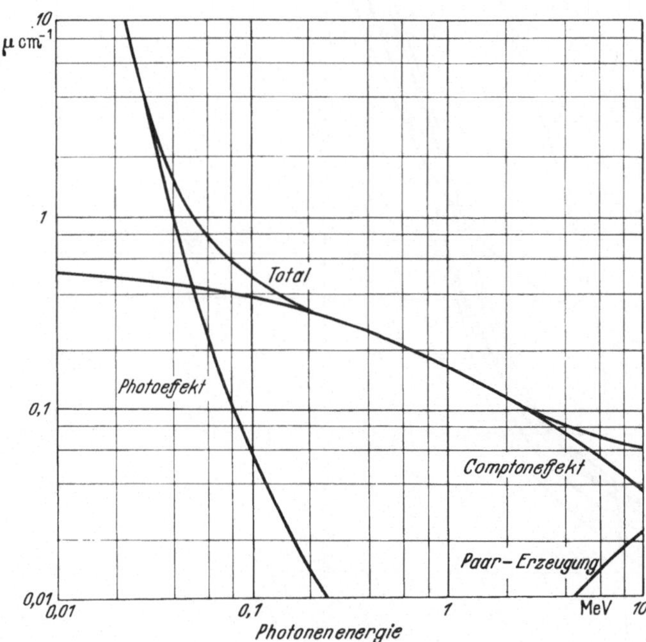

Abb. I.4.3. γ-Absorptionskoeffizient von Aluminium

jedoch findet mit zunehmendem Eindringen der Strahlung in den Absorber ein „Aufbau" (build up) gestreuter Strahlung statt. Durch diese Aufbaueffekte kommt ein außerordentlich komplizierter Zug in alle Abschirmprobleme.

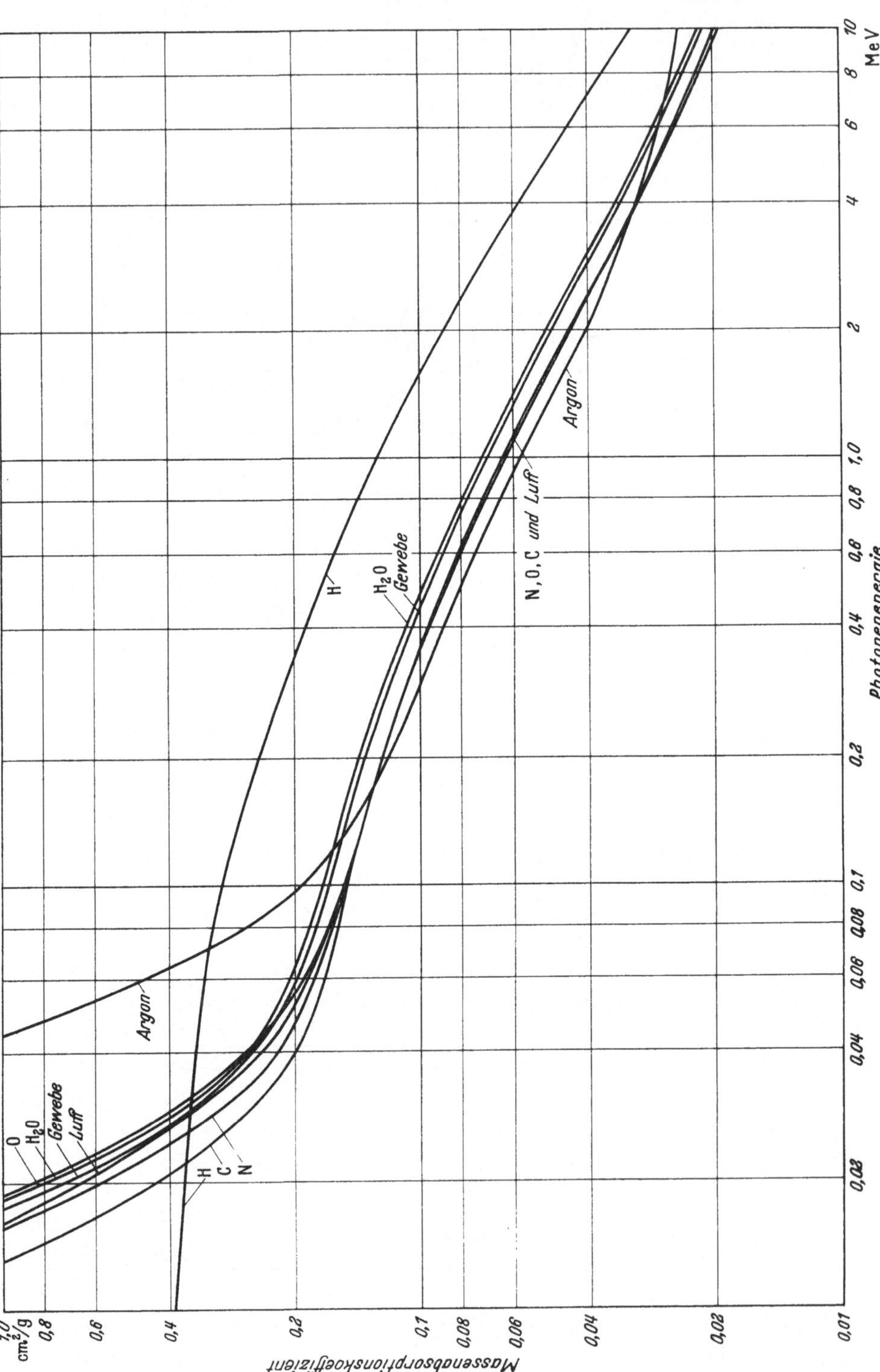

Abb. I.4.4. Massenabsorptionskoeffizienten für γ-Strahlung als Funktion der Energie

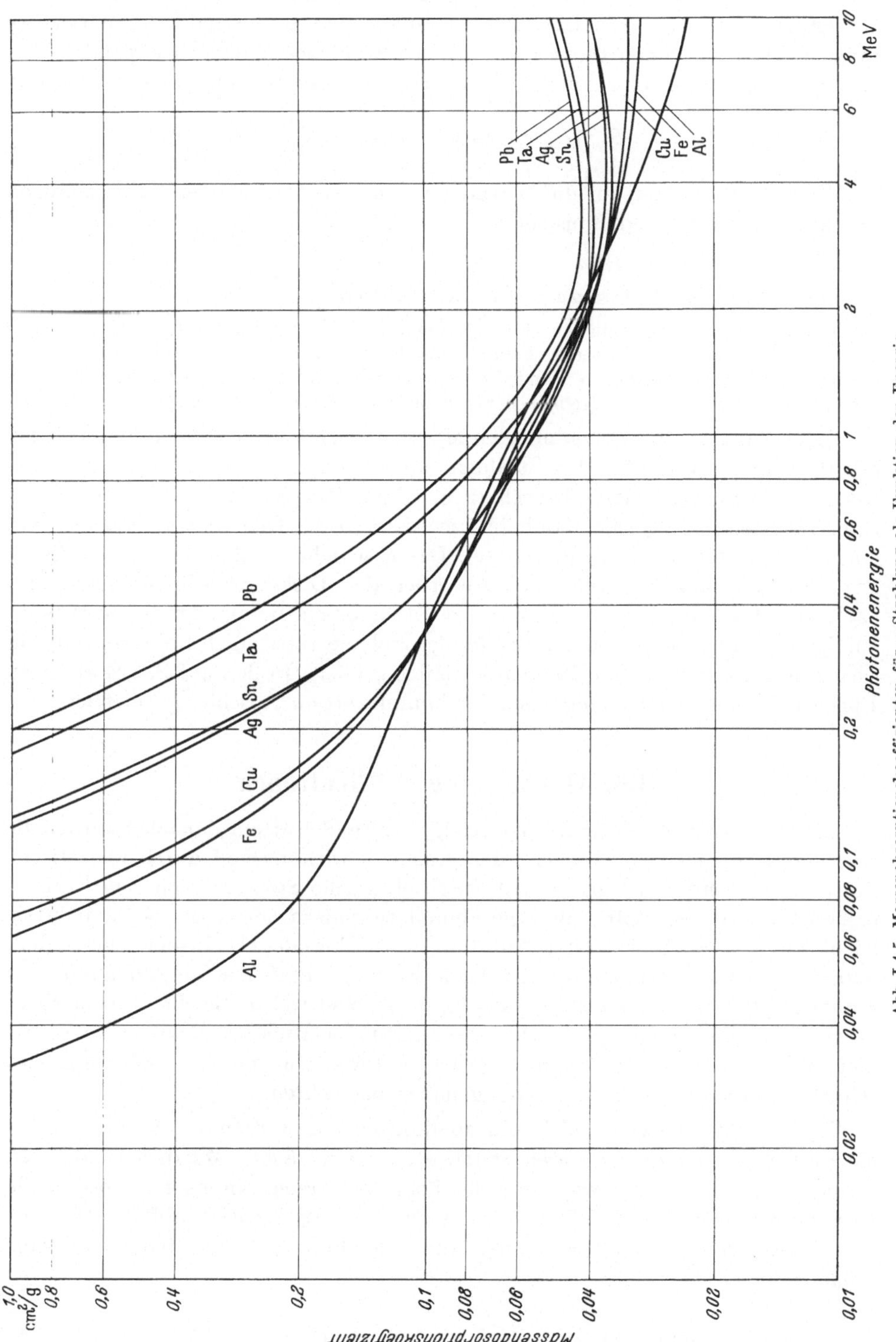

Abb. I.4.5. Massenabsorptionskoeffizienten für γ-Strahlung als Funktion der Energie

Man erfaßt sie durch Einführung sog. „Aufbaufaktoren". Der Aufbaufaktor B ist definiert als das Verhältnis des an einem Punkt innerhalb des Absorbers tatsächlich vorliegenden Flusses zu dem an Hand des einfachen exponentiellen Absorptionsgesetzes berechneten Fluß. Es gilt also für die Gesamtintensität

$$J(x) = J_0 \cdot B(x)\, e^{-\mu x} \quad \text{bzw.} \quad J(x) = \frac{Q}{4\pi x^2} B(x)\, e^{-\mu x}.$$

Wir verzichten hier auf die Berechnung von Aufbaufaktoren[1] und begnügen uns mit einer einfachen Faustregel:

Für $\mu x < 1$ ist $B(x) \approx 1$.

Für $\mu x \gg 1$ ist $B(x) \approx \mu x$ „Linearer Aufbau".

Neben dem oben eingeführten (Fluß)-Aufbaufaktor findet man in der Literatur noch den Dosis-Aufbaufaktor. Dieser ist definiert als das Verhältnis der in einem Punkt vorliegenden Dosisleistung zu der an Hand des exponentiellen Absorptionsgesetzes der Primären berechneten; er stimmt im allgemeinen mit dem (Fluß)-Aufbaufaktor nicht genau überein.

Diese Angaben zusammen mit den Massenabsorptionskoeffizienten von S. 202 erlauben uns nun, die für den Strahlenschutz beim Umgang mit γ-Quellen notwendigen Absorberdicken abzuschätzen. Zum Beispiel muß die γ-Intensität einer 1 g (Ra + Be)-Quelle, damit in 1 m-Abstand die Toleranzdosis vorliegt, um einen Faktor 130 geschwächt werden. Das geschieht — ohne Berücksichtigung des Aufbaufaktors — durch einen Absorber der Dicke $\mu x \approx \ln 130 \approx 4{,}9$, also nach Abb. I.4.5 durch 9,3 cm Blei, 14 cm Eisen, 54 cm Beton oder ≈ 1 m Wasser. Infolge des Aufbaus gestreuter Strahlung sind die tatsächlich notwendigen Absorberdicken um etwa eine Relaxationslänge größer. In den auf S. 194 zitierten Büchern finden sich Überlegungen für kompliziertere Abschirmgeometrien.

I.5. Abschirmung der Neutronen

Die Abschirmung von Neutronen erfolgt in zwei Schritten: Zunächst werden die schnellen Neutronen abgebremst; das geschieht wirkungsvoll durch inelastische Streuung an schweren Kernen oder durch elastische Stöße mit leichten Kernen, insbesondere Wasserstoff. Sind sie einmal thermisch geworden, so können sie leicht durch stark absorbierende Substanzen wie Bor oder Cd eingefangen werden, dabei hat man sich u. U. vor der beim Einfang entstehenden γ-Strahlung zu schützen. Bor als Absorber ist günstig, da es eine weiche, leicht absorbierbare γ-Strahlung (480 keV) abgibt. Die Abschirmung thermischer Neutronen soll uns hier nicht weiter interessieren, dagegen müssen wir die Abschwächung der schnellen durch Bremsung ein wenig näher betrachten.

Tritt ein Neutronenstrahl in ein Medium ein, so werden — ähnlich wie bei der γ-Strahlung — die Primären exponentiell geschwächt. Mit dem Eindringen in das Medium baut sich wiederum das Feld der Streustrahlung auf, so daß die Gesamtintensität oder die Dosis nicht mehr rein exponentiell abfällt. Wie bei der γ-Strahlung, so stellt auch hier die Berechnung der Aufbaueffekte eine große Schwierigkeit dar.

[1] Siehe z. B. Fano, U.: Nucleonics **11**, 8, 8 (1953) und **11**, 9, 55 (1953). — Goldstein, H., u. J. E. Wilkins: NYO 3075, sowie die auf S. 194 zitierten Bücher.

Von besonderer Bedeutung sind Abschirmvorrichtungen, die sehr viel Wasserstoff enthalten. Für diese ist nach ALBERT und WELTON[1] eine sehr einfache, halbempirische Behandlung möglich, die zu annähernd richtigen Resultaten führt. Welchen Wechselwirkungsprozessen unterliegt ein schnelles Neutron, das in ein solches Medium eintritt? Es kann

a) einen elastischen Stoß mit einem Wasserstoffatom ausführen. Einen solchen Stoß kann man als einem Absorptionsprozeß gleichwertig auffassen, da er einerseits zu einer Richtungsänderung des Neutrons führt, also dessen Weg im Medium verlängert, und da er andererseits mit einem starken Energieverlust des Neutrons verbunden ist. Da der Streuquerschnitt des Wasserstoffs mit kleiner werdender Neutronenenergie zunimmt, sind nachfolgende Stöße des Neutrons mit Wasserstoff sehr wahrscheinlich.

b) einen inelastischen Stoß mit einem schwereren Atomkern erleiden. Auch diesen Prozeß kann man als Absorptionsprozeß auffassen, da er mit einer Richtungsänderung des Neutrons verbunden ist und das Neutron in einen Energiebereich wirft, in dem weitere Stöße mit Wasserstoffkernen sehr wahrscheinlich sind.

c) an einem schweren Kern elastisch gestreut werden. Diese elastische Streuung ist bei kleineren Energien nahezu isotrop und bedeutet dort aus den oben erwähnten Gründen wiederum eine Absorption. Bei Energien oberhalb 5 MeV ist sie stark anisotrop in Vorwärtsrichtung („shadow scattering") und trägt zur Abschirmung praktisch nicht bei.

Aus dem Obigen folgt, daß die Durchdringungscharakteristik schneller Neutronen durch einen einigermaßen dicken, stark wasserstoffhaltigen Schirm im wesentlichen durch die Primären bestimmt wird. Ihre Intensität fällt beim Eindringen in die Abschirmung exponentiell:

$$J(x) = J_0\, e^{-\Sigma_{wA} \cdot x}$$

bzw. bei einer Punktquelle

$$J = \frac{Q}{4\pi\, x^2}\, e^{-\Sigma_{wA} \cdot x}.$$

Dabei ist Σ_{wA} ein aus der Relaxationslänge bestimmbare „wirksamer Absorptionsquerschnitt" (effective removal cross section) der Abschirmsubstanz. Er setzt sich additiv zusammen aus dem makroskopischen Streuquerschnitt $\Sigma_H(E)$ des in der Abschirmung vorhandenen Wasserstoffs und den wirksamen Absorptionsquerschnitten der schwereren Kerne. Mit Neutronen aus der Uranspaltung sind für viele Elemente Werte von σ_{wA} bestimmt worden.

Tabelle I.5.1. σ_{wA} *für Spaltneutronen* (nach BLIZARD[2])

Element	(barn/Atom)
Aluminium .	1,31
Blei	3,5
Bor	0,97
Beryllium . .	1,07
Eisen	1,98
Kohlenstoff .	0,81
Kupfer . . .	2,04
Nickel . . .	1,89
Sauerstoff . .	0,99
Wismuth . .	3,49
Wolfram . .	2,5

σ_{wA} beträgt danach stets etwa 60 bis 70% des totalen Wirkungsquerschnitts bei 8 MeV. Es existieren keine Messungen von σ_{wA} für andere, auch monoenergetische Neutronenquellen. Man wird aber keinen allzu großen Fehler

[1] ALBERT, R. D., u. T. A. WELTON: WAPD—15 (1950).

[2] BLIZARD, E. P.: Nucl. Engineering Congr., Cleveland (Ohio) 1955, s. auch CHAPMAN, G. T., u. CH. STORRS: AECD 3978 (1955).

machen, wenn man für den wirksamen Absorptionsquerschnitt den Wert $\sigma_{wA} = 0{,}7\,\sigma_t(E)$ einsetzt, wobei $\sigma_t(E)$ der totale Wirkungsquerschnitt bei der mittleren Energie der Primären ist. Tabelle I.5.2 zeigt die danach berechneten Relaxationslängen für einige Substanzen.

Tabelle I.5.2. *Relaxationslängen $\lambda = 1/\Sigma_{wA}$ für schnelle Neutronen*

Neutronen-energie	λ in			Neutronen-energie	λ in		
	Wasser	Paraffin *	Beton **		Wasser	Paraffin *	Beton **
MeV	cm	cm	cm	MeV	cm	cm	cm
2	4,5	4	8,5	10	11	10	12,5
4	6,5	5,7	10	12	12	11	13
6	8,2	7,3	11,5	14	13	12	13,5
8	9,5	8,5	12				

* CH_2, Dichte 0,9.

** Gewöhnlicher Beton, Dichte 2,3. Zusammensetzung in Gewichtsprozenten etwa: 1% H, 53% O, 34% Si, 3,4% Al, 1,4% Fe, 4,4% Ca.

Experimentell liegen die folgenden Werte vor:

Tabelle I.5.2. *Gemessene Relaxationslängen verschiedener Neutronenquellen*

Neutronenquelle	λ in			Neutronenquelle	λ in		
	Wasser cm	Paraffin cm	Beton cm		Wasser cm	Paraffin cm	Beton cm
H^3(d,n) He (14 MeV)	14 [1]		11 [2]	(Ra + B)		6,6 [4]	
Uranspaltung . . .	10 [2]			(Po + Be)	7,2 [5]	6,2 [5]	
(Ra + Be)	9,3 [3]	9,3 [4]		(Po + B).	6,2 [5]	5,2 [5]	

Während bisher nur von der Intensität der Primären die Rede war, muß nun die Dosis, zu der auch die gestreuten Neutronen beitragen, betrachtet werden. Für die Dosisleistung $DL(x)$ gilt in ebener Geometrie

$$DL(x) = D(0) \cdot B(x) \cdot e^{-\Sigma_{wA} \cdot x}.$$

Dabei ist $B(x)$ wieder ein Aufbaufaktor. Bei den hier besprochenen Abschirmvorrichtungen, die viel Wasserstoff enthalten, steigt $B(x)$ nur während der ersten Relaxationslängen an und bleibt dann weiterhin konstant, da sich ein Gleichgewicht zwischen der Primärkomponente und der gestreuten Strahlung einstellt; die weitere Abschwächung der Dosis erfolgt exponentiell. Der Gleichgewichtswert des Aufbaufaktors ist von der Größenordnung 10 und daher für die Berechnung von Reaktorabschirmungen, die um viele Zehnerpotenzen abschwächen sollen, von sekundärer Bedeutung. Es existieren daher nur wenige Unterlagen

[1] CASWELL, R. S. et al.: Nucl. Sci. Eng. **2**, 143 (1957).
[2] Vgl. z. B. GLASSTONE, S.: Principles of Nuclear Engineering. New York: D. van Nostrand 1955.
[3] RUSH, R. H.: Phys. Rev. **73**, 271 (1948).
[4] FELD, B. T.: MDDC 1437 (1944).
[5] BLIZARD, E. P.: ORNL-CF-55-9-164 (1955).

über $B(x)$. Nach BLIZARD[1] gilt für (Po + Be)-Quellen in H_2O und Paraffin $B_\infty = 5$. Einen Wert derselben Größenordnung erhält man für den Aufbaufaktor von 14 MeV-Neutronen in H_2O aus den Messungen von CASWELL[2]. Von WILLKINS[3] sind exakte Rechnungen über die Abschwächung der Dosis von schnellen Neutronen in H_2O angestellt worden. Die Resultate für größere Schichtdicken können gut mit den in der Tabelle I.5.2 wiedergegebenen Relaxationslängen und einem Aufbaufaktor $B_\infty \approx 5$ wiedergegeben werden. In Beton dürfte B_∞ etwas größer sein.

Mit den bisherigen Angaben ist es nun leicht möglich, die für die Abschirmung von Neutronenquellen notwendigen Schichtdicken abzuschätzen. Soll z.B. im Abstand von 4 m von einem 14 MeV-Neutronengenerator mit einer Quellstärke 10^9 Neutronen pro sec der Toleranzstrom von 17 Neutronen/cm²sec bestehen, so ist eine Abschwächung um einen Faktor 30 erforderlich; das kann durch eine Paraffinwand von etwa 60 cm Dicke geschehen.

II. Integration von Neutronenfeldern

Häufig ist es notwendig[4], die Integrale von Neutronenfluß oder -dichte in einem endlichen Volumen zu kennen:

$$\bar{\Phi} = \int \Phi \, dV \qquad \bar{n} = \int n \, dV.$$

Man kann die hierzu notwendige Integration des örtlichen Neutronenflusses $\Phi(\vec{r})$ über das ganze Volumen grundsätzlich auf zwei Arten ausführen:

1. Durch Verwendung integrierender Sonden.
2. Durch Integration der mit Punktsonden gemessenen Flußfunktion.

Auch die Kombination beider Verfahren (z.B. linear integrierende Sonden nur längs einer Achse) ist möglich, wie weiter unten besprochen wird. Wie bei allen Sondenmessungen erhält man auch durch die Integration zunächst nur einen relativen Wert für das Integral, der, wenn nötig, durch Absolutmessungen an einem oder mehreren Punkten normiert werden kann.

II.1. Integrierende Sonden

Eine einfache Form einer integrierenden Sonde wurde von FERMI et al.[5] für die Integration über ein Wasservolumen vorgeschlagen. Die Sonde bestand aus in H_2O gelöstem $MnSO_4$ (Konzentration 10%). Die örtliche Aktivierung des Mangans ist proportional dem Neutronenfluß. Wird nach der Aktivierung die Lösung umgerührt, so ist die Aktivität einer Probe der Lösung dem Integral des Neutronenflusses proportional. Der Vorteil dieser Methode liegt darin, daß das auszumessende Volumen beliebige Gestalt haben kann. Sie erlaubt es übrigens auch, Bestimmungen von Quellstärken nach von Wirkungsquerschnitten unabhängigen Methoden (vgl. Kapitel 9.2.2) durchzuführen. Dazu verwenden SEIDL

---

1 BLIZARD, E. P.: ORNL-CF-55-9-164 (1955).

2 CASWELL, R. S. et al.: Nucl. Sci. Eng. **2**, 143 (1957).

3 WILKINS, J. E. et al.: Genf P/597 (1955).

4 Siehe z.B. Kapitel 9.2.1 und 10.4.

5 FERMI, E., L. SZILLARD u. H. L. ANDERSON: Phys. Rev. **56**, 284 (1939).

und HARRIS[1] eine Lösung von H_3BO_3 in solcher Konzentration, daß praktisch *alle* Neutronen von einer in einem hinreichend großen Volumen untergebrachten Quelle vom Bor absorbiert werden. Bei der Reaktion $B^{10}(n, \alpha) Li^7$ entsteht eine äquivalente Menge Helium, die indirekt gemessen wird. ALDER und HUBER[2] benutzen $MnSO_4$-Lösung für denselben Zweck. Die Absolutbestimmung der Aktivität wird dadurch ausgeführt, daß das Mangan aus einigen Kubikzentimetern der Lösung in festes $MnCO_3$ verwandelt und dessen Aktivität in dünner Schicht in einem geeigneten Zählrohr (vgl. 9.1) ausgemessen wird.

WALKER[3] sowie v. PLANTA und HUBER[4] benutzen ein mechanisches Integrationsprinzip für eine kugelsymmetrische Anordnung (Punktquelle im unendlich ausgedehnten Medium). In diesem Fall ist

$$\overline{\Phi} = 4\pi \int_0^\infty \Phi(r)\, r^2\, dr.$$

Eine zu $\overline{\Phi}$ proportionale Aktivität wird dadurch erhalten, daß eine Scheibensonde mechanisch in einer solchen Weise längs eines Radius bewegt wird, daß am Ende des Bewegungs- und Bestrahlungsvorgangs die Sondenaktivität gerade zu diesem Integral proportional ist. Dabei müssen sowohl der Wiederzerfall der aktivierten Atome als auch der geometrische Faktor r^2 berücksichtigt werden. Die Bewegungsgleichung für die Sonde zwischen $r = r_1$ (zur Zeit t_1) und $r = r_2$ (zur Zeit t_2) lautet nach WALKER

$$r = r_1 \sqrt[3]{\left\{1 + \left(\frac{r_2^3}{r_1^3} - 1\right) \frac{e^{\lambda(t-t_1)} - 1}{e^{\lambda(t_2-t_1)} - 1}\right\}}.$$

Die bisher besprochenen Formen der Integration sind offenbar auf flüssige Streumedien beschränkt. Doch ist auch bei festen Streumedien eine wenigstens teilweise Integration durch lineare Flüssigkeitssonden möglich, wie BOTHE zuerst vorschlug. Die Sondensubstanz (Mn, Dy_2O_3, ...) wird wiederum in H_2O oder D_2O gelöst und in eine Röhrensonde (dünnwandiges Al- oder Glasrohr) längs einer Koordinate in das Streuvolumen eingeführt. Nach Bestrahlung wird die Sondenflüssigkeit umgeschüttelt und ihre Aktivität bestimmt, die dem Integral der Aktivität längs der betreffenden Koordinate proportional ist. Wie man aus verschiedenen linearen Integralen am geeignetsten auf das räumliche schließt, wird im folgenden im Zusammenhang mit der Raumintegration durch Punktsondenmessung besprochen. Die Zusammensetzung linearer Sonden zum Raumintegral ist nur ein Spezialfall derjenigen mit Punktsonden.

II.2. Integration mittels Punktsonden

Ist man darauf angewiesen, ein Aktivitätsintegral längs einer Geraden, auf einer Fläche, oder in einem Volumen mittels Punktsonden auszumessen, so ist es wichtig, auf Symmetrieeigenschaften des Neutronenfeldes zu achten. Im

[1] SEIDL, F. G. P., u. S. P. HARRIS: Rev. Sci. Instrum. **18**, 897 (1947).
[2] ALDER, F., u. P. HUBER: Helv. phys. Acta **22**, 368 (1949).
[3] WALKER, R. L.: MDDC 414 (1946).
[4] PLANTA, G. v., u. P. HUBER: Helv. phys. Acta **29**, 375 (1956).

kugelsymmetrischen Fall ist z. B. das Volumenintegral des Flusses

$$\overline{\Phi} = 4\pi \int_0^\infty \Phi(r)\, r^2\, dr. \tag{II.2.1}$$

Es genügt, $\Phi(r)$ punktweise längs eines Radius auszumessen. Findet man keine analytische Darstellung von $\Phi(r)$, so wird das Integral numerisch, z. B. durch Aufzeichnen der Funktion $\Phi(r) \cdot r^2$ und Planimetrieren, bestimmt.

Liegt Zylindersymmetrie mit konstanter Intensität längs der Achse h vor, so genügt ebenfalls eine Messung längs eines Radius. Das Integral über die Kreisfläche lautet

$$\Phi_F = 2\pi \int_0^R \Phi(r)\, r\, dr. \tag{II.2.2}$$

Das Volumenintegral ist $\overline{\Phi} = \Phi_F \cdot h$. Hängt Φ auch noch von h ab, so wird offenbar

$$\overline{\Phi} = 2\pi \int_0^R \int_0^h \Phi(r, h)\, dh \cdot r\, dr. \tag{II.2.3}$$

Dieses Problem eignet sich ausgesprochen für die Verwendung von linear integrierenden Flüssigkeitssonden. Sie werden längs eines Radius parallel zur Achse gestellt; Gl. (II.2.3) reduziert sich dadurch auf das Flächenintegral (II.2.2), da die Sonden bereits die Integration über die Zylinderhöhe h ausführen.

Schließlich sei noch die Integration über einen endlichen Kubus mit Kanten der Länge a in x, y, z-Richtung erwähnt. In manchen Fällen, z. B. bei einer Punktquelle im Kubuszentrum, läßt sich die räumliche Dichteverteilung in separierter Form darstellen:

$$\Phi = \Phi'(x)\, \Phi''(y)\, \Phi'''(z). \tag{II.2.4}$$

Dann wird das Volumenintegral

$$\overline{\Phi} = \int \Phi(xyz)\, dV = \int_0^a \Phi'(x)\, dx \int_0^a \Phi''(y)\, dy \int_0^a \Phi'''(z)\, dz \tag{II.2.5}$$

und es genügen Messungen längs jeder Achse. Ist keine Separation möglich, so wird das Problem meßtechnisch und in der Auswertung kompliziert. Es ist also wesentlich, vor der Messung die Symmetrie des Feldes zu untersuchen.

In allen diesen Fällen ist es wichtig, die Sondenorte so zu wählen, daß ein Minimum von Sonden eine optimale Integration ermöglicht. Dies gelingt durch Anwendung des Gaußschen Verfahrens zur numerischen Integration auf die Neutronenintegration durch Punktsonden. Dieses Verfahren approximiert das Integral durch eine Summe von mit geeigneten Gewichtsfaktoren versehenen Funktionswerten.

II.3. Anwendung des Gaußschen Verfahrens auf die Neutronenintegration mit Sonden

Die Aufgabe besteht zunächst allgemein darin, den numerischen Wert des bestimmten Integrals

$$\overline{\Phi} = \int_a^b \Phi(x)\, dx \tag{II.3.1}$$

zu finden.

Durch geeignete Wahl der Variablen wird die Integration auf die Grenzen -1 bis $+1$ reduziert

$$\overline{\Phi} = \int_{-1}^{+1} y\,d x. \tag{II.3.2}$$

Dieses Integral soll nun unter Benutzung einer bestimmten Anzahl von Ordinaten (Funktionswerten) $y_1, y_2, y_3, \ldots, y_n$, die in dem Integrationsintervall liegen, möglichst genau durch einen Ausdruck der Form

$$\frac{\overline{\Phi}}{2} \approx A = g_1 y_1 + g_2 y_2 + \cdots \tag{II.3.3}$$

dargestellt werden. g_1, g_2 bezeichnet man als „Gewichte", mit denen die Ordinaten zu multiplizieren sind, damit ihre Summe („Mittelwert") das Integral ergibt.

II.3.1. Approximation des Integranden durch eine Taylor-Reihe[1]

Die Funktion $y = \Phi(x)$ sei im Intervall -1 bis $+1$ durch eine gut konvergierende Taylor-Reihe darstellbar:

$$y = a_0 + a_1 x + a_2 x^2 + \cdots; \qquad a_p = \frac{\Phi^{(p)}(0)}{p!}. \tag{II.3.4}$$

Setzt man diese Entwicklung in (II.3.2) ein, so wird

$$A = a_0 + \frac{a_2}{3} + \frac{a_4}{5} \cdots. \tag{II.3.5}$$

Werden die zu $y_1, y_2, y_3, \ldots, y_n$ gehörenden Abszissen mit $x_1, x_2, x_3, \ldots$ bezeichnet, so wird allgemein:

$$y_\alpha = a_0 + a_1 x_\alpha + a_2 x_\alpha^2 + \cdots. \tag{II.3.6}$$

Geht man damit in die Darstellung (II.3.3) ein, so wird

$$A = a_0 \sum_\alpha g_\alpha + a_1 \sum_\alpha g_\alpha x_\alpha + a_2 \sum_\alpha g_\alpha x_\alpha^2 + \cdots. \tag{II.3.7}$$

Durch Vergleich der Koeffizienten von $a_0, a_1, a_2, \ldots$ in den Gln. (II.3.5) und (II.3.7) erhält man:

$$\left.\begin{array}{ll} \sum\limits_{\alpha=1}^{n} g_\alpha = 1 & \sum\limits_{\alpha=1}^{n} g_\alpha x_\alpha^2 = 0 \\ & \vdots \\ \sum\limits_{\alpha=1}^{n} g_\alpha x_\alpha = 0 & \sum\limits_{\alpha=1}^{n} g_\alpha x_\alpha^{2\beta} = \dfrac{1}{2\beta+1} \\ \sum\limits_{\alpha=1}^{n} g_\alpha x_\alpha^2 = \frac{1}{3} & \sum\limits_{\alpha=1}^{n} g_\alpha x_\alpha^{2\beta+1} = 0. \end{array}\right\} \tag{II.3.8}$$

---

[1] Runge-König: Numerisches Rechnen. Berlin: Springer 1924.

Die Abszisse $x_1, x_2, x_3, \ldots, x_n$ sowie die Gewichte $g_1, g_2, \ldots, g_n$ müssen nun so bestimmt werden, daß die Gln. (II.3.8) erfüllt sind. Für die vorliegenden Zwecke kann man entweder bestimmte bequeme Abszissenwerte vorschreiben, und mittels Gl. (II.3.5) die zugehörigen Gewichte ausrechnen, oder sowohl Abszissen als auch Gewichte offen lassen und mit Hilfe einer genügenden Anzahl der Gln. (II.3.8) bestimmen. Letzterer Fall entspricht der Gaußschen Methode, die weiter unten behandelt wird. Zunächst sollen die Abszisse äquidistant gewählt werden; sie liegen dann symmetrisch zur Mitte $x=0$. In diesem Fall folgen aus den Gln. (II.3.8) die Newton-Cotesschen Formeln:

Anzahl n der Funktionswerte (= Zahl der Sonden)	α	Abszissen x_α (Sondenorte)	Gewichte g_α
$n=1$	1	$x_1=0$	$g_1=1$
$n=2$	1	$x_1=-1$	$g_1=\frac{1}{2}$
	2	$x_2=+1$	$g_2=\frac{}{2}$
$n=3$	1	$x_1=-1$	$g_1=\frac{1}{6}$
	2	$x_2=0$	$g_2=\frac{4}{6}$
	3	$x_3=+1$	$g_3=\frac{1}{6}$
$n=4$	1	$x_1=-1$	$g_1=\frac{1}{8}$
	2	$x_2=-\frac{1}{3}$	$g_2=\frac{3}{8}$
	3	$x_3=+\frac{1}{3}$	$g_3=\frac{3}{8}$
	4	$x_4=+1$	$g_4=\frac{1}{8}$
$n=5$	1	$x_1=-1$	$g_1=\frac{7}{90}$
	2	$x_2=-\frac{1}{2}$	$g_2=\frac{32}{90}$
	3	$x_3=0$	$g_3=\frac{12}{90}$
	4	$x_4=+\frac{1}{2}$	$g_4=\frac{32}{90}$
	5	$x_5=+1$	$g_5=\frac{7}{90}$

(II.3.9)

Für andere Vorschriften betreffend die Abszissenorte und die sich ergebenden Gewichte, sowie die Fehlerabschätzungen sei auf die genannte Literatur verwiesen. Benutzt man z.B. nach MacLaurin nicht die Endkoordinaten, sondern teilt das Integrationsintervall in gleiche Teilintervalle, deren Mittelkoordinaten gewählt werden, so wird

$$\left.\begin{array}{llll} n=2 & x_1=-\frac{1}{2};\; g_1=\frac{1}{2} & n=3 & x_1=-\frac{2}{3};\; g_1=\frac{3}{8} \\ & x_2=+\frac{1}{2};\; g_2=\frac{1}{2} & & x_2=0; \quad g_2=\frac{2}{8} \\ & & & x_3=+\frac{2}{3};\; g_3=\frac{3}{8}. \end{array}\right\} \qquad \text{(II.3.9a)}$$

Die Genauigkeit ist etwas besser als bei den Formeln (II.3.9). Außerdem dürften die Bedingungen bei Sondenproblemen einfacher zu erfüllen sein, da es schwierig ist, Sonden unmittelbar am Rande des Integrationsbereiches zu bestrahlen.

Läßt man nach Gauss Abszisse und Gewichte offen, so müssen bei n Ordinaten $2n$ Unbekannte bestimmt werden, für die man die ersten $2n$ Gln. (II.3.8) an Stelle von nur n Gln. (II.3.8) im eben behandelten Fall braucht. Man braucht dementsprechend die doppelte Zahl Glieder der Taylor-Entwicklung, erhält jedoch mit einem Minimum von Funktionswerten eine bessere Darstellung des Integrals. Die Resultate der Gaußschen Methode sind:

n (Zahl der Sonden)	α	Abszissen x_α (Sondenorte)	Gewichte g_α
$n=1$	1	$x_1=0$	$g_1=1$
$n=2$	1	$x_1=-0{,}577$	$g_1=\frac{1}{2}$
	2	$x_2=+0{,}577$	$g_2=\frac{1}{2}$
$n=3$	1	$x_1=-0{,}776$	$g_1=\frac{5}{18}$
	2	$x_2=0$	$g_2=\frac{8}{18}$
	3	$x_3=+0{,}776$	$g_3=\frac{5}{18}$
$n=4$	1	$x_1=-0{,}861$	$g_1=0{,}174$
	2	$x_2=-0{,}340$	$g_2=0{,}326$
	3	$x_3=+0{,}340$	$g_3=0{,}326$
	4	$x_4=+0{,}861$	$g_4=0{,}174$
$n=5$	1	$x_1=-0{,}906$	$g_1=0{,}118$
	2	$x_2=-0{,}538$	$g_2=0{,}239$
	3	$x_3=0$	$g_3=0{,}284$
	4	$x_4=+0{,}538$	$g_4=0{,}239$
	5	$x_5=+0{,}906$	$g_5=0{,}118$

(II.3.10)

II.3.2. Die Gaußsche Methode bei Kreissymmetrie

(Spezielle Näherungen für den Integranden; Volumenintegration des Zylinders mit linearen Flüssigkeitssonden)

Bisher lag dem Verfahren die Annäherung der Funktion durch eine gewöhnliche Taylor-Entwicklung zugrunde. Die Gaußsche Methode läßt sich verfeinern, wenn man bereits bekannte Symmetrieeigenschaften des Integranden berücksichtigt, wie in Anwendung auf Neutronenprobleme zuerst von Bopp[1] erkannt wurde.

Betrachten wir ein zirkuläres Integral der Form:

$$\bar{\Phi} = 2\pi \int_0^R \Phi(r)\, r\, dr. \tag{II.3.11}$$

Wegen der Symmetrie um den Nullpunkt ist es vorteilhaft, Φ als Polynom in r^2 anzusetzen.

$$\Phi(r) = a_0 + a_1 r^2 + a_2 r^4 + \cdots = \varphi(r^2) = \varphi(t). \tag{II.3.12}$$

Mit $r^2 = t$, $2r\,dr = dt$ und dem Gaußschen Ansatz liefert dies

$$\bar{\Phi} = \pi \int_0^{R^2} \varphi(t)\, dt = \pi \sum_\alpha g_\alpha \varphi(t_\alpha) \qquad \alpha = 1, 2, \ldots, n. \tag{II.3.13}$$

Einsetzen von (II.3.12) und Vergleich der Koeffizienten von $a_0, a_1, \ldots$ auf beiden Seiten liefert:

$$\left.\begin{aligned} \sum_\alpha g_\alpha &= R^2 \\ \sum_\alpha g_\alpha t_\alpha &= \frac{R^4}{2} \\ \sum_\alpha g_\alpha t_\alpha^2 &= \frac{R^6}{3}. \\ \vdots \quad & \quad \vdots \end{aligned}\right\} \tag{II.3.14}$$

[1] Bopp, F.: Unveröffentlicht. Die Anwendung des Gaußschen Verfahrens auf Probleme der Neutronenintegration wurde erstmals von F. Bopp vorgeschlagen; vgl. dazu Fiat Review, Kernphysik und Kosm. Strahlung Bd. II, S. 161. Wir danken Herrn Bopp für die Erlaubnis, die unveröffentlichten Ergebnisse des Abschnittes (II.3.2) hier wiederzugeben.

Die Lösungen dieser den Gln. (II.3.8) entsprechenden Gleichungen lassen sich nach BOPP aus den Lösungen (II.3.10) ableiten mittels:

$$r_\alpha = \sqrt{t_\alpha} = \sqrt{\frac{1+x_\alpha}{2}} \cdot R, \qquad \text{(II.3.15)}$$

während die Gewichte bis auf den Faktor R^2 dieselben wie in (II.3.10) sind. Im einzelnen ergibt sich:

n (Zahl der Sonden)	α	Abszissen r (Sondenorte)	Gewichte g
$n=1$	1	$r_1 = \sqrt{\frac{1}{2}}\,R$	$g_1 = R^2$
$n=2$	1 2	$r_1 = 0{,}460\,R$ $r_2 = 0{,}882\,R$	$g_1 = \frac{1}{2}\,R^2$ $g_2 = \frac{1}{2}\,R^2$
$n=3$	1 2 3	$r_1 = 0{,}336\,R$ $r_2 = 0{,}707\,R$ $r_3 = 0{,}942\,R$	$g_1 = \frac{5}{18}\,R^2$ $g_2 = \frac{8}{18}\,R^2$ $g_3 = \frac{5}{18}\,R^2$

(II.3.16)

In einem zylindersymmetrischen Neutronenfeld wird parallel zur Zylinderachse durch lineare Flüssigkeitssonden integriert, deren Orte auf dem Zylinderradius liefert (II.3.16). Man kann in diesem Fall eine Volumenintegration mit einer einzigen Aktivitätsmessung auch bei Verwendung mehrerer Flüssigkeitssonden, d.h. guter Approximation, erhalten, indem man die Inhalte der verschiedenen Sonden mischt. Die Gewichte g können dabei auf zweierlei Weise berücksichtigt werden. Entweder werden die Volumina (Querschnitte) der Flüssigkeitssonden gemäß den Gln. (II.3.16) dimensioniert, oder man wählt für alle Sonden denselben Querschnitt, gibt jedoch aus jeder Sonde nur einen dem Gewicht g entsprechenden Gewichtsanteil in die endgültig zu messende Mischung. In einem sehr ausgedehnten zylindersymmetrischen Feld — etwa im Außenmantel einer neutronenproduzierenden Anordnung vom Radius R — fällt der Neutronenfluß für große r nahezu exponentiell. BOPP schlägt in diesem Fall statt Gl. (II.3.12) für Φ die Entwicklung

$$\Phi(r) = \frac{a_1}{r}\,e^{-\varkappa(r-R)} + \frac{a_2}{r}\,e^{-2\varkappa(r-R)} + \cdots$$

mit geeignet gewählten $\varkappa$ vor. Versteht man unter x_α und g_α wieder die Lösungen (II.3.10), so wird nach BOPP:

$$\text{Sondenorte:} \quad r_\alpha = R + \frac{1}{\varkappa}\ln\frac{1}{1-x_\alpha}$$

$$\text{Gewichte:} \quad G_\alpha = \frac{4\pi}{\varkappa}\cdot\frac{r_\alpha\, g_\alpha}{1-x_\alpha}.$$

II.3.3. Kugelsymmetrisches Problem, Annäherung des Integranden durch einen Exponentialansatz[1]

Bei der Benützung einer (Ra + Be)-Quelle in einem Streumedium zeigt der Fluß der thermischen Neutronen in der Umgebung der Quelle ein Maximum in einem gewissen Abstand vom Quellort und fällt erst dann mit wachsendem r ab.

[1] VIGON, M. A.: Dissertation Göttingen 1953.

Es wurde deshalb folgender Ansatz versucht: Mit L = Diffusionslänge:

$$\Phi(r) = e^{-\frac{r}{L}} \sum_k a_k r^k. \tag{II.3.17}$$

Setzt man dies in die Bedingungen

$$4\pi \int_0^\infty \Phi(r)\, r^2\, dr = 4\pi \sum_\alpha g_\alpha\, \Phi(r_\alpha)\, r_\alpha^2 \tag{II.3.18}$$

ein, so folgt durch Koeffizientenvergleich das Gleichungssystem

$$(k+2)!\, L^{k+3} = \sum_\alpha g_\alpha e^{-\frac{r_\alpha}{L}} r_\alpha^{k+2}; \tag{II.3.19}$$

die Lösungen lauten:

n (Zahl der Sonden)	α	r_α (Sondenorte)	Gewichte g_α
$n=1$	1	$r_1 = 3\,L$	$g_1 = 4{,}67\,L$
$n=2$	1	$r_1 = 2\,L$	$g_1 = 2{,}77\,L$
	2	$r_2 = 6\,L$	$g_2 = 5{,}60\,L$

II.3.4. Gaußsches Verfahren im dreidimensionalen Fall

(Quader oder Kubus mit Quelle im Zentrum)

In einem rechteckigen Quader mit den effektiven Kantenlängen a, b, c, die sich respektive in x, y, z-Richtung erstrecken mögen, befinde sich die Quelle im Zentrum. Der Neutronenfluß möge als Lösung eines Randwertproblemes ($\Phi = 0$ bei $x, y, z = 0$ bzw. a, b, c) folgende Darstellung gestatten:

$$\Phi(x, y, z) = \sum_{l,m,n} A_{lmn} f_l(x)\, \varphi_m(y)\, \psi_n(z). \tag{II.3.20}$$

Der Gaußsche Ansatz lautet:

$$\int_0^a dx \int_0^b dy \int_0^c dz\, \Phi(xyz) = \sum_\nu g_\nu\, \Phi(x_\nu y_\nu z_\nu). \tag{II.3.21}$$

Nach Einsetzen von (II.3.20) in (II.3.21) erhält man durch Koeffizientenvergleich:

$$\int_0^a \int_0^b \int_0^c f_l(x)\, \varphi_m(y)\, \psi_n(z)\, dx\, dy\, dz = \sum_\nu g_\nu f_l(x_\nu)\, \varphi_m(y_\nu)\, \psi_n(z_\nu). \tag{II.3.22}$$

Hieraus lassen sich die Koordinaten und Gewichte bestimmen. Auch hier kann man durch Wahl geeigneter Näherungsfunktionen in (II.3.20) bereits mit einer Sonde das Integral über den ganzen Raum erhalten. Die Lösung von Gl. (II.3.22) kann, wenn zwei oder mehr Punkte verlangt werden, kompliziert werden.

Ist eine Separation

$$\Phi(xyz) = F(x) \cdot G(y) \cdot H(z)$$

möglich, so kommt man einfacher zum Ziel. Wir zeigen das an Hand eines Kubus. Dort muß dann aus Symmetriegründen

$$\Phi(xyz) = F(x)\cdot F(y)\cdot F(z)$$

und

$$\int_0^a\int_0^a\int_0^a \Phi(xyz)\,dx\,dy\,dz = \int_0^a F(x)\,dx\int_0^a F(y)\,dy\int_0^a F(z)\,dz = \left\{\int_0^a F(x)\,dx\right\}^3$$

sein.

Gaußsches Verfahren für die Einzelintegrationen:

$$\left.\begin{aligned}\int_0^a F(x)\,dx &= \sum_\alpha g_\alpha F(x_\alpha),\\ \int_0^a F(y)\,dy &= \sum_\beta g_\beta F(y_\beta),\\ \int_0^a F(z)\,dz &= \sum_\gamma g_\gamma F(z_\gamma).\end{aligned}\right\} \tag{II.3.23}$$

Dabei ist für $\alpha=\beta=\gamma$: $x_\alpha = y_\beta = z_\gamma$. Also

$$\bar{\Phi} = \int \Phi(xyz)\,dV = \sum_{\alpha\beta\gamma} g_\alpha g_\beta g_\gamma F(x_\alpha)F(y_\beta)F(z_\gamma) = \sum g_\alpha g_\beta g_\gamma \Phi(x_\alpha y_\beta z_\gamma).$$

Wir machen, entsprechend den Randbedingungen $\Phi=0$ bei $x=0$ und $x=a$, den Näherungsansatz

$$F(x) = \sum_{l=1,3\ldots} a_l \sin\frac{l\pi x}{a}. \tag{II.3.24}$$

Dabei wird, da sich die Quelle im Zentrum des Kubus befindet, nur über die ungeraden l summiert. Somit

$$\int_0^a F(x)\,dx = \frac{2a}{\pi}\sum_l \frac{a_l}{l} = \sum_\alpha g_\alpha \sum_l \alpha_l \sin\frac{l\pi x_\alpha}{a}. \tag{II.3.25}$$

Durch Koeffizientenvergleich folgt das Gleichungssystem

$$\frac{2a}{\pi}\cdot\frac{1}{l} = g_\alpha\cdot\sin\frac{l\pi x_\alpha}{a}, \tag{II.3.26}$$

aus dem die g_α und die x_α folgen. Für $n=1$ ergibt sich:

$$\frac{2a}{\pi} = g_1\cdot\sin\frac{\pi x_1}{a} \qquad \frac{2a}{3\pi} = g_1\cdot\sin\frac{3\pi x_1}{a} \tag{II.3.27}$$

mit der Lösung:

$$x_1 = 0{,}305\,a \qquad g_1 = 0{,}78\,a. \tag{II.3.28}$$

Eine Integration nach diesem Verfahren und $n=1$ mit einer (Ra+Be)-Neutronenquelle im Zentrum eines Graphitkubus von etwa 1 m Seitenlänge lieferte einen um nur 2,4% vom exakten Integral abweichenden Wert.

Beim Übergang von (II.2.24) zu (II.2.25) haben wir insofern eine kleine Vernachlässigung gemacht, als wir die Integration von 0 bis a durchgeführt haben, obwohl $\Phi=0$ für $0<x<0{,}71\,\lambda_{tr}$ und $a-0{,}71\,\lambda_{tr}<x<a$. Diese Vereinfachung ist immer dann erlaubt, wenn a sehr groß gegen die Transportweglänge ist.

III. Tabellen über Zeitfaktoren

III.1. Zeitfaktoren als Funktion der Zeit *t*, gemessen in Halbwertszeiten $T_{\frac{1}{2}}$

$$\lambda = \frac{\ln 2}{T_{\frac{1}{2}}}$$

$t/T_{\frac{1}{2}}$	$e^{\lambda t}$	$e^{-\lambda t}$	$1-e^{-\lambda t}$	λt	$t/T_{\frac{1}{2}}$	$e^{\lambda t}$	$e^{-\lambda t}$	$1-e^{-\lambda t}$	λt
0,01	1,0069	0,9931	0,0069	0,00693	0,51	1,4241	0,7022	0,2978	0,35351
0,02	1,0140	0,9862	0,0138	0,01386	0,52	1,4340	0,6974	0,3026	0,36044
0,03	1,0210	0,9794	0,0206	0,02079	0,53	1,4439	0,6926	0,3074	0,36737
0,04	1,0281	0,9726	0,0274	0,02773	0,54	1,4540	0,6878	0,3122	0,37430
0,05	1,0353	0,9659	0,0341	0,03466	0,55	1,4647	0,6830	0,3170	0,38123
0,06	1,0425	0,9593	0,0407	0,04159	0,56	1,4743	0,6783	0,3217	0,38816
0,07	1,0497	0,9526	0,0474	0,04852	0,57	1,4845	0,6736	0,3264	0,39509
0,08	1,0570	0,9461	0,0539	0,05545	0,58	1,4949	0,6690	0,3310	0,40203
0,09	1,0644	0,9395	0,0605	0,06238	0,59	1,5053	0,6643	0,3357	0,40896
0,10	1,0718	0,9330	0,0670	0,06931	0,60	1,5157	0,6597	0,3403	0,41589
0,11	1,0792	0,9266	0,0734	0,07625	0,61	1,5263	0,6552	0,3448	0,42282
0,12	1,0867	0,9202	0,0798	0,08318	0,62	1,5369	0,6507	0,3493	0,42975
0,13	1,0943	0,9138	0,0862	0,09011	0,63	1,5476	0,6462	0,3538	0,43668
0,14	1,1019	0,9075	0,0925	0,09704	0,64	1,5583	0,6417	0,3583	0,44361
0,15	1,1096	0,9013	0,0987	0,10397	0,65	1,5692	0,6373	0,3627	0,45055
0,16	1,1173	0,8950	0,1050	0,11090	0,66	1,5801	0,6329	0,3671	0,45748
0,17	1,1251	0,8888	0,1112	0,11784	0,67	1,5911	0,6285	0,3715	0,46441
0,18	1,1329	0,8827	0,1173	0,12477	0,68	1,6021	0,6242	0,3758	0,47134
0,19	1,1408	0,8766	0,1234	0,13170	0,69	1,6133	0,6199	0,3801	0,47827
0,20	1,1487	0,8705	0,1295	0,13863	0,70	1,6245	0,6156	0,3844	0,48520
0,21	1,1567	0,8645	0,1355	0,14556	0,71	1,6358	0,6113	0,3887	0,49213
0,22	1,1647	0,8586	0,1414	0,15249	0,72	1,6472	0,6071	0,3929	0,49907
0,23	1,1728	0,8526	0,1474	0,15942	0,73	1,6586	0,6029	0,3971	0,50600
0,24	1,1810	0,8467	0,1533	0,16636	0,74	1,6702	0,5987	0,4013	0,51293
0,25	1,1892	0,8409	0,1591	0,17329	0,75	1,6818	0,5946	0,4054	0,51986
0,26	1,1975	0,8351	0,1649	0,18022	0,76	1,6935	0,5905	0,4095	0,52679
0,27	1,2058	0,8293	0,1707	0,18715	0,77	1,7053	0,5864	0,4136	0,53372
0,28	1,2142	0,8236	0,1764	0,19408	0,78	1,7171	0,5824	0,4176	0,54065
0,29	1,2226	0,8179	0,1821	0,20101	0,79	1,7291	0,5783	0,4217	0,54759
0,30	1,2311	0,8122	0,1878	0,20794	0,80	1,7411	0,5744	0,4256	0,55452
0,31	1,2397	0,8066	0,1934	0,21488	0,81	1,7532	0,5704	0,4296	0,56145
0,32	1,2483	0,8011	0,1989	0,22181	0,82	1,7654	0,5664	0,4336	0,56838
0,33	1,2570	0,7955	0,2045	0,22874	0,83	1,7777	0,5625	0,4375	0,57531
0,34	1,2658	0,7900	0,2100	0,23567	0,84	1,7901	0,5586	0,4414	0,58224
0,35	1,2746	0,7846	0,2154	0,24260	0,85	1,8025	0,5548	0,4452	0,58918
0,36	1,2834	0,7792	0,2208	0,24953	0,86	1,8151	0,5509	0,4491	0,59611
0,37	1,2923	0,7738	0,2262	0,25646	0,87	1,8277	0,5471	0,4529	0,60304
0,38	1,3013	0,7684	0,2316	0,26340	0,88	1,8404	0,5434	0,4566	0,60997
0,39	1,3104	0,7631	0,2369	0,27033	0,89	1,8532	0,5388	0,4612	0,61690
0,40	1,3195	0,7579	0,2421	0,27726	0,90	1,8661	0,5359	0,4641	0,62383
0,41	1,3287	0,7526	0,2474	0,28419	0,91	1,8791	0,5322	0,4678	0,63076
0,42	1,3379	0,7474	0,2526	0,29112	0,92	1,8921	0,5285	0,4715	0,63770
0,43	1,3471	0,7423	0,2577	0,29805	0,93	1,9053	0,5249	0,4751	0,64463
0,44	1,3566	0,7371	0,2629	0,30498	0,94	1,9185	0,5212	0,4788	0,65156
0,45	1,3660	0,7320	0,2680	0,31192	0,95	1,9319	0,5176	0,4824	0,65849
0,46	1,3755	0,7270	0,2730	0,31885	0,96	1,9453	0,5141	0,4859	0,66542
0,47	1,3851	0,7220	0,2780	0,32578	0,97	1,9588	0,5105	0,4895	0,67235
0,48	1,3947	0,7170	0,2830	0,33271	0,98	1,9725	0,5070	0,4930	0,67928
0,49	1,4044	0,7120	0,2880	0,33964	0,99	1,9862	0,5035	0,4965	0,68622
0,50	1,4142	0,7071	0,2929	0,34657	1,00	2,0000	0,5000	0,5000	0,69315

$t/T_{\frac{1}{2}}$	$e^{\lambda t}$	$e^{-\lambda t}$	$1-e^{-\lambda t}$	λt	$t/T_{\frac{1}{2}}$	$e^{\lambda t}$	$e^{-\lambda t}$	$1-e^{-\lambda t}$	λt
1,02	2,0279	0,4931	0,5069	0,70701	1,98	3,9449	0,2535	0,7465	1,37243
1,04	2,0562	0,4863	0,5137	0,72087	2,00	4,0000	0,2500	0,7500	1,38629
1,05	2,0705	0,4830	0,5170	0,72780					
1,06	2,0849	0,4796	0,5204	0,73474	2,02	4,0558	0,2466	0,7534	1,40016
1,08	2,1140	0,4730	0,5270	0,74860	2,04	4,1124	0,2432	0,7568	1,41402
1,10	2,1435	0,4665	0,5335	0,76246	2,05	4,1410	0,2415	0,7585	1,42095
1,12	2,1735	0,4601	0,5399	0,77632	2,06	4,1698	0,2398	0,7602	1,42788
1,14	2,2038	0,4538	0,5462	0,79019	2,08	4,2280	0,2365	0,7635	1,44175
1,15	2,2191	0,4506	0,5494	0,79712	2,10	4,2871	0,2333	0,7667	1,45561
1,16	2,2345	0,4475	0,5525	0,80405	2,12	4,3469	0,2300	0,7700	1,46947
1,18	2,2658	0,4413	0,5587	0,81791	2,14	4,4076	0,2269	0,7731	1,48334
1,20	2,2974	0,4353	0,5647	0,83178	2,15	4,4382	0,2253	0,7747	1,49027
					2,16	4,4691	0,2238	0,7762	1,49720
1,22	2,3295	0,4293	0,5707	0,84564	2,18	4,5316	0,2207	0,7793	1,51106
1,24	2,3620	0,4234	0,5766	0,85950	2,20	4,5948	0,2176	0,7824	1,52492
1,25	2,3784	0,4204	0,5796	0,86643					
1,26	2,3050	0,4175	0,5825	0,87337	2,22	4,6590	0,2146	0,7854	1,53879
1,28	2,4284	0,4118	0,5882	0,88723	2,24	4,7240	0,2117	0,7883	1,55265
1,30	2,4623	0,4061	0,5939	0,90109	2,25	4,7569	0,2102	0,7898	1,55958
1,32	2,4967	0,4005	0,5995	0,91495	2,26	4,7899	0,2088	0,7912	1,56651
1,34	2,5315	0,3950	0,6050	0,92882	2,28	4,8568	0,2059	0,7941	1,58038
1,35	2,5491	0,3923	0,6077	0,93575	2,30	4,9246	0,2031	0,7969	1,59424
1,36	2,5668	0,3896	0,6104	0,94268	2,32	4,9933	0,2003	0,7997	1,60810
1,38	2,6027	0,3842	0,6158	0,95654	2,34	5,0630	0,1975	0,8025	1,62196
1,40	2,6390	0,3789	0,6211	0,97041	2,35	5,0982	0,1961	0,8039	1,62890
					2,36	5,1337	0,1948	0,8052	1,63583
1,42	2,6758	0,3737	0,6263	0,98427	2,38	5,2054	0,1921	0,8079	1,64969
1,44	2,7132	0,3685	0,6315	0,99813	2,40	5,2780	0,1895	0,8105	1,66355
1,45	2,7321	0,3660	0,6340	1,00506					
1,46	2,7511	0,3635	0,6365	1,01199	2,42	5,3517	0,1869	0,8131	1,67742
1,48	2,7895	0,3585	0,6415	1,02586	2,44	5,4264	0,1843	0,8157	1,69128
1,50	2,8285	0,3536	0,6464	1,03972	2,45	5,4642	0,1830	0,8170	1,69821
1,52	2,8679	0,3487	0,6513	1,05358	2,46	5,5021	0,1817	0,8183	1,70514
1,54	2,9080	0,3439	0,6561	1,06745	2,48	5,5789	0,1792	0,8208	1,71901
1,55	2,9282	0,3415	0,6585	1,07438	2,50	5,6569	0,1768	0,8232	1,73287
1,56	2,9486	0,3391	0,6609	1,08131	2,52	5,7359	0,1744	0,8256	1,74673
1,58	2,9897	0,3345	0,6655	1,09517	2,54	5,8159	0,1719	0,8281	1,76059
1,60	3,0314	0,3299	0,6701	1,10904	2,55	5,8564	0,1708	0,8292	1,76753
					2,56	5,8971	0,1696	0,8304	1,77446
1,62	3,0738	0,3253	0,6747	1,12290	2,58	5,9794	0,1673	0,8327	1,78832
1,64	3,1167	0,3209	0,6791	1,13676	2,60	6,0629	0,1649	0,8351	1,80218
1,65	3,1383	0,3186	0,6814	1,14369					
1,66	3,1602	0,3164	0,6836	1,15062	2,62	6,1475	0,1627	0,8373	1,81605
1,68	3,2043	0,3121	0,6879	1,16449	2,64	6,2333	0,1604	0,8396	1,82991
1,70	3,2490	0,3078	0,6922	1,17835	2,65	6,2767	0,1593	0,8407	1,83684
1,72	3,2944	0,3035	0,6965	1,19221	2,66	6,3203	0,1582	0,8418	1,84377
1,74	3,3403	0,2994	0,7006	1,20608	2,68	6,4086	0,1560	0,8440	1,85763
1,75	3,3636	0,2973	0,7027	1,21301	2,70	6,4980	0,1539	0,8461	1,87150
1,76	3,3870	0,2953	0,7047	1,21994	2,72	6,5887	0,1518	0,8482	1,88536
1,78	3,4342	0,2912	0,7088	1,23380	2,74	6,6807	0,1497	0,8503	1,89922
1,80	3,4822	0,2872	0,7128	1,24766	2,75	6,7271	0,1487	0,8513	1,90615
					2,76	6,7739	0,1476	0,8524	1,91309
1,82	3,5308	0,2832	0,7168	1,26153	2,78	6,8685	0,1456	0,8544	1,92695
1,84	3,5801	0,2793	0,7207	1,27539	2,80	6,9643	0,1436	0,8564	1,94081
1,85	3,6050	0,2774	0,7226	1,28232					
1,86	3,6301	0,2755	0,7245	1,28925	2,82	7,0615	0,1416	0,8584	1,95468
1,88	3,6808	0,2717	0,7283	1,30312	2,84	7,1603	0,1397	0,8603	1,96854
1,90	3,7322	0,2679	0,7321	1,31698	2,85	7,2101	0,1387	0,8613	1,97547
1,92	3,7842	0,2643	0,7357	1,33084	2,86	7,2602	0,1377	0,8623	1,98240
1,94	3,8371	0,2606	0,7394	1,34471	2,88	7,3616	0,1358	0,8642	1,99626
1,95	3,8638	0,2588	0,7412	1,35164	2,90	7,4643	0,1340	0,8660	2,01013
1,96	3,8906	0,2570	0,7430	1,35857	2,92	7,5685	0,1321	0,8679	2,02399

$t/T_{\frac{1}{2}}$	$e^{\lambda t}$	$e^{-\lambda t}$	$1-e^{-\lambda t}$	λt
2,94	7,6741	0,1303	0,8697	2,03785
2,95	7,7275	0,1294	0,8706	2,04478
2,96	7,7813	0,1285	0,8715	2,05172
2,98	7,8899	0,1267	0,8733	2,06558
3,00	8,0000	0,1250	0,8750	2,07944
3,05	8,2821	0,1207	0,8793	2,11410
3,10	8,5741	0,1166	0,8834	2,14876
3,15	8,8765	0,1127	0,8873	2,18341
3,20	9,1897	0,1088	0,8912	2,21807
3,25	9,5137	0,1051	0,8949	2,25273
3,30	9,8492	0,1015	0,8985	2,28739
3,35	10,196	0,0981	0,9019	2,32204
3,40	10,556	0,0948	0,9052	2,35670
3,45	10,928	0,0915	0,9085	2,39136
3,50	11,314	0,0884	0,9116	2,42602
3,55	11,713	0,0854	0,9146	2,46067
3,60	12,126	0,0825	0,9175	2,49533
3,65	12,553	0,0797	0,9203	2,52999
3,70	12,996	0,0770	0,9230	2,56464
3,75	13,454	0,0743	0,9257	2,59930
3,80	13,929	0,0718	0,9282	2,63396
3,85	14,420	0,0693	0,9307	2,66862
3,90	14,929	0,0670	0,9330	2,70327
3,95	15,455	0,0647	0,9353	2,73793
4,00	16,000	0,0625	0,9375	2,77259
4,10	17,148	0,0583	0,9417	2,84190
4,20	18,379	0,0544	0,9456	2,91122
4,30	19,698	0,0508	0,9492	2,98053
4,40	21,112	0,0474	0,9526	3,04985
4,50	22,628	0,0442	0.9558	3,11916
4,60	24,252	0,0412	0,9588	3,18848
4,70	25,992	0,0385	0,9615	3,25779
4,80	27,857	0,0359	0,9641	3,32711
4,90	29,857	0,0335	0,9665	3,39642
5,00	32,000	0,0312	0,9688	3,46574

$t/T_{\frac{1}{2}}$	$e^{\lambda t}$	$e^{-\lambda t}$	$1-e^{-\lambda t}$	λt
5,10	34,297	0,0292	0,9708	3,53505
5,20	36,759	0,0272	0,9728	3,60437
5,30	39,397	0,0254	0,9746	3,67368
5,40	42,224	0,0237	0,9763	3,74299
5,50	45,255	0,0221	0,9779	3,81231
5,60	48,503	0,0206	0,9794	3,88162
5,70	51,984	0,0192	0,9808	3,95094
5,80	55,715	0,0179	0,9821	4,02025
5,90	59,715	0,0167	0,9833	4,08957
6,00	64,000	0,0156	0,9844	4,15888
6,20	73,517	0,0136	0,9864	4,29751
6,40	84,448	0,0118	0,9882	4,43614
6,60	97,007	0,0103	0,9897	4,57477
6,80	111,43	0,0090	0,9910	4,71340
7,00	128,00	0,0078	0,9922	4,85203
7,20	147,03	0,0068	0,9932	4,99066
7,40	168,90	0,0059	0,9941	5,12929
7 60	194,01	0,0052	0,9948	5,26792
7,80	222,86	0,0045	0,9955	5,40655
8,00	256,00	0,0039	0,9961	5,54518
8,20	294,07	0,0034	0,9966	5,68381
8,40	337,79	0,0030	0,9970	5,82244
8,60	388,03	0,0026	0,9974	5,96107
8,80	445,72	0,0022	0,9978	6,09970
9,00	512,00	0,0020	0,9980	6,23832
9,20	588,14	0,0017	0,9983	6,37695
9,40	675,59	0,0015	0,9985	6,51558
9,60	776,05	0,0013	0,9987	6,65421
9,80	891,44	0,0011	0,9989	6,79284
10,00	1024,0	0,0010	0,9990	6,93147
10,50	1448,2	0,0007	0,9993	7,27805
11,00	2048,0	0,0005	0,9995	7,62462
11,50	2896,3	0,0004	0,9996	7,97119
12,00	4096,0	0,0002	0,9998	8,31777
13,00	8192,0	0,0001	0,9999	9,01091

III.2. Tabelle der Zeitfaktoren für Dysprosium

$$T_{\frac{1}{2}} = 140 \text{ min}; \quad \lambda = \frac{\ln 2}{T_{\frac{1}{2}}}; \quad t \text{ in min}$$

t	$e^{\lambda t}$	t	$e^{\lambda t}$	t	$e^{\lambda t}$	t	$e^{\lambda t}$	t	$e^{\lambda t}$	t	$e^{\lambda t}$
1	1,0050	11	1,0560	21	1,1096	31	1,1659	41	1,225	51	1,286
2	1,0100	12	1,0612	22	1,1151	32	1,1716	42	1,231	52	1,294
3	1,0150	13	1,0665	23	1,1206	33	1,1775	43	1,237	53	1,300
4	1,0200	14	1,0718	24	1,1262	34	1,1833	44	1,244	54	1,307
5	1,0251	15	1,0771	25	1,1318	35	1,1892	45	1,249	55	1,313
6	1,0302	16	1,0824	26	1,1374	36	1,1951	46	1,256	56	1,320
7	1,0353	17	1,0878	27	1,1430	37	1,201	47	1,262	57	1,326
8	1,0404	18	1,0932	28	1,1487	38	1,207	48	1,270	58	1,333
9	1,0456	19	1,0986	29	1,1544	39	1,213	49	1,275	59	1,339
10	1,0508	20	1,1041	30	1,1601	40	1,219	50	1,281	60	1,346

t	$e^{\lambda t}$	t	$e^{\lambda t}$	t	$e^{\lambda t}$	t	$e^{\lambda t}$	t	$e^{\lambda t}$	t	$e^{\lambda t}$
61	1,352	91	1,569	121	1,820	151	2,112	181	2,450	211	2,842
62	1,359	92	1,577	122	1,829	152	2,122	182	2,462	212	2,857
63	1,366	93	1,584	123	1,839	153	2,133	183	2,474	213	2,871
64	1,373	94	1,593	124	1,847	154	2,144	184	2,487	214	2,885
65	1,380	95	1,601	125	1,857	155	2,154	185	2,499	215	2,899
66	1,387	96	1,609	126	1,866	156	2,165	186	2,512	216	2,914
67	1,393	97	1,616	127	1,875	157	2,176	187	2,524	217	2,928
68	1,400	98	1,625	128	1,885	158	2,186	188	2,537	218	2,943
69	1,407	99	1,632	129	1,894	159	2,197	189	2,549	219	2,957
70	1,414	100	1,641	130	1,903	160	2,208	190	2,562	220	2,972
71	1,421	101	1,649	131	1,913	161	2,219	191	2,574	221	2,987
72	1,428	102	1,657	132	1,922	162	2,230	192	2,587	222	3,001
73	1,435	103	1,665	133	1,932	163	2,241	193	2,600	223	3,016
74	1,442	104	1,673	134	1,941	164	2,252	194	2,613	224	3,031
75	1,450	105	1,682	135	1,951	165	2,263	195	2,626	225	3,046
76	1,457	106	1,690	136	1,961	166	2,275	196	2,639	226	3,062
77	1,464	107	1,698	137	1,970	167	2,286	197	2,652	227	3,077
78	1,471	108	1,707	138	1,980	168	2,297	198	2,665	228	3,092
79	1,479	109	1,715	139	1,990	169	2,309	199	2,678	229	3,107
80	1,486	110	1,724	140	2,000	170	2,320	200	2,692	230	3,123
81	1,493	111	1,732	141	2,010	171	2,332	201	2,705	231	3,138
82	1,501	112	1,741	142	2,020	172	2,343	202	2,719	232	3,154
83	1,508	113	1,750	143	2,030	173	2,355	203	2,732	233	3,170
84	1,516	114	1,758	144	2,040	174	2,367	204	2,746	234	3,185
85	1,523	115	1,767	145	2,050	175	2,378	205	2,759	235	3,201
86	1,531	116	1,776	146	2,060	176	2,390	206	2,773	236	3,217
87	1,539	117	1,785	147	2,071	177	2,402	207	2,787	237	3,233
88	1,546	118	1,794	148	2,081	178	2,414	208	2,801	238	3,249
89	1,554	119	1,802	149	2,091	179	2,426	209	2,814	239	3,265
90	1,561	120	1,811	150	2,102	180	2,438	210	2,828	240	3,281

III.3. Tabelle der Zeitfaktoren für Indium

$T_{\frac{1}{2}} \doteq 54$ min; $\lambda = \frac{\ln 2}{T_{\frac{1}{2}}}$; t in min

t	$e^{\lambda t}$	t	$e^{\lambda t}$	t	$e^{\lambda t}$	t	$e^{\lambda t}$	t	$e^{\lambda t}$
1	1,0129	16	1,2279	31	1,4884	46	1,8004	61	2,188
2	1,0259	17	1,2437	32	1,5075	47	1,8286	62	2,217
3	1,0391	18	1,2593	33	1,5269	48	1,8515	63	2,243
4	1,0526	19	1,2760	34	1,5469	49	1,8757	64	2,273
5	1,0665	20	1,2925	35	1,5667	50	1,9003	65	2,302
6	1,0798	21	1,3092	36	1,5868	51	1,9251	66	2,333
7	1,0940	22	1,3261	37	1,6075	52	1,9484	67	2,363
8	1,1081	23	1,3432	38	1,6282	53	1,9739	68	2,394
9	1,1222	24	1,3596	39	1,6493	54	2,000	69	2,425
10	1,1369	25	1,3780	40	1,6706	55	2,026	70	2,455
11	1,1515	26	1,3954	41	1,6922	56	2,052	71	2,487
12	1,1665	27	1,4134	42	1,7140	57	2,079	72	2,519
13	1,1814	28	1,4322	43	1,7362	58	2,104	73	2,552
14	1,1967	29	1,4507	44	1,7570	59	2,132	74	2,586
15	1,2122	30	1,4695	45	1,7812	60	2,160	75	2,619

t	$e^{\lambda t}$	t	$e^{\lambda t}$	t	$e^{\lambda t}$	t	$e^{\lambda t}$	t	$e^{\lambda t}$
76	2,651	106	3,900	136	5,732	166	8,423	196	12,379
77	2,686	107	3,947	137	5,801	167	8,534	197	12,541
78	2,718	108	4,000	138	5.877	168	8,637	198	12,692
79	2,757	109	4,051	139	5,954	169	8,750	199	12,858
80	2,790	110	4,104	140	6,032	170	8,864	200	13,027
81	2,829	111	4,158	141	6,110	171	8,980	201	13,197
82	2,863	112	4,208	142	6,190	172	9,098	202	13,370
83	2,901	113	4,263	143	6,265	173	9,217	203	13,545
84	2,939	114	4,319	144	6,347	174	9,318	204	13,708
85	2,977	115	4,375	145	6,430	175	9,450	205	13,888
86	3,016	116	4,433	146	6,514	176	9,574	206	14,069
87	3,056	117	4,491	147	6,600	177	9,699	207	14,253
88	3,093	118	4,549	148	6,686	178	9,826	208	14,440
89	3,133	119	4,604	149	6,767	179	9,951	209	14,629
90	3,174	120	4,665	150	6,855	180	10,074	210	14,806
91	3,216	121	4,726	151	6,945	181	10,206	211	14,999
92	3,258	122	4,787	152	7,036	182	10,340	212	15,196
93	3,300	123	4,850	153	7,128	183	10,475	213	15,394
94	3,340	124	4,914	154	7,221	184	10,612	214	15,596
95	3,384	125	4,973	155	7,308	185	10,751	215	15,800
96	3,428	126	5,038	156	7,404	186	10,881	216	16,000
97	3,473	127	5,104	157	7,503	187	11,023		
98	3,518	128	5,171	158	7,599	188	11,167		
99	3,564	129	5,232	159	7,698	189	11,314		
100	3,611	130	5,307	160	7,791	190	11,462		
101	3,655	131	5,371	161	7,893	191	11,612		
102	3,702	132	5,441	162	8,000	192	11,752		
103	3,751	133	5,512	163	8,101	193	11,905		
104	3,800	134	5,585	164	8,207	194	12,061		
105	3,850	135	5,658	165	8,314	195	12,219		

III.4. Tabelle der Zeitfaktoren für Mangan

$T_{\frac{1}{2}} = 155{,}4$ min; $\lambda = \frac{\ln 2}{T_{\frac{1}{2}}}$; t in min

t	$e^{\lambda t}$	t	$e^{\lambda t}$	t	$e^{\lambda t}$	t	$e^{\lambda t}$	t	$e^{\lambda t}$	t	$e^{\lambda t}$
1	1,0040	16	1,0740	31	1,1483	46	1,2277	61	1,3127	76	1,4034
2	1,0089	17	1,0787	32	1,1533	47	1,2332	62	1,3185	77	1,4097
3	1,0135	18	1,0836	33	1,1586	48	1,2387	63	1,3245	78	1,4160
4	1,0180	19	1,0884	34	1,1637	49	1,2442	64	1,3304	79	1,4224
5	1,0225	20	1,0933	35	1,1689	50	1,2498	65	1,3363	80	1,4287
6	1,0270	21	1,0982	36	1,1741	51	1,2553	66	1,3423	81	1,4351
7	1,0317	22	1,1031	37	1,1794	52	1,2611	67	1,3482	82	1,4416
8	1,0362	23	1,1080	38	1,1846	53	1,2666	68	1,3544	83	1,4480
9	1,0409	24	1,1129	39	1,1899	54	1,2722	69	1,3603	84	1,4545
10	1,0456	25	1,1179	40	1,1952	55	1,2780	70	1,3665	85	1,4609
11	1,0503	26	1,1230	41	1,2005	56	1,2836	71	1,3725	86	1,4674
12	1,0549	27	1,1275	42	1,2059	57	1,2895	72	1,3787	87	1,4740
13	1,0597	28	1,1329	43	1,2113	58	1,2952	73	1,3848	88	1,4805
14	1,0644	29	1,1380	44	1,2168	59	1,3010	74	1,3910	89	1,4873
15	1,0692	30	1,1430	45	1,2222	60	1,3068	75	1,3972	90	1,4939

t	$e^{\lambda t}$	t	$e^{\lambda t}$	t	$e^{\lambda t}$	t	$e^{\lambda t}$	t	$e^{\lambda t}$	t	$e^{\lambda t}$
91	1,5006	116	1,6776	141	1,8754	166	2,0966	191	2,344	216	2,6204
92	1,5073	117	1,6851	142	1,8839	167	2,1059	192	2,354	217	2,6322
93	1,5141	118	1,6927	143	1,8923	168	2,1155	193	2,365	218	2,6439
94	1,5208	119	1,7001	144	1,9008	169	2,1249	194	2,375	219	2,6555
95	1,5277	120	1,7078	145	1,9093	170	2,1344	195	2,385	220	2,6676
96	1,5345	121	1,7155	146	1,9178	171	1,1439	196	2,396	221	2,6794
97	1,5413	122	1,7232	147	1,9264	172	2,1535	197	2,406	222	2,6915
98	1,5483	123	1,7308	148	1,9350	173	2,1631	198	2,418	223	2,7035
99	1,5552	124	1,7386	149	1,9436	174	2,1729	199	2,428	224	2,7156
100	1,5621	125	1,7463	150	1,9523	175	2,1816	200	2,440	225	2,7278
101	1,5690	126	1,7541	151	1,9611	176	2,1922	201	2,450	226	2,7400
102	1,5761	127	1,7620	152	1,9697	177	2,2012	202	2,462	227	2,7614
103	1,5831	128	1,7698	153	1,9786	178	2,2122	203	2,472	228	2,7649
104	1,5901	129	1,7777	154	1,9874	179	2,2211	204	2,483	229	2,7769
105	1,5973	130	1,7857	155	1,9963	180	2,2322	205	2,494	230	2,7899
106	1,6044	131	1,7937	156	2,0053	181	2,2412	206	2,506	231	2,802
107	1,6116	132	1,8017	157	2,0142	182	2,2524	207	2,516	232	2,814
108	1,6188	133	1,8097	158	2,0232	183	2,2614	208	2,527	233	2,827
109	1,6260	134	1,8178	159	2,0323	184	2,272	209	2,539	234	2,839
110	1,6333	135	1,8260	160	2,0413	185	2,282	210	2,5513	235	2,852
111	1,6406	136	1,8341	161	2,0504	186	2,292	211	2,5640	236	2,865
112	1,6479	137	1,8423	162	2,0595	187	2,303	212	2,5741	237	2,878
113	1,6553	138	1,8506	163	2,0689	188	2,312	213	2,5857	238	2,891
114	1,6627	139	1,8588	164	2,0781	189	2,323	214	2,5972	239	2,903
115	1,6700	140	1,8671	165	2,0873	190	2,333	215	2,6077	240	2,917

IV. Tabellen der Funktionen $\varphi_0(\nu, \beta)$ und $\varphi_1(\nu, \beta)$

Im folgenden werden die bei Sondenproblemen wichtigen Funktionen $\varphi_0(\nu, \beta)$ und $\varphi_1(\nu, \beta)$ tabelliert. Ihre Definition erfolgte durch Gl. (8.1.12) und (8.1.13) auf S. 125. Dort wurden die Abkürzungen $\nu = \mu\delta$, $\beta = \alpha\delta$ eingeführt.

Die bei Sondenproblemen besonders wichtige Funktion $\varphi_0(\nu)$ ist mit $\varphi_0(\nu, \beta = 0)$ identisch und in IV.1 enthalten.

IV.1. Werte von φ_0 als Funktion von ν und β

β \ ν	0,2	0,4	0,6	0,8	1,0	1,2	1,4	1,6	1,8	2,0
0,0	0,2961	0,4854	0,6169	0,7114	0,7806	0,8321	0,8709	0,9002	0,9226	0,9397
0,2	0,2684	0,4399	0,5591	0,6447	0,7076	0,7545	0,7896	0,8162	0,8366	0,8522
0,4	0,2441	0,4002	0,5087	0,5867	0,6440	0,6867	0,7188	0,7432	0,7620	0,7762
0,6	0,2227	0,3653	0,4644	0,5358	0,5883	0,6275	0,6571	0,6795	0,6969	0,7102
0,8	0,2039	0,3346	0,4254	0,4911	0,5394	0,5755	0,6030	0,6238	0,6405	0,6522
1,0	0,1873	0,3075	0,3911	0,4516	0,4965	0,5298	0,5555	0,5754	0,5902	0,6023
1,2	0,1726	0,2835	0,3608	0,4170	0,4584	0,4897	0,5137	0,5321	0,5469	0,5579
1,4	0,1596	0,2622	0,3339	0,3861	0,4249	0,4542	0,4768	0,4944	0,5082	0,5194
1,6	0,1480	0,2433	0,3101	0,3588	0,3951	0,4228	0,4442	0,4609	0,4744	0,4851
1,8	0,1378	0,2264	0,2888	0,3344	0,3686	0,3948	0,4151	0,4312	0,4443	0,4546
2,0	0,1284	0,2114	0,2698	0,3127	0,3450	0,3698	0,3893	0,4048	0,4173	0,4275
2,2	0,1201	0,1979	0,2528	0,2933	0,3239	0,3476	0,3662	0,3812	0,3934	0,4035
2,4	0,1127	0,1857	0,2375	0,2758	0,3049	0,3276	0,3455	0,3601	0,3720	0,3820
2,6	0,1060	0,1748	0,2238	0,2600	0,2878	0,3095	0,3269	0,3410	0,3528	0,3627
2,8	0,0999	0,1649	0,2113	0,2459	0,2724	0,2933	0,3101	0,3239	0,3355	0,3452
3,0	0,0943	0,1560	0,2001	0,2330	0,2585	0,2786	0,2949	0,3084	0,3198	0,3296

IV.2. Werte von φ_1 als Funktion von ν und β

β \ ν	0,2	0,4	0,6	0,8	1,0	1,2	1,4	1,6	1,8	2,0
0,2	0,0009	0,0030	0,0056	0,0085	0,0114	0,0132	0,0164	0,0189	0,0214	0,0235
0,4	0,0016	0,0052	0,0098	0,0147	0,0198	0,0249	0,0297	0,0342	0,0389	0,0431
0,6	0,0021	0,0071	0,0133	0,0201	0,0271	0,0339	0,0405	0,0468	0,0527	0,0582
0,8	0,0026	0,0086	0,0162	0,0243	0,0330	0,0411	0,0491	0,0569	0,0640	0,0708
1,0	0,0030	0,0098	0,0185	0,0278	0,0375	0,0471	0,0561	0,0644	0,0734	0,0808
1,2	0,0033	0,0108	0,0202	0,0305	0,0413	0,0516	0,0616	0,0714	0,0800	0,0891
1,4	0,0036	0,0115	0,0217	0,0327	0,0441	0,0552	0,0660	0,0762	0,0859	0,0948
1,6	0,0037	0,0121	0,0227	0,0343	0,0463	0,0579	0,0692	0,0801	0,0900	0,0995
1,8	0,0038	0,0125	0,0235	0,0355	0,0480	0,0600	0,0718	0,0829	0,0932	0,1033
2,0	0,0040	0,0128	0,0241	0,0364	0,0491	0,0615	0,0735	0,0850	0,0958	0,1060
2,2	0,0040	0,0130	0,0245	0,0370	0,0499	0,0625	0,0747	0,0864	0,0973	0,1077
2,4	0,0041	0,0132	0,0247	0,0374	0,0504	0,0631	0,0755	0,0872	0,0983	0,1087
2,6	0,0041	0,0132	0,0248	0,0375	0,0506	0,0634	0,0758	0,0877	0,0988	0,1093
2,8	0,0041	0,0132	0,0248	0,0375	0,0506	0,0634	0,0759	0,0877	0,0989	0,1096
3,0	0,0040	0,0132	0,0247	0,0374	0,0504	0,0632	0,0757	0,0875	0,0987	0,1091

IV.3. Werte von φ_1/φ_0 als Funktion von ν und β

β \ ν	0,2	0,4	0,6	0,8	1,0	1,2	1,4	1,6	1,8	2,0
0,2	0,003	0,007	0,010	0,013	0,016	0,018	0,021	0,023	0,026	0,028
0,4	0,007	0,013	0,019	0,025	0,031	0,036	0,041	0,046	0,051	0,056
0,6	0,010	0,019	0,029	0,038	0,046	0,054	0,062	0,069	0,076	0,082
0,8	0,013	0,026	0,038	0,049	0,061	0,071	0,081	0,092	0,100	0,109
1,0	0,016	0,032	0,047	0,062	0,075	0,089	0,101	0,112	0,124	0,134
1,2	0,019	0,038	0,056	0,073	0,090	0,105	0,120	0,134	0,146	0,154
1,4	0,022	0,044	0,065	0,085	0,104	0,122	0,138	0,154	0,169	0,183
1,6	0,025	0,050	0,073	0,096	0,117	0,137	0,156	0,174	0,190	0,205
1,8	0,028	0,055	0,081	0,106	0,130	0,152	0,173	0,192	0,210	0,237
2,0	0,031	0,061	0,089	0,116	0,142	0,166	0,189	0,210	0,230	0,248
2,2	0,033	0,066	0,097	0,126	0,154	0,180	0,204	0,227	0,248	0,267
2,4	0,036	0,071	0,104	0,136	0,165	0,193	0,218	0,242	0,264	0,284
2,6	0,039	0,075	0,111	0,145	0,176	0,204	0,232	0,257	0,280	0,302
2,8	0,041	0,080	0,117	0,153	0,186	0,216	0,244	0,271	0,295	0,318
3,0	0,043	0,085	0,123	0,160	0,195	0,227	0,256	0,284	0,309	0,331

V. Tabellen von Wirkungsquerschnitten

V.1. Elemente, geordnet nach wachsendem Absorptionsquerschnitt σ_a für langsame Neutronen

< 0,01	0,01 – 0,1	0,1 – 1	1 – 10	10 – 100	100 – 1000	> 1000
			σ_a (barn)			
He	Be	H	N	Li	B	Cd
C	Mg	Na	Ne	Cl	Rh	Sm
O	Bi	Al	K	Sc	In	Eu
F		Si	Ti	Mn	Er	Gd
		P	V	Co	Tm	Dy
		S	Cr	Se	Lu	Pu
		A	Fe	Kr	Hf	
		Ca	Ni	Te	Ir	
		Rb	Cu	Ag	Hg	
		Zr	Zn	Xe	Ac	
		Sn	Ga	Cs	Am	
		Ce	Ge	Pr		
		Pb	As	Nd		
			Br	Tb		
			Sr	Ho		
			Y	Yb		
			Nb	Ta		
			Mo	W		
			Ru	Re		
			Pd	Os		
			Sb	Au		
			Te			
			J			
			Ba			
			La			
			Pt			
			Tl			
			U			

V.2. Wirkungsquerschnitte von Isotopen

Die Tabelle[1] enthält Angaben über Absorptionsquerschnitte, Reaktionsquerschnitte, Aktivierungsquerschnitte und Streuquerschnitte von Isotopen gegenüber langsamen Neutronen.

Maßeinheit der Querschnitte ist, wenn nicht anders vermerkt, 1 barn = 10^{-24} cm^2.

In der ersten Spalte der Tabelle ist das Element angegeben, zu dem das in der zweiten Spalte aufgeführte Isotop gehört. Hinter jedem Isotop ist in Klammern seine Häufigkeit im natürlichen Element angegeben, und wenn es sich um ein radioaktives Isotop handelt, seine Halbwertszeit (a = Jahre, d = Tage, h = Stunden, m = Minuten, s = Sekunden).

Die dritte Spalte enthält den Absorptionsquerschnitt. σ_a rührt in den meisten Fällen von einem (n, γ)-Prozeß (Strahlungseinfang) her; in Fällen, in denen

[1] Nachdruck aus dem Tabellenbuch „Neutron Cross Sections" von D. J. Hughes und J. A. Harvey, BNL 325 (1955) mit Supplement No. 1 (1957) mit freundlicher Genehmigung des U. S. Government Printing Office.

Beiträge von (n, α)- und (n, p)-Reaktionen bestimmt werden konnten, sind diese vermerkt. Für die spaltbaren Isotopen wird der Spaltquerschnitt gesondert aufgeführt.

In der vierten Spalte sind Werte für den Aktivierungsquerschnitt wiedergegeben. Entsteht die Aktivität durch Neutronenanlagerung am Ausgangskern, so ist lediglich ihre Halbwertszeit angegeben. Wird sie durch einen (n, α)- oder (n, p)-Prozeß gebildet, so ist das Symbol des gebildeten Radioisotops sowie die Halbwertszeit angegeben. In manchen Fällen existieren mehrere Halbwertszeiten wegen der Bildung isomerer Zustände.

In der fünften Spalte ist schließlich der Streuquerschnitt angegeben. $\overline{\sigma_s}$ wurde mit thermischen Neutronen bestimmt und stellt einen Mittelwert dar. Die Reaktionsquerschnitte in Spalte 3 und 4 gelten bei einer Neutronengeschwindigkeit von 2200 m/sec; über die Verwendung des f-Faktors siehe die Erklärung zu Tabelle 1.4.1, Abschnitt 1.4. Einige mit einem Stern gekennzeichnete Werte für σ_a und σ_{act} sind Mittelwerte über ein (nahezu thermisches) Reaktorspektrum. Die mit zwei Sternen bezeichneten σ_s-Werte sind aus dem bei Neutronenenergien zwischen 10 und 20 eV bestimmten Streuquerschnitt des freien Atoms nach der Formel $\sigma_{\text{gebunden}} = \left(\frac{A+1}{A}\right)^2 \sigma_{\text{frei}}$ berechnet — vgl. Abschnitt 1.4 — und gelten für das starr gebundene Atom.

Die Tabelle gibt stets *direkt* gemessene Werte wieder. Das hat an manchen Stellen Diskrepanzen zur Folge: Zum Beispiel beträgt für Au^{197} σ_a direkt gemessen $98{,}8 \pm 0{,}3$ barn, an Hand der Aktivität des Au^{198} findet man aber $\sigma_{\text{act}} = 96 \pm 10$ barn. Da man sicher sein kann, daß keine weiteren Aktivitäten auftreten, kann man diese Diskrepanz ganz der Ungenauigkeit in der Messung von σ_{act} zuschieben und verwende für σ_{act} den genaueren Wert von σ_a. Umgekehrt liegen die Dinge z. B. beim Deuterium, hier fand man (aus einem integralen Experiment) $\sigma_a = 0{,}46 \pm 0{,}10$ mb; σ_{act} folgt aus der Bestimmung der Tritiumaktivität von neutronenbestrahltem Deuterium zu $0{,}57 \pm 0{,}01$ mb. Hier verwende man $\sigma_a = 0{,}57 \pm 0{,}01$ mb. Es gibt aber auch Fälle, in denen die Verhältnisse nicht so klar liegen; z. B. beträgt der Absorptionsquerschnitt des Isotops Se^{74} 48 ± 7 b, der Aktivierungsquerschnitt für Bildung der 123 d-Aktivität des Se^{75} 26 ± 6 b. In diesem Fall kann nicht entschieden werden, welcher der Werte der richtigere ist.

Die Absorptions- und Streuquerschnitte der *Elemente* findet man in Tabelle 1.4.1, Abschnitt 1.4.

Element	Isotop (%, $T_{\frac{1}{2}}$)	σ_a	σ_{act}		$\overline{\sigma_s}$
$_1H$	H^1 (~100)	332 ± 2 mb			
	H^2 (0,015)	$0{,}46 \pm 0{,}1$ mb	12,4 a	$0{,}57 \pm 0{,}01$ mb	7 ± 1
$_2He$	He^3 (0,000 13)	n, p 5400 ± 300			$1{,}0 \pm 0{,}7$
	He^4 (~100)	0		0	
$_3Li$	Li^6 (7,52)	n, α 945		23,8 mb	
	Li^7 (92,48)		0,85 s	33 ± 5 mb	$1{,}4 \pm 0{,}2$**
$_4Be$	Be^7 (54 d)	n, p $51\,000 \pm 6000$			
		$n, \alpha < 1$			
	Be^9 (100)	10 ± 1 mb	$2{,}7 \cdot 10^6$ a	9 ± 3 mb	7 ± 1

Element	Isotop (%, $T_{\frac{1}{2}}$)	σ_a	σ_{act}		$\overline{\sigma_s}$
$_5B$	B^{10} (18,8)	n,α 4010		0,45 ± 0,20	4,0 ± 0,5**
		$n,p < 0,2$			
	B^{11} (81,2)		0,03 s	< 50 mb	4,4 ± 0,3**
$_6C$	C^{12} (98,89)			3,3 ± 0,2 mb	
	C^{13} (1,11)	0,5 ± 0,2 mb	5570 a	0,9 ± 0,3 mb	5,5 ± 1,0**
	C^{14} (5570 a)	< 200	2,4 s	< 1 μb	
$_7N$	N^{14} (99,63)	n,p 1,75 ± 0,05			
		n,γ 0,08 ± 0,02			
	N^{15} (0,37)		7,4 s	24 ± 8 μb	
$_8O$	O^{16} (99,59)				
	O^{17} (0,037)	n,α 0,25 ± 0,15	5570 a	C^{14} 0,5 ± 0,1	
	O^{18} (0,204)		29 s	0,21 ± 0,04 mb	
$_9F$	F^{19} (100)	< 10 mb	11 s	9 ± 2 mb	3,9 ± 0,2
$_{10}Ne$	Ne^{20} (90,92)				
	Ne^{21} (0,26)				
	Ne^{22} (8,82)		40 s	36 ± 15 mb	
$_{11}Na$	Na^{23} (100)	505 ± 10 mb	15,0 h	0,53 ± 0,02	4,0 ± 0,5
$_{12}Mg$	Mg^{24} (78,60)	33 ± 10 mb			
	Mg^{25} (10,11)	270 ± 90 mb			
	Mg^{26} (11,29)	60 ± 60 mb	9,5 m	26 ± 2 mb	
$_{13}Al$	Al^{27} (100)	230 ± 5 mb	2,3 m	0,21 ± 0,02	1,4 ± 0,1
$_{14}Si$	Si^{28} (92,27)	80 ± 30 mb			
	Si^{29} (4,68)	0,27 ± 0,09			
	Si^{30} (3,05)	0,4 ± 0,4	2,62 h	110 ± 10 mb	
$_{15}P$	P^{31} (100)	0,19 ± 0,03	14,3 d	0,191 ± 0,01	5 ± 1
$_{16}S$	S^{32} (95,018)	n,α 1,8 ± 1 mb			
	S^{33} (0,750)	n,p 125 ± 100 mb	25,1 d	P^{33} 2,3 ± 1 mb	
		n,α < 8 mb			
	S^{34} (4,215)		87 d	0,26 ± 0,05	
	S^{36} (0,017)		5,0 m	0,14 ± 0,04	
$_{17}Cl$	Cl^{35} (75,4)	n,p 0,30 ± 0,10	$3{,}08 \cdot 10^5$ a	30 ± 20	
		n,α < 0,05 mb	87 d	S^{35} 0,17 ± 0,04	
	Cl^{36} ($3{,}08 \cdot 10^5$ a)			90 ± 30	
	Cl^{37} (24,6)		1,0 s	5 ± 3 mb	
			37,5 m	0,56 ± 0,12	
			(1,0 s → 37,5 m)		
$_{18}A$	A^{36} (0,37)		35 d	6 ± 2	
	A^{38} (0,063)		265 a	0,8 ± 0,2	
	A^{40} (99,60)		109 m	0,53 ± 0,02	
	A^{41} (109 m)		> 3,5 a	> 60 mb	
$_{19}K$	K^{39} (93,08)	1,87 ± 0,15	$1{,}3 \cdot 10^9$ a	3 ± 2*	
	K^{40} (0,012)	70 ± 20			
		n,p < 1			
	K^{41} (6,91)	1,19 ± 0,1	12,5 h	1,15 ± 0,11	

Element	Isotop (%, $T_{\frac{1}{2}}$)	σ_a	σ_{act}		$\overline{\sigma_s}$
$_{20}$Ca	Ca^{40} (96,97)	$0{,}22 \pm 0{,}04$			$3{,}1 \pm 0{,}3$**
	Ca^{42} (0,64)	40 ± 3			
	Ca^{43} (0,145)				
	Ca^{44} (2,06)		152 d	$0{,}63 \pm 0{,}12$	
	Ca^{46} (0,0033)		4,8 d	$0{,}25 \pm 0{,}10$	
	Ca^{48} (0,185)		8,5 m	$1{,}1 \pm 0{,}1$	
$_{21}$Sc	Sc^{45} (100)	$24{,}0 \pm 1{,}0$	20 s	10 ± 4	24 ± 2
			85 d	12 ± 6	
			(20 s → 85 d)		
$_{22}$Ti	Ti^{46} (7,95)	$0{,}6 \pm 0{,}2$			2 ± 2
	Ti^{47} (7,75)	$1{,}6 \pm 0{,}3$			4 ± 1
	Ti^{48} (73,45)	$8{,}0 \pm 0{,}6$			4 ± 2
	Ti^{49} (5,51)	$1{,}8 \pm 0{,}5$			1 ± 1
	Ti^{50} (5,34)	$< 0{,}2$	5,8 m	$0{,}14 \pm 0{,}03$	3 ± 1
$_{23}$V	V^{50} (0,24)	250 ± 200			
	V^{51} (99,76)		3,76 m	$4{,}5 \pm 0{,}9$	
$_{24}$Cr	Cr^{50} (4,31)	$16{,}3 \pm 1{,}3$	27,8 d	$13{,}5 \pm 1{,}4$	
	Cr^{52} (83,76)	$0{,}73 \pm 0{,}06$			
	Cr^{53} (9,55)	$17{,}5 \pm 1{,}4$			
	Cr^{54} (2,38)	$< 0{,}3$	3,6 m	$0{,}37 \pm 0{,}04$	
$_{25}$Mn	Mn^{55} (100)	$13{,}2 \pm 0{,}4$	2,58 h	$13{,}4 \pm 0{,}3$	$2{,}3 \pm 0{,}3$
$_{26}$Fe	Fe^{54} (5,84)	$2{,}2 \pm 0{,}2$	2,96 a	$2{,}2 \pm 0{,}5$	$2{,}5 \pm 0{,}3$**
	Fe^{56} (91,68)	$2{,}6 \pm 0{,}2$			$12{,}8 \pm 0{,}2$**
	Fe^{57} (2,17)	$2{,}4 \pm 0{,}2$			$2{,}0 \pm 0{,}5$**
	Fe^{58} (0,31)	$2{,}5 \pm 2{,}0$	46 d	$0{,}9 \pm 0{,}2$	
		$n,\alpha < 1{,}5$ mb			
$_{27}$Co	Co^{59} (100)	$37{,}0 \pm 1{,}5$	10,4 m	16 ± 3	7 ± 1
			5,28 a	20 ± 3	
			(10,4 m → 5,28 a zu 99,7%)		
	Co^{60}* (10,4 m)		1,75 h	100 ± 50	
	Co^{60} (5,28 a)		1,75 h	6 ± 2	
$_{28}$Ni	Ni^{58} (67,76)	$4{,}2 \pm 0{,}3$			$24{,}4 \pm 0{,}5$**
	Ni^{60} (26,16)	$2{,}5 \pm 0{,}2$			$1{,}0 \pm 0{,}1$**
	Ni^{61} (1,25)	$1{,}9 \pm 1{,}0$			
	Ni^{62} (3,66)	15 ± 2			9 ± 1**
	Ni^{64} (1,16)		2,56 h	$1{,}6 \pm 0{,}2$	
	Ni^{65} (2,56 h)		56 h	6 ± 3	
$_{29}$Cu	Cu^{63} (69,1)	$4{,}3 \pm 0{,}3$	12,8 h	$3{,}9 \pm 0{,}8$	
	Cu^{65} (30,9)	$2{,}11 \pm 0{,}17$	5,14 m	$1{,}8 \pm 0{,}4$	
	Cu^{66} (5,14 m)		59 h	130 ± 36*	
$_{30}$Zn	Zn^{64} (48,89)	n,α 15 ± 10 μb	250 d	$0{,}5 \pm 0{,}1$	
			12,8 h	$Cu^{64} < 10$ μb	
	Zn^{66} (27,81)	$n,\alpha < 20$ μb			
	Zn^{67} (4,11)	n,α 6 ± 4 μb			
	Zn^{68} (18,56)	$n,\alpha < 20$ μb	13,8 h	97 ± 10 mb	
			52 m	$1{,}0 \pm 0{,}2$	
	Zn^{70} (0,62)		2,2 m	85 ± 20 mb	
$_{31}$Ga	Ga^{69} (60,2)	$2{,}0 \pm 0{,}2$	20,2 m	$1{,}4 \pm 0{,}3$	
	Ga^{71} (39,8)	$4{,}9 \pm 0{,}4$	14,2 h	$5{,}0 \pm 1{,}0$	

Element	Isotop (%, $T_{\frac{1}{2}}$)	σ_a	σ_{act}		$\overline{\sigma_s}$
$_{32}$Ge	Ge^{70} (20,55)	3,3 ± 0,3	11,3 d	3 ± 1	
	Ge^{72} (27,37)	0,94 ± 0,09			
	Ge^{73} (7,67)	13,7 ± 1,1			
	Ge^{74} (36,74)	0,60 ± 0,06	82 m	0,45 ± 0,08	
	Ge^{76} (7,67)	0,35 ± 0,07	57 s	30 ± 20 mb	
			12 h	0,2 ± 0,1	
			(57 s → 12 h zu 50%)		
$_{33}$As	As^{75} (100)	4,1 ± 0,2	27 h	4,2 ± 0,8	6 ± 1
$_{34}$Se	Se^{74} (0,87)	48 ± 7	123 d	26 ± 6	
	Se^{76} (9,02)	82 ± 7	18 s	7 ± 3	
	Se^{77} (7,58)	40 ± 4			
	Se^{78} (23,52)	0,4 ± 0,4			
	Se^{80} (49,82)	0,59 ± 0,06	57 m	30 ± 10 mb	
			17 m	0,5 ⊥ 0,1	
	Se^{82} (9,19)	2,0 ± 1,4	67 s	50 ± 25 mb	
			25 m	4 ± 2 mb	
$_{35}$Br	Br^{79} (50,52)	10,4 ± 1,0	4,6 h	2,9 ± 0,5	
			18 m	8,5 ± 1,4	
	Br^{81} (49,48)	2,6 ± 0,4	35,9 h	3,5 ± 0,5	
$_{36}$Kr	Kr^{78} (0,35)		34,5 h	2,0 ± 0,5	
	Kr^{80} (2,27)	95 ± 15			
	Kr^{82} (11,56)	45 ± 15			
	Kr^{83} (11,55)	205 ± 10			
	Kr^{84} (56,90)	< 2	4,4 h	0,10 ± 0,03	
			9,4 a	60 ± 20 mb	
			(4,4 h → 9,4 a zu 23%)		
	Kr^{85} (9,4 a)	< 15			
	Kr^{86} (17,37)	< 2	77 m	60 ± 20 mb	
	Kr^{87} (77 m)		2,8 h	< 600	
$_{37}$Rb	Rb^{85} (72,15)		19,5 d	0,72 ± 0,15	
	Rb^{87} (27,85)		17,8 m	0,12 ± 0,03	
	Rb^{88} (17,8 m)		15,4 m	< 200	
$_{38}$Sr	Sr^{84} (0,56)	< 3	65 d	1,0 ± 0,3	
	Sr^{86} (9,86)		2,80 h	1,3 ± 0,4	
	Sr^{87} (7,02)				
	Sr^{88} (82,56)		53 d	5 ± 1 mb	
	Sr^{89} (53 d)		19,9 a	< 90	
	Sr^{90} (19,9 a)		9,7 h	1,0 ± 0,6	
$_{39}$Y	Y^{89} (100)	1,28 ± 0,08	64 h	1,26 ± 0,08	3 ± 2
	Y^{90} (64 h)		61 d	< 7	
$_{40}$Zr	Zr^{90} (51,46)	0,10 ± 0,07			
	Zr^{91} (11,23)	1,52 ± 0,12			
	Zr^{92} (17,11)	0,25 ± 0,12			
	Zr^{93} (1,1 · 10^{6} a)	< 4			
	Zr^{94} (17,40)	0,08 ± 0,06	63 d	0,09 ± 0,03	
	Zr^{96} (2,80)	0,1 ± 0,1	17,0 h	0,1 ± 0,05	
$_{41}$Nb	Nb^{93} (100)	1,1 ± 0,1	6,6 m	1,0 ± 0,5	5 ± 1
	Nb^{94} (2,2 · 10^{4} a)		36 d	15 ± 4	

Element	Isotop (%, $T_{\frac{1}{2}}$)	σ_a	σ_{act}		$\overline{\sigma_s}$
$_{42}$Mo	Mo^{92} (15,86)	$<0,3$	6,9 h	<6 mb	
	Mo^{94} (9,12)				
	Mo^{95} (15,70)	13,4 ± 1,3			
	Mo^{96} (16,50)	1,2 ± 0,6			
	Mo^{97} (9,45)	2,1 ± 0,7			
	Mo^{98} (23,75)	0,4 ± 0,4	67 h	0,45 ± 0,10	
	Mo^{100} (9,62)	0,5 ± 0,5	14,3 m	0,20 ± 0,05	
$_{43}$Tc	Tc^{99} (2,1 · $10^5 a$)	100 ± 25			
$_{44}$Ru	Ru^{96} (5,7)		2,8 d	10 ± 4 mb	
	Ru^{98} (2,2)				
	Ru^{99} (12,8)				
	Ru^{100} (12,7)				
	Ru^{101} (17,0)				
	Ru^{102} (31,3)		41 d	1,2 ± 0,3	
	Ru^{104} (18,3)		4,5 h	0,7 ± 0,2	
$_{45}$Rh	Rh^{103} (100)	150 ± 7	4,5 m	12 ± 2	5 ± 1
			44 s	140 ± 30	
$_{46}$Pd	Pd^{102} (0,8)		17,0 d	4,8 ± 1,5	
	Pd^{104} (9,3)				
	Pd^{105} (22,6)				
	Pd^{106} (27,1)				
	Pd^{108} (26,7)		13,6 h	12 ± 3	
	Pd^{110} (13,5)		22 m	0,3 ± 0,1	
$_{47}$Ag	Ag^{107} (51,35)	30 ± 2	2,3 m	44 ± 9	10 ± 2**
	Ag^{109} (48,65)	84 ± 7	270 d	2,8 ± 0,5	6 ± 1**
			24,2 s	110 ± 20	
$_{48}$Cd	Cd^{106} (1,22)		6,7 h	1,0 ± 0,5	
	Cd^{108} (0,87)				
	Cd^{110} (12,39)		49 m	0,2 ± 0,1	
	Cd^{111} (12,75)				
	Cd^{112} (24,07)		5,1 a	30 ± 15 mb	
	Cd^{113} (12,26)	20800 ($f = 1,3$)			
	Cd^{114} (28,86)		43 d	0,14 ± 0,03	
			53 h	1,1 ± 0,3	
	Cd^{116} (7,58)		2,9 h	1,5 ± 0,3	
$_{49}$In	In^{113} (4,23)		49 d	56 ± 12	
			72 s	2,0 ± 0,6	
	In^{115} (95,77)		54,1 m	145 ± 15	
			13 s	52 ± 6	
$_{50}$Sn	Sn^{112} (0,95)		112 d	1,3 ± 0,3	
	Sn^{114} (0,65)				
	Sn^{115} (0,34)				
	Sn^{116} (14,24)		14,5 d	6 ± 2 mb	
	Sn^{117} (7,57)				
	Sn^{118} (24,01)		250 d	10 ± 6 mb	
	Sn^{119} (8,58)				
	Sn^{120} (32,97)		>400 d	1 ± 1 mb	
			27,5 h	0,14 ± 0,03	
	Sn^{122} (4,71)		40 m	0,16 ± 0,04	
			130 d	1,0 ± 0,5 mb	
	Sn^{124} (5,98)		10 m	0,2 ± 0,1	
			10 d	4 ± 2 mb	

Element	Isotop (%, $T_{\frac{1}{2}}$)	σ_a	σ_{act}		$\overline{\sigma_s}$
$_{51}$Sb	Sb^{121} (57,25)	5,7 ± 0,5	2,8 d	6,8 ± 1,5	
	Sb^{123} (42,75)	3,9 ± 0,3	21 m	30 ± 15 mb	
			1,3 m	30 ± 15 mb	
			60 d	2,5 ± 0,5	
$_{52}$Te	Te^{120} (0,089)	70 ± 70			
	Te^{122} (2,46)	2,7 ± 0,9	110 d	1,1 ± 0,5	
	Te^{123} (0,87)	390 ± 30			
	Te^{124} (4,61)	6,5 ± 1,2	58 d	5 ± 3	
	Te^{125} (6,99)	1,50 ± 0,15			
	Te^{126} (18,71)	0,8 ± 0,2	110 d	90 ± 20 mb	
			9,3 h	0,8 ± 0,2	
	Te^{128} (31,79)	0,3 ± 0,3	33 d	15 ± 5 mb	
			72 m	0,13 ± 0,03	
	Te^{130} (34,49)	0,5 ± 0,3	30 h	< 8 mb	
			25 m	0,22 ± 0,05	
$_{53}$I	I^{127} (100)	6,7 ± 0,6	25,0 m	5,5 ± 0,5	3,6 ± 0,5
	I^{129} (1,7 · 10^7 a)		12,6 h	11 ± 4	
	I^{131} (8,1 d)		2,3 h	200 ± 150*	
$_{54}$Xe	Xe^{124} (0,096)				
	Xe^{126} (0,090)				
	Xe^{128} (1,92)	< 5			
	Xe^{129} (26,44)	45 ± 15			
	Xe^{130} (4,08)	< 5			
	Xe^{131} (21,18)	120 ± 15			
	Xe^{132} (26,89)	< 5	5,3 d	0,2 ± 0,1	
	Xe^{133} (5,3 d)	200 ± 140*			
	Xe^{134} (10,44)	< 5	9,13 h	0,2 ± 0,1	
	Xe^{135} (9,13 h)	2,72 ± 0,11 · 10^6 (f = 1,16)			
	Xe^{136} (8,87)	< 5	3,9 m	0,15 ± 0,08	
$_{55}$Cs	Cs^{133} (100)	29,0 ± 1,5	3,2 h	17 ± 4 mb	20 ± 10
			2,3 a	26 ± 5	
			(3,2 h → 2,3 a zu ∼ 100%)		
	Cs^{135} (2,6 · 10^6 a)		13,7 d	15 ± 8	
	Cs^{137} (33 a)		33 m	< 2	
$_{56}$Ba	Ba^{130} (0,101)		12,0 d	10,1 ± 1,0	
	Ba^{132} (0,097)		7,2 a	7 ± 2	
	Ba^{134} (2,42)	2 ± 2			
	Ba^{135} (6,59)	5,6 ± 0,9			
	Ba^{136} (7,81)	0,4 ± 0,4			
	Ba^{137} (11,32)	4,9 ± 0,4			
	Ba^{138} (71,66)	0,68 ± 0,10	85 m	0,5 ± 0,1	
	Ba^{139} (85 m)		12,8 d	4 ± 1	
	Ba^{140} (12,8 d)		18 m	12 ± 4	
$_{57}$La	La^{138} (0,089)				
	La^{139} (99,911)		40 h	8,4 ± 1,7	
	La^{140} (40 h)		3,7 h	3,1 ± 1,0	
$_{58}$Ce	Ce^{136} (0,19)	25 ± 25	34,5 h	0,6 ± 0,2	
			8,7 h	6,3 ± 1,5	
	Ce^{138} (0,26)	9 ± 6	55 s	7 ± 5 mb	
			140 d	0,6 ± 0,3	
			(55 s → 140 d)		
	Ce^{140} (88,48)	0,63 ± 0,06	32 d	0,31 ± 0,10	2,8 ± 0,5**
	Ce^{142} (11,07)	1,0 ± 0,2	32 h	0,95 ± 0,05	2,6 ± 0,5**
$_{59}$Pr	Pr^{141} (100)	11,2 ± 0,6	19,2 h	10 ± 3	4,0 ± 0,4**
	Pr^{142} (19,2 h)		13,7 d	18 ± 3	

Element	Isotop (%, $T_{\frac{1}{2}}$)	σ_a	σ_{act}		$\overline{\sigma_s}$
$_{60}$Nd	Nd^{142} (27,13)	18 ± 2			
	Nd^{143} (12,20)	280 ± 20			
	Nd^{144} (23,87)	$4{,}5 \pm 0{,}5$			
	Nd^{145} (8,30)	52 ± 4			
	Nd^{146} (17,18)	$9{,}2 \pm 0{,}8$	11,3 d	$1{,}8 \pm 0{,}6$	
	Nd^{148} (5,72)	$3{,}2 \pm 1{,}0$	1,8 h	$3{,}7 \pm 1{,}2$	
	Nd^{150} (5,60)	$2{,}8 \pm 1{,}5$			
$_{61}$Pm	Pm^{147} (2,5 a)		5,3 d	60 ± 20	
$_{62}$Sm	Sm^{144} (3,16)		400 d	< 2	
	Sm^{147} (15,07)				
	Sm^{148} (11,27)				
	Sm^{149} (13,84)	66000 ± 3000*			
	Sm^{150} (7,47)				
	Sm^{151} (73 a)	10000 ± 2000*			
	Sm^{152} (26,63)		47 h	140 ± 40	
	Sm^{154} (22,53)		24 m	$5{,}5 \pm 1{,}1$	
$_{63}$Eu	Eu^{151} (47,77)	9000 ± 3000*	9,2 h	1400 ± 300*	
	Eu^{152} (13 a)	5500 ± 1500*			
	Eu^{153} (52,23)	420 ± 100*			
	Eu^{154} (16 a)	1500 ± 400*			
	Eu^{155} (1,7 a)	14000 ± 4000*			
$_{64}$Gd	Gd^{152} (0,20)		230 d	< 125	
	Gd^{154} (2,15)				
	Gd^{155} (14,73)	70000 ± 20000*			
	Gd^{156} (20,47)				
	Gd^{157} (15,68)	160000 ± 60000*			
	Gd^{158} (24,87)		18,0 h	4 ± 2	
	Gd^{160} (21,90)		3,6 m	$0{,}8 \pm 0{,}3$	
$_{65}$Tb	Tb^{159} (100)	44 ± 4	73 d	> 22	
	Tb^{160} (73 d)		6,8 d	525 ± 100*	
$_{66}$Dy	Dy^{156} (0,052)				
	Dy^{158} (0,090)				
	Dy^{160} (2,298)				
	Dy^{161} (18,88)				
	Dy^{162} (25,53)				
	Dy^{163} (24,97)				
	Dy^{164} (28,18)		1,3 m	510 ± 20	
			139 m	2100 ± 300*	
	Dy^{165} (139 m)		82 h	5000 ± 2000*	
$_{67}$Ho	Ho^{165} (100)	64 ± 3	27,3 h	60 ± 12	
$_{68}$Er	Er^{162} (0,136)				
	Er^{164} (1,56)				
	Er^{166} (33,4)				
	Er^{167} (22,9)				
	Er^{168} (27,1)		9,4 d	$2{,}0 \pm 0{,}4$	
	Er^{170} (14,9)		2,5 s + 7,5 h	9 ± 2	
$_{69}$Tm	Tm^{169} (100)	128 ± 4	129 d	130 ± 30	7 ± 3
	Tm^{170} (129 d)		1,9 a	150 ± 20*	
$_{70}$Yb	Yb^{168} (0,140)		32 d	11000 ± 3000*	
	Yb^{170} (3,03)				
	Yb^{171} (14,31)				
	Yb^{172} (21,82)				
	Yb^{173} (16,13)				
	Yb^{174} (31,84)		101 h	60 ± 40	
	Yb^{176} (12,73)		1,8 h	$5{,}5 \pm 1{,}0$	

Element	Isotop (%, $T_{\frac{1}{2}}$)	σ_a	σ_{act}		$\overline{\sigma_s}$
${}_{71}Lu$	Lu^{175} (97,40)		3,7 h	35 ± 15	
	Lu^{176} (2,60)		6,8 d	4000 ± 800	
${}_{72}Hf$	Hf^{174} (0,18)	1500 ± 1000			
	Hf^{176} (5,15)	15 ± 15			
	Hf^{177} (18,39)	380 ± 30			
	Hf^{178} (27,08)	75 ± 10			
	Hf^{179} (13,78)	65 ± 15			
	Hf^{180} (35,44)	13 ± 5	46 d	10 ± 3	
${}_{73}Ta$	Ta^{181} (100)	21,3 ± 1,0	16,4 m	30 ± 10 mb	5 ± 1
			112 d	19 ± 7	
			(16,4 m → 112 d zu 95%)		
	Ta^{182} (112 d)		5,2 d	17000 ± 2000*	
${}_{74}W$	W^{180} (0,14)	60 ± 60	140 d	10 ± 10	
	W^{182} (26,4)	19 ± 2			
	W^{183} (14,4)	11 ± 1			
	W^{184} (30,6)	2,0 ± 0,3	73 d	2,1 ± 0,6	
	W^{186} (28,4)	34 ± 3	24 h	34 ± 7	
	W^{187} (24 h)		65 d	90 ± 40	
${}_{75}Re$	Re^{185} (37,07)	100 ± 8	92 h	100 ± 20	
	Re^{187} (62,93)	63 ± 5	17 h	75 ± 15	
	Re^{188} (17 h)		150 d	< 2	
${}_{76}Os$	Os^{184} (0,018)		97 d	< 200	
	Os^{186} (1,59)				
	Os^{187} (1,64)				
	Os^{188} (13,3)				
	Os^{189} (16,1)				
	Os^{190} (26,4)		16,0 d	8 ± 3	
	Os^{192} (41,0)		31 h	1,6 ± 0,4	
	Os^{193} (31 h)		700 d	60 ± 20	
${}_{77}Ir$	Ir^{191} (38,5)		1,4 m	260 ± 100	
			74 d	700 ± 200	
			(1,4 m → 74 d)		
	Ir^{193} (61,5)		19,0 h	130 ± 30	
${}_{78}Pt$	Pt^{190} (0,012)	150 ± 150			
	Pt^{192} (0,78)	8 ± 8	4,3 d	90 ± 40	
	Pt^{194} (32,8)	1,2 ± 0,9			
	Pt^{195} (33,7)	27 ± 2			
	Pt^{196} (25,4)	0,7 ± 0,7	18 h	0,8 ± 0,1	
	Pt^{198} (7,2)	4,0 ± 0,5	31 m	3,9 ± 0,8	
${}_{79}Au$	Au^{197} (100)	98,8 ± 0,3	2,7 d	96 ± 10	9,3 ± 1,0
	Au^{198} (2,7 d)		3,15 d	26000 ± 1200	
	Au^{199} (3,15 d)		48 m	30 ± 15*	
${}_{80}Hg$	Hg^{196} (0,146)	3100 ± 1000*			
	Hg^{198} (10,02)				
	Hg^{199} (16,84)	2500 ± 800*			
	Hg^{200} (23,13)	< 60*			
	Hg^{201} (13,22)	< 60*			
	Hg^{202} (29,80)	< 60*	47 d	3,8 ± 0,8	
	Hg^{204} (6,85)	< 60*	5,5 m	0,43 ± 0,10	

Element	Isotop (%, $T_{\frac{1}{2}}$)	σ_a	σ_{act}		σ_F	$\overline{\sigma_s}$
$_{81}$Tl	Tl^{203} (29,50)	11,0 ± 0,9	2,7 a	8 ± 3		
	Tl^{205} (70,50)	0,77 ± 0,08	4,2 m	0,10 ± 0,03		
$_{82}$Pb	Pb^{204} (1,48)	0,8 ± 0,6				
	Pb^{206} (23,6)	25 ± 5 mb				
	Pb^{207} (22,6)	0,70 ± 0,03				
	Pb^{208} (52,3)	< 30 mb	3,2 h	0,6 ± 0,2 mb		
$_{83}$Bi	Bi^{209} (100)	32 ± 2 mb	5,0 d	19 ± 2 mb		9 ± 1
$_{86}$Rn	Rn^{220} (54 s)		30 s	< 0,2*		
	Rn^{222} (3,83 d)		11,2 d	0,72 ± 0,07*		
$_{88}$Ra	Ra^{223} (11,2 d)		3,64 d	130 ± 20*	< 100	
	Ra^{224} (3,64 d)		14,8 d	12,0 ± 0,5*		
	Ra^{226} (1620 a)		41,2 m	20 ± 3*	< 0,1 mb	
	Ra^{228} (6,7 a)		< 10 m	36 ± 5*	< 2	
$_{89}$Ac	Ac^{227} (22 a)	510 ± 40	6,13 h	520 ± 50	< 2	
$_{90}$Th	Th^{227} (18,6 d)				1500 ± 1000	
	Th^{228} (1,9 a)		7,3 · 10^{3} a	123 ± 15*	< 0,3	
	Th^{229} (7,3 · 10^{3} a)				45 ± 11	
	Th^{230} (8,0 · 10^{4} a)	27 ± 2	25,6 h	35 ± 10*	≦ 1 mb	
	Th^{232} (100)	7,45 ± 0,15	23,5 m	7,34 ± 0,15	< 0,2 mb	12,6 ± 0,2**
	Th^{233} (23,5 m)		24,1 d	1400 ± 200*	15 ± 2*	
	Th^{234} (24,1 d)		≦ 10 m	1,8 ± 0,5*	< 10 mb	
$_{91}$Pa	Pa^{230} (17,3 d)				1500 ± 250	
	Pa^{231} (3,4 · 10^{4} a)		1,32 d	200 ± 15	10 ± 5 mb	
	Pa^{232} (1,32 d)		27,4 d	760 ± 100*	700 ± 100	
	Pa^{233} (27,4 d)		1,18 m	40 ± 6	< 0,1	
			6,7 h	26 ± 4		
	Pa^{234}					
	(1,18 m) (UX$_2$)				≦ 500	
	(6,7 h) (UZ)				≦ 5000	
$_{92}$U	U^{230} (20,8 d)				25 ± 10	
	U^{231} (4,3 d)				400 ± 300	
	U^{232} (73 a)		1,62 · 10^{5} a	300 ± 200*	80 ± 20	
	U^{233} (1,62 · 10^{5} a)	588 ± 7	2,52 · 10^{5} a	52 ± 2	532 ± 6	
	U^{234} (0,0057)	92 ± 7	7,1 · 10^{8} a	72 ± 10*	≦ 0,65	
	U^{235} (0,714)	694 ± 10	2,4 · 10^{7} a	107 ± 5	582 ± 10	10 ± 2
	(7,1 · 10^{8} a)	$f = 0{,}981 \pm 0{,}005$				
	U^{236} (2,4 · 10^{7} a)	6 ± 2	6,7 d	9 ± 2*		
	U^{238} (99,3)	2,73 ± 0,03	23,5 m	2,76 ± 0,09	< 0,5 mb	
	U^{239} (23,5 m)		17 h	22 ± 5*	15 ± 3*	
$_{93}$Np	Np^{234} (4,4 d)				900 ± 300	
	Np^{236} (22 h)				2800 ± 800	
	Np^{237} (2,2 · 10^{6} a)	170 ± 20	2,1 d	169 ± 6	19 ± 3 mb	
	Np^{238} (2,1 d)				1600 ± 100	
	Np^{239} (2,3 d)		7,3 m	35 ± 10*	< 3	
			60 m	25 ± 15*		

Element	Isotop (%, $T_{\frac{1}{2}}$)	σ_a	σ_{act}		σ_F	$\overline{\sigma_s}$
$_{94}$Pu	Pu^{238} (89,6 a)		$2{,}44 \cdot 10^4$ a	403 ± 10	17 ± 1	
	Pu^{239} ($2{,}44 \cdot 10^4$ a)	1025 ± 13	$6{,}6 \cdot 10^3$ a	315 ± 16	738 ± 9	$9{,}6 \pm 0{,}5$
			$f = 1{,}075 \pm 0{,}010$			
	Pu^{240} ($6{,}6 \cdot 10^3$ a)		13,2 a	250 ± 40	< 4	
	Pu^{241} (13,2 a)		$\sim 5 \cdot 10^5$ a	380 ± 50*	950 ± 50	
	Pu^{242} ($\sim 5 \cdot 10^5$ a)	64 ± 15*	4,98 h	19 ± 2		
	Pu^{243} (4,98 h)		$7{,}6 \cdot 10^7$ a	170 ± 90*		
	Pu^{244} ($7{,}6 \cdot 10^7$ a)		11 h	$1{,}9 \pm 0{,}3$*		
	Pu^{245} (11 h)		11,2 d	260 ± 150*		
$_{95}$Am	Am^{241} (470 a)	620 ± 30	15,8 h	700 ± 200*	$3{,}2 \pm 0{,}2$	
			500 a	< 50*		
			(15,8 h → 500 a zu 20%)			
	Am^{242}* (15,8 h)				2500 ± 100	
	Am^{242} (500 a)	8000 ± 1000*			4600 ± 300	
	Am^{243} ($8{,}0 \cdot 10^3$ a)		26 m	74 ± 4	< 50 mb	
$_{96}$Cm	Cm^{242} (162,5 d)			20 ± 10*	< 5*	
	Cm^{243} (35 a)	500 ± 300*	19,2 a	250 ± 150*	490 ± 70	
	Cm^{244} (19,2 a)		> 500 a	15 ± 10*		
	Cm^{245} (> 500 a)		2000 a	200 ± 100*	1800 ± 300	
	Cm^{246} (2000 a)			15 ± 10*		
	Cm^{248} ($4{,}2 \cdot 10^5$ a)		kurzlebig	$2{,}2 \pm 0{,}7$*		
$_{97}$Bk	Bk^{249} (290 d)			500 ± 200*		
$_{98}$Cf	Cf^{249} (470 a)	900 ± 400*		270 ± 100*	600 ± 400*	
	Cf^{250} (10 a)			1500 ± 1000*		
	Cf^{251}		2,2 a	3000 ± 2000*		
	Cf^{252} (2,2 a)		18 d	30 ± 10*		
	Cf^{254}			< 2*		
$_{99}$E	E^{253} (20 d)		38 h	300 ± 150*		
	E^{254}			< 15*		

VI. Tabelle der Resonanzintegrale

Die Tabelle gibt nach Macklin und Pommerance[1] Resonanzintegrale (vgl. Abschnitt 6.6) für zahlreiche Elemente und Isotope wieder. Es sind jeweils die in Absorption und Aktivierung gemessenen Werte (soweit vorhanden) und separat die aus dem $1/v$-Anteil sowie dem Resonanzanteil des Absorptionsquerschnittes berechneten Werte des Resonanzintegrals angegeben. Untere Grenze bei Messungen und Rechnungen ist im allgemeinen 0,4 eV, anderenfalls ist das angegeben.

Im übrigen gelten die folgenden Bezeichnungen:

(a) Es liegt eine Resonanzstelle nahe bei thermischer Energie. Daher hängt der Wert des Resonanzintegrals kritisch von der Dicke der verwendeten Cd-Hülle ab.

(b) Der thermische Einfangquerschnitt weicht vom $1/v$-Gesetz ab.

(d) Gilt als Standard, mit $\sigma_{th} = 98$ barn.

(f) Spaltintegral.

(g) Graphische Schätzung.

(s) Abgeschätzt aus gemittelten Resonanzparametern.

(th) Abgeschätzt aus den Daten der ersten großen Resonanzstelle und aus dem thermischen Absorptionsquerschnitt.

Alle Angaben in barn.

[1] Macklin, R. L., u. H. S. Pommerance: Progr. Nucl. Energy **1**, 1, 179 (1956).

Isotop oder Element	Gerechnet		Gemessen	
	Resonanz	1/v	Aktivierung	Absorption
3–Li		31		28
11–Na–23	0,12 (th)	0,25	∼0,24	0,27
12–Mg		0,027		0,9
13–Al–27		0,095	∼0,16	0,18
14–Si		0,06		0,5
15–P–31		0,084	∼0,092	2
16–S		0,22		0,6
17–Cl		14,3		12
19–K		0,89		1,1
20–Ca		2,0		< 2
21–Sc–45		10,6	∼10,7	
22–Ti		2,5		3,0
23–V–51		2,2	∼2,2	
24–Cr		1,3		1,9
25–Mn–55	12 (th)	5,9	∼11,8	10,8
26–Fe		1,1		2,1; 2,3 (0,5 eV)
27–Co–59	90 (th)	16,3	49,3	48
28–Ni		2,0		4
29–Cu		1,6	3,7	4; 3,3 (0,5 eV)
29–Cu–63	0,8 (s)	1,9	4,4	
29–Cu–65	0,8 (s)	0,92	2,2	
30–Zn		0,48		2
31–Ga–69	20 (s)	0,62	9,2	
31–Ga–71		1,58	15	
33–As–75	170 (th)	1,8	36,8	33
35–Br–79	62 (s)	4,8	147	
38–Sr		0,53		16
39–Y–89		0,62	0,91	
40–Zr				3
41–Nb–93		0,47	3,87	8,3
42–Mo		1,1		13
45–Rh–103	1080 (th)	66	656	575
46–Pd		3,6		23
47–Ag		27		> 650
47–Ag–107	82 (s)	13	74	
47–Ag–109	1206 (th)	37	1160	
49–In–113		26	1050	
49–In–115 (a)	1752 (th)	87	2640	
50–Sn		0,26		4,3
51–Sb				115 (0,5 eV)
51–Sb–121		3,0	162	
51–Sb–123		1,1	∼138	
52–Te		2,0		36
53–I–127	150 (s)	2,9	140	130 (0,5 eV)
56–Ba		0,53		7,5
57–La		4,0		11; 5,5 (0,5 eV)
59–Pr–141		4,9	11,3	7 (0,5 eV)
60–Nd				40 (0,5 eV)
62–Sm–152 (a)		61	∼1750	
63–Eu–153 (a)		1400 (b)	950	
71–Lu				720 (0,5 eV)
72–Hf	2778 (th)	51	∼1750 (c)	2800 (0,5 eV)
72–Hf–180		4,4	21,8	
73–Ta–181	555 (s)	9,4	590	
74–W–186	180 (th)	15	355	170 (0,5 eV)
75–Re–185	1630 (th)	44	1160	
75–Re–187	310 (s)	33	305	
77–Ir–191 (a)	7680 (th)	420	3500	
77–Ir–193 (a)	976 (th)	57	1370	
78–Pt		3,7		69
79–Au–197	1390 (th)	45	1558 (d)	

Isotop oder Element	Gerechnet		Gemessen	
	Resonanz	$1/v$	Aktivierung	Absorption
80–Hg		(b)		31; 73 (0,5 eV)
81–Tl–203		4,8	129	
81–Tl–205		0,04	0,5	
82–Pb		0,08		0,1
83–Bi		0,014		0,5
90–Th–232	83 (s)	3,2	69,8	
92–U–233 (f)	650 (g)	234		
92–U–235 (f)	> 260 (s)	255 (b)	271	
92–U–238	290 (s)	1,2	282; 297	
94–Pu–239 (f)	250 (g)	(b)		

VII. Liste der wichtigsten gebrauchten Bezeichnungen

A	Sondenaktivität ($cm^{-2} sec^{-1}$ bzw. sec^{-1})
A	Atomgewicht
$\alpha = \left(\frac{A-1}{A+1}\right)^2$	Verhältnis der kleinsten in einem elastischen Stoß erreichbaren Neutronenenergie zur Primärenergie
α	Absorptionskoeffizient für β-Strahlen ($cm^2 g^{-1}$)
B	Gesamtaktivierung einer Sonde
B^2	Geometrische Krümmung eines Streumediums (cm^{-2})
$\beta = \alpha\,\delta$	Schwächungsexponent für γ-Strahlung
C	Aktivierung einer Sonde ($cm^{-2} sec^{-1}$ bzw. sec^{-1})
C	Diffusionskühlungs-Koeffizient ($cm^4 sec^{-1}$)
c	Lichtgeschwindigkeit
D	Dosis (r, rep, rem, rad)
DL	Dosisleistung (r/h rep/h rad/h rem/h)
D	Diffusionskoeffizient (cm)
$D' = D\bar{v}$	Diffusionskoeffizient ($cm^2 sec^{-1}$)
δ	Dicke eines Absorbers (g/cm^2)
d	Dicke eines Absorbers (cm)
E	Im allgemeinen Neutronenenergie (eV) oder (MeV)
$E_0 = \frac{kT}{2}$	Wahrscheinlichste Neutronenenergie in einer Maxwell-Verteilung (eV)
$\overline{E} = \frac{3}{2} kT$	Mittlere Neutronenenergie in einer Maxwell-Verteilung (eV)
ε	$\frac{1}{2}\xi^2$ mal dem mittleren Quadrat der Lethargiezunahme bei einem elastischen Stoß des Neutrons
$F(\vec{r}, \vec{\Omega}, v)\,dv$	Differentieller Vektorfluß ($cm^{-2} sec^{-1}$)
$F(\vec{r}, \vec{\Omega})$, $F(\vec{r}, \cos\vartheta)$	Vektorfluß ($cm^{-2} sec^{-1}$)
$F_0(\vec{r}), F_1(\vec{r})$	Entwicklungskoeffizienten des Vektorflusses nach Kugelfunktionen ($cm^{-2} sec^{-1}$)
$\Phi(\vec{r})$	Neutronenfluß ($cm^{-2} sec^{-1}$)
$\Phi_{ep} = \frac{q}{\xi \Sigma_s}$	Epithermischer Fluß pro Lethargieeinheit ($cm^{-2} sec^{-1}$)

$\varphi_0(\nu)$, $\varphi_0(\nu,\beta)$, $\varphi_1(\nu,\beta)$	Scheibensondenfunktionen
$G(E'\,E)$, $G(u'\,u)$	Wahrscheinlichkeit, daß ein Neutron der Energie E' (Lethargie u') nach dem Stoß eine Energie $<E$ (eine Lethargie $>u$) hat
$g(v'\,v,\vec{\Omega}'\,\vec{\Omega})\,dv\,d\Omega$, $g(E'\,E)\,dE$, $g(u'\,u)\,du$, $g(u'\,u,\vec{\Omega}'\,\vec{\Omega})\,du\,d\Omega$	Wahrscheinlichkeit, daß ein Neutron der Geschwindigkeit v' und Richtung $\vec{\Omega}'$ (oder: der Energie E' (der Lethargie u') und der Richtung $\vec{\Omega}'$) nach dem Stoß eine Geschwindigkeit zwischen $v, v+dv$ hat und in das Richtungselement $d\Omega$ um $\vec{\Omega}$ fliegt (oder: eine Energie zwischen $E+dE$ hat usw.)
G_{pt}, G_{Fl}, G_l, G_{ks}, G_r	Diffusionskern für Punktquelle, Flächenquelle, Linienquelle, Kugelschalenquelle, Rohrquelle
γ	Wärmeübertragungskoeffizient vom Neutronengas zum Moderator (sec^{-1})
$\vec{j}$	Neutronenstromdichte ($cm^{-2}\,sec^{-1}$)
J	Intensität einer beliebigen Kernstrahlung ($cm^{-2}\,sec^{-1}$)
$\varkappa_c$	Aktivierungsstörung einer Sonde
$\varkappa_s$	Dichtestörung an der Oberfläche einer Sonde
$\varkappa(r)$	Dichtestörung in der Umgebung einer Sonde
l	Lebensdauer eines Neutrons in einem endlichen Streumedium (sec)
$l_0 = \frac{1}{\bar{v}\cdot\bar{\Sigma}_a}$	Lebensdauer eines Neutrons in einem unendlich ausgedehnten Streumedium (sec)
L	Diffusionslänge (cm)
L_{lm}	Relaxationslänge des Neutronenfeldes im „Pile“ (cm)
λ	(radioaktive) Zerfallskonstante (sec^{-1})
λ	de Broglie-Wellenlänge (cm)
λ_s	Streuweglänge (cm)
λ_{tr}	Transportweglänge (cm)
λ_a	Absorptionsweglänge (cm)
m_n oder m	Masse des Neutrons
μ	Absorptionskoeffizient für Neutronen ($cm^2\,g^{-1}$)
μ_a	Aktivierungskoeffizient für Neutronen ($cm^2\,g^{-1}$)
$M=\sqrt{L^2+\tau}$	Wanderlänge (cm)
$n(\vec{r},\vec{\Omega},v)\,dv\,d\vec{\Omega}$	Differentielle Dichte (cm^{-3})
$n(\vec{r},\vec{\Omega})\,d\vec{\Omega}$	Vektorielle Neutronendichte (cm^{-3})
$n(\vec{r})$	Neutronendichte (cm^{-3})
N	Anzahl der Atome pro cm^3 einer Substanz (cm^{-3})
$\nu=\mu\,\delta$	Schwächungsexponent für Neutronen
$\nu=1/\tau$	Anzahl der Stöße eines Neutrons in der Sekunde (sec^{-1})
$p(E)$	Resonanzentkommwahrscheinlichkeit
$q(\vec{r},E)$	Bremsdichte ($cm^{-3}\,sec^{-1}$)

Q	Wärmetönung einer Kernreaktion (MeV)
Q	Quellstärke (sec^{-1})
R	Geometriefaktor (bei Sonden)
S	Selbstabsorptionsfaktor
$S(\vec{r}, E)\,dE$	Quelldichte schneller Neutronen mit Energien zwischen E, $E+dE$ ($cm^{-3}\,sec^{-1}$)
σ_t	Totaler Wirkungsquerschnitt (barn $=10^{-24}\,cm^2$)
σ_a	Absorptionsquerschnitt (barn)
σ_s	Streuquerschnitt (barn)
$\Sigma_{a,s,t,\ldots}$	Makroskopischer Wirkungsquerschnitt (cm^{-1})
T	Zeitfaktor
T	Neutronentemperatur (°K)
T_0	Moderatortemperatur (°K)
$\tau=\lambda/v$	Stoßzeit eines Neutrons (sec)
τ	Fermi-Alter (cm^2)
$u=\ln\frac{E_0}{E}$	Lethargie
v	Im allgemeinen Geschwindigkeit eines Neutrons ($cm\,sec^{-1}$)
v_0	Wahrscheinlichste Neutronengeschwindigkeit in einer Maxwell-Verteilung ($cm\,sec^{-1}$)
$\bar{v}$	Mittlere Neutronengeschwindigkeit in einer Maxwell-Verteilung ($cm\,sec^{-1}$)
ξ	Mittlerer logarithmischer Energieverlust eines Neutrons beim elastischen Stoß
$\psi(\vec{r}, \vec{\Omega}, u)\,d\Omega$	Differentielle Stoßdichte ($cm^{-3}\,sec^{-1}$)
$\psi(\vec{r}, u)$	Stoßdichte ($cm^{-3}\,sec^{-1}$)

Namenverzeichnis

Die *kursiv* gesetzten Seitenzahlen beziehen sich auf die Literaturangaben

Sachverzeichnis

Englische Fachausdrücke *kursiv* gesetzt